全谱创新

从基因智慧到人工智能

王景堂　董禹灼　著

U0242054

中国纺织出版社有限公司

内 容 提 要

本书对知识、进化和智能等概念进行了定义和分类，具体包括粒子知识和复合知识，基本进化和复合进化，以及不同智能实体拥有的四类智能，并在此基础上构建了全谱创新理论。全谱创新理论认为，创新是智能实体主导的复合进化过程，目的是创造出全新的知识，同时把这些知识表达为复合实体或行为活动。前者称为知识创新，后者称为实体创新。本书结合真实案例，提出了一系列知识创新和实体创新的原理和方法。

本书适合科学研究、技术开发、创意设计、企业管理人员以及对创新理论和方法感兴趣的各界人士阅读。

图书在版编目（CIP）数据

全谱创新：从基因智慧到人工智能／王景堂，董禹灼著. --北京：中国纺织出版社有限公司，2023.12

ISBN 978-7-5229-1092-5

Ⅰ．①全… Ⅱ．①王… ②董… Ⅲ.①创新工程—研究 Ⅳ.①T-0

中国国家版本馆 CIP 数据核字（2023）第 183039 号

责任编辑：孔会云 沈 靖 责任校对：寇晨晨
责任印制：王艳丽

中国纺织出版社有限公司出版发行
地址：北京市朝阳区百子湾东里 A407 号楼 邮政编码：100124
销售电话：010—67004422 传真：010—87155801
http://www.c-textilep.com
中国纺织出版社天猫旗舰店
官方微博 http://weibo.com/2119887771
北京华联印刷有限公司印刷 各地新华书店经销
2023 年 12 月第 1 版第 1 次印刷
开本：710×1000 1/16 印张：26.25
字数：435 千字 定价：98.00 元

前　言

十多年前，我们在做企业管理咨询的过程中发现，很多中小企业已经认识到了技术创新的重要性，但由于不得要领，不懂方法，往往投入不少资源却收获寥寥。于是我们决定把国内外现有的创新方法进行整理、研究，开发出一套适合中小企业的创新方法。在阅读文献、研究探索的过程中，我们逐渐发现，技术创新首先是知识的创新，同时也是某种进化过程和智能行为，于是，决定重新审视知识、进化、智能和创新这几个重要概念，并尝试构建一个理论体系，从知识、进化和智能层面解释和指导创新活动。

什么是知识？

我们大多认为，老师在课堂上讲授的或者写在书本上的属于知识范畴，那么，驾驶汽车、骑自行车、游泳、走路等技能是不是知识？如果上面的回答是肯定的，那么黑猩猩用树枝粘蚂蚁的技能是不是知识？蜘蛛织网、蜜蜂筑巢的技能是不是知识？细菌、草履虫等单细胞生物寻找、吞咽食物的"技能"是不是知识？

什么是进化？

达尔文创立的生物进化论认为，从水中的鱼类到两栖动物再到陆生动物，从哺乳动物到灵长类动物再到现代人类都属于生物进化，那么，从古人制造的简易石器到现代人制造的复杂机器设备是不是一种进化？从原始的象形文字到现代文字系统是不是一种进化？从卡尔·本茨的三轮汽车到今天的自动驾驶汽车是不是一种进化？从亚里士多德的物理学到爱因斯坦的相对论是不是一种进化？

什么是智能？

在绝大部分辞书里，智能是指人类拥有的学习、理解和抽象思维能力，以及应对环境变化和处理新情况的能力。那么地球上的其他生物，包括动物、植物、细菌所拥有的趋利避害、生存繁衍的能力是否属于某种智能呢？另外，"人工智能"究竟是一种怎样的"智能"？它是否会超越人类，甚至控制人类呢？

什么是创新？

创新的本质是什么？只有人类才能创新吗？美国 OpenAI 公司的 ChatGPT，或中国百度的文心一言等数以百计的生成式 AI 大模型，与人类对话交流、创作诗歌图画、撰写论文报告、编写程序代码等行为是不是某种创新？这与人类的创作活动有何异同？能否在知识和进化层面解释创新？抑或从最底层开始构建一种通用的创新原理或创新方法？

习近平总书记指出："创新是一个民族进步的灵魂，是一个国家兴旺发达的不竭动力，也是中华民族最深沉的民族禀赋。在激烈的国际竞争中，惟创新者进，惟创新者强，惟创新者胜。"❶

鉴于创新的重要意义，我们心无旁骛、潜精研思、钩深致远、抽丝剥茧，经过十多年的钻研终于在现代前沿科学的基础之上，构建了一套独特的创新理论框架——全谱创新理论。

全谱创新理论系统地回答了有关知识、进化、智能和创新的大部分疑问，具体包括以下主要观点。

（1）宇宙中所有物质分为两种形态：知识和实体。

（2）知识和实体之间是表征和表达的关系。

（3）知识是实体的表征结果，也是实体的表达原型。知识可以表征其他事物的组成、结构、属性和运动状态。知识分为粒子知识和复合知识。

（4）实体是知识的表达结果，也是知识的表征原型。实体分为粒子实体和复合实体。

（5）宇宙大爆炸以来，总共产生了五代知识和实体，包括粒子知识和粒子实体，以及四对复合知识和复合实体，即基因知识和基因实体、信号知识和信号实体、符号知识和符号实体、比特知识和比特实体。

❶ 中共中央文献研究室 . 习近平关于科技创新论述摘编［M］. 北京：中央文献出版社，2016：3.

（6）所有的变化都是某种进化，所有事物都是进化的结果。进化分为基本进化和复合进化。基本进化是由多个"元素组合+条件选择→稳态组合体"基本进化单元构成。复合进化由多个复合进化单元构成。复合进化单元由知识表征、知识进化、知识表达和实体进化共四个环节组成。

（7）智能实体是由知识表征系统、知识进化系统和知识表达系统组成的复合实体。智能是智能实体在复合进化过程中，通过知识表征、知识进化、知识表达和实体进化，来应对、适应或改变外部实体环境，乃至实现自我生存繁衍的能力，分为基因智能、信号智能、符号智能和比特智能。

（8）全谱创新理论认为，创新就是智能实体主导的"复合知识—实体系统"复合进化的过程，包括标准复合进化和多重复合进化，目的是进化出全新的知识，以及把这些知识表达为实体或行为活动。前者称为知识创新，后者称为实体创新。

本书共分 12 章，内容结构如下所示。

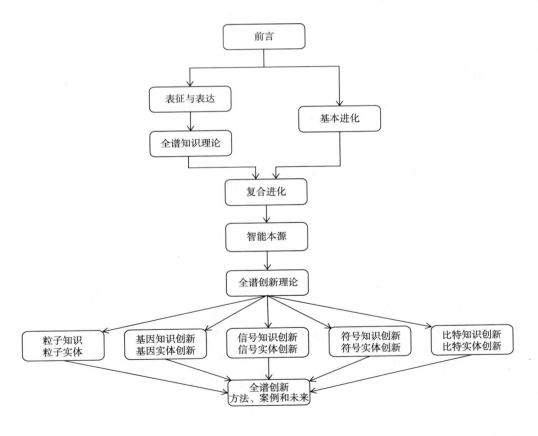

第一章详细定义了两个基础概念：表征与表达。

表征是指一种或一类事物通过特定的物理机制，来关联、映射或表示另一种或另一类事物的过程。其中，前者称为表征结果，后者称为表征原型。

表达是指通过某种物理机制，一类物质以较低维度的结构组成，来影响、关联或控制另一类物质的较高维度的结构组成或状态属性的过程。其中，前者称为表达原型，后者称为表达结果。

第二章首先给出了知识与实体的准确定义，并在此基础上构建了全谱知识理论。本书把宇宙大爆炸以来的所有物质形态划分为五个代际的知识和实体，包括粒子知识和粒子实体，以及四对复合知识和复合实体，即基因知识和基因实体、信号知识和信号实体、符号知识和符号实体、比特知识和比特实体。与实体相比，知识具有六大属性，即表征属性、存储属性、复制属性、传播属性、进化属性和表达属性。

第三章根据古希腊的哲学思想、粒子物理标准模型和基因知识进化原理，提炼出了基本进化单元：元素组合+条件选择→稳态组合体。所有知识和实体的基本进化都是由多个基本进化单元构成的多重基本进化。

第四章提出一种新的进化模式——"复合知识—实体系统"复合进化。复合进化是一种或多种智能实体参与或主导的，由多个进化单元循环往复构成的复杂进化模式。每个进化单元包括知识表征、知识进化、知识表达和实体进化四个环节。本书把由一种智能实体主导的复合进化称为标准复合进化，把由两种及两种以上智能实体参与的复合进化称为多重复合进化。

生物进化属于"基因知识—实体系统"复合进化，是四种标准复合进化之一。其他三种标准复合进化分别为"信号知识—实体系统"复合进化、"符号知识—实体系统"复合进化和"比特知识—实体系统"复合进化。人工驯养动植物、人工育种和基因工程等属于"符号知识—基因知识—基因实体"多重复合进化；人们通过编写程序代码，通过计算机来控制自动生产线的行为属于"符号知识—比特知识—实体系统"多重复合进化。

第五章探讨了智能的本源，提出了智能实体的概念，即智能实体是由知识表征系统、知识进化系统和知识表达系统构成的复合实体。智能实体通过多个"复合知识—实体系统"复合进化单元来创造和积累知识，适应或改变外部环境的能力就是智能。

第六章是在前五章内容的基础上提出了全谱创新理论。

第七章至第十一章以全谱创新理论的视角分别讨论了粒子知识和粒子实体，以及四种复合知识的创新和复合实体的创新。

第十二章用全谱创新理论来分析、解释创新原理和过程，分别介绍了标准复合进化与多重复合进化的创新案例，并预测创新的未来在于比特知识参与的多重复合进化，希望对个人、企业和组织的创新工作具有借鉴意义。

限于作者水平，书中的浅识拙见、疏忽谬误在所难免，恳请所有读者包容海涵、批评指正。另外本书内容涉及多个学科，包括哲学、物理学、生物学、计算机科学、认知科学等，在理解、引用过程中难免出现疏漏和偏差，恳请各位专家学者不吝赐教，我们当感激不尽。

王景堂　董禹灼
2023 年 6 月

目　录

第九章　信号知识创新和信号实体创新：细菌、植物和动物的生存智慧　/179

第一章

两个基础概念：表征与表达

本章摘要

定义了本书中的两个基础概念：表征和表达。

表征（represent）是指一种或一类事物通过特定的物理机制，来关联、映射或表示另一种或另一类事物的过程。其中，前者称为表征结果，后者称为表征原型。

表达（express）是指通过某种物理机制，一类物质以较低维度的结构组成，来影响、关联或控制另一类物质的较高维度结构组成或状态属性的过程。其中，前者称为表达原型，后者称为表达结果。

一方面，表征是抽象、简化、提炼和维度降低的过程，而表达则具有发育、物化、制造和维度升高的含义；另一方面，表征与表达又密不可分，在很多过程中交替出现，互为原型和结果。

第一节　表征的概念

春分时节，我们在花园的一角撒下几粒向日葵种子，两个月后，就开出一丛鲜艳的花朵。赏花完毕，我们根据头脑中的记忆，画了一幅向日葵的素描，并在空白处写下一段赞美文字。接着，我们用彩色的橡皮泥捏了一个向日葵的塑像，还用计算机软件为这个雕像构建了一个数字模型，最后使用 3D 打印机打印出一个三维实体……

我们把这个虚构的故事简化为一张流程图（图 1-1）。如果你喜欢刨根问底，那么这个看似简单的日常行为其实蕴藏着无穷的奥秘。

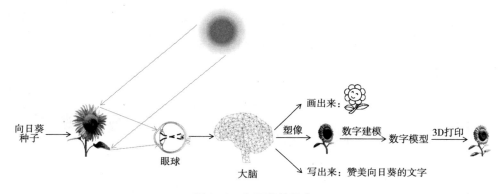

图 1-1　向日葵的故事

首先，我们探讨一下眼睛是如何"看到"向日葵的。

向日葵本身并不能发光，是太阳光照射在它的表面，一部分光被吸收，另一部分光被反射。有少许反射光进入我们的眼球，聚焦后投射在眼底的视网膜上。几毫秒之后，视网膜将其转换为神经信号，并沿着视觉神经通路传入大脑，经过层层加工，最终到达大脑皮层的视觉中枢。这样，我们就有了"看到"向日葵的感觉。

在这个过程中，向日葵本身没有进入眼睛，更没有进入大脑。被向日葵反射的光进入了眼睛，但却没有进入大脑。进入大脑的是由反射光转换而成的神经信号。

因此，我们真正"看到"的既不是向日葵本身，也不是向日葵的反射光，而是那串到达视觉皮层的神经信号。认知心理学家将这串神经信号定义为向日葵的"表象"或"表征"，有"替身"或"替代物"的意思。

由此看来，我们自以为真真切切"看到"的现实世界，却是柏拉图所说的"洞穴中的投影"[1]。区别仅仅在于，我们看到的是"正片"，而洞中人看到是"负片"。

不仅如此，我们身体的其他感觉器官与视网膜的作用机制非常相似，都是把外界的各种刺激转换成规格统一的神经信号，再传入中枢神经系统。其中，耳朵转换声波振动，舌头和鼻子转换分子振动，皮肤和肌肉转换触碰和压力。

这些神经信号，沿着各自的传播路径，分别进入大脑皮层的不同区域，然后我们就有了视觉、听觉、味觉、嗅觉和触觉。因此，认知心理学家认为："个体所觉察的每一件事物，都是其在大脑中的表征。"[2]

再回到故事的开始。现在已经知道，进入眼睛并产生神经信号的并不是向日葵本身，而是一束经过其反射的太阳光。换句话说，神经信号与向日葵是间接关联，而与反射光是直接关联。那么，似乎可以这样认为：反射光是向日葵的表征，而神经信号是反射光的表征，由此，便产生了如下的表征链路：

向日葵→反射光→神经信号→大脑中向日葵的表象

聪明的人类总是喜欢走捷径。人们很快就发现，想要"看到"向日葵，不一定需要真的向日葵，只要有与向日葵反射光相似的一束光线即可。于是，人们就制造出各种各样可以模拟或再现向日葵的表征物：向日葵的素描或照片、赞美向日葵的文字、橡皮泥塑像、数字模型和3D打印雕像，等等。所有这些，看起来与向日葵都有几分相像，但都不是向日葵本身。

我们也终于知道：照片不是实景，电影不是现场，虚拟现实更不是现实，但人们却能如临其境，感同身受。也就是说，我们看到的一切，听到的一切，乃至所感知的一切，皆为事物的表征结果，而非事物本身。

表征一词是本书理论体系中最重要的基础概念之一，具有特定的含义，因此，很有必要对其进行准确的定义：

表征是指一种或一类事物通过特定的物理机制，来关联、映射或表示另一种或另一类事物的过程。其中，前者称为表征结果，后者称为表征原型。

阳光照在向日葵上产生反射光是一种表征，其作用机制是可见光反射，遵循惠更斯—菲涅尔原理。在此过程中，向日葵是表征原型，而反射光是表征结果。

反射光被视网膜转换为神经信号也是一种表征，其转换机制是视网膜上的感光色素受光分解产生局部分级电位。当视觉神经元中的多个局部分级电位汇集叠加，达到某一临界水平（称为阈值）时，就会产生动作电位。动作电位作为长距离传播神经信号，经过视觉神经传输通道，最终进入大脑的视觉中枢[3]。在此过程中，反射光是表征原型，动作电位是表征结果。

此外，向日葵的素描、描述向日葵的文字和向日葵的橡皮泥塑像，都是一种表征，这里涉及的作用机制会在后面的章节详细介绍。在上述过程中，向日葵是表征原型，而素描、文字和向日葵塑像是表征结果。

接下来，我们不妨开动大脑，进行一次发散性思维之旅，看看还有哪些事物可以列入表征的范畴。

向日葵的素描是表征结果，那么有关向日葵的照片、视频、动画、电影，都应该是向日葵的表征结果。

亚里士多德说过："由嗓子发出的声音是心灵状态的象征，写出的词句，是由嗓子发出的词的象征。[4]"因此我们可以说：语言是意义的表征，文字是语言的表征。

著名认知神经科学家安东尼奥·达马西奥说过："表象是对客体的物理性质、时空关系及动作的表征，其中一些与大脑外部的真实活动相对应，而另一些则由记忆通过回忆过程重建。"因此可以说，心智是对实体世界的表征[5]。

让我们的思维走得更远一些。

乐谱是音乐的表征，音乐是情感的表征。

地图是空间的表征，钟表是时间的表征，日历是岁月的表征。

星光是恒星的表征，基因是生命的表征。

货币是价值的表征，银行账户中的数字又是货币的表征。

还有，科学家创造了许多概念名称来表征物理世界：

温度，是对原子或分子平均运动速度的定量表征。质量，是对物体改变运动速度难易程度的数量表征。

我们在磁铁上面放一张白纸，然后在白纸上撒一些铁屑，这些铁屑就会排列呈现出一些有规律的线条，我们称为磁力线。这就是磁场的表征，虽然我们并没有看到真正的磁场。

时间是一个更为特殊的概念，它用较小的周期性事件来表征较长周期或无周期事件。

古人起初用大自然的周期性事件来表征时间。比如，一次日夜轮回为一天，一次月亮的盈缺周期为一个月，一次四季的循环为一年。

后来人们认识到，一天是最易感知，也是最为稳定的时间周期，于是就把一天依次细分为时、分和秒。然后反过来用单摆的运动周期或振荡电路的周期来表征这些人为划定的间隔，因此就有了机械钟表、电子钟表。表盘上的刻度和数字就是时间的精确表征。

现在的基准时间采用了更短的周期事件。国际标准时间 1 秒定义为：在温度为绝对零度和环境零磁场的条件下，铯 133 原子基态的两个超精细能阶之间跃迁对应辐射的 9192631770 个周期所持续时间。

然而，表征定义中的表征原型与表征结果与笛卡尔所说的"物质实体"和"精神实体"不同，无论哪种表征过程，表征原型和表征结果都是实实在在的物质。

映入眼帘的向日葵反射光，是光子汇集，而光子是一种物理学公认的基本粒子；大脑中的神经信号是电子的涌动，电子也是一种基本粒子；言语中向日葵的名称，是声带、口腔等发音器官制造的声波，而声波则是空气中的分子振动；向日葵的素描和赞美文字，则是墨水在纸上留下的痕迹，其物质性确定无疑；计算机中向日葵塑像的数字模型，是磁盘表面磁性方向相反的磁化元的线性序列，而磁化元是构成磁盘的物质材料。

即使几何学中无限小的点，也是印在书页上的物理存在，是一块墨水染过的纸张纤维。而计算机屏幕上的"点"，则是由微小的液晶构成的。

由此看来，视网膜上的向日葵影像、头脑中的向日葵表象，与纸面上描绘或描写的向日葵、计算机中存储的向日葵数字模型一样，都是不折不扣的物质，却又是另一种物质的表征。

仔细想来，我们所感知的一切，记忆中的一切，想象中的一切，读写中的一切，以及游走于手机、计算机和互联网中的一切，都源于对实体世界的某种表征。事实上，我们感知到的世界是一个表征的世界，而不是实体世界本身。

第二节　表征的分类

通过上一节的探讨，我们已经认识到表征的形态五花八门，不一而足，根据表征原型与表征结果的对应关系，把表征分为两大类：模拟表征和符号表征。其中，符号表征进一步细分为映射表征和编码表征。

一、模拟表征

模拟表征是指利用两种或两类物质之间在组成、状态、结构和属性等方面的相似性，来实现一种物质或一类物质对另一种物质或另一类物质的表征。

模拟表征的关键是表征原型与表征结果必须具有某种相似性。向日葵的素描和塑像相对于向日葵原型是模拟表征，原因是两者的视觉感知属性相似。而表征向日葵的文字"向日葵"或"sunflower"也是向日葵的表征，却与向日葵的物理属性不存在任何联系，因此，这不是模拟表征，而是符号表征。

雕塑艺术是将或硬或软的材料，通过雕、刻、塑等手法创作出三维实体，用来模仿一个实体原型或者想象出来的立体形象，因此，无论是石雕、木雕、根雕、玉雕，还是泥塑、面塑、石膏塑、蜡塑，都是基于视觉相似性的一种模拟表征。

绘画艺术运用线条和色彩，在二维空间中模拟实体对象或者想象出来的视觉表象，因此，无论是油画、壁画、版画、帛画，还是水墨画、水彩画、素描、速写，都是一种模拟表征。

我们的日常生活中离不开模拟表征：

象形文字是对动物、人物和事件的模拟表征；

地图是对空间位置的模拟表征；

老式唱片上的沟回是声波振动的模拟表征；

胶片表面感光剂的化学变化是光影的模拟表征；

广播是电磁波对声音的模拟表征；

很多交通标志、警示标志都是模拟表征；

我们每天都会照镜子，而镜子中的影像应该是最精确的模拟表征。

二、符号表征

符号表征是指一个或多个相对简单的事物来表征一个或多个相对复杂的事物。前者称为"表征符号"，后者称为"表征原型"。

在符号表征过程中，表征符号与表征原型之间的关系是约定俗成的，二者之间不必具有任何相似性和事先的关联性，这也是与模拟表征的最大区别。"狗这个字不一定要看起来像狗、走起来像狗，或吠起来像狗，但是它代表狗的能力不因此而减低。"[6]

蜜蜂的舞蹈、蚂蚁的信息素、鸟的歌唱、猴子的叫声，都蕴含明确的意义，属于符号表征范畴。

语言、文字、数字和专用符号等是最典型的符号表征，也是人类之所以超越其他动物的伟大创举，从模拟表征到符号表征是一个传承和进化过程。无论是西方的字母文字，还是中国的方块字，其最早的祖先都是模拟表征的象形文字，如图1-2所示。

图1-2　从象形文字演变为现代汉字的过程

（资料来源：孟琢《汉字就是这么来的》[7]　）

根据表征符号与表征原型的对应关系，符号表征还可分为映射表征和编码表征。

（一）映射表征

映射表征也称单符表征，是指由独立的、单个的物体作为表征符号，来表征一个事物或多个事物，表征符号与表征原型之间存在一对一、一对多的对应关系。表征符号之间是独立的、离散的，且数量有限，因此其表征事物的数量也不会太多，承载的信息量不大。

动物语言是最典型的映射表征。无论是蜜蜂的舞蹈语言、蚂蚁的化学语言，还是大象和鲸鱼的次声波语言、灵长类动物的初级语言，都是依靠"一符一意"或"一符多义"的映射关系来表征有限数量的事物或意图。

诺贝尔生理学或医学奖获得者，德国昆虫学家卡尔·冯·弗里希是最早研究蜜蜂语言的科学家。他通过多年观察实验发现，蜜蜂用圆圈舞和摆尾舞分别表示蜜源距离和方向。比如，当蜜源距离为100米时，蜜蜂在跳圆圈舞过程中转急弯，动作快；距离越远，转弯越缓，动作也慢。在阴暗的蜂箱里面，蜜蜂用摆尾舞表示蜜源的方向。如直线摆尾移动方向朝上，表示蜜源位于太阳的方向上；向下侧表示与太阳相反的方向上；移动方向向左偏60度，表示蜜源位于太阳方向的左侧60度；等等[8]。

蚂蚁是一种非常成功的社会性昆虫，从腺体囊释放出来的信息素，可以向同伴传达信号，协调行动。这些信号包括：有敌人，快来；危险，快跑；有吃的，跟我走；有一个更好巢穴位置，跟我走……[9]

人类学习语言也是从"一符一意"的映射表征开始的。《发展心理学》一书写道："婴儿学习语言的第一个阶段就是讲单词句，即一个词的话语，一个单词常常代表一个整句的意思。"[10] 婴儿习得最初50个单词句见表1-1。

表1-1　婴儿习得最初50个单词句 ［凯瑟琳·尼尔森（Katherine Nelson），1973][11]

单词类型	说　明	实　例	占　比
物体单词	用于指代物体种类或独一无二的物体单词	小汽车、狗狗、牛奶、妈妈	65%
动作单词	用于描述动作或伴随动作说出或要求注意	拜拜、上面、走	13%
修饰语	描述事物特性或数量的单词	大、热、我的	9%

单词类型	说　明	实　例	占　比
社交单词	用于表达感受或评论社交关系的单词	请、谢谢、不	8%
虚词	有语法作用的单词	什么、是、对、为	4%

映射表征中的"映射"也是一个数学概念，指的是两个集合包含的元素之间的对应关系。在映射表征中，这种对应关系是由一个"映射表"来强制规定的。

（二）编码表征

编码表征是以有限数量、相对简单的物质形态作为表征符号，按照特定的规则进行层级组合，产生数量接近无限量的组合体，用来表征其他事物的组成、状态、结构、关系和属性。

为了实现编码表征，必须具备以下三个要件：

一是基本的表征符号，或称表征元素，如基因组中的碱基，构成语言的最小单位音素、文字中的字母或偏旁部首。

二是规定表征符号与表征结果之间对应关系的"映射表"，如文字系统中的字典、词典。

三是规范表征符号的层级组合方式的"规则集"，如文字系统中的语法规则。

我们把上述三个要件构成的系统称为编码表征系统。常见的编码表征系统包括DNA、语言、文字、莫尔斯码和二进制计数系统等。

1. DNA 编码表征系统

在生命世界里，DNA 分子中的腺嘌呤（A）、鸟嘌呤（G）、胸腺嘧啶（T）和胞嘧啶（C）四种碱基作为表征符号，通过两两配对的排列组合，编码表征了构成蛋白质的氨基酸排列顺序，最终体现为不同生物个体。

在 DNA 编码表征系统中，表征符号为 DNA 分子中的四种碱基，"映射表"和"规则集"是把碱基序列表达为蛋白质的一组规则，也称为遗传密码。

2. 语言编码表征系统

语言是以音素为表征符号，经过多个层级的排列组合，逐次生成音节、单词、短语、句子等声音组合体，用来编码表征人类大脑中的意义或思想，进而间接表征各种事物的组成、状态、结构、关系和属性。

在语言编码表征系统中，表征符号或表征元素为音素。语言不同，音素的种类和数量也不尽相同。英语国际音标中共有 48 个音素，汉语普通话中共有 32 个音素。"映射表"和"规则集"是心理词典。

心理词典（mental lexicon）是关于语义、句法和词形信息的心理存储器[12]。规定了每个字词的发音和对应的事物。心理词典不是与生俱来，必须经过后天学习才能获得。比如，一个孩子初次看到向日葵，肯定叫不出名称。这时候，父母或其他人会耐心教导，直到孩子记住为止。在学习过程中，向日葵实物和语言中的声音组合体之间特定的对应关系就存入孩子大脑中的心理词典了。语言不同，心理字典也不一样。使用不同语言的人，对同一个事物的表征千差万别，因此也就不能相互沟通。

3. 莫尔斯码编码表征系统

莫尔斯码（Morse code）是美国人萨缪尔·芬利·布里斯·莫尔斯（Samuel Finley Breese Morse）发明的一套编码表征系统，目的是用于电报机发送和接收电文。

莫尔斯码是以点、划和停顿来编码表征英文字母、数字和标点符号。其表征符号有五种：点、划、短时停顿（点划之间）、中等停顿（单词之间）和长时停顿（句子之前）；表征原型包括 26 个英文字母、10 个阿拉伯数字和标点符号等。"映射表"则是《莫尔斯电码表》。

人们逐渐发现，莫尔斯码是一种通用编码表征方式，其中的点、划和停顿，不仅可以通过电报机系统闭合电路的开、关来传递，还可以通过无线电波、灯光闪烁、敲击声音，甚至是眨眼睛的方式来表征。只要接收方与发送方共享同一个"映射表"和"规则集"，就能够传递多种信息，因此也就有了无线电报、旗语通信、灯光通信等。

4. 二进制编码表征系统

电子计算机内部的信息存储和运算均采用二进制编码。信息输入前，所有字母、数字等符号必须转换为二进制编码，然后才能存储或运算；存储提取或结果输出时，再将二进制表征结果逆向转换为对应的文字、数字。

二进制编码中，表征符号仅有 2 个，即 0 和 1，达到了编码表征中表征符号的最小值，也是最经济的数值。0 和 1 两个表征符号，通过多层级组合，理论上可以表征接近无限数量的信息。

在实际应用中，首先建立 0 和 1 对应文字符号的"映射表"——信息交换编码集，然后将这个编码集内嵌入计算机中，而普通计算机用户对此毫无察觉。我们在敲击键盘时输入的是字母、数字和符号，而计算机存储器接收到的则是二进制编码信息。

从计算机键盘输入英文时，"映射表"应该是 ASCⅡ码（American standard code for information interchange，美国信息交换标准代码），还有可能是容纳世界所有文字和符号的通用编码集：unicode（统一化字符编码标准）或 ISO 10646。

标准 ASCⅡ码是 7 位编码，也就是由 7 个二进制数字的组合来编码表征英文字母、数字和符号。每个位置只有两种可能，不是 0 就是 1，能够产生的组合体总数很容易计算出来：

7 位二进制组合体总数 = 2^7 = 128 个

这 128 个组合体的二进制取值范围为 0000000~1111111，对应 26 个大小写英文字母、标点符号、数字、特殊符号等。计算机系统中每个字符用 1 个字节即 8 位二进制来表征，使用标准 ASCⅡ码时的第八个字节常设为 0，因此取值范围变为 00000000~11111110。

20 世纪 90 年代，几大著名计算机公司合作研究制定了 Unicode（统一化字符编码标准），采用 16 位二进制编码，可以表征的字符总数为 2^{16} = 65536 个，这样就把世界上所有文字，包括单字比较多的中文、日文等包括进来了，同时处理任何文字都不会出现乱码了。但由于每个字符需要 16 个二进制数字的组合，即 2 个字节，因此相同文件存储空间要扩展一倍，见表 1-2。

表 1-2　几种典型的编码表征系统

名　称	表征原型	表征符号	表征符号组合体	映射表和规则集
基因组	蛋白质	四种碱基 T、A、C、G	三联密码子等	密码子与氨基酸对应表
语言	思想	音素	音节、单词、短语、句子	心理词典
文字	语言	字母或单字	单词、句子、段落、文章	字典和语法
莫尔斯码	文字	点、划、停顿	单词、句子、段落、文章	莫尔斯编码表
二进制	文字、图画等	0，1	比特、字节、数据块	ASCⅡ码等

第三节　表达的概念

我们再次回到向日葵的故事。向日葵种子播下之后，一周之内发芽破土，两个月左右花朵盛开。一粒小小的种子，只要吸收营养水分，沐浴阳光雨露，就能长成一株生机勃勃的植物。细想下来，这的确是一件神奇的事情。而现代分子遗传学已经证实，这一切的一切，都源于四种核苷酸的线性序列构成的基因组。

在进化生物学中，从一粒种子到一株植物，或者从一颗受精卵到一个小动物，也就是从种子或受精卵中的基因组到生物体的转化过程，被定义为"基因表达"（expression of the genome）。克里克（Crick）在 1958 年提出的分子生物学中心法则中指出，生物体在发育过程中，储存在基因组中的遗传信息，首先转录到 RNA 序列中，再翻译成氨基酸序列，然后，氨基酸序列折叠构成一个三维的立体结构——蛋白质，而蛋白质的种类和特性又决定了一个细胞形态和功能。无数个相同和不同的细胞再组合成多细胞生物。这样就完成了从基因到生物体的表达过程[13]。

基因表达具有深刻的启发意义：某类物质的排列组合，竟然可以影响、关联、控制另一类物质的结构和属性，构建出新的、更高维度的物体。如果这就是基因表达的本质特征，那么我们在这个世界上还可以找出更多的表达模式：

远古时期的人类，使用双手把头脑中的创意变成石刀石斧，是不是一种表达？

机械时代的工人，使用手中的工具，或者操作机器设备，把设计图纸变成一辆汽车或一幢房屋，是不是一种表达？

信息时代的 3D 打印机，把计算机中的数字模型打印为三维物体，是不是一种表达？

如果我们把上述几种情况归入表达之列，那么"表达"的含义就超出了生物学的范畴，需要重新定义：

表达是指通过某种物理机制，一类物质以较低维度的结构组成，来影响、关联或控制另一类物质的较高维度结构组成或状态属性的过程。其中，前者称为表达原型，后者称为表达结果。

依照这个定义，以下几种情形都是表达过程：

基因组表达为生物体，基因组是表达原型，生物体是表达结果；

头脑中的创意表达为石刀石斧，创意是表达原型，石刀石斧是表达结果；

设计图纸表达为汽车或房屋，设计图纸是表达原型，汽车或房屋是表达结果；

数字模型表达为三维物体，数字模型是表达原型，3D 打印的三维物体是表达结果。

除此之外，还能找到更多的表达案例：

音乐家们根据乐谱演奏出旋律优美的交响乐，从乐谱到交响乐是一个表达过程，其中，乐谱是表达原型，交响乐是表达结果；

厨师们根据文字写成的菜谱做出美味佳肴是一个表达过程，其中，菜谱是表达原型，菜肴是表达结果；

导演把一部剧本排练成一台舞台剧是一个表达过程，其中，剧本是表达原型，舞台剧是表达结果。

人类的很多思想创意都已经表达为实体或行为，否则就不会有这么缤纷复杂的现代社会了。

第四节　表征与表达的区别与联系

表征与表达的区别比较明显，两者是一种截然相反的过程。

表征是抽象、简化、提炼和维度降低的过程，而表达则具有发育、物化、制造和维度升高的含义。或者说，从具体到抽象是表征，从抽象到具体是表达；测绘产品画出图纸是表征，根据图纸制造产品则是表达；把炒菜过程写成菜谱是表征，按照菜谱烹饪则是表达；从高维度到低维度往往是表征，从低维度到高维度大都是表达。

在向日葵的故事中，从向日葵开花结籽是表征，一粒种子发育成长为向日葵植株则是表达；从向日葵花朵到大脑中的视觉表象是表征，从记忆中的向日葵视觉表象到向日葵的塑像则是表达；从向日葵的塑像到计算机中的数字模型是表征，从数字模型到打印出来的三维实体则是表达。

这其中，表征和表达最重要的区别在于维度的变化。

维度是指独立的时空坐标的数目。《几何原本》中定义："点是没有部分的。"[14] 因此，点无限小，不占任何空间，维度为零。无数点组合形成了线，直线就是一维。无数直线组合形成面，平面就是二维。无数的平面并列组合构成立方体，立方体就是三维空间。如果三维空间以时间为基准发生变化，就产生了四维时空。

一般而言，表征是一个维度降低或维度不变的过程，而表达则是一个维度升高的过程。

从向日葵到神经信号，再到语言文字，是降维表征过程；把四维时空中的生活现实抽象、凝练成一串文字，甚至一个剧本，也是一个降维表征过程。通过降维表征，表征结果比表征原型更抽象、更简洁，更便于存储、复制和传播。

不同语言的互译、文字与莫尔斯码的互译等，这个表征过程维度没有发生变化。

从基因组到向日葵花朵，从设计图纸到人工制品，从数字模型到 3D 打印的实体塑像，都是升维表达过程。根据剧本排练出的舞台剧或影视拍摄现场，也是一个升维表达过程。

另外，表征与表达似乎又密不可分，在很多过程中交替出现，互为原型和结果。一次表达的结果往往是下一次表征原型，而这一次表征的结果又可能是下一次表达的原型。

比如，向日葵花朵既是基因的表达结果，也是大脑中向日葵视觉表象的表征原型；而大脑中向日葵视觉表象既是向日葵的表征结果，也是橡皮泥塑像的表达原型。我们把这个过程连接在一起就更加清楚了，如图 1-3 所示。

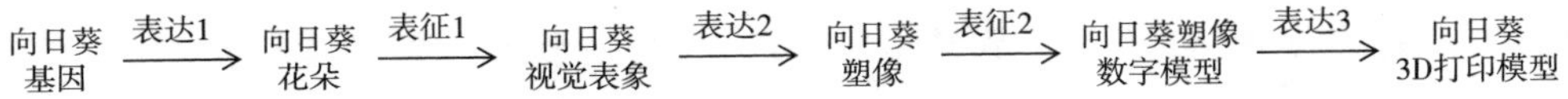

向日葵基因 ──表达1──→ 向日葵花朵 ──表征1──→ 向日葵视觉表象 ──表达2──→ 向日葵塑像 ──表征2──→ 向日葵塑像数字模型 ──表达3──→ 向日葵3D打印模型

图 1-3　表征与表达互为原型和结果的关系

从某种意义上说，很多转换过程都可以视为表征和表达的交替作用。有了表征和表达的概念，我们就能够在下一章进一步定义知识与实体，进而构建全谱知识理论。

参考文献

[1] 柏拉图. 理想国 [M]. 郭斌和，张竹明，译. 北京：商务印书馆，1986：272.

[2] E. Bruce Goldstein. 认知心理学：心智、研究与你的生活 [M]. 张明，等译. 北京：中国轻工业出版社，2015：46.

[3] J. G. 尼克尔斯，A. R. 马丁，B. G. 华莱士，等. 神经生物学：从神经元到脑

　　[M].杨雄里,等译.北京:科学出版社,2014:10.

[4] 亚里士多德.解释篇[M]//亚里士多德全集:第1卷.北京:中国人民大学出版社,1990:49.

[5] 安东尼奥·达马西奥.当自我来敲门:构建意识大脑[M].北京:北京联合出版公司,2018.

[6] 史迪芬·平克.语言本能[M].洪兰,译.汕头:汕头大学出版社,2004:91.

[7] 孟琢.汉字就是这么来的:字里字外的动物王国[M].长沙:湖南少年儿童出版社,2020.

[8] 卡尔·冯·弗里希.蜜蜂的生活[M].李灿茂,宋绍俊,郑可成,译.上海:上海科学技术出版社,1983:93-110.

[9] 爱德华·威尔逊.论契合:知识的统合[M].田洺,译.北京:生活·读书·新知三联书店,2002:99.

[10] David R. Shaffer, Katherine Kipp. 发展心理学:儿童与青少年[M].9版.邹泓,等译.北京:中国轻工业出版社,2016:347.

[11] David R. Shaffer, Katherine Kipp. 发展心理学:儿童与青少年[M].9版.邹泓,等译.北京:中国轻工业出版社,2016:348.

[12] Michael S. Gazzaniga, Richard B. Lvry, George R. Mangun. 认知神经科学:关于心智的生物学[M].周晓林,高定国,等译.北京:中国轻工业出版社,2011:336.

[13] J. D. 沃森,T. A. 贝克,S.P. 贝尔,等.基因的分子生物学[M].7版.杨焕明,等译.北京:科学出版社,2015:442.

[14] 欧几里得.几何原本[M].舒世昌,魏平,译.西安:陕西人民出版社,2010.

第二章

全谱知识理论：世间万物分属五种知识和五种
实体

本章摘要

本章在梳理了"知识"一词的起源和进化之后，提出了知识与实体的概念组合，即知识（knowledge）是实体的表征结果，也是实体的表达原型，是用来表征某种事物的特定组成、结构、属性和运动状态。实体（substance）是知识的表达结果，也是知识的表征原型，是物质的某种稳定存在状态。在此基础上，我们构建了全谱知识理论：把宇宙大爆炸至今的物质形态划分为五个代际的知识和实体，即粒子知识和粒子实体、基因知识和基因实体、信号知识和信号实体、符号知识和符号实体、比特知识和比特实体。最后重点介绍了知识的六大属性，即表征属性、存储属性、复制属性、传播属性、进化属性和表达属性。

第一节 知识与实体

知识，作为一个自古希腊以来就被广泛使用的概念，其内涵和外延至今也没有一个统一而明确的界定。下面我们就从知识的传统定义开始讨论。

一、知识的传统定义

知识的传统定义中包括两个基本要素：知识是什么？知识从哪里来的？

关于"知识是什么"的最早论述来自古希腊的哲学家柏拉图（Plato，前 427—前 347 年），他在对话集《美诺篇》和《泰阿泰德篇》中，借苏格拉底和智者们之口，对知识的性质和构成进行了探索性的讨论[1]。这些宽泛的讨论没能给知识一个完整和准确的定义，仅仅归纳出一个大致的观点：知识是真实信念。经过后来的哲学家们的补充，形成了一个大部分人能够接受的定义：

知识是经过验证的真实信念（knowledge is justified true belief）[2]。

上述定义包括三个层次的条件：知识是一种信念，知识是真实的信念，知识是经过证实的信念。

首先，知识是信念。信念是人们对事物的判断或看法。信念是知识的第一个条件。也就是说，知识一定是认知主体的思考内容或对象。我们的所有知识，无论是一个观点或一个创意，还是一句口语或一段文字，都会指向某人、某事或某物。当然也可以说，知识是这些事物的一种表征。

其次，知识是真实的信念。柏拉图认为虚假的信念不是知识，只有那些与客观事实相符的信念才能成为知识。那么，这里就出现了问题。我们知道，人们对事物的判断、观点或看法虽然是独立做出的，但绝大多数情况下是基本相同的，至少是大致相近的，这也是人类文明和各种文化的存在基础。但是还会出现一些意外情况，包括不同的人对同一事物产生不同的信念。在盲人摸象的典故中，每个人关于大象的信念都不尽相同，却又存在某种程度的真实性。

由此看来，信念不一定是真实的，也无法自证其真，因此，只有那些经过实证的信念才能称为知识。实证就是检验信念的内容与其所描述的对象是否相符，如果二者相符，信念就是真的，否则这个信念就是虚假的。

由于信念是对象的某种表征，不是对象的本身，因此，这里所谓的"相符"并不是指信念与对象之间的等同，实际上是对一个对象多次表征的一致性。比如，针对一个科学假设（信念）所做的多次重复实验，如果结果数据是一致的，那么这个科学假设就被证实了，并有希望上升为科学原理或定律，成为知识；否则，就是虚假的信念，不能成为知识。

知识是从哪里来的？

人们不仅要知道知识是什么，还要知道它是如何产生的。关于这个问题，哲学家们的意见就更加不统一了。自古希腊开始就形成了泾渭分明的两大阵营，即理性主义（rationalism）和经验主义（empiricism）。

柏拉图认为知识是先天的，来源于"灵魂的回忆"。经过欧洲大陆的哲学家，如笛卡尔、莱布尼茨等人的发展，形成了理性主义。理性主义认为知识来源于先天回忆和理性思辨，不是感觉经验的产物。

柏拉图在《美诺篇》中提出，我们出生的时候并非处于完全遗忘的状态，亦非一无所有。"人的灵魂不朽。灵魂在某些时候会死亡，在某些时候会再生，但绝不会彻底灭绝。"如果我们努力回想自己的灵魂在前世知道些什么，那么我们就能够回忆得起来。所以，对于人来说没有什么新鲜的事物，学习只不过是回忆前世的先验知识而已，而感官体验不能成为知识的来源[3]。

笛卡尔则更进一步，他认为世间只存在先验知识，以及这些先验知识经过理性的推理得到的知识。一切从感官获得的经验都是值得怀疑的，不能成为知识，除了"怀疑"本身这件事，因此他宣称："我思故我在。"

作为柏拉图的学生，亚里士多德却提出了截然相反的观点。他认为知识是后天的，来源于实践经验。经过英国哲学家，如洛克、休谟等人的发展，形成了经验主义。经验主义宣称不存在所谓的先验知识，知识的唯一源泉只能是感觉经验。

亚里士多德认为："我们称之为记忆的东西是从知觉中获得的，并且对同一事物重复的记忆发展成为经验。一项经验是由许多记忆构成的。从经验那里——即，根据在心灵中此时完整地凝结为一般感念，一个从众多记忆中一个单一的共通的东西——开始产生工匠的技能及学者的知识，即，某物形成方面的技能以及存在的学问。我们得出结论：这些知识既不是先天固有的，也不是源自其他较高级的知识，而是由感觉认知发展起来的。"[4]

将近两千年之后，英国哲学家约翰·洛克提出了著名的"白板论"：人在出生之时，精神一片空白，犹如一张无字无画的白纸，灵魂是白板（tabula rasa）一块，感官印象如同上蜡似的刻在这块白板上。他认为："我们的一切知识都是建立在经验上的，而且最后是源于经验的。"没有什么与生俱来的先验知识，任何知识都是后天获得的，经验是全部知识的唯一来源[5]。

两种思想流派并存了两千多年，到了 18 世纪，康德试图将两者调和统一。康德认为存在两类知识，即纯粹知识和经验知识。

纯粹知识是先天的，绝对不依赖于一切经验而产生的知识，没有与生俱来的纯粹知识，人类将无法理解世界。而经验知识是后天的，产生自经验。他在《纯粹理性批判》一书中写道："尽管我们的一切知识都以经验开始，它们却并不因此就都产生自经验……人类拥有独立于经验，甚至独立于一切感官印象的知识。"[6]

表面上看，哲学家们已经解决了"知识是什么"和"知识从哪里来"的问题，事实上，这其中暗含着两条心照不宣的"潜在信条"：

其一，任何知识都必须以语言、文字来表述。

按照这条规则，只有那些能说出来或写出来的才是知识，代代相传的经验和手艺都算不上知识，更何况那些人类赖以生存的技能技巧了。

其二，所有知识都是人类所独有的。

这是"人类中心论"最突出的体现。从古希腊哲学家普洛塔哥拉坚信"人是万物的尺度"，到康德提出"人是目的"的命题，人类无视芸芸众生繁衍生存的智慧，把"知识"视作自己独享的专利。

正是这两个潜在的信条把知识限定在了一个狭小范畴之内，极大地阻碍了知识理论向更大的空间和领域的拓展。幸运的是，一些学者已经对此做出了有益的探索。

二、人类知识的冰山模型

（一）显性知识和隐性知识

1958 年，物理化学家和哲学家迈克尔·波兰尼（Michael Polanyi，1891—1976年），在《个人知识》一书首先提出了显性知识和隐性知识的概念。波兰尼认为："人类的知识有两种。通常被描述为知识的，即以书面文字、图表和数学公式加以表述的，只是一种类型的知识。而未被表述的知识，像我们在做某事的行动中所拥有的知识，是另一种知识。"他把前者称为显性知识（explicit knowledge），而将后者称为隐性知识（tacit knowledge）[7]。

按照波兰尼的定义，显性知识是可以用符号系统表述的知识，这样的符号系统包括语言、文字、数学符号、各类图表，甚至手势语、旗语等都可以作为显性知识的表述系统。隐性知识则指那些"只可意会，不可言传"的知识，包括经验、技能等。

也就是说，我们"知道"很多知识，有的能够说出来，有的能够写出来，有的能够画出来，还有的能用手势比画出来……无论以任何方式表达出来的知识都是显性知识。还有许多我们"知道"的知识却无法表达出来，比如我们常常产生不可言状的情感和思想，找不到合适的词语来表述。我们通过练习获得了很多技能，但无法说出如何做到的，如直立行走、骑自行车等。这些知道但不能表述的知识属于隐性知识的范畴。波兰尼认为"我们所知道的知识要比我们能言传的知识多得多"。

20 世纪 90 年代，日本管理学家野中郁次郎和竹内高宏，以波兰尼的显性知识和隐性知识的概念为基础，把知识作为解释企业行为的基本分析单元，结合日本企业的成功创新经验，提出了企业创新的 SECI 模型，首开"企业知识创造理论"的先河。

他们在《创造知识的企业：日美企业持续创新的动力》一书中写道：

"隐性知识是高度个人化的而且难以进行形式化，因此很难与别人交流或共享。例如，经过多年的历练，大师级工匠可以信手拈来，开发大量的专门知识，但是他们常常无法表述所知道的东西背后的科学原理或技术原理。

如果组织内部需要对隐性知识进行交流和传递，我们必须首先将它转换成任何人都能理解的语言或数字，也就是在这个转换发生的时候——从隐性知识到显性知识，以及再从显性知识返回到隐性知识——组织的知识才被创造出来。"[8]

（二）意识知识和潜意识知识

上文提到的显性知识和隐性知识都是我们"知道"的知识，我们能够意识到它们的存在，并在一定程度上"操控"它们。这些知识产生于我们自主自觉的心理活动。还有一类知识，虽然存在于我们的头脑之中，我们却意识不到。哲学家卡尔·波普尔认为："我们自己具有我们没有发觉、没有意识到的知识。"[9]

而精神分析大师弗洛伊德则把属于自己但自己却不知道的知识称为"潜意识"。他认为："意识在我们内心仅占据极少的内容，在大多数情况下，大部分被我们称为意识知识的东西都长期潜伏着，也就是说，都是潜意识的……潜意识是属于自己却又不为自己知道的意识。"[10]

我们参照弗洛伊德意识的"冰山理论"，结合波兰尼的显性知识和隐性知识概念，构建了"人类知识的冰山模型"，如图2-1所示。

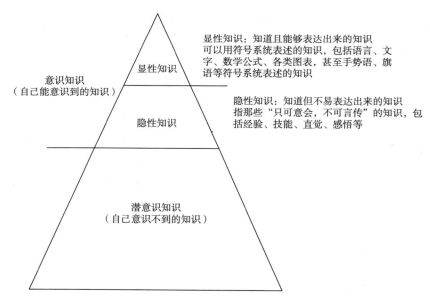

图2-1　人类知识的冰山模型

根据这个模型，人类知识包括意识知识和潜意识知识。意识知识仅仅是冰山的一角，大部分人类知识是以潜意识的形式存在。其中，意识知识又分为显性知识和隐性知识。

三、知识不是人类独享的专利

知识的"人类独有论"源起于"人类中心论"。中国著名哲学家金岳霖先生早有宏论，他在《知识论》一书中写道："就知识论来说，以人类为中心则知识论也是人类中心观的知识。假如知识论是研究知识底理底学问，知识论似乎不应该限于人类底知识……把知识论底对象限到人类底知识底'理'，知识论就不是普遍的知识论。如此看法的知识论也许只是自然史上某一段（即有人类的那一段）底普遍情形之一而已。"[11]

认知神经科学研究表明，无论是意识还是潜意识，都是神经元放电行为的结果，也就是说，神经元是意识的物质基础，拥有神经元的生物，也就拥有一定水平的"意识知识"。

2012年7月7日，数名国际知名的认知神经科学家、神经药理学家、神经生理学家、神经解剖学家和计算神经科学家齐聚剑桥大学，共同签署了《剑桥意识宣言》（*The Cambridge Declaration on Consciousness*）。宣言中写道："各种证据表明，非人类动物拥有构成意识所需的神经结构、神经化学和神经生理基质，并且显示出有意图的行为。因此可以肯定，负责产生意识的神经基础物质并非人类所独有。非人类动物，包括所有哺乳类动物、鸟类，以及章鱼等其他生物，均拥有这些神经基础物质。"[12]

黑猩猩是人类的表亲，近98%的DNA与人类相同。它们能够掌握一些原以为只有人类才拥有的"知识"，比如制造和使用工具。

著名动物学家珍妮·古道尔（Jane Goodall）是第一个发现并记录黑猩猩制造和使用工具的学者。

她在《和黑猩猩在一起》一书中写道："一天早晨，在山顶附近，我走在他（一只叫灰胡子大卫的黑猩猩）身旁，蹲在一个白蚁穴边，看着他摘下一根草，伸到蚁洞里拨弄，然后收回来，草上沾满了白蚁。他用嘴唇把他们一个一个地抿进嘴里，再嚼了吃掉。然后他钓更多的来吃。等那根草有些弯了，他就扔掉，摘个新嫩枝，把上面的叶子撸掉再用。我真的震惊了！大卫会把草当工具用，他还把嫩枝处理得更适合钓白蚁，他已经确确实实地在制造工具了！在这项观察之前，科学家们还认为人类是唯一能够制造工具的动物。"[13]

会使用工具的动物不仅仅是黑猩猩。阿尔卑斯山区的秃鹫从高空将大块的骨头抛向岩石摔成碎渣，然后慢慢享用；水獭将一块石头抱在胸前，把从海底采集的贝壳在上面敲碎，最终吃到贝肉。

语言，作为人类个体之间传递知识的载体，从严格意义上来看，也未必是人类的独享。

日本京都大学松泽哲朗教授经过多年观察研究认为，黑猩猩种群内使用多达70种声音来表征不同的含义。非洲的长尾黑颚猴，至少使用三种不同的声音来向同伴传递来自不同天敌的威胁。大象足上的极低频振动感受器，可以与几十公里之外的同伴互传次声波信息，一些鲸类也在水中用低频声波进行数千公里远的通信。

如果你养过宠物，比如一只可爱的狗狗，那它一定会听懂你喊它的名字，明白你对它的批评或褒奖，甚至，能够按照你的语言指令，完成接飞盘、找拖鞋之类的任务。

即使"头脑简单"的昆虫，也能利用独特的方式来传递生死攸关的知识。蜜蜂通过"舞蹈语言"来传递关于蜜源方向和距离的知识，蚂蚁使用"化学语言"来传递食物和威胁的知识。

从更宽泛的意义上看，神经元也未必是"知识"的必要条件，如一些原生生物、细菌等，都具有简单而独特的"生存技能"。

草履虫是一种单细胞原生动物，从它的细胞膜中长出许多微小的纤毛。这些纤毛既是感觉器官，又是运动器官。当纤毛碰到障碍物时，就会改变纤毛摆动方式，游往其他方向，从而脱离困境。葡萄糖溶液中的细菌，会向浓度更高的位置游动；池塘中的绿藻，会向阳光强烈的地方聚集。

行文至此，关于"什么是知识"这个古老的问题，似乎增加了更多的疑问。

如果人类的语言传递的是某种知识，那么黑猩猩、长尾鄂猴、蜜蜂、蚂蚁之间传递的是不是知识呢？

如果我们承认人类制造和使用工具的技能是一种知识，那么黑猩猩、秃鹫、水獭的类似行为是不是知识呢？

人类的生存技能属于知识的一种，那么草履虫、细菌、绿藻，乃至一些植物的"生存技能"是不是知识呢？

如果我们把知识的门槛降低，把上述的一切都归入知识的范畴，又会出现一个新的问题。

我们知道，大多数知识都是后天学习掌握的，属于后天知识。比如，人类的语言、文字，以及以此为载体的各类知识；哺乳动物、鸟类的很多生存技能也是在出生后从父母那里学来的。

但是，还有一类知识是与生俱来的，属于先天知识。诸如，鸟儿天生会筑巢，老鼠生来会打洞，人类刚出生的时候就会吃喝拉撒睡，等等。显而易见，后天知识是通过学习获得，那么先天知识是如何产生的呢？

进化生物学认为，在自然选择主导下的进化过程中，生物体的生存繁衍就是基因的"试错学习"过程：试错成功的个体，也就是那些适应环境、竞争取胜的个体能够繁衍后代，并把基因传给下一代个体继续试错，而其余的个体则连同其承载的基因一并消亡。

因此，物种的进化过程，是基因的"学习知识"过程，也是一个"积累知识"的过程。基因可以被看作一种存储机制，记录着每一次成功的试错。而现存的每一个生命形态，都是数十亿年来基因试错学习的成果。也就是说，生物个体的"先天知识"，其实是基因的"后天知识"。

那么，我们是不是可以说，基因组中的碱基序列作为一种知识的载体，记录、存储着一种新的知识形态？或者，生物进化过程是不是一种与人类实践活动相似的知识获取方式呢？

说到知识获取的方式，我们不能不提及"机器学习"。一般的计算机软件是由程序员编写，然后按着人类的指令运行。还有一些同样是程序员编写的计算机软件，它们不但具有学习知识的能力，还具有创造知识的能力，一般我们把这类程序叫作人工智能程序。比如有的遗传算法程序可以自我进化，生成新的计算机程序，或者协助工程师进行新产品设计，创造出人类想象不出来的全新创意。谷歌的深度学习人工智能程序 AlphaGo，通过几天的学习和练习，就能打败人类的围棋冠军。显然，计算机中可能存在一种新的知识形态，而机器学习则是这种知识的获取方式之一……

我们关于知识的讨论，似乎进入了一个暗夜下的荒原，看不到路标，找不到边界，又有无数个岔口摆在面前，让人无所适从。也许，知识和宇宙一样古老，自从宇宙大爆炸开始，就已经存在。因此，"知识"这一概念很有必要重新审视、重新定义。

四、知识与实体之间的关系

在向日葵的故事之中，从一粒种子到向日葵 3D 打印模型的过程中，表征和表达交替出现，互为原型和结果。一次表达的结果往往是下一次表征原型，而这一次表征的结果又可能是下一次表达的原型。据此，我们把这个表征与表达首尾相连的长链中出现的物质形态划分为两个部分：表征结果和表达原型，以及表征原型和表达结果：

表征结果和表达原型：向日葵的基因、反射光、视觉表象和数字模型。

表征原型和表达结果：向日葵花朵、向日葵塑像和 3D 打印的向日葵模型。

这是两种截然不同的物质形态：前者有些虚幻、超然，而后者则实在、具体。推而广之，几乎所有的物质形态都可以分为上述两大类别，于是，我们尝试着为它们重新命名：知识和实体。

知识是实体的表征结果，也是实体的表达原型。知识可以表征其他事物的组成、结构、属性和运动状态。

实体是知识的表达结果，也是知识的表征原型，是物质的某种稳定存在状态。

按照这个定义，很容易把物质分为知识和实体这两种形态：反射光、基因、视觉表象、数字模型等是知识形态，向日葵花朵、橡皮泥塑像和 3D 打印模型等是实体形态。

而且，知识和实体两种物质形态可以通过表征和表达相互转换，知识是实体的表征，实体是知识的表达，如图 2-2 所示。

物质既有知识属性，又有实体属性。也就是说，物质有时表现为知识，有时表现为实体。比如 DNA，既是承载遗传信息的基因知识，也是由碳、氢、氧、氮、磷共五种原子构成的分子长链。

从本质上看，知识是一类物质的组成、结构、属性和运动状态表征另一类物质的组成、结构、属性和运动状态，因此，知识未必是对实体的表征，也可能是对另一种知识的表征。比如，语言是对思想的表征，而文

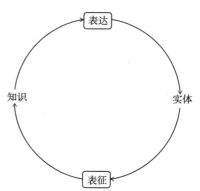

图 2-2　知识与实体之间的
表征、表达关系

字是对语言的表征，等等。

这样看来，我们每个人都生活在两个世界里，一个是实体世界，另一个是知识世界。我们存在于实体世界，但我们感知的却是知识世界。我们眼睛看到的不是实体本身，而是它的自发光或反射光；而我们耳朵听到的、触觉感受到的、鼻子闻到的和味觉品尝到的，都不是实体本身，而是原子之间电磁力的相互作用，那么，光子和电磁力也可以定义为某种形态的知识。

实体世界和知识世界缺一不可。没有实体世界，就没有日月星辰、万物生长和我们的生老病死；而没有知识世界，就不会有生命进化、文化繁荣和我们的喜怒哀乐。

下一节将在上述讨论的基础上构建一个全新的知识理论，进一步厘清知识和实体这两个世界的内部结构和相互关系。

第二节　全谱知识理论

根据知识和实体的定义，把宇宙大爆炸以来的物质形态，按照最早出现时间的先后顺序，划分为五代知识和五代实体，如图 2-3 所示。

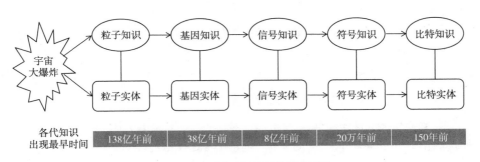

图 2-3　全谱知识理论模型示意图

五代知识：粒子知识，基因知识，信号知识，符号知识，比特知识。

五代实体：粒子实体，基因实体，信号实体，符号实体，比特实体。

五代知识

所有知识形态共分为五个代际，或者称为五代知识，即粒子知识、基因知识、信号知识、符号知识和比特知识。五代知识又分为两类，即粒子知识和复合知识。

粒子知识（particle knowledge）是指各种实体之间的相互作用力。根据相互作用的实体不同，粒子知识分为基本粒子知识和组合粒子知识。

复合知识（compound knowledge）是复合进化的表征和进化环节所产生知识形态，包括基因知识、信号知识、符号知识和比特知识（请参照第四章复合进化）。

粒子知识与复合知识的区别不仅仅因为物理形态，有时还取决于产生过程，比如，自然界产生的声音是粒子知识，而人类发出的用于表征其他事物的声音（比如语言）就是符号知识；自然光是粒子知识，而光纤中的光就是比特知识；随意射出的手电光束是粒子知识，而用于发出莫尔斯码的手电光束则是比特知识；宇宙中的微波是粒子知识，人类制造出来用来通信的微波就是比特知识。

复合知识是一种层级结构，可以从简单到复杂，从低级到高级粗略地划分为五个层次，即知识元素、知识单元、知识模式、知识模型和知识进化系统。其中知识元素为知识系统中最小不可分割的组成部分。

五代实体

与知识形态一样，所有实体形态也分为五个代际，即粒子实体、基因实体、信号实体、符号实体和比特实体。这些实体也分为两类：粒子实体和复合实体。

粒子实体（particle substance）是指粒子物理标准模型中的费米子及其基本进化的产物。粒子实体分为基本粒子实体和组合粒子实体。

复合实体（compound substance）是指"复合知识—实体系统"复合进化过程中知识表达环节产生的实体，包括基因实体、信号实体、符号实体和比特实体，而每种复合实体又分为复合知识表达实体和复合知识智能实体。本章只讨论复合知识表达实体，将在第六章讨论复合知识智能实体。

所有复合实体同时也是粒子实体，只是生成方式不同。比如，天然钻石和人造钻石属于组成和结构基本一致的实体。但天然钻石是粒子实体，是基本进化的产物；而人造钻石则是复合实体，是复合进化的产物。

同一类物品，由不同代际知识表达产生，也会分属不同的复合实体。比如，一个杯子，古代工匠完全凭借自己的经验手工制作出来，也就是信号知识表达的产物，那么，它就属于信号表达实体；如果在机械化工厂按照工艺图纸大规模生产出来的，也就是符号知识表达的产物，那么它就属于符号表达实体；如果是在智能化工厂中，由计算机设计的数字模型 3D 打印出来，也就是比特知识表达的产物，那么它就属于比特表达实体。

总的来说，宇宙中所有事物可分为两大类，即知识和实体。其详细分类如图 2-4 所示。

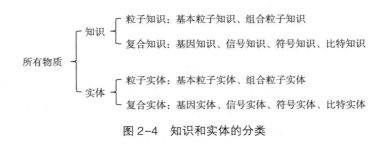

图 2-4　知识和实体的分类

接下来我们将简要介绍五代知识和五代实体，详细讨论将在第七章至第十一章中进行。

一、粒子知识和粒子实体

粒子知识和粒子实体是第一代知识和实体，出现于宇宙大爆炸后 $10^{-43} \sim 10^{-4}$ 秒，距今已经有 138 亿年的历史。

（一）粒子知识（particle knowledge）

粒子知识是指各种实体之间的相互作用力。根据相互作用的实体不同，粒子知识分为基本粒子知识和组合粒子知识。

基本粒子知识是指基本粒子之间的相互作用力，也就是作用于粒子物理标准模型中的费米子之间，由规范玻色子传递的四种自然力，包括由光子传递的电磁力、由胶子传递的强相互作用力、由 W 粒子和 Z 粒子传递的弱相互作用力，以及由目前尚未发现的引力子所传递的万有引力。

组合粒子知识是指所有费米子经过基本进化和复合进化产生的组合粒子实体和复合实体等实体之间的相互作用力，表现为核力、化学键、分子间作用力、重力、弹力、摩擦力等。组合粒子知识是组成实体的所有基本粒子之间四种自然力综合作用的最终体现。

（二）粒子实体（particle substance）

粒子实体是指粒子物理标准模型中的费米子及其基本进化的产物。粒子实体分为基本粒子实体和组合粒子实体。

基本粒子实体是指组成物质的最小单位，即粒子物理标准模型中的费米子，包括 6 种夸克和 6 种轻子，总共 12 种。

组合粒子实体是指费米子经过基本进化产生的实体，包括质子、中子、原子核、原子、分子、气体、液体、固体、星云、星球和星系。

组合粒子实体不包括复合进化过程产生的复合实体，即基因实体、信号实体、符号实体和比特实体。按照基本进化的层级，我们把组合粒子实体划分为三个层次，即微观层次组合粒子实体、中观层次组合粒子实体和宏观层次组合粒子实体。

（1）微观层次组合粒子实体。包括由夸克组成的质子和中子、质子和中子组成的原子核、原子核与电子组成的原子、原子或离子组成的分子。

（2）中观层次组合粒子实体。指在一定温度和压强条件下，由很多相同或不同的原子、离子或分子组合在一起形成的相对稳定的中观尺度的物体，主要包括气态物质、液态物质和固态物质。我们日常所见的风云雨雪、江河湖海、砂粒硕石和山川峻岭等，都属于中观层次的组合粒子实体。

（3）宏观层次组合粒子实体。包括可观测宇宙中的所有星球、星系和超星系，乃至整个宇宙。

二、基因知识和基因实体

现有的科学研究显示，基因知识和基因实体最早出现于 38 亿年前。

（一）基因知识（genetic knowledge）

基因知识是指由核酸、磷酸和碱基等有机大分子组成的脱氧核糖核酸（DNA）和核糖核酸（RNA）长链，具有表征、存储、复制、传播、进化和表达共六种知识属性，是最早出现的复合知识。其中，DNA 主要功能是存储、复制、传播和进化，而 RNA 主要功能则是转录、翻译和表达。

DNA 分子结构中，两条脱氧核苷酸链构成双螺旋结构，其间由腺嘌呤（A）、鸟嘌呤（G）、胸腺嘧啶（T）和胞嘧啶（C）共四种碱基中的两两一组配对相连，形成稳定的编码表征序列，相当于由四个字母构成的编码表征系统。

RNA 也是使用四种碱基进行编码表征，其中三种碱基与 DNA 相同，只是把 DNA 中的胞嘧啶（C）换成了尿嘧啶（U）。虽然 RNA 出现的时间可能更早，并在一些早期生命体、病毒和类病毒中承担着基因知识的存储功能，但更多情况下，RNA 是通过转录和翻译，把 DNA 中的碱基序列表达为氨基酸序列，进而合成主导生命活动的蛋白质。

DNA 是由碳、氢、氧、氮、磷等五种原子在电磁力的作用下构建而成，因此，基因知识也同时是一种组合粒子实体。

（二）基因实体（genetic substance）

基因实体是指所有生物体，包括病毒、古细菌、细菌、真菌、植物和动物。基因实体是基因知识表达的结果。

除了病毒，其他所有基因实体的基本单位和功能单元都是细胞。基因实体可以是单个细胞，如细菌、草履虫等，也可以由多个细胞组成，如真菌、植物和动物。

所有生物体都是由数以亿计的原子组成，而这些原子本来会有数以亿计可能的组合方式，而在基因知识表达（生物体发育成长）过程中，只能按照基因知识规定的"蓝图"进行组合，生成基因实体。虽然基因实体在本质上仍然是一个粒子实体，但却融入了基因知识，成为一个复合实体。因此，基因实体可以简单表示为：

基因表达实体＝粒子实体+粒子知识+基因知识

三、信号知识和信号实体

（一）信号知识（signal knowledge）

信号知识是一种作用于环境与生物体之间、生物个体之间、多细胞生物体的细胞之间和细胞内部的复合知识。信号知识分为化学信号知识和神经信号知识。

化学信号知识应该与单细胞生物同时出现，而神经信号知识则与拥有神经系统的动物同时出现，前者大约在 38 亿年前，后者大约在 8 亿年前。

化学信号知识是物质的化学结构所携带的知识形态，起源于最古老的原核生物，存在于细菌、古细菌、真菌、植物和动物等所有生物体内，其主要形态为信号分子、激素、神经递质、气味分子，等等。

神经信号知识表现形态为动物神经元中的电脉冲，起源于原核生物的膜电位，包括分级电位和动作电位，只存在于拥有神经系统的动物体内。

（二）信号实体（signal substance）

由于化学信号知识不能实现真正意义上的存储和进化，不能表达为化学信号实体，因此，本小节只讨论"神经信号实体"。

神经信号实体是指由神经信号知识表达过程生成的复合实体，包括动物"制造"的复合实体和早期人类制造的复合实体。

在自然界中，动物制造的复合实体历史悠久、种类繁多。河狸的水坝、蚂蚁的巢穴、蜘蛛的猎网、鸟儿的爱巢和蜜蜂的蜂房，等等，都属于神经信号实体。

根据目前的考古学证据，人类早在 250 万年前就能够制造简易的石器，到了大约 100 万年前，粗糙的石器刃具转变为手斧。50 万年前，人类学会了用火烹制食物，并且能制造出简易的长矛等工具。直到 5 万年前，人类才制造出精巧的骨器、专用石器和复合工具，同时也开始留下"符号知识"的痕迹，如洞穴壁画、雕刻的首饰、精密武器及繁复的葬礼[14]。

古人类学家和语言学家普遍认为，人类在大约 5 万年前才掌握成熟的口头语言。这也意味着人类开始使用一套全新的知识形态——符号知识。也就是说，在 5 万年以前的人造物是神经信号实体，这之后的绝大多数人造物都是符号实体。

与基因实体一样，信号实体也是一种由神经信号知识主导组合形成的粒子实体，可以表示为：

神经信号表达实体 = 粒子实体 + 粒子知识 + 神经信号知识

四、符号知识和符号实体

（一）符号知识（symbol knowledge）

符号知识包括两种知识形态，或称为双态结构，一种形态是神经符号知识，比如我们的思想、观念、逻辑思维等，另一种形态是感觉符号知识，比如语言、文字、图画等。

神经符号知识也称为编码神经信号知识，是人类大脑对语言、文字等感觉符号知识构建的神经信号知识模型。在向日葵故事中，神经符号知识就是"向日葵"三个字在大脑中的视觉表象，或者其口语发音在大脑中的听觉表象。

感觉符号知识是这样一种知识形态，它以任何一种人类能够感知的实体系统作为感觉符号，通过人类大脑中的神经符号知识与模拟神经信号知识之间的互译表征，来间接表征其他实体对象，或者其他形态知识。关键的是，这种表征关系是建立在大脑之中神经信号之间，而不是大脑之外的实体之间。

感觉符号知识包括听觉符号知识（语言）、视觉符号知识（文字、图画等）和触觉符号知识（盲文）。在历史上，神经符号知识与感觉符号知识应该同时出现。

（二）符号实体（symbol substance）

符号实体是指符号知识表达所产生的复合实体。

掌握语言文字之后的现代人类，使用简单工具制造和借助复杂的机械设备生产的所有产品均属于符号实体；在此之前的人造物属于信号实体，比如 5 万年前的石器。我们日常生活、学习和生产中使用的物品、工具、设备、设施，除了少数"智能制造"产品属于比特知识表达实体外，绝大多数都是符号实体。符号实体可以表示为：

符号表达实体＝粒子实体＋粒子知识＋符号知识

五、比特知识和比特实体

（一）比特知识（bit knowledge）

比特知识是以电子、电磁波、电磁场和量子等物质形态为载体，采用模拟表征或编码表征的方式转换表征其他代际知识，进而间接表征实体系统的知识形态。常见的比特知识包括导线中的脉冲电流、人工调制的电磁波、微型磁粒的磁极方向和半导体芯片中微型晶体管的通或断状态，等等。

最早的比特知识出现于 1875 年 6 月。电话之父亚历山大·格雷厄姆·贝尔把一个薄薄金属片和电磁开关连接在一起，意外地发现声音能引起金属片振动，进而在电磁开关线圈中产生了脉冲电流，而且电流的强弱可以模拟声音的大小。这股由声音引发的脉冲电流应该是最早的模拟比特知识[15]。

早期的比特知识都是从声音、文字、图像等符号知识转换表征而来，电话机话筒、发报机、计算机键盘等都能把符号知识转换表征为比特知识。计算机和互联网时代的比特知识也被称为大数据，是由计算机、智能终端、物联网设备和各类传感器等比特智能实体的知识表征和知识进化过程所产生。

（二）比特实体（bit substance）

比特实体是指比特知识直接表达产生的实体。比如，依照产品的数字模型（比特知识模型），使用数控机床、自动化生产线或 3D 打印机等自动化设备生产加工出来的产品。

比特知识模型转换为其他知识形态后表达产生的实体不属于比特实体范畴。比如，上述比特知识模型打印为符号知识形态的纸质图纸之后，生产人员依照这份图纸，使用简单工具或机械设备生产出来的产品则是符号表达实体。

比特实体可以是很简单的产品，如自动生产线加工的螺丝钉或机器零件，也可能是非常复杂的产品，如自动化工厂生产的智能手机、电动汽车，等等。比特实体可以表示为：

比特表达实体＝粒子实体+粒子知识+比特知识

第三节　知识的基本属性

虽然知识和实体是物质的两种形态，但与实体相比，知识却具有额外的属性。其中，粒子知识具有表征、传播和表达属性，而所有复合知识都具有表征、存储、复制、传播、进化和表达共六大属性。

一、知识的表征属性

表征属性是指所有知识都具有的基本属性，也是知识最显著的特征。

从表征原型与表征结果的关系来看，表征可分为 3 种方式，即跃迁表征、转换表征和互译表征。

（一）跃迁表征

跃迁表征是指从粒子实体到粒子知识的表征过程。

跃迁（transition）是丹麦物理学家尼尔斯·玻尔（Dane Niels Bohr）在 20 世纪初提出来的概念。他在研究中发现，原子内电子的能量跟光子的能量一样，只能是特定值。电子只有在特定的能量之下才能从一个原子轨道"跃迁"到另一个原子轨道上，并同时释放或吸收一个光子，这就是著名的"量子跃迁"[16]。

具体来说，一个电子向靠近原子核的低能轨道跃迁，该电子就会释放出一个量子的能量，发射一个光子；如果一个电子向距原子核更远的高能轨道跃迁，则要吸收一个量子的能量，吸收一个光子。

我们用"跃迁表征"一词，来描述粒子实体和粒子知识之间的相互转换。

任何温度高于绝对零度的实体都会发生量子跃迁，向外发射电磁波（光子），而且电磁波的波长或频率与实体的温度和原子外层电子结构有关，我们把这种情况称为粒子知识（电磁波、光子）的跃迁表征，也是直接跃迁表征。电磁波（光子）在传播过程中会与实体发生反射、折射等相互作用，之后的电磁波（光子）对与其发生作用的实体也具有表征功能，这种表征属于间接跃迁表征。此外，声波、地震波和引力波等都属于实体系统跃迁表征产生的粒子知识。

任何实体都是通过粒子知识来表征自身的存在。如果实体系统不能产生电磁波、引力波或机械波等粒子知识，或者不与这些粒子知识发生相互作用（如折射、反射等），任何观察者都无法感知其存在。人类的视觉、听觉、味觉、嗅觉和触觉等感觉系统，感知的不是实体本身，而是跃迁表征产生的粒子知识。

（二）转换表征

转换表征是指不同代际知识之间的相互表征，比如，从粒子知识到基因知识、从基因知识到信号知识、从信号知识到符号知识、从符号知识到比特知识，等等，都属于转换表征。

粒子知识是所有复合知识的源头，其他四代复合知识都是粒子知识一次或多次转换表征的结果。在向日葵的故事中，向日葵的反射光是实体对象跃迁表征产生的粒子知识；大脑中向日葵视觉表象则是粒子知识（向日葵的反射光）转换表征所产生的神经信号知识；向日葵的素描画和表述文字则是神经信号知识（向日葵的影像）转换表征所产生的符号知识；而把向日葵的素描画和表述文字变成电子文档，则是把符号知识转换表征为比特知识，如图2-5所示。

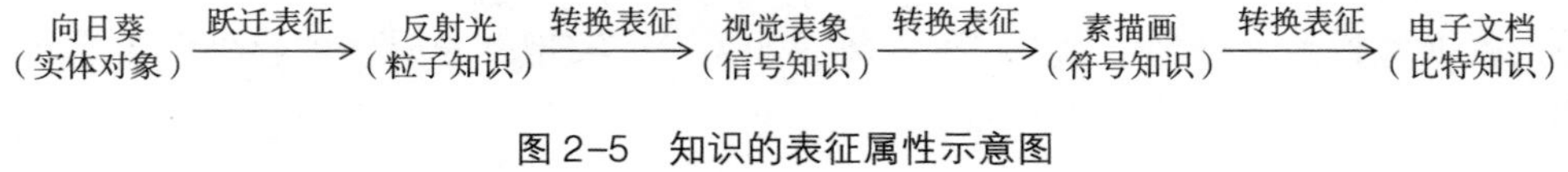

向日葵 ──跃迁表征──▶ 反射光 ──转换表征──▶ 视觉表象 ──转换表征──▶ 素描画 ──转换表征──▶ 电子文档
（实体对象）　　　　　（粒子知识）　　　　　（信号知识）　　　　　（符号知识）　　　　　（比特知识）

图2-5　知识的表征属性示意图

（三）互译表征

互译表征是指相同代际知识之间的相互表征，比如，从语言到文字、一种语言翻译成另一种语言、从电报文到摩尔斯码、从文字到二进制数字、从 DNA 到 RNA、从电流脉冲到电磁波，等等。

总的来说，没有一种知识孤立地存在，任何一种知识只有与其他知识相互表征才具有意义和价值。

二、知识的存储属性

知识的存储是指某种类型的知识能够转换为特定实体，在一定环境条件下和时间范围内保持稳定，而需要的时候能够还原为转换前的知识形态。或者说，存储就是把一种物质形态 A 转换为另一种物质形态 B，一段时间以后，再把物质形态 B 反向转换为当初的物质形态 A。

知识存储包括写入、保持和提取三个环节，而"特定实体"称为存储介质。

粒子知识不具有存储属性，而 4 种复合知识均具有存储属性。

绝大部分基因知识存储介质为 DNA，有些病毒的基因知识存储介质为 RNA。基因知识存储的写入环节就是基因的自我复制；保持环节是 DNA 的存续；提取环节则是 DNA 转录为 RNA。

神经信号知识的存储也称为记忆，其存储介质为神经元之间的突触连接；写入环节是动作电位改变某些突触连接的强度，或者增加新的突触连接；保持环节是指在一定时间范围内，特定的突触连接的强度保持稳定；提取环节则是指特定的突触连接决定动作电位的形成与否，也就是想起或回忆。

符号知识包括两种形态，即神经符号知识和感觉符号知识，其中，神经符号知识的存储属性与神经信号知识基本相似，不再赘述。

感觉符号知识包括听觉符号知识、视觉符号知识和触觉符号知识。我们仅以视觉符号知识中的文字来讨论符号知识的存储属性。

文字也称为编码视觉符号知识。它的出现，使得符号知识冲破神经元的藩篱，在大脑之外找到栖身之所，以一种全新的知识形态实现较长时间的存储和更远距离的传播。

文字的存储介质五花八门，从最初的岩壁、兽骨、泥板、陶器、铜器、石碑，到后来的竹简、羊皮、锦帛、纸张等。计算机出现之后，越来越多的文字符号知识被转换表征为比特知识并存储在各种比特知识存储器中，需要的时候再借助计算机屏幕或打印机转换表征为文字符号知识。

文字存储的写入环节就是人类把大脑中的神经符号知识，表达为行为活动，并在存储介质上留下视觉痕迹，包括刻画、书写等。

文字存储保持时间的长短取决于存储介质。刻画在洞穴岩壁上的象形符号估计已有几万年的历史，而泥板上的楔形文字和兽骨上的象形文字至少存在了8000多年，写在竹简、羊皮卷、纸张上的文字也能保持几百年至几千年。

文字存储的读取环节就是我们日常所说的阅读，即通过视觉器官把文字转换表征为大脑中的神经符号知识。

人类借助文字稳定、持久的存储属性，跨越时间和空间，汇集和积累了不同年代、不同地域人类个体创造的符号知识，最终构建出了一个体量巨大、延续不绝的"公共符号知识库"，其中包括哲学、宗教、法律、科学、技术、文学、艺术等。

比特知识的存储介质包括早期的穿孔卡、穿孔纸带，以及后来依次出现的磁带、软盘、CD、DVD、机械式硬盘和动态存储器。

比特知识存储的写入环节就是把比特知识互译表征为一种新的比特知识形态，即存储状态比特知识；保持环节就是确保存储状态比特知识在一定的物理条件下和一定的时间范围内维持稳定；读取环节就是把存储状态比特知识逆向互译表征为写入时的比特知识形态。下面我们以机械硬盘简单介绍比特知识的存储过程。

机械硬盘的主体是一张表面涂有微型磁性物质颗粒的金属圆盘，当盘片在电动机的驱动下高速旋转时，距离盘片很近的磁头与磁性颗粒发生电磁感应，实现比特知识的写入和读取。

知识的写入过程是比特知识以脉冲电流的形态进入磁头，并在其线圈中产生磁场，这个磁场会改变盘片中磁性微粒的磁极方向，实现了由两种磁极方向（分别代表0和1）的排列组合来转换表征脉冲电流承载的比特知识。

磁头上的电流磁场消失之后，磁性微粒的这种排列状态仍能持久地保持，从而使比特知识在硬盘中得以保存，这就是存储过程中的保持环节。

知识的读取是写入的逆向过程，盘片表面的磁场与磁头之间的电磁感应，会产生相应的脉冲电流，从而使写入的比特知识得以还原。

三、知识的复制属性

粒子知识不具有复制属性，而所有四代复合知识都具有复制属性。

复合知识之所以能够复制，是因为其存在的意义就是以有限数量的粒子实体，通过不同的排列组合来表征其他事物，而复制知识的本质不是复制组成知识的粒子实体本身，而是复制粒子实体的排列方式。

基因知识复制的就是 DNA 双螺旋结构中碱基排列顺序。当 DNA 开始复制时，双螺旋结构中的碱基对开始断裂，分离成两条单链，然后以每条单链为模板，遵循 A–T、G–C 的"锁钥关系"配对原则，重新构建出两条全新的、与母链一模一样的 DNA 长链，新链的序列总是由母链的序列决定。

截至目前，科学家们还未发现神经信号知识的直接复制模式，只有某些间接复制模式，比如动物之间的行为模仿。

符号知识的复制方式更为复杂，神经符号知识需要通过感觉符号知识来复制，比如，两个人通过语言、文字相互交流的过程；感觉符号知识可以通过神经符号知识间接复制，比如抄写、传话；也可以使用印刷机批量复制，比如书报印刷。

比特知识的复制速度更快、精确度更高、成本更低。

一般来说，比特知识复制的错误率接近于零，DNA 复制的错误率是十亿分之一，铅字印刷过程的错误率是千分之一，手抄文字的错误率不会低于百分之一，口头传话的错误率大于十分之一。

四、知识的传播属性

粒子知识是以波的形式进行传播。

光子和引力子这两种基本粒子知识分别以电磁波和引力波的形式传播。由原子、分子的振动形成的组合粒子知识则以机械波的形式传播，如水波、声波、地震波等。

电磁波和引力波都能在真空中进行"无介质传播"，也能在介质中传播；而机械波只能在介质中传播，介质可以是气体、液体和固体。

电磁波在真空中都以光速传播，在介质中的传播速度会有所降低；引力波是一种空间变形，在介质中也应该以光速传播；机械波的传播速度因介质而异。

基因知识与基因实体共居一体，因此基因知识随着生物体或生殖细胞的空间移动进行传播。植物的基因知识随着花粉、种子随风飘散，或者被某种动物有意无意地携带而实现传播；动物的基因知识主要依靠有性生殖、个体移动和种群迁徙进行传播。

以病毒为载体的基因知识的传播方式更加多样。首先，病毒的基因知识能够以其他生物体为载体进行传播，比如依附于细胞表面或侵入细胞内部；其次，可以通过空气、水和土壤来进行传播。

神经信号知识存储在动物大脑之内，通过动物个体的空间移动进行直接传播，或者通过行为模仿进行间接传播。人类大脑中的神经符号知识还可以转换表征为感觉符号知识在个体之间进行间接传播。

在感觉符号知识之中，语言的传播距离从几十厘米到几百米，传播速度为340米/秒（在1个标准大气压和20℃的空气中）。文字的传播距离取决于承载文字的介质移动距离，理论上人类的行为所及的地方就是文字的最远传递距离。美国宇航局于1977年9月5日发射的旅行者1号探测器（Voyager 1）是距今离地球最远的人造飞船，上面携带着几种人类文字。截至2023年1月11日，旅行者1号距离地球的距离为238亿公里，这也是目前文字符号知识最远的传播距离[17]。

文字传播的速度取决于承载介质的移动速度，从古代的快马驿站，到今天的航空邮件，传播速度不断加快。如果文字转换表征为比特知识，则能以光速进行远距离传播。

比特知识的传播方式可分为有线传播和无线传播。

有线传播是指比特知识通过某种线状实体系统进行传输，包括导线传输和光纤传输等。

无线传播是指比特知识以电磁波的形态在空间中进行传输，电磁波包括无线电波、微波、红外线、可见光、激光等。

相较于基因知识、信号知识、符号知识，比特知识传输具有速度快、带宽大、成本低等特点。

五、知识的进化属性

粒子知识不具有进化属性，而四种复合知识均能够进行基本进化。

基因知识进化遵循"元素组合+条件选择→稳态组合体"基本进化模式。其中，"元素组合"可分为基因突变和基因重组两种情形；"条件选择"分为规则型条件选择和竞争型条件选择，主要包括基因修复机制、等位基因竞争机制和自然选择；"稳态组合体"是指能够表达为基因实体的基因组。

神经信号知识进化分为神经元中的基本进化和神经信号知识进化系统中的模型进化。

神经信号知识在神经元中的进化遵循"元素组合+条件选择→稳态组合体"基本进化模式。其中，"元素组合"是指神经元中的多个分级电位和静息电位汇总形成"组合电位"；"条件选择"是指组合电位超过阈值电位才能形成动作电位，而这个动作电位就是"稳态组合体"。

目前，对于神经信号知识的模型进化的深层机制还不甚了解，我们只能依据当前的认知给出一个基本假设：神经信号知识的模型进化具有多线程、多层级、网络化等特点。在知识进化的每个线程、每个层级，乃至作为一个进化整体，都应该遵循"元素组合+条件选择→稳态组合体"基本进化模式。或者说，神经信号知识的模型进化是多个"元素组合+条件选择→稳态组合体"基本进化单元的有机组合。神经信号知识进化系统输出的每一个知识单元都是无数次"元素组合+条件选择→稳态组合体"基本进化的结果。

符号知识包括两种形态，即神经符号知识和感觉符号知识。其中神经符号知识具有进化属性，而感觉符号知识不能直接进化。神经符号知识的进化机制与神经信号知识基本相似，在此不再赘述。感觉符号知识虽然不能进化，但是可以借助存储和传播功能，连接多个神经符号知识进化系统（大脑）共同参与一个或多个符号知识模型的进化，进化结果体现为视觉符号知识模型——数学公式或科学理论。

比特知识进化包括发生在基本进化单元中的基本进化和发生在比特知识进化系统中的模型进化。

比特知识的基本进化单元是电路开关或微型晶体管，类似于神经系统中的神经元。比特知识进化遵循"元素组合+条件选择→稳态组合体"基本进化模式。

由多个电路开关或微型晶体管组成的逻辑电路或计算机芯片构成了比特知识进化系统。在这里发生的比特知识模型进化包括比特知识进化系统初始构建、修改完善和使用运行三个阶段。

在四代复合知识中，出现越晚的复合知识进化速度越快。比如，基因知识一个进化周期从几个小时到几十年不等，神经信号知识一个进化周期大约为百分之一秒，而比特知识一个进化周期已经缩小到百亿亿分之一秒（美国 Frontier 超级计算机）。而且，基因知识、信号知识和符号知识的进化速度基本稳定下来，只有比特知识的进化速度还在持续加快。

六、知识的表达属性

粒子知识具有表达属性。比如，原子中的电子吸收光子后从低能级轨道跃迁到高能级轨道，甚至脱离原子核束缚，成为自由电子，这个过程可视为粒子知识表达为粒子实体。机械波是机械振动在介质中的传播，可以还原为波源的机械振动，等等。

四种复合知识均具有表达属性。

基因知识表达为基因实体，比如，受精卵发育成长为生物体。

神经信号知识表达为神经信号表达实体，比如，工匠们凭借大脑中的记忆制作工艺品。

符号知识表达为符号表达实体，比如，工人们按照设计图纸生产制造产品。

比特知识表达为比特表达实体，比如，3D打印机把数字模型打印成三维实体，等等。

参考文献

[1] 柏拉图. 柏拉图全集 [M]. 王晓朝，译. 北京：人民出版社，2002.

[2] 胡军. 知识论 [M]. 北京：北京大学出版社，2006.

[3] 柏拉图. 柏拉图全集 [M]. 王晓朝，译. 北京：人民出版社，2002：490-536.

[4] 亚里士多德. 后分析篇 [M]. 亚里士多德全集：第1卷. 北京：中国人民大学出版社，1990：348.

[5] 洛克. 人类理解论 [M]. 关文运，译. 北京：商务印书馆，1983：68-71.

[6] 康德. 纯粹理性批判 [M]. 康德全集：第3卷. 李秋零，译. 北京：中国人民大学出版社，2003：26-27，69.

[7] 郁振华. 波兰尼的默会认识论 [J]. 自然辩证法研究，2001：5-6.

[8] 野中郁次郎，竹内弘高. 创造知识的企业：日美企业持续创新的动力 [M]. 李萌，高飞，译. 北京：知识产权出版社，2006：8.

［9］卡尔·波普尔．走向进化的知识论［M］．李本正，范景中，译．北京：中国美术学院出版社，2001：226.

［10］弗洛伊德．论潜意识［M］．弗洛伊德文集：3.长春：长春出版社；2004：467-470.

［11］金岳霖．知识论［M］．北京：商务印书馆，1983：82-85.

［12］The Cambridge Declaration on Consciousness［R/OL］．［2012-07-07］.

［13］珍·古道尔．和黑猩猩在一起［M］．秦薇，卢伟，译．成都：四川人民出版社，2006：99.

［14］卡尔·齐默．演化：跨越40亿年的生命记录［M］．唐嘉慧，译．上海：上海人民出版社，2011：233.

［15］管成学，赵骥民．天涯海角一点通：电报和电话发明的故事［M］．长春：吉林科学技术出版社，2012.

［16］卡洛·罗韦利．七堂极简物理课［M］．文铮，陶慧慧，译．长沙：湖南科学技术出版社，2022.

［17］NASA．Voyager1［R/OL］．［2023-01-11］.

第三章

基本进化：最原始、最基础的进化

本章摘要

首先追溯了进化论思想的起源和进化，然后根据古希腊的哲学思想、粒子物理标准模型和基因知识进化原理，提炼出了基本进化单元即元素组合+条件选择→稳态组合体。接下来讨论了几种知识和实体的多重基本进化以及多重基本进化的几个重要特征。

第一节　进化论的进化史

进化论思想几乎与人类文明史一样古老。早在公元前 600 多年，古希腊哲学家阿那克西曼德（Anaximander，约公元前 610—前 545 年）就提出了进化的理念。他认为，进化是永恒的运动，也是世界的起源。生命最初由海中软泥产生，这些原始的水生生物演变为陆地生物，再进一步演化为人类和其他动物[1]。

亚里士多德（Aristotle，公元前 384—前 322 年）在《动物志》中写道，"自然界由无生物发展到动物是一个渐进的过程。在无生物之后首先是植物类……从这类事物变为动物的过程是连续的。"[2] 他认为生命的演化应该是这样的途径：从非生命开始，然后是植物，最后是动物，其理念与当代生物进化理论大致相似。

这之后的 2000 多年间，进化论被强势的神创论所遮蔽，人们普遍相信物种是由上帝一个一个造出来的，而且这些物种一经造出，便不再变化。

直到 18 世纪，随着科学革命的浪潮冲破了宗教控制下的知识藩篱，进化论思想才得以涅槃重生。在此之后，进化论的发展脉络像剥洋葱一样逐层展开，呈现出界限分明的三个层次：达尔文的自然选择理论，孟德尔的遗传学，沃森和克里克开创的分子遗传学。

法国生物学家拉马克（Jean-Baptiste Lamarck，1744—1829 年）最早提出了较为系统的进化论思想[3]。他收集了很多实例用以证明，包括人类在内的一切物种都是由其他物种连续、缓慢地演化而来，而不是造物主逐一创造。这无疑极具开创意义，但遗憾的是，他对进化现象的解释却是错误，主要体现为两个"演化法则"。

其一是"用进废退"法则，即生物的器官使用得越多就越发达，反之，长期不用，则会衰退或消失。例如，引颈取食高处的树叶使得长颈鹿的脖子越来越长。

其二是"获得性遗传"法则，即物种后天获得的性状变化是可以遗传的，也就是一个物种生命周期中发生的表型改变能够传给后代子孙。后来，德国动物学家魏斯曼（Weismann，1834—1914 年）用一个实验来证明拉马克获得性遗传法则的错误：他曾在 22 个连续世代中切掉小鼠的尾巴，直到第 23 代初生的小鼠仍然长着尾巴[4]。

1831 年，达尔文（Charles Robert Darwin，1809—1882 年）从剑桥大学基督学院获得神学学位，对口工作应该是一名乡村牧师，却阴差阳错地参加了历时 5 年的贝格尔号考察船环球旅行。正是这段广泛、深入的生物考察之旅使达尔文对物种演化有了深入的理解，并开始怀疑上帝造物的世界观。

关于物种演化的内在机制，达尔文并不认同拉马克的"用进废退"学说。一次偶然的机会，马尔萨斯（Thomas Robert Malthus，1766—1834 年）的《人口论》给达尔文带来很大的灵感启迪。

马尔萨斯认为，人口暴增，则地少粮缺，必然会引发生存斗争，结果是强者生存，弱者灭亡。[5] 达尔文将这个机制导入生物进化领域，创造性地提出了"生存斗争、优胜劣汰"的自然选择理论。

达尔文在回忆录中写道："1838 年 10 月……我为了消遣，偶尔翻阅了马尔萨斯的《人口论》；根据长期对动物和植物的生活方式的观察，我已经胸有成竹，能够正确估计这种随时随地都在发生的生存斗争的意义。于是，在我头脑中出现了一个想法：在生存竞争条件下，有利变异应该趋于保留，而不利的变异则趋于消灭。其结果应该导致新物种的形成。"[6] 1859 年，达尔文出版了颠覆性的科学巨著《物种起源》，系统性地提出了进化论思想。

达尔文在《物种起源》中写道："由于繁殖出来的个体比能够生存下来的个体要多得多，我们可以毫不怀疑地说，如果上述情况的确曾发生，那么具有任何优势的个体，无论其优势多么微小，都将比其他个体有更多的生存和繁殖的机会。另外，我们也确信，任何轻微有害变异，都必须招致绝灭。我把这种有利于生物个体的差异或变异的保存，以及有害变异的毁灭，称为自然选择。"[7]

至此，达尔文构建了"遗传变异—自然选择"的进化理论，打破了统治近2000 年的上帝造物的神创论，为生物科学的后续发展打开了一扇大门。

限于当时的科学水平，达尔文能够意识到遗传变异现象的存在，但不能解释其为什么会发生，知其然不知其所以然。对此，他也非常坦诚："我们不得不承认，对各种变异所发生的具体原因的确毫无所知。"[8] 此外，达尔文过分地强调物种内部的生存斗争，而弱化了自然环境和其他物种的选择作用。

1866 年，奥地利的一位牧师孟德尔（Johann Gregor Mendel，1822—1884 年）通过杂交试验，发现了豌豆某些成对性状的代际传递模式，然后，他由表及里，推理得出了遗传规律。孟德尔也因此被后人尊为遗传学之父。

孟德尔是一位严肃而有耐心的科学家。他用了 2 年时间制订杂交研究计划、挑选实验用的豌豆品种，再耗时 8 年系统地开展豌豆杂交实验，最后经过 2 年的数据研究和论文撰写，于 1866 年在《自然史学会杂志》发表了论文《植物杂交的实验》[9]。

孟德尔在论文中介绍，他选择了具有不同性状的豌豆种子进行多代杂交实验，寻找这些性状的代际传递规律。这些性状都是成对出现的，如种子形状（平滑或皱褶）、种子颜色（黄或绿）、豆荚颜色（黄或绿）、豆荚形状（鼓或狭）、花色（紫或白）、花的位置（顶或侧）、茎的高度（长或短），总共 7 对，这样易于识别和区分。

孟德尔认为，豌豆的每一对性状都对应着两个呈"颗粒状"的遗传因子，豌豆授粉不是父代基因的均匀混合，而是遗传因子的颗粒重组。比如，黄色豌豆与绿色豌豆杂交，下一代豌豆要么是黄色的，要么是绿色的，绝对不会是黄色颜料和绿色颜料混合后的那种黄绿色。也就是说，如果有 7 对不同性状的豌豆充分杂交，可以生出 128（2^7）个豌豆品种。

孟德尔还发明了遗传因子的"显性"（dominant）和"隐性"（recessive）概念。比如，黄色豌豆和绿色豌豆进行杂交，当杂交子代只有黄色时，孟德尔称显现的黄色为显性，没有显现的绿色为隐性。他用大小写字母来代表显性和隐性遗传因子。比如黄色为 A，绿色为 a。黄色豌豆和绿色豌豆杂交后的性状变化与遗传解释如图 3-1 所示。

达尔文的"遗传变异—自然选择"进化理论包括两个关键环节，即变异和选择。达尔文用"生存斗争，优胜劣汰"回答了"自然选择"，而"遗传变异"产生的原因却始终没有找到。孟德尔根据实验数据推测，是遗传因子的组合变化，导致生物的性状变化，这就是变异的真正原因。因此孟德尔解答了达尔文的难题，完善了达尔文的"遗传变异—自然选择"进化理论。

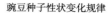

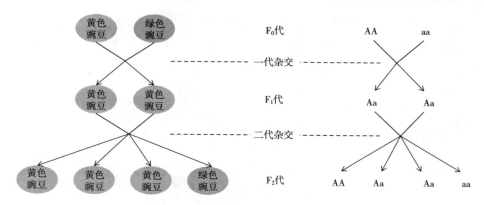

图 3-1　孟德尔发现的遗传规律

　　孟德尔的另一个贡献是提出了遗传因子层面的"变异—选择"模式。在这里，"变异"的来源是遗传因子的相互组合，7 对不同性状对应的 7 对遗传因子可以产生 128（2^7）种组合方式，因此也能生出 128 种性状的豌豆。而"选择"的过程则类似于达尔文的"生存斗争"，即强势遗传因子呈"显性"时才能表达为生物体的性状，而弱势的遗传因子呈"隐性"时不能表达为生物体的性状。

　　在图 3-1 豌豆杂交的例子中，F_2 代共有四种遗传因子的组合，即 AA、Aa、aA、aa。其中 3 种包括显性遗传因子 A 的组合都表达显性性状，只有 aa 这个组合表现为隐性性状。因此，在孟德尔的豌豆杂交实验中，F_2 代中黄色豌豆和绿色豌豆的比例一直稳定在 3：1。

　　在当时的科学水平下，孟德尔的遗传学理论似乎有点超前了，没能引起科学界的普遍关注，在尘封了 60 多年后，才被费舍尔（Ronald A. Fishe）、霍尔丹（J. B. S. Haldane）和杜布赞斯基（R. G. Dobzhansky）等科学家们重新发现，并将其与达尔文自然选择进化论结合起来形成新的进化理论——综合进化论。

　　1953 年，詹姆斯·沃森（James D. Watson）和弗朗西斯·克里克（Francis Crick）进一步揭开了生物进化的奥秘。

　　首先，他们发现了孟德尔"遗传因子"的组成和形态，即 DNA 的双螺旋结构；其次，他们提出了从 DNA 序列到生物体的表达机制，即中心法则。

　　沃森和克里克经过研究发现，DNA 的结构好似一条扭转一定角度的绳梯。绳梯两边的绳索是核苷酸长链，绳梯的横梁是两两相连的碱基。碱基总共有四种，分别是腺嘌呤（A）、胸腺嘧啶（T）、鸟嘌呤（G）和胞嘧啶（C）。如果把折叠在一起对 DNA 长链展开铺平，再用四个字母 A、T、G、C 表示四个碱基，就会出现由四个字母组成一串"DNA 语言"。事实上，正是这串"DNA 语言"承载了生命的遗传信息，如图 3-2 所示。

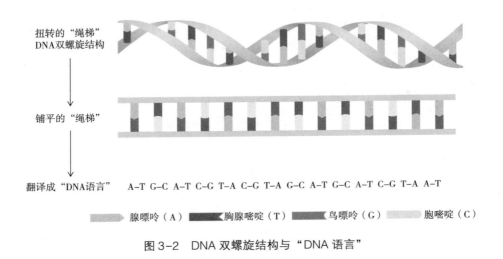

图 3-2　DNA 双螺旋结构与"DNA 语言"

更为奇特的是，DNA 双螺旋结构中两个碱基（绳梯的横梁）的连接具有选择性，只有 A 和 T、G 和 C 才能配对结合。詹姆斯·沃森和弗朗西斯·克里克在那篇划时代的论文《核酸的分子结构：脱氧核糖核酸的结构》中写道："如果腺嘌呤（A）充当了一个碱基对中的一个成员，不管它是在哪条链上，这个碱基对的另一个成员必定是胸腺嘧啶（T）；对于鸟嘌呤（G）和胞嘧啶（C）来说也是同样的情况。这样，当一条链上的碱基的顺序定下来后，那么另一条链上的顺序便自动地决定了。"[10] 正是这种碱基的精确互补性，成就了 DNA 的"半保留复制"机制：DNA 结构中的碱基对断裂，分离成两条单链，然后以每条单链为模板，根据 A-T、G-C 的"碱基互补"配对原则，重新构建出两条新的、与原来一模一样的 DNA，承载的信息也完全一致。

对生命奥秘的探索并没有就此止步，1958 年，克里克（Crick）进一步提出了 DNA 表达为蛋白质的中心法则。

中心法则指出，生物体在发育过程中，储存在基因（DNA 序列）中的遗传信息，首先转录到 RNA 序列中，然后翻译成氨基酸序列并合成蛋白质，这样就完成了从遗传信息（基因型）到生物实体（表现型）的表达过程[11]，如图 3-3 所示。

图 3-3　基因表达过程示意图

至此，人们终于弄清楚了遗传因子与生物体性状的内在联系。当代分子生物学已经证明，地球上所有的生命，从细菌到真菌、从植物到动物，包括我们人类自身，都是由四个字母的 DNA 语言写成的生命之书。

从 1859 年达尔文出版《物种起源》，至 1958 年克里克提出中心法则，历时整整 100 年。在此期间，人类对生物进化的认识层层深入，由表及里，大致厘清了生物进化的基本脉络。在接下来的半个多世纪里，科学家们不断有新的发现，继续拓展和完善生物进化理论。

根据这些理论成果，我们把有性生殖的生物进化过程划分为四个阶段，即生成配子、基因变异、基因表达和生物体的发育成长。

（1）生成配子。配子是指生殖细胞，包括精子和卵子，生物体生成配子的过程就是复制自身的基因。

（2）基因变异。基因变异包括基因突变和基因重组。基因突变是指碱基对层次的基因序列的变化，一般发生在基因复制或转录过程中；基因重组是生成配子以及配子组成受精卵过程中基因的重新组合。

（3）基因表达。细胞根据基因承载的信息合成各种蛋白质，形成不同的组织、器官，贯穿于生物体发育和成长整个过程。

（4）生物体的发育成长。生物体从胚胎发育成长为成熟的个体，在此过程中接受自然环境和生存竞争的选择。

依照全谱知识理论，生物世界分为两个部分，即基因知识和基因实体。遗传物质，无论是 DNA 还是 RNA 都属于基因知识；而生物体，从病毒到细菌、真菌、从植物到动物都属于基因实体。

这样看来，上述过程第 1、第 3 阶段分别是基因知识表征和基因知识表达过程，是基因知识和基因实体之间的桥梁；第2阶段可以理解为基因知识的进化；第4阶段的自然选择是环境对生物体的选择过程，属于基因实体进化的范畴。因此，生物进化的过程也可以划分为四个阶段，即基因知识表征、基因知识进化、基因知识表达和基因实体进化。

下一节重点讨论基因知识进化，基因知识表征、基因知识表达和基因实体进化将在第八章详细讨论。

第二节　基因知识的进化

基因知识进化由基因组合与条件选择两个阶段组成，其中，基因组合包括基因突变和基因重组，条件选择包括基因的检测和修复。

一、基因知识进化的"基因组合"

基因组合就是基因变异，包括基因突变和基因重组。基因突变是发生在生物遗传物质（DNA或RNA）上的可遗传变化，可能是单个碱基的改变，也可能是基因片段的替换。而基因重组是指两性繁殖时遗传物质发生混合而产生的遗传变异。因此，从本质上看，基因突变和基因重组是基因知识在不同层次上的基因组合。

基因组合发生在三种情况下，即任何生殖方式的基因复制过程、细菌及古细菌的水平基因转移和两性生殖的基因重组。

（一）基因复制过程中的基因组合

生命的繁殖和发育方式离不开细胞分裂，包括减数分裂和有丝分裂。无论哪一种细胞分裂都要进行DNA或RNA的复制。比如，人类个体从受精卵到成熟个体，要经过数十万亿次的细胞分裂，受精卵细胞中的DNA分子也要经历同样次数的复制。这相当于把一座巨型图书馆的所有书籍都抄写一遍，出现错误在所难免。

这种基因复制过程中产生的错误是粒度更细、层次更深的基因组合，是最底层核苷酸分子的排序变化，是"DNA语言"写成的生命之书中的字母错误，或词序颠倒。

（二）单细胞生物的基因组合

即使像古细菌和细菌这样古老、简单的单细胞生物，也会发生基因组合。这种基因组合一般称为水平基因传递，能够将一小部分基因从一个古细菌或细菌转移到另一个古细菌或细菌。这种情况可能发生在物种内部，也可能发生在亲缘关系很远的物种之间[12]。

（三）有性生殖过程中的基因重组

真核生物的有性生殖过程中至少发生两次基因重组。第一次重组是父本和母本细胞发生减数分裂，来自其上一代的两条成对染色体发生交叉重组，分裂成两个单倍体细胞（精子和卵子），此时每个细胞内是经过重组的单条染色体。第二次重组是两个单倍体细胞融合在一起，来自父本和母本的两条染色体组成一个二倍体细胞（受精卵），这个细胞经过亿万次有丝分裂，直至发育成一个成熟的生物体，如图3-4所示。

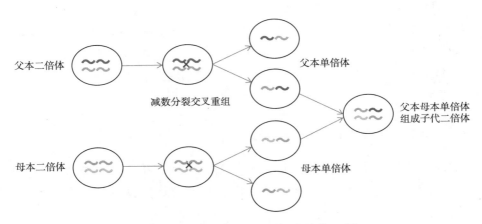

图 3-4　真核生物有性生殖过程中的基因重组

二、基因知识进化的"条件选择"

在基因知识进化的"基因组合"阶段，无论是意外的基因复制错误，或者DNA损伤，还是有性生殖过程中的有序基因重组，本质上都是产生了无数个新的基因组合体。这些基因组合体中，哪些被修复如初，哪些能够传承下来，甚至表达为生物体，这就需要"条件选择"发挥作用。基因知识进化中的条件选择分为两类，一类是规则型选择，另一类是竞争型选择。

（一）基因复制过程中的规则型选择

我们已经了解到，生命的过程要经历无数次基因复制，其间出错率还是很高的。例如，在体外研究 DNA 复制过程中，碱基被错误复制的概率接近 10^{-3}（每复制一千个碱基可能出错一次）[13]。此外，各种高能射线和化学毒物也会造成 DNA 损伤，从而引发基因突变。可想而知，如果这些错误得不到纠正，生命世界的稳定性将受到极大影响。

好在细胞进化出了神奇的 DNA 检测和修复机制，可以及时发现和修复错误的基因，使得 DNA 复制的错误率降到 10^{-9} 以下（每复制十亿碱基可能会出错一次），而这种 DNA 自身的检测和修复机制可以理解为"规则型选择"。

DNA 复制时，任何一个额外碱基加入或去除，双螺旋的正常结构都会被扭曲。而检测机制正是根据这些扭曲来识别出基因复制的错误，进而启动修复机制。

修复机制分为直接修复和剪切修复两种类型。直接修复就是直接改正 DNA 在复制过程中产生的错误排序。剪切修复则首先去除不正常 DNA 链的一部分，其次以另一条链作为模板来重新合成去除的部分，最后将新合成的部分连接到正确的位置[14]。

（二）有性生殖中等位基因的竞争型选择

孟德尔提出遗传因子的显性和隐性概念就是等位基因的一种竞争型选择。在有性生殖过程中，对应同一个生物性状会有两个或两个以上的基因。这些基因分别来自上一代，可以表达为不同的性状，比如，豌豆的黄色种子和绿色种子，人类的蓝色眼睛和黑色眼睛，等等。究竟哪一个基因最终表达为生物性状，完全取决于基因的竞争能力，即强势基因成为显性基因，表达为性状；弱势基因为隐性基因，不能表达为性状。

通过上述讨论可以发现，基因知识进化可以简化为一个简单机制："基因组合+条件选择"，那么，这种进化机制是否具有普遍意义呢？

让我们从构成物质世界的基本粒子开始讨论。

第三节 基本粒子与四种自然力

早在公元前 400 多年，古希腊哲学家恩培多克勒（Empedocles，约公元前493—前432 年）就提出，自然界是由土、气、水和火这四种元素组成的，它们是恒定的"原始实体"。此外还存在两种力量，起统一作用的力量——爱，以及起分裂作用的力量——恨，因此，所有的物质都是爱与恨这两种相反的力量作用于土、气、水和火这四种元素形成的。

在爱的聚拢下，四种元素组合形成世间万物，包括山川河流、花草树木、鸟兽鱼虫，甚至包括我们人类；而在恨的作用下，这一切又会逐一分解，重新变回原始的四种元素。

恩培多克勒在诗中写道：

四元素从不间断供给

相互间的交流。

时而因爱的作用全部聚集，

形成唯一的秩序，时而它们中的每一个

又被恨推斥的四散分离。

当又一次，由分解的一中，

爱出现，事物便获重生，

但它们的生命并不长久；由于

四元素不断供给相互间的交流，

四元素便在循环中不变永恒[15]。

差不多 2500 年后，诺贝尔物理学奖获得者，美国物理学家理查德·费曼（Richard Phillips Feynman）提出了类似的观点，只是把四种元素换成了原子，把爱和恨换成了引力和斥力。

《费曼讲物理》一书中写道："如果在某次大灾难中，所有的科学知识都将被毁灭，只有一句话能够传给下一代人，那么，怎样的说法能够以最少的词汇包含最多的信息呢？我相信那就是原子假说（或原子事实），即万物都由原子构成，原子是一些小颗粒，它们永不停息地四下运动，当它们分开一个小距离时彼此吸引，而被挤到一堆时则相互排斥。"[16]

事实上，现代物理学已经构建了较为完善的理论来解释物质的构造过程，这就是粒子物理标准模型。令人惊奇的是，这个模型与2500多年前恩培多克勒的"四种元素+爱和恨"极其相似，只是四种元素被12种费米子代替；爱和恨被强力、弱力、电磁力和引力这四种自然力代替，而这四种自然力分别由五种被称为规范玻色子的基本粒子来传递（其中引力子尚未证实）。

粒子物理标准模型包括12种组成物质的费米子和五种传递物质间作用力的玻色子。电子、中微子和夸克三类基本粒子属于费米子，构成物质实体。光子、胶子、W粒子和Z粒子以及希格斯粒子属于玻色子，分别传递电磁力、强力、弱力和万有引力。

也就是说，宇宙中的所有物质都是由12种基本粒子（费米子），在四种力（电磁力、强力、弱力和万有引力）相互吸引和排斥的共同作用下，依次组成质子、中子、原子核、原子、分子，乃至山川河流、草木生灵和星辰宇宙。

第四节　基本进化单元

按照粒子物理标准模型的解释，这个世界的所有粒子实体，从微观世界到宏观世界，都是12种费米子在四种自然力的作用下，分阶段、按层级地组合构建而成，我们把这个过程大致分为四个阶段：

第一阶段：夸克在强力的作用下，组成质子和中子。

第二阶段：质子和中子在强力、弱力和电磁力的共同作用下组成原子核。

第三阶段：原子核和电子在电磁力作用下组成原子、离子和分子。

第四阶段：原子、离子和分子在电磁力和引力的共同作用下组成星云、恒星等天体。

显而易见，上述每个阶段都包括两个基本环节：一是由基本粒子经过不同层级组合形成组合体；二是一种或几种自然力共同发生作用。这几种有引力也有斥力，只有引力和斥力达到平衡的组合体才能持续存在，或者说，是自然力的作用来"选择"哪些组合体成为"稳态组合体"。这种机制是否似曾相识？我们不妨回顾一下：

古希腊恩培多克勒的"四种元素+爱和恨"模型：四种元素随机产生各种组合体，爱（吸引）和恨（排斥）共同作用决定组合体是存在还是分解。

基因知识进化的"基因组合+条件选择"模型中，基因的突变和重组是DNA在不同层次上重新组合，基因修复机制校正了绝大多数变异和复制错误，事实上也是"选择"哪种基因组合体能够存在。

综上所述，"四种元素+爱和恨"模型、粒子物理标准模型和"基因组合+条件选择"模型，这三种模型有本质上的相似性，完全可以简化为一个统一的模式：

元素组合+条件选择→稳态组合体

其中，参加组合的"元素"分别是：恩培多克勒的四种元素、基本粒子和DNA中的碱基对。

对组合体进行"条件选择"分别是：吸引和排斥（爱和恨）、四种自然力、基因修复机制和等位基因竞争机制。

而"稳态组合体"分别是：恩培多克勒的"四种元素+爱和恨"模型中世间万物、粒子物理基本模型中的从微观到宏观的所有物质和生物体中的基因组。

除此之外，我们还尝试用"元素组合+条件选择→稳态组合体"模式来解释神经元中动作电位的生成、语言文字的进化、晶体管通断变化，等等。结果发现，"元素组合+条件选择→稳态组合体"是所有知识和实体的最基本、最底层的进化模式，因此，我们有充分的理由认为，"元素组合+条件选择→稳态组合体"模式应该是物质世界最基本的进化单元，在此基础上形成更加复杂的进化过程，演化出五彩缤纷的大千世界。于是，我们把"元素组合+条件选择→稳态组合体"命名为"基本进化单元"。

显而易见，"元素组合+条件选择→稳态组合体"基本进化单元由三个基本要素构成，即元素组合、条件选择和作为结果的稳态组合体。

"元素组合"是指某些知识或实体作为组合元素，遵照特定机制进行组合构建，产生尽可能多的组合体。

组合元素可能是最基本的、最底层的知识或实体，比如粒子实体中的基本粒子，即12种费米子，基因组中的碱基，语言中的音素，文字中的字母，等等；也可能是这些最基本的组合元素经过组合构建产生的稳态组合体，比如质子、中子、原子核、原子、分子等组合粒子实体，基因组中的基因片段，语言文字中的单词、短语、句子，等等。

"条件选择"是指在某种机制作用下，元素组合产生的巨量组合体中，只有部分组合体得以存续的过程，而这种机制就是条件选择。

在恩培多克勒的"四种元素+爱和恨"模型中，选择条件是"爱和恨"的共同作用。

在粒子物理标准模型中，选择条件是部分或全部四种自然力的共同作用，达到引力和斥力的暂时平衡。

在"基因组合+条件选择"模型中，选择条件是基因修复机制或等位基因竞争机制，等等。

此外，神经元中分级电位产生动作电位的"阈值"、各种语言的语法、半导体电路中的通断条件等都是一种选择条件。

"稳态组合体"是在元素组合过程产生的巨量组合体中，经过条件选择后得以存续的组合体。应该说，凡是存在的物质，无论是知识还是实体都属于稳态组合体。

另外，稳态组合体的"稳态"是相对的，如果选择条件发生变化，稳态组合体将分解成更小的稳态组合体，或者参与组成更大稳态组合体。比如，水分子被电解时可分解为氢气和氧气；铀原子核被中子撞击则分离成两个或多个质量较小的原子核和两个到三个中子；在超高温和高压作用下，两个氘原子聚合成为一个氦原子核，等等。或者说，"稳态"是暂时的平衡，一旦平衡被打破，"稳态组合体"即可分解成大小不一、不同层级的稳态组合体，参与到新的基本进化单元之中。

稳态组合体还可以作为组合元素参与新的元素组合，比如，质子和中子是由夸克组成的稳态组合体，接下来还可以作为组合元素参与新的基本进化单元，组成新的稳态组合体——原子核。

"分久必合，合久必分"，这个原则不仅适用于人类世界的社会组织，同样适用于实体世界和知识世界。任何"稳态组合体"只能存在有限的时间，都有一定的寿命，最终都会分解或崩塌。

第五节　多重基本进化

通过上一节的讨论已经知道，世界上绝大多数物质，无论是实体形态还是知识形态，其形成或产生过程都包括多个"元素组合+条件选择→稳态组合体"基本进化单元。除了少数最基本的组合元素，比如粒子实体中的基本粒子（12 种费米子）、语言中的音素、文字中的字母或偏旁部首、基因中的碱基等，其他所有实体形态或知识形态都是多次连续的基本进化的结果，于是，我们把这种由多个基本进化单元组成的进化过程称为多重基本进化。

多重基本进化是从小到大、从简单到复杂进行的。自宇宙大爆炸开始，基本粒子经过多重基本进化，依次形成化学元素、星球星系，乃至生命世界和人类文明。从这个意义上来说，世间万物，包括所有实体形态和知识形态，都是从小而简单的"组合元素"经过多重基本进化所产生。

下面分别讨论两种实体形态（粒子实体和基因实体）和两种知识形态（基因知识和符号知识）的多重基本进化。

一、粒子实体的多重基本进化

粒子实体多重基本进化由多个连续的"元素组合+条件选择→稳态组合体"基本进化单元组成。

其中，"组合元素"可以是基本粒子实体，即组成物质最小单位——费米子，如夸克、电子等，也可以是任何层次的组合粒子实体，如质子、中子、原子核、原子、离子、分子、气态物体、液体物体、固态物体，乃至星际物质、星球和星系。

"选择条件"是指作为"组合元素"的粒子实体在某一空间位置或某一运动状态下，共同作用于组合体的所有自然力达到相对平衡状态——即一种相对静止、匀速运动或沿着固定轨道周期性运行状态。此时组合体中所有组合元素之间的斥力和引力达到平衡状态，形成稳态组合体。简单地说，粒子实体在基本进化中的选择条件就是作用力的平衡。如果这个平衡被外力打破，稳态组合体也将重新分解成或大或小的组合粒子实体。这也是宇宙万物分分合合的奥秘所在。

粒子实体多重基本进化中的稳态组合体包括除基本粒子实体之外的所有粒子实体，也就是所有组合粒子实体。从质子、中子到星球、星系，都是由更低层次的粒子实体形成的稳态组合体。

另外，稳态组合体的"稳态"是相对的、暂时的。任何稳态组合体最终都会分解为组合元素，时间或早或晚。比如，很多人造元素的存在时间只有几毫秒，而太阳的寿命大约在100亿年。

表3-1列出了粒子实体在微观层面的多重基本进化层级状况。

表 3-1　实体形态的多重基本进化

实体类型	组合元素	选择条件	稳态组合体
粒子实体 多重基本进化	（未知的更小粒子）	（未知的自然力）	夸克
	夸克	强作用力	质子、中子
	质子、中子	强力、弱力和电磁力	原子核
	原子核、电子	电磁力	原子、离子
	原子、离子	电磁力	分子
	原子、分子	电磁力、万有引力	气体、液体和固体
基因实体 多重基本进化	原子、离子	电磁力	细胞器
	细胞器	电磁力	细胞或单细胞生物
	细胞	电磁力	多细胞生物
	多细胞生物	自然选择	物种
	物种	自然选择	生态系统

二、基因实体的多重基本进化

仅从实体的视角来看，从原子到生态系统也是一个多重基本进化过程，即原子组成大分子，多种大分子组成细胞器，细胞器组成单细胞生物或细胞，细胞组成多细胞生物，然后众多生物体进一步形成不同的物种，很多物种组成一个生态系统。

上述过程中的每一个环节都是一个"元素组合+条件选择→稳态组合体"基本进化单元，其中的"组合元素"就是上一个基本进化单元的稳态组合体，而"选择条件"可能是自然力中的电磁力，也可能是自然环境和生存竞争，见表 3-1。

三、基因知识的多重基本进化

我们已经知道，作为基因知识的 DNA 是脱氧核苷酸组成的双螺旋长链。而脱氧核苷酸由碱基、脱氧核糖和磷酸构成。这三种组分还可以继续细分为碳、氢、氧、氮、磷五种元素，乃至夸克和电子。也就是说，基因知识是由基本粒子实体经过多重基本进化所产生，因此基因知识的进化在本质上也是粒子实体多个"元素组合+条件选择→稳态组合体"的基本进化单元组成的多重基本进化。其中，"元素组合"是指 DNA 双螺旋结构中腺嘌呤、鸟嘌呤、胸腺嘧啶和胞嘧啶四种碱基排列顺序的改变,在生物学中被称为"变异",包括基因突变和基因重组;"条件选择"是指对上述排列改变的保留和延续,选择条件包括基因修复机制和自然选择;"稳态组合体"是指最后能够进行基因表达的碱基序列——DNA 三联密码子、基因片段、染色体和基因组。

应该说,现在所有生物体内的基因知识,都是有限数量的碱基经过数十亿年的多重基本进化的结果,见表 3-2。

表 3-2　知识形态的多重基本进化

知识类型	组合元素	选择条件	稳态组合体
基因知识 多重基本进化	碳、氢、氧、氮、磷原子	电磁力	DNA 碱基
	DNA 碱基	电磁力	DNA 三联密码子
	DNA 三联密码子	电磁力	基因片段
	基因片段	电磁力	染色体
	染色体	电磁力	基因组
符号知识 多重基本进化	字母(偏旁部首)	语法	单词(单字)
	单词(单字)	语法	词组短语
	词组短语	语法	句子
	句子	语法、逻辑	段落
	段落	语法、逻辑	文章
	文章	语法、逻辑	著作

四、符号知识的多重基本进化

下面选择感觉符号知识中的文字符号知识来讨论符号知识的多重基本进化。

文字符号知识最基本的组合元素是字母(或偏旁部首),然后依次组成单词或单字、词组短语、句子、段落、文章和著作,这个过程也是由多个"元素组合+条件选择→稳态组合体"的基本进化单元组成的多重基本进化。其中,"组合元素"包括最基本的组合单元——字母(或偏旁部首),以及上一个基本进化单元产生的稳态组合体，"选择条件"为各个层级的语法规则，包括组字法则、词法、句法和逻辑规则等。"稳态组合体"就是各个层级的基本进化产生的单词、词组、句子、段落和文章等。

多重基本进化呈现出一个普遍规律，即很少种类但数量庞大的基本元素，经过无数次元素组合和条件选择，能创造出体量巨大和丰富多样的世界。

第六节　多重基本进化的重要特征

多重基本进化无处不在，是构成世界的基本方式。下面分别从元素组合、条件选择和稳态组合体三个角度来讨论一下多重基本进化的几个重要特征。

一、多重基本进化的元素组合引发"组合爆炸"

阿根廷文学家豪尔赫·路易斯·博尔赫斯在短篇小说《通天塔图书馆》中描述了一个由图书馆构成的宇宙。这个宇宙由数不胜数的六角形房间组成，房间里塞满了规格一致的书籍，每本 410 页，每页 40 行，每行 80 个字符。

博尔赫斯写道："所有书籍不论怎么千变万化，都由同样的因素组成：即空格、句号、逗号和 22 个字母，没有两本书是完全相同。书架里包括了二十几个书写符号所有可能的组合，或者是所有文字可能表现的一切。"[17]

那么，这个通天塔图书馆究竟有多少书籍呢？这实际上是一个数学中的排列组合问题。图书馆中的每本书共 410 页，每页 40 行，每行 80 个字符。那么每本书总的符号数应该为 410×40×80＝1312000（个）。书籍的书写符号为"空格、句号、逗号和 22 个字母"，共 25 个。这 25 种，共 1312000 个符号的所有可能的排列组合，也就是书籍总数为 $25^{1312000}$ 本。这个数字实在太大了，超乎任何想象，只能用"组合爆炸"（combinatorial explosion）来形容。

组合爆炸是指少数基本元素，在多重基本进化过程中进行多次元素组合，导致组合体的数量呈爆炸性增长的现象。

人类很早就认识到组合爆炸的魅力。2500 多年前的中国典籍《孙子兵法·势篇》中就有这样的描述："声不过五，五声之变，不可胜听也。色不过五，五色之变，不可胜观也。味不过五，五味之变，不可胜尝也。战势不过奇正，奇正之变，不可胜穷也。奇正相生，如（循）环之无端，孰能穷之？"声音、颜色、味道和奇正等少数基本元素的排列组合，可以创造出变化无穷的大千世界。

就在我们身边，组合爆炸的现象随处可见。

基因组由四种碱基对组成，人类共有32亿对碱基，所有可能的组合体总数是4的32亿次方。生物体内的氨基酸只有20种，但是数百个氨基酸组成长链，就可能构成 10^{12} 种蛋白质[18]。

语言文字也会产生组合爆炸。以英语为例，26个字母依次组成单词、句子、段落、章节、书籍。只考虑由3~10个字母组合而成的单词，其所有可能的组合总数是 $26^3+26^4+\cdots+26^{10}\approx1.5\times10^{14}$。也就是说，由3~10个字母组成的单词总数为150万亿个。

《牛津英语词典》（*The Oxford English Dictionary*）总共收录了60万个单词，也就是说，实际使用的单词与可能存在的单词，两者数量相差了近8个数量级。

计算机和互联网系统中使用的二进制，只有0和1两个组合元素。在理论上，0和1的多重基本进化产生的稳态组合体，可以表征宇宙间和地球上所有的粒子知识、基因知识、信号知识和符号知识，这就是所谓的大数据。

在科技发展过程中，每一项全新的技术或开创性理论的诞生，就是增加了一个参与"元素组合"的"稳态组合体"。当它与原有的技术或理论进行组合时，就会发生"组合爆炸"，在很短的时间内诞生数量超乎想象的新技术、新理念。比如，蒸汽机发明之后，工程师们把它分别与轨道矿车、桨船、人工织布机等进行组合，很快就发明出了火车、轮船和机械纺织机等；内燃机发明之后，工程师们把它与滑翔机、三轮或四轮马车、蒸汽机动力火车、轮船进行组合，很快就发明了飞机、汽车、内燃机车、内燃机轮船，等等。此外，电力系统、计算机、互联网和人工智能，每一个新的"稳态组合体"的出现，都引发了新一波"组合爆炸"，而且，现有技术越多，生成的组合体数量越多，"组合爆炸"的威力就越大，这也是工业革命以来技术进步的速度呈指数发展的根本原因。

二、规则型条件选择和竞争型条件选择

在多重基本进化中，每一个"元素组合+条件选择→稳态组合体"基本进化单元都包括一次条件选择，不同层级的基本进化单元对应着不同的条件选择，因此，条件选择也会多种多样。我们把条件选择大致分为两类，即规则型条件选择和竞争型条件选择。

规则型条件选择是指"元素组合+条件选择→稳态组合体"基本进化单元中元素组合产生的组合体，由外部环境或既定规则来决定是否成为稳态组合体而持续存在。

在生物进化过程中，生物体的外部环境包括气候环境、食物来源等，这些都属于规则型选择条件。

一个质子和中子的组合体，引力和斥力达到平衡便形成稳态组合体——原子核，"引力和斥力达到平衡状态"就是"既定规则"，即规则型选择条件。

语言文字中的语法是规则型选择条件，这些词法和句法校正了很多传播中发生的错误，也埋没了某些突发奇想的创造。

在规则型条件选择中还有个特例，即阈值型条件选择，是指组合体的某项指标达到或超过一个限定数值即可成为稳态组合体。如神经元中的所有分级电位和静息电位的累加值达到或超过阈值（一般为－55毫伏）就会产生动作电位（神经脉冲）。此外，工业标准、产品标准等也属于阈值型选择条件。

竞争型条件选择是指组合体之间相互竞争，胜出者称为稳态组合体得以存续，或者参与下一个基本进化单元中的元素组合。

达尔文进化论的自然选择就是竞争型选择，优胜劣汰、弱肉强食的丛林法则是竞争型条件选择的最真实写照。

两性生殖过程中的生物体层面和基因知识层面都存在着竞争型条件选择。

很多哺乳动物的择偶方式是"竞争上岗"。比如，一群狮子、一群羚羊、一群金丝猴、一群黑猩猩中的雄性，必须经过一番打斗，胜利者才能拥有交配的权力，包括该群全部雌性。

在鸟类中，漂亮的羽毛、婉转的歌声、优美的舞姿都可能成为竞争的砝码，优胜者才能获得异性的青睐。

两性生殖过程中，在基因层面同样存在着竞争型条件选择。假如杂交豌豆的 F_0 代分别是黄色种子和绿色种子，那么 F_1 代是黄色种子还是绿色种子呢？因为决定豌豆种子颜色这一性状的有两个基因，生物学家称为等位基因（alleles）。等位基因相互竞争，强势等位基因成为显性基因，表达为性状；弱势等位基因为隐性基因，不能表达为性状。在这里，豌豆种子黄色的等位基因比较强势，是显性基因，因此才出现了图 3-1 所示状况。

谷歌公司的网页排名技术也是一种竞争型条件选择：在互联网上，如果网页被很多其他网页所链接，说明它受到普遍的承认和信赖，那么它的排名就高[19]。竞争型条件选择中有一种交互型条件选择，即组合体之间互为选择条件。比如，追得更快的狼会成就跑得更快的鹿；而跑得更快的鹿会催生追得更快的狼。或者，少一点血腥，多一点诗意："你站在桥上看风景，看风景的人在楼上看你。明月装饰了你的窗子，你装饰了别人的梦。"[20]

三、多个层次的稳态组合体构成层级结构的世界

在多重基本进化过程中，每一个"元素组合+条件选择→稳态组合体"基本进化单元产生的稳态组合体，既可以独立存在，也可以继续参与下一个基本进化单元，产生更高层级的稳态组合体。也就是说，一个多重基本进化过程包括多少层级的基本进化单元，就会留下多少层次的稳态组合体，这些不同层次的稳态组合体就构成了层级结构的世界。

一般系统论的创立者冯·贝塔朗菲在《一般系统论：基础、发展和应用》一书中写道："层次序列的一般理论显然是一般系统论的主要支柱。我们要把宇宙'看'作一个庞大的层次系统。"[21]

下面是一些显而易见的层级结构：

……夸克和电子，质子和中子，原子核，原子，分子；

大分子，细胞器，细胞，多细胞生物，物种，生态系统；

DNA 碱基，DNA 三联密码子，基因片段，染色体，基因组；

字母（或偏旁部首），单词或单字，词组短语，句子，段落，文章；

个体，家庭，组织或机构，地区，国家，世界；

恒星和行星，恒星系，星系，星系群，超星系团，可观测宇宙……

未来，随着人类探索微观世界和宏观世界的能力不断增强，这个层级巨链的两端还会继续延伸。

参考文献

[1] 罗素．西方哲学史［M］．何兆武，李约瑟，译．北京：商务印书馆，1982：53.

[2] 亚里士多德．亚里士多德全集：第4卷：动物志［M］．北京：中国人民大学

出版社，1990：270.

[3] N. H. 巴顿，等 . 进化 [M] . 宿兵，等译 . 北京：科学出版社，2010：9.

[4] 丛亚丽 . 魏斯曼对遗传学的贡献及其哲学意义 [J] . 科学技术与辩证法，1993，10（4）：18-23.

[5] 马尔萨斯 . 人口原理 [M] . 朱泱，胡企林，朱和中，译 . 北京：商务印书馆，1996.

[6] 查尔斯·罗伯特·达尔文 . 达尔文回忆录 [M] . 毕黎，译 . 北京：商务印书馆，2015：75.

[7] 查尔斯·罗伯特·达尔文 . 物种起源 [M] . 舒德干，等译 . 北京：北京大学出版社，2005：55.

[8] 查尔斯·罗伯特·达尔文 . 物种起源 [M] . 舒德干，等译 . 北京：北京大学出版社，2005：81.

[9] 孟德尔，等 . 遗传学经典文选 [M] . 梁宏，王斌，译 . 北京：北京大学出版社，2012：18.

[10] 孟德尔，等 . 遗传学经典文选 [M] . 梁宏，王斌，译 . 北京：北京大学出版社，2012：165.

[11] N. H. 巴顿，等 . 进化 [M] . 宿兵，等译 . 北京：科学出版社，2010：54.

[12] N. H. 巴顿，等 . 进化 [M] . 宿兵，等译 . 北京：科学出版社，2010：360.

[13] N. H. 巴顿，等 . 进化 [M] . 宿兵，等译 . 北京：科学出版社，2010：343.

[14] N. H. 巴顿，等 . 进化 [M] . 宿兵，等译 . 北京：科学出版社，2010：344-345.

[15] 罗曼·罗兰 . 恩培多克勒·斯宾诺莎的光芒 [M] . 赵英晖，译 . 上海：上海人民出版社，2013：86.

[16] 理查德·费曼 . 费曼讲物理：入门 [M] . 秦克诚，译 . 长沙：湖南科学技术出版社，2012：4.

[17] 豪·路·博尔赫斯 . 博尔赫斯全集 [M] . 王永年，陈泉，译 . 杭州：浙江文艺出版社，1999：119.

[18] 吴相钰，陈守良，葛明德 . 陈阅增普通生物学 [M] . 4 版 . 北京：高等教育出版社，2014：18.

[19] 吴军 . 数学之美 [M] . 北京：人民邮电出版社，2012：101.

［20］卞之琳 . 你站在桥上看风景［M］. 北京：人民文学出版社，2022：26.

［21］冯·贝塔朗菲 . 一般系统论：基础、发展和应用［M］. 林康义，等译 . 北京：清华大学出版社，1987：25.

第四章

复合进化：植物、动物、人类和人工智能共用的进化方式

本章摘要

首先从生物进化中总结、提炼出一种新的进化模式——"基因知识—实体系统"复合进化，推而广之，这种复合进化也适用于其他三代复合知识和复合实体。复合进化是一种或多种复合实体参与或主导的，由多个进化单元循环往复构成的进化模式，每个进化单元包括知识表征、知识进化、知识表达和实体进化四个环节。其中，由一种复合实体参与或主导的复合进化称为标准复合进化，由两种及两种以上复合实体参与的复合进化称为多重复合进化。复合进化使地球走出了单调的无机循环，创造和繁荣了生命世界和人类文明。

第一节　标准复合进化

一、从生物进化到标准复合进化

在第四章中把有性生殖的生物进化过程划分为四个阶段，即生成配子、基因变异、基因型表达为表现型和生物体的发育成长。

（1）生成配子相当于基因知识表征。配子是由多细胞生物在两性生殖过程中产生的生殖细胞。配子分为雄配子和雌配子，动物和植物的雄配子称为精子，雌配子称为卵子。在二倍体生物体（拥有两套同源染色体）产生配子时，首先是生殖细胞中的 DNA 自我复制，然后通过两次细胞分裂产生四个配子。这样的话，每个配子都携带了生物体基因的一个副本，因此，生成配子的过程就相当于配子对生物体的基因知识表征。

（2）基因变异就是基因知识进化。基因变异包括基因突变和基因重组。基因突变是指碱基对层次的基因序列的变化，一般发生在基因复制或转录过程中；基因重组是指精子和卵子的生成，以及形成受精卵的过程。这个过程在本质上属于粒子实体的多重基本进化，完全遵循"元素组合＋条件选择→稳态组合体"的基本进化模式。

其中，"元素组合"是指 DNA 双螺旋结构中腺嘌呤、鸟嘌呤、胸腺嘧啶和胞嘧啶四种碱基排列顺序的改变，包括基因突变和基因重组；"条件选择"是指 DNA 对上述排列改变的修复机制；"稳态组合体"是指最后能够进行基因表达的碱基序列。

（3）基因型表达为表现型就是基因知识表达。基因型表达为表现型，遵循克里克（Crick）等科学家于1958年提出的分子生物学中心法则：遗传信息从DNA中的碱基序列转录为RNA中的碱基序列，然后翻译成氨基酸序列，最后再折叠形成蛋白质，由蛋白质来实现生物体的形态和功能。从本质上看，这个过程就是基因知识表达为基因实体的过程。

（4）生物体的代际变化可以理解为基因实体进化。在生殖过程中，不是一个生物实体直接变成另一个生物实体，或者生物体的父代直接变为子代的，而是通过基因知识的表征、进化和表达来共同实现的。生物体的子代与父代非常相似，但也有所不同。我们把这种关系理解为基因实体进化，这也是我们常识中的生物进化。

由此看来，生物进化过程包括两条进化路径，其一是基因知识进化，其二是基因实体进化，而这两条进化路径又被基因知识表征和基因知识表达连接在一起，形成了一个循环往复的进化单元。而且，在整个进化过程中，生物体的生存和繁衍还会受到生存环境的影响，即自然选择，如图4-1所示。

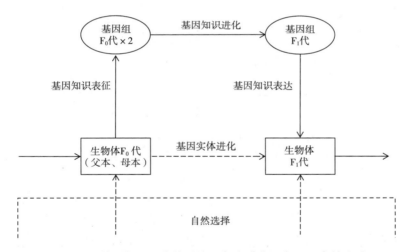

图4-1　"基因知识—实体系统"复合进化示意图（有性生殖）

也可以说，生物进化是由多个复合进化单元组成，每一个繁殖代际就是一个复合进化单元，而每个复合进化单元又包括基因知识表征、基因知识进化、基因知识表达和基因实体进化共四个进化环节。

我们进一步研究发现，这种复杂的进化模式普遍存在于其他三种复合知识（即信号知识、符号知识和比特知识）与对应的实体系统之间，于是，我们把这种进化模式命名为"复合知识—实体系统"复合进化，或简称复合进化（compound evolution），其定义如下：

复合进化是指一种或多种复合实体参与或主导的，由多个进化单元循环往复构成的进化模式，而每个进化单元包括知识表征、知识进化、知识表达和实体进化共四个环节。其中，由一种复合实体参与或主导的复合进化为标准复合进化，由两种或两种以上复合实体参与的复合进化为多重复合进化。

标准复合进化由多个进化单元构成，每个进化单元包括知识表征、知识进化、知识表达和实体进化四个主要环节，如图4-2所示。

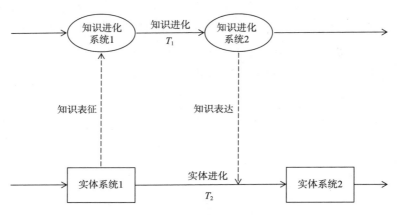

图4-2　标准"复合知识—实体系统"复合进化示意图

1. 知识表征

"复合知识—实体系统"复合进化中的知识表征是指实体系统被表征为复合知识，比如，一株阳光下的向日葵，如果在人类大脑中形成视觉表象，向日葵就被表征为神经信号知识；如果被写成一段赞美的文字，向日葵就被表征为感觉符号知识；如果被拍成数码照片，向日葵就被表征为比特知识。

2. 知识进化

"复合知识—实体系统"复合进化中的知识进化包括知识进化系统的构建、完善和运行。知识进化系统是由复合知识积累、构建的复合知识系统。知识进化系统既是对实体系统的静态表征，也可以模拟实体系统的动态进化。由于知识进化速度远快于实体进化速度，或者说，知识进化耗费的时间（T_1）要小于实体进化耗费的时间（T_2），因此，知识进化对实体进化的结果具有预测功能，进而能够通过知识表达来干预实体进化，使之朝着知识进化系统控制的方向进行。不同形态的复合知识构建出相应的知识进化系统，包括基因知识进化系统、信号知识进化系统、符号知识进化系统和比特知识进化系统。

3. 知识表达

"复合知识—实体系统"复合进化中的知识表达是指知识进化系统中的复合知识表达为复合实体的过程。包括基因组表达为基因实体、动物或人类的想法意图表达为行动活动或简单工具、工厂根据设计图纸制造产品、3D 数字模型被打印成实物等。

4. 实体进化

"复合知识—实体系统"复合进化中的实体进化是指实体系统在复合知识的参与下发生的基本进化。

由于基因知识与基因实体共处一体、不可分离，因此"基因知识—基因实体"复合进化的实体进化是一种间接进化，即生物体从父代到子代的变化。其他三种复合进化的实体进化可以表示如下：

信号表达实体进化=粒子实体+粒子知识+信号知识

符号表达实体进化=粒子实体+粒子知识+符号知识

比特表达实体进化=粒子实体+粒子知识+比特知识

也就是说，复合进化中的实体进化本质上是粒子实体进化，但是有了复合知识的参与，其进化路径便发生了改变，即"实体系统1"进化为"实体系统2"，甚至变成一个全新的实体系统。

总的来说，除了粒子实体外，这个世界上的所有生物体和各种人造物都是"复合知识—实体系统"复合进化的产物。在生命出现之前，这个世界发生的都是基本进化。如果没有复合进化，地球将和太阳系其他行星一样只有矿物质和无机物，不会有细菌、真菌、植物和动物，也不会有人类，更不会有今天的科学技术和文明社会。

截至目前，共有四种标准"复合知识—实体系统"复合进化，即"基因知识—基因实体"复合进化、"信号知识—实体系统"复合进化、"符号知识—实体系统"复合进化和"比特知识—实体系统"复合进化。本节已经介绍了"基因知识—基因实体"复合进化，接下来简要介绍另外三种标准复合进化。更深入的讨论请参阅第八章至第十一章中相关内容。

二、"信号知识—实体系统"复合进化

信号知识包括化学信号知识和神经信号知识，本小节只讨论神经信号知识参与的复合进化。

"信号知识—实体系统"复合进化是指具有神经信号知识进化系统（神经系统）的生物体（拥有神经系统的动物）主导的，由信号知识表征、信号知识进化、信号知识表达和信号表达实体进化共四个环节组成的进化单元多次循环往复形成的复合进化，最终实现信号知识的获取、积累和进化，以及改变实体系统进化路径和进化结果，甚至生成全新的信号知识表达实体，最终目标是实现生物体的生存和繁衍。

动物和人类的所有知识学习与行为活动都属于"信号知识—实体系统"复合进化范畴。比如，狗狗学会接住飞盘和我们用手端起杯子喝茶等日常行为，都是"信号知识—实体系统"复合进化单元多次循环的结果。

下面是"信号知识—实体系统"复合进化四个主要环节简介。

1. 知识表征

神经信号知识表征是指拥有神经系统生物体通过各种感觉器官，把机体内部和外部接收到的粒子知识和化学信号知识转换表征为统一格式的神经信号知识（动作电位），并沿着各自的神经通路传送至神经信号知识进化系统（中枢神经系统）的过程。人类的视觉器官、听觉器官、嗅觉器官、味觉器官和触觉器官都属于知识表征系统，其主要功能就是把其他形态的知识转换表征为神经信号知识，这样我们才能感知实体世界。

2. 知识进化

神经信号知识进化发生在神经信号知识进化系统（中枢神经系统）中，贯穿于神经信号知识进化系统的初始构建、修改完善和使用运行等各个阶段，包括大脑发育、学习、记忆、思考、预测和决策等。

在动物胚胎发育阶段和出生后一段时间，神经信号知识进化系统处于初始构建阶段，主要任务是在基因知识和外部环境的交互作用下，完成神经信号知识进化系统的初始构建。

在动物生命的早期，神经信号知识进化系统处于修改完善阶段，即知识学习阶段，主要任务是完成各个功能子系统的训练、完善，乃至重新构建。

在动物生命的中后期，神经信号知识进化系统进入使用运行阶段，主要任务是知识的创造和输出，提高生物个体生存繁衍的成功率。

神经信号知识进化系统的上述三个阶段之间没有严格的界限，而是互有重叠，即在初始构建阶段同时也在完善和运行，在使用运行阶段还在不断地修改完善。比如，刚刚出生的婴儿就具有一定的学习和行为能力，而老年人也能学习新知识。

3. 知识表达

神经信号知识表达是指神经信号知识进化系统（中枢神经系统）输出的神经信号知识传输至肌肉细胞，转化为肌肉收缩和舒张，拉动骨骼运动，控制肢体行为，改变生物体自身空间位置和运动状态，进而改变外部实体系统进化路径的过程。

通俗地讲，神经信号知识表达就是把大脑中的想法意图转化为身体的行为活动，也可能会改变外部实体系统进化路径，甚至创造出全新的复合实体。

比如，我们坐卧、走路、抓举、说话、呼吸和进食等行为活动是一种神经信号知识表达，随手挪动书桌上的鼠标是一种神经信号知识表达，用橡皮泥制作一个向日葵塑像也是一种神经信号知识表达。

4. 实体进化

神经信号表达实体包括两大类，其一是动物"制造"的实体对象，如河狸的水坝、蜘蛛的猎网、鸟儿的爱巢、蜜蜂的蜂房，等等；其二是人类在掌握语言文字之前制造的简单物品，如石器等。由于神经信号知识的进化效率低下，很难生成新的神经信号知识模型，因此，神经信号表达实体的进化也非常缓慢，比如，人类20万年前制造的石器与250万年前制造的石器相比，只有少许的进步。

三、"符号知识—实体系统"复合进化

"符号知识—实体系统"复合进化，是由人类主导的，由符号知识表征、符号知识进化、符号知识表达和符号表达实体进化共四个环节组成的进化单元多次循环往复形成的复合进化，主要目的是符号知识的获取、积累和进化，以及改变实体系统进化路径和进化结果，甚至生成全新的符号知识表达实体。

"符号知识—实体系统"复合进化是人类文明的显著标志。人类所有的精神文明成果，包括科学、技术、艺术、宗教、道德、法律等，都是"符号知识—实体系

统"复合进化过程中积累和创造的符号知识;人类所有的物质文明成果,包括农业设施、工业设施、城市建筑、道路桥梁,以及人们吃、穿、住、行等生活用品,都是"符号知识—实体系统"复合进化过程中知识表达产生的符号知识表达实体,因此,如果没有"符号知识—实体系统"复合进化,就不会有人类的文明社会。

下面是"符号知识—实体系统"复合进化四个主要环节:

1. 知识表征

符号知识表征是指人类使用本体知识表征系统(感觉器官)或延伸知识表征系统(仪器仪表),把其他形态的知识转换表征为神经符号知识或感觉符号知识的过程。

比如,我们把呈现在眼前的美丽风景或发生在身边的有趣事件,用一段心理语言来描述,或者说出来、写出来、画出来。在这个过程中,视觉器官首先把粒子知识(可见光)转换表征为神经信号知识(视觉表象),然后在大脑中进一步被转换表征为神经符号知识(心理语言),最后转换表征为感觉符号知识(语言、文字或图画)。

此外,使用天平、尺子、温度计、压力计、温度计等延伸表征系统,把诸如质量、长度、温度、压力、湿度等实体系统的物理属性转换表征为感觉符号知识;还可以使用射电望远镜、X光机、引力波探测器等科学仪器,把人类无法感知的知识形态转换表征为图像、曲线、数字等感觉符号知识。

2. 知识进化

由于符号知识分为神经符号知识和感觉符号知识,因此符号知识进化系统既包括神经符号知识进化系统,也包括感觉符号知识模型系统。神经符号知识进化系统大致位于人类的大脑皮层,其主要功能是符号知识进化和较短时间存储,而感觉符号知识模型系统存在于诸如纸张等知识载体上,其主要功能是符号知识的传播和较长时间存储。也就是说,我们在头脑中思考问题时用的是神经符号知识进化系统,而说出来或写出来的时候就转换表征为感觉符号知识模型系统。

我们将要对某个问题发表评论,首先会在头脑中思考、酝酿,打出腹稿,然后说出言语,或者写成文字。与此类似,要完成一个计算、求解一个方程、推导一个公式,首先需要把这些视觉符号知识读懂,也就是把感觉符号知识转换表征为神经信号知识,然后在大脑中进行计算、推导或求解,最后把结果转换表征为视觉符号知识。总之,符号知识的进化发生在人类大脑之中,而进化的结果既可以存储在大脑之中，也能够以感觉符号知识的形态传播和存储。

3. 知识表达

符号知识表达是指符号知识表达系统把符号知识进化系统输出的符号知识表达为实体的过程，这些实体称为符号知识表达实体。

在绝大多数情况下，符号知识表达是由本体表达系统（人类肢体）和延伸表达系统（工具设备）共同完成的，或者说，人类的意志大都经由双手操作工具设备才能变成现实。

在渔猎时代，人类使用渔网、鱼叉、弓箭、标枪等简单的延伸表达系统；

在农耕时代，人类发明了各种生产工具和简单机器等延伸表达系统；

在工业时代，人类发明了蒸汽机、内燃机、车床、汽车、火车、飞机等更为复杂的延伸表达系统。

马克思说过："蜜蜂建筑蜂房的本领使人间的许多建筑师感到惭愧。但是，最蹩脚的建筑师从一开始就比最灵巧的蜜蜂高明的地方，是他在用蜂蜡建筑蜂房以前，已经在自己的头脑中把它建成了。劳动过程结束时得到的结果，在这个过程开始时就已经在劳动者的表象中存在着，即已经观念地存在着。"[1]

在本质上，蜜蜂和建筑师的工作都是把知识表达为实体，只不过蜜蜂建筑蜂房是神经信号知识表达为信号表达实体，而人类建筑师的工作是把感觉符号知识表达为符号表达实体。

4. 实体进化

符号知识表达实体进化是指某些符号表达实体由于技术进步或需求改变而发生的变化。比如，从卡尔·本茨最早发明的三轮汽车进化为四轮汽车，从燃油汽车进化为电动汽车，从人工驾驶汽车进化为无人驾驶汽车，等等。

"符号知识—实体系统"复合进化的知识表达环节产生的实体，即符号表达实体最终还要接受社会和市场的检验，或称为环境选择，类似于生物进化的自然选择。如果不能通过环境选择，符号表达实体将重新进入下一轮复合进化，或者被抛弃。

四、"比特知识—实体系统"复合进化

"比特知识—实体系统"复合进化是指由比特智能实体参与的，由比特知识表征、比特知识进化、比特知识表达和实体进化四个环节组成进化单元多次循环往

复形成的复合进化，主要目标是比特知识的获取、积累和进化，以及比特智能实体自身空间位置和运动状态的变化、外部实体系统进化路径发生改变或者生成全新的比特表达实体。

截止到目前，"比特知识—实体系统"复合进化大都是由人类主导、比特智能实体参与的多重复合进化。只有像服务机器人、自动驾驶车辆等完整功能型比特智能实体的自动或半自动工作状态，才相当于标准"比特知识—实体系统"复合进化。

下面以扫地机器人为例，简单介绍"比特知识—实体系统"复合进化过程。

1. 知识表征

比特知识表征环节主要任务是把扫地机器人的各个传感器和信号装置接收的粒子知识、符号知识转换表征为比特知识，并传送到比特知识进化系统（扫地机器人的控制系统）。

扫地机器人的比特知识表征系统即环境感知和信号接收系统，由各类传感器和信号接收装置组成，包括激光雷达、摄像头、超声波传感器、压力传感器等。

2. 知识进化

比特知识进化环节由比特知识进化系统（控制系统）完成。比特知识进化系统是扫地机器人的"大脑"，由处理器和存储器等硬件和软件组成，作用是接受知识表征系统输入的比特知识，完成知识进化，最后把进化结果输出到比特知识表达系统，转化为扫地机器人的空间移动和清扫行为。

3. 知识表达

比特知识表达环节由比特知识表达系统完成。表达系统由动力机构、行走机构和清洁机构组成，作用是把比特知识进化系统输出的比特知识，转化为比特智能实体自身空间位置和运动状态的变化，同时也改变任务空间实体系统的进化路径，最终目标是自动完成预定的清洁任务。

4. 实体进化

扫地机器人的"比特知识—实体系统"复合进化的实体进化包括两种情形：一是扫地机器人按着控制指令在任务空间中有序移动；二是扫地机器人的清洁机构对任务空间进行清扫、吸尘和擦拭，实质上对任务空间实体系统的局部状态带来了改变。

第二节　多重复合进化

从 38 亿年前生命诞生到大约 1 万年前，所有生命体都遵循"随机变异，自然选择"的自然法则生存繁衍。这种"基因知识—基因实体"复合进化既有独特优点，也存在明显不足。优点是基因知识通过突变和重组，可以产生几乎无限数量的基因知识组合体，在多个路径上并行探索各种可能的进化方向，使得地球生物圈即使经历五次物种大灭绝，仍然能保持欣欣向荣、丰富多样。

另外，正如理查德·道金斯所说：自然选择是一个"盲眼钟表匠"。之所以说它"盲"，是因为它并没有事先预见，也没有计划顺序，更加没有目的[2]。这种漫无边际、挥霍资源、缺乏目标的"试错"模式，使得生物进化变成了一个非常奢侈、耗时的过程：从最早出现的原核生物进化到真核生物用了近 20 亿年；单细胞生物进化到多细胞生物用了 10 多亿年；从最早的简单动物进化到灵长类动物用时超过了 5 亿年；而从灵长类动物进化到智人又耗费了 5000 多万年时间。

直到大约一万年前，我们的祖先开始挑选一些野生的动物和植物，有计划、有目标地进行人工驯化和人工培植，从此便开启了一种全新的进化模式——"符号知识—基因知识—基因实体"多重复合进化，即通过"人工选育、人工选择"的方式来驯化动植物。

多重复合进化是指由两种或两种以上复合实体参与的"复合知识—实体系统"复合进化。

任何两种或两种以上的复合实体参与的复合进化都可以组成一种多重复合进化，因此，多重复合进化会有很多类型。

古人根据自己需求或偏好来驯化和选育动植物，就属于"符号知识—基因知识—基因实体"多重复合进化；而生物学家使用计算机来编辑、修改生物体的基因组，属于"比特知识—基因知识—基因实体"多重复合进化。

如果艺术家把大脑中的向日葵视觉形象画成素描，然后按照这个素描制成雕塑，这是"符号知识—信号知识—实体系统"多重复合进化；如果使用计算机软件把这个素描画设计成数字模型，再从 3D 打印机中打印成向日葵塑像，这个过程可以视作"符号知识—比特知识—实体系统"多重复合进化。

可以说，人类很多创新、创造活动都属于某种类型的多重复合进化。通过多重复合进化，人类创造出了自然界原本不存在的各种知识系统和实体系统，诸如语言文字、宗教文化、科学技术，以及新的生物物种、宇宙飞船、建筑桥梁、机器设备，甚至新的化学元素，等等。

本节重点介绍几种类型的"符号知识—基因知识—基因实体"多重复合进化，其他类型多重复合进化将在相关的章节进行讨论。

与采集果实和狩猎野兽相比，驯化和养殖野生动植物是一项由多人协同才能完成的复杂任务，需要个体之间的经验交流和知识汇集，甚至需要几代人的知识积累和传承。很显然，信号知识难以胜任这些知识的"脑间传播"和"脑外存储"工作。而符号知识不但能对野生动植物的发育、成长和繁殖过程进行知识表征、构建模型和知识进化，而且能在群体成员之间使用语言符号知识进行传播，或使用文字符号知识进行更远距离的传播，以及使用脑外介质进行长时间储存。因此，人类驯化和养殖野生动植物的生产模式应该是一种最早出现的"符号知识—基因知识—基因实体"多重复合进化。

随着人类科学技术的进步，到了近现代，又出现了更加先进的"符号知识—基因知识—基因实体"多重复合进化模式，比如人工杂交、基因工程等。我们依照符号知识介入基因知识进化的不同程度，把"符号知识—基因知识—基因实体"多重复合进化归纳为三种类型：人工选育型、人工杂交型和基因工程型。

一、人工选育型"符号知识—基因知识—基因实体"多重复合进化

科学研究表明，在最近一次冰河期结束的 1 万年前后，人类开始尝试野生植物和野生动物的驯化。到了 5000 年前左右，人类已经在世界各地独立驯化出了现存的绝大多数农作物、家禽和家畜，见表 4-1。

表 4-1　全球各地驯化物种举例[3]

独立驯化的地区	驯化的植物	驯化的动物	可证明的最早年代
西南亚	小麦、豌豆和橄榄	绵羊	公元前 8500 年
中国	稻、黍	猪、狗、蚕	不迟于公元前 7500 年
中美洲	玉米、豆、南瓜等	火鸡	不迟于公元前 3500 年
安第斯山脉和亚马孙河地区	马铃薯、木薯	羊驼、豚鼠	不迟于公元前 3500 年
美国东部	向日葵、藜属植物	无	不迟于公元前 2500 年

独立驯化的地区	驯化的植物	驯化的动物	可证明的最早年代
萨赫勒地带	高粱、非洲稻	珍珠鸡	不迟于公元前 5000 年
西非	非洲薯类、油椰	无	不迟于公元前 3000 年

在驯化动植物时，人类把自身需求和意志（符号知识）施加于生物进化：选择优良品种进行繁育，从其后代中选择更加优良的个体，再继续进行下一轮繁育……直到培育出理想的品种，这个过程就是一个人工选育型"符号知识—基因知识—基因实体"多重复合进化，如图 4-3 所示。

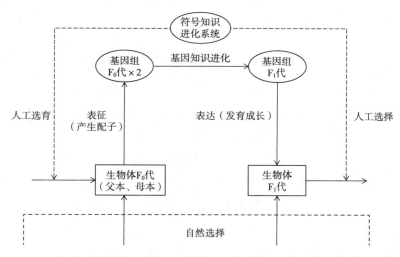

图 4-3　人工选育型"符号知识—基因知识—基因实体"多重复合进化示意图

在此过程中，首先由人工选育代替自然求偶，在基因组层面人为改变参与"基因知识进化"的基因知识；其次，"人工选择"超越"自然选择"成为最高层次的"选择条件"，由人类来决定哪些子代个体保留下来继续繁殖，哪些个体遭到淘汰。这样的话，生物进化的路径和方向必然依照符号知识进化系统的知识输出而发生改变，而且，这种改变超乎想象的快速和高效。

生物学家设计了一个实验装置，目的是通过人工选育来培育飞行速度更快的果蝇。起初，果蝇的平均飞行速度只有 2 厘米/秒。从这些果蝇中选出飞行较快的4.5%进行繁殖，然后，再从它们的后代中选出飞行较快的4.5%果蝇继续繁殖。经过 100 代后，果蝇的平均飞行速度提高了 85 倍，达到 170 厘米/秒[4]。

科学研究表明，金鱼起源于我国的野生鲫鱼。通过人工选育，鲫鱼首先由黑灰色变为红黄色，然后经过不同时期、不同地域的人们继续进行人工选育，逐渐进化出成百上千个金鱼品种。另外，全世界所有近 400 个品种的狗也都是人工选育的结果。它们共同的祖先是生活在大约 1 万 6 千年前的狼[5]。

总的来说，在达尔文和孟德尔之前，我们的祖先就已经创造出了一种超越"自然选择"的"符号知识—基因知识—基因实体"多重复合进化。在这种进化模式中，符号知识比基因知识具有更快的进化速度和更高的进化效率，比自然状态下的"基因知识—基因实体"复合进化有了质的飞跃。其直接结果就是，仅仅用了几千年的时间，人类就从几百万年以来食不果腹、居无定所的采集渔猎社会，进入了丰衣足食、安居乐业的农业文明社会。

二、人工杂交型"符号知识—基因知识—基因实体"多重复合进化

1859 年达尔文的《物种起源》出版以来，人类对生物进化的认识越来越深刻、透彻，为其构建的符号知识模型也愈加完善和精细，比如，孟德尔、摩尔根等人提出的遗传学理论，等等。人工杂交型"符号知识—基因知识—基因实体"多重复合进化就是建立在这些理论模型基础上的生物进化模式。

人工杂交型"符号知识—基因知识—基因实体"多重复合进化是在相同或不同物种中选择特色品种进行有性生殖，然后从其后代中人工选择出优良的品种继续进行繁育，如图 4-4 所示。

人工杂交型"符号知识—基因知识—基因实体"多重复合进化可分为同一物种生物个体之间的种内杂交和不同物种生物个体之间的种间杂交。

20 世纪初，欧美国家的生物学家们根据孟德尔、摩尔根的遗传学理论，选用具有不同表型性状的同一物种或近缘物种的植株进行人工杂交，培育出优质高产、抗病抗虫、抗寒抗旱的小麦、玉米、油菜和棉花等农作物的优良品种。

1975 年，袁隆平院士将一株野生稻"野败"与种植水稻进行人工杂交，成功培育出了大面积亩产超过 500 公斤的超级稻[6]。2014 年 10 月 10 日，农业农村部专家对袁隆平院士领衔的第 4 期中国超级稻攻关基地的测产结果显示，百亩片平均亩产达到 1026.70 公斤[7]。几十年来，袁隆平超级稻在中国乃至世界范围推广种植，累计增产粮食达数亿吨，为人类粮食事业做出了里程碑式的贡献。

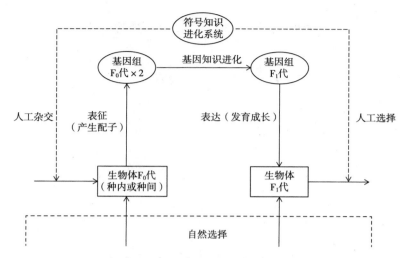

图 4-4　人工杂交型"符号知识—基因知识—基因实体"多重复合进化示意图

此外，生物学家们选用具有不同表型性状的同一物种或近缘物种的动物个体进行人工杂交，用于改良家畜品质。当前，全球范围内规模化养殖的家畜基本都是人工杂交的品种。

三、基因工程型"符号知识—基因知识—基因实体"多重复合进化

1953 年，詹姆斯·沃森和弗朗西斯·克里克提出 DNA 分子的双螺旋结构之后，科学家们就开始从分子层面来构建表征生命现象的符号知识进化系统——分子生物学理论，用以解释基因知识的编码、复制、存储、进化和表达机制。这个符号知识参与的生物进化，就是基因工程型"符号知识—基因知识—基因实体"多重复合进化，如图 4-5 所示。

基因工程型"符号知识—基因知识—基因实体"多重复合进化是以分子生物学理论为基础构建符号知识模型，把来自种内或种间生物体的基因切割、分离后，进行组合、连接，然后导入宿主细胞，来改变生物原有遗传特性。这个过程主要由两个步骤组成，一是利用各种技术构建基因知识组合体，二是把基因知识组合体表达为生物体。

与人工杂交型"符号知识—基因知识—基因实体"多重复合进化相比，基因工程型"符号知识—基因知识—基因实体"多重复合进化的操作对象已经不是参与有

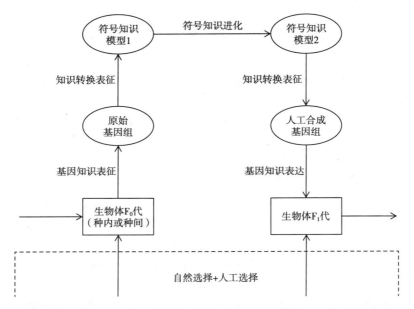

图 4-5　基因工程型"符号知识—基因知识—实体系统"多重复合进化示意图

性生殖的生物个体，而是分子水平上的基因片段。比如，可以把细菌的一段基因导入动物基因组，或者是相反的操作。

早在 1972 年，伯格（Berg）和他的同事将 λ 噬菌体和大肠杆菌乳糖操纵子插入猴病毒（SV40）中，首次构建出含有 SV40 和 λ 噬菌体 DNA 的重组体。之后，基因工程陆续应用于生产新型疫苗、胰岛素和人的生长激素，以及转基因农作物和畜禽品种改良等诸多方面[8]。

参考文献

［1］中共中央马克思恩格斯列宁斯大林著作编译局 . 马克思恩格斯全集：第 23 卷 ［M］. 北京：人民出版社，1972：202.

［2］理查德·道金斯 . 盲眼钟表匠 ［M］. 王德伦，译 . 重庆：重庆出版社， 2005：7.

［3］贾雷德·戴蒙德 . 枪炮、病菌与钢铁 ［M］. 谢延光，译 . 上海：上海译文出

版社，2000：84.

[4] N. H. 巴顿，等. 进化 [M]. 宿兵，等译. 北京：科学出版社，2010：507.

[5] 朱钦士. 生命通史 [M]. 北京：北京大学出版社，2019.

[6] 袁隆平，辛业芸. 袁隆平口述自传 [M]. 长沙：湖南教育出版社，2010：106.

[7] 唐小晴. 中国超级稻四期亩产突破 1000 公斤，再创世界纪录 [J/OL]. 农村工作通讯，2014，20：5.

[8] 吴相钰，陈守良，葛明德. 陈阅增普通生物学 [M]. 4 版. 北京：高等教育出版社，2014：289.

第五章

智能本源：知识表征、知识进化和知识表达

本章摘要

智能实体（intelligent substance）是由知识表征系统、知识进化系统和知识表达系统构成的复合实体，能够通过"复合知识—实体系统"复合进化来创造和积累知识，适应或改变外部环境，与此同时，智能实体自身也会发生相应的改变。智能（intelligence）是指智能实体通过"复合知识—实体系统"复合进化，来适应、改变外部实体环境，乃至实现自我生存繁衍的能力。目前已知的智能实体和智能，即基因智能实体和基因智能、化学信号智能实体和化学信号智能、神经信号智能实体和神经信号智能、符号智能实体和符号智能、比特智能实体和比特智能。我们猜想宇宙中应该存在更高级的智能，我们之所以无从感知，可能是因为智能鸿沟和时空阻隔。

第一节　智能与智能实体的概念和分类

关于智能一词，至今还没有一个大家公认的定义。

《韦伯斯特大辞典》中的"智能"一词是指学习、理解和抽象思维能力，以及应对环境变化和处理新情况的能力[1]。

《不列颠百科全书（国际中文版）》则认为："智能"是指从经验中学习、适应新情况，理解和处理抽象概念以及使用知识应对外部环境的能力，包括感知、记忆、学习、推理和问题解决等多个认知过程[2]。

《辞海》把"智能"解释为智慧和才能，包括对事物的认识、辨析、判断和处理，以及发明创造的能力[3]。

上述三种定义都有一个隐藏的假设，那就是智能是人类独有的属性，只有人类才拥有这种高级能力，这与以人类为中心的传统知识论密切相关。

在"今日心理学"网站上一篇名为"智能是什么"的文章中，智能的定义就相对宽泛了一些。文章作者尼尔·伯顿博士认为，智能泛指生物个体适应环境压力的一种综合能力，动物和植物都有这种能力，因此，按着这个定义，所有动物和植物都应该拥有智能[4]。

20世纪中叶出现的电子计算机，进一步拓展了智能的内涵。1950年，当时可编程计算机刚出现不久，人工智能之父和计算机科学之父阿兰·麦席森·图灵（Alan Mathison Turing）在一篇名为《计算机与智能》（*Computing machinery and intelligence*）的论文中提出了这样的问题："机器能思考吗？"为此，他还专门设计了一个"模仿游戏"（the imitation game）来测试计算机的"智能"，后人称为图灵测试[5]。

具体做法是，测试者把相同的问题写在两页纸上，分别发给一个人和一台计算机。如果计算机给出的答案被认为是"真人"所为，那么，这台计算机就通过了测试，具有了像人一样的智能。

1956 年，在美国普利茅斯召开的第一届人工智能大会上，科学家们把这种"计算机智能"命名为人工智能（artificial intelligence）。

综上所述，并结合复合进化理论，可以初步得出以下结论：

首先，不仅人类拥有智能，动物、植物和计算机也拥有某种智能，这说明智能具有普遍意义。

其次，人们在描述智能的时候，基本上都会提及感知、记忆、学习、思考、推理、适应环境、问题解决等认知行为。我们经过对比分析发现，上述认知行为与"复合知识—实体系统"复合进化中的知识表征、知识进化、知识表达和实体进化等环节非常吻合，因此，智能的本质应该是复合进化的某种体现。

最后，智能必须以某种复合实体的表现、反应或行为方式呈现出来。这些复合实体包括细菌、植物、动物、人类和计算机等，于是，我们把上述复合实体统称为智能实体。

总之，智能源于智能实体的知识获取、积累、进化和表达，智能只有通过"复合知识—实体系统"复合进化才能实现。

现在，我们就从"复合知识—实体系统"复合进化的视角，给予智能一个全新的定义：

智能（intelligence）是指智能实体通过"复合知识—实体系统"复合进化，来适应、改变外部实体环境，乃至实现自我生存繁衍的能力。

这样看来，智能就是某个智能实体在参与"复合知识—实体系统"复合进化过程中一系列知识行为的总和，包括知识表征、知识存储、模型构建、知识进化和知识表达。下面这段顺口溜可能有助于对智能的理解和记忆：

有表征，才有存储；

有存储，才能建模；

有模型，才能进化；

有进化，才能策划；

有策略，才能行动；

有行动，才算智能。

现在，我们也给予"智能实体"一个更加正式的定义：

智能实体（intelligent substance）是由知识表征系统、知识进化系统和知识表达系统构成的复合实体，能够通过"复合知识—实体系统"复合进化来创造和积累知识，适应或改变外部环境，与此同时，智能实体自身也会发生相应的改变，如图 5-1 所示。

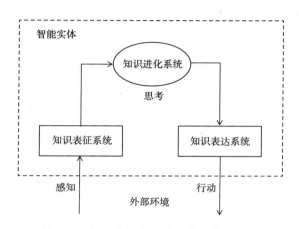

图 5-1　智能实体的组成结构和作用机制

按照上述定义，只有智能实体才能拥有智能。虽然粒子实体世界纷繁复杂，比如，星云集聚，恒星演化，元素合成，甚至在一些诸如地球的行星上还会出现复杂的地质、气候现象，如地震海啸、火山喷发、雨雪风雷，等等。但这些复杂现象属于基本进化或者多重基本进化，不属于"复合知识—实体系统"复合进化，因此不能产生智能。而四种复合知识，即基因知识、信号知识、符号知识和比特知识对应的四种智能实体，都能通过"复合知识—实体系统"复合进化体现出各自的智能：

基因智能实体："基因知识—基因实体"复合进化→基因智能

信号智能实体："信号知识—实体系统"复合进化→信号智能

符号智能实体："符号知识—实体系统"复合进化→符号智能

比特智能实体："比特知识—实体系统"复合进化→比特智能

在所有生物体中，病毒属于纯粹的基因知识智能实体，只拥有基因智能；除了病毒外的所有生物体，包括细菌、古细菌、真菌、植物和动物都属于基因智能实体和化学信号智能实体，同时拥有基因智能和化学信号智能；拥有神经系统的动物同时属于基因智能实体、化学信号智能实体和神经信号智能实体，同时拥有基因智能、化学信号智能、神经信号智能；而人类既是基因智能实体、化学信号智能实体、神经信号智能实体，更是符号智能实体，同时拥有基因智能、化学信号智能、神经信号智能和符号智能。前四种智能组成了金字塔结构，较高层次的智能建立在较低层次智能之上，而且较高层次的智能在进化年代上出现得更晚，其"复合知识—实体系统"复合进化的循环速度更快，迭代周期更短。只有比特智能实体是独立于生命体的智能实体，拥有独特的比特智能，如图 5-2 所示。

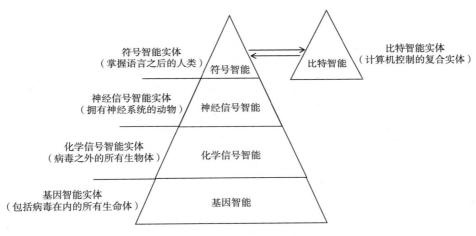

图 5-2　智能和智能实体的层级结构示意图

哥白尼的《天体运行论》打破了地球是宇宙中心的傲慢与自大，人类逐渐发现地球仅仅是无垠宇宙中微不足道的一粒尘埃。达尔文的《物种起源》将人类从特创论的神坛拉了下来，与芸芸众生一样沦为生物进化的产物。现在看来，人类自认为独有的"智能"也不过是众多智能中的一种，而且未必是最高级的那个。

第二节　四类智能实体及其智能属性

本节分别讨论基因智能实体、信号智能实体、符号智能实体和比特智能实体及其对应的智能属性。

一、基因智能实体与基因智能

基因智能实体是由基因知识表征机制、基因知识进化系统和基因知识表达机制构成的复合实体，能够通过持续的"基因知识—基因实体"复合进化来获取和积累基因知识，适应变化中的外部环境，实现物种的生存繁衍。

地球上所有的生命体，从病毒到植物，从昆虫到人类，都属于基因智能实体。

基因智能实体没有独立的基因知识表征系统和基因知识表达系统。基因的自我复制相当于基因知识表征机制；DNA 转录为 RNA、RNA 翻译成蛋白质的过程则相当于基因知识表达机制；基因组则是基因知识进化系统，其突变和重组就是基因知识进化过程。

基因智能是指通过"基因知识—基因实体"复合进化，基因智能实体在物种层面表现出来的适应环境和生存繁衍的能力。

"基因知识—基因实体"复合进化的一个复合进化单元一般包括四个主要环节，即知识表征、知识进化、知识表达和实体进化。下面我们用两个复合进化单元来讨论基因智能实体的有性生殖过程，图 5-3 所示。

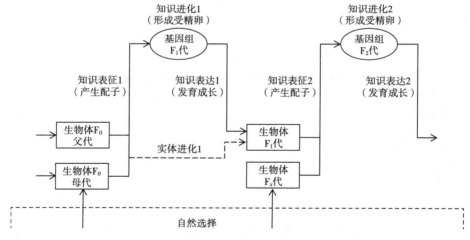

图 5-3 "基因知识—基因实体"的复合进化（有性生殖）

知识表征 1：基因智能实体产生配子，即父本和母本分别产生精子和卵子，配子分别携带父本和母本基因知识进化系统（基因组）的副本。

知识进化 1：父本和母本的基因知识进化系统（F_0 代基因组）重新组合，生成新的基因知识进化系统（基因组 F_1 代）。

知识表达 1：新的基因知识进化系统（基因组 F_1 代）表达为基因智能实体（F_1 代）。在此过程中，基因智能实体（F_1 代）需要接受自然选择，即在生态环境中参与生存竞争，只有胜出者才能进入下一个复合进化单元。

实体进化 1：F_1 代生物体与 F_0 代相比，在表型方面产生的变化，这也是我们日常所说的生物进化。实体进化在本质上是基因知识的进化。

知识表征 2：如果基因智能实体（F_1 代）在生存竞争中胜出，就与异性同类交配，分别生成精子和卵子。

知识进化 2、知识表达 2 和实体进化 2 与上一个复合进化单元相同。

对于基因智能实体来说，基因智能就是一种"生存试错"：如果基因智能实体过早夭折，或者勉强长到成年却没能繁殖后代，那么基因智能实体连同其所携带的基因知识将一并消亡；反之，如果基因智能实体在生存竞争中胜出，活到成年并成功繁殖后代，那么它所携带的基因知识将进入下一轮"生存试错"，基因智能实体仍然难逃一死。

换句话说，无数个基因智能实体的"生存试错"，就是一个物种获取和积累基因知识的"学习"过程，因此，基因智能表现在物种或种群层面，而不是基因智能实体层面。

正如英国生物学家道金斯所说："我们每个人都是基因的生存机器，在完成了传输的职责后就被它弃之如敝屦。但是，基因却是远古地质时代的居民：基因是永存的。"[6]

从另一个角度来看，所有传承下来的基因知识必须在每一次"生存试错"中都获得成功，这相当于抛了数亿次硬币，每一次都要正面朝上才行。因此，我们每个人以及地球上每一个生命体都来之不易，都是幸运中的幸运，奇迹中的奇迹，值得倍加珍惜。

基因智能的优点是不设目标、不计成本，尝试产生各种可能的基因知识组合，这些基因知识进化系统表达结果造就了生物多样性，使得地球生物圈虽历经数次劫难，仍能保持丰富多彩，欣欣向荣。基因智能的不足是缺乏目的性和计划性，这使得生物进化变成了一个挥霍浪费、缓慢耗时的过程。

二、信号智能实体与信号智能

信号知识分为化学信号知识和神经信号知识，因此，信号智能实体和信号智能也分为两类，即化学信号智能实体和化学信号智能、神经信号智能实体和神经信号智能。

（一）化学信号智能实体与化学信号智能

化学信号智能实体是由化学信号知识表征系统、化学信号知识进化系统和化学信号知识表达系统构成的复合实体。除了病毒外的所有生物体都属于化学信号智能实体，而包括细菌、古细菌、真菌和植物，以及少数没有神经系统的低等动物（如海绵等多孔动物）的生物体既是基因实体，也是化学信号智能实体。本节讨论的就是这部分化学信号智能实体。化学信号智能实体的组成结构如图5-4所示。

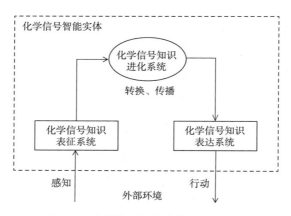

图5-4　化学信号智能实体的组成结构

化学信号智能是指化学信号智能实体在"化学信号知识—实体系统"复合进化过程中，通过知识表征、知识进化、知识表达和实体进化，来适应外部环境，实现自身生存繁衍的能力。

化学信号智能实体的知识表征系统能够把环境中的粒子知识或化学信号知识转换表征为化学信号智能实体内部的化学信号知识。比如，环境中的化学信号知识与细胞表面受体蛋白质进行结合，激活受体蛋白质，然后转换表征为一种或多种细胞内化学信号知识；植物的感光细胞把特定波长的电磁波转换表征为植物内部的激素分泌；等等。

化学信号智能实体的知识进化系统比较简单，只有知识转换和传播功能，不能进行知识存储和进化，而且其转换和传播机制是基因知识表达的结果，在有生之年不能更改，因此，化学信号智能实体不具有后天学习能力。

化学信号智能实体的知识表达系统较为简单。单细胞生物的知识表达系统是可以改变生物体运动状态的鞭毛。而植物的表达机制则是依靠不同区域生长素的分泌多寡来改变枝叶的生长方向。比如，向日葵花盘之所以随着太阳位置转动，是因为粒子知识（太阳光）引起内部化学信号知识（生长素）的分泌不均，影响了向日葵茎干不同区域的生长速度，进而改变了向日葵花盘的朝向。

最简单的化学信号智能实体是单细胞生物，如细菌、草履虫等。它们凭借相对简单的知识表征系统、知识进化系统和知识表达系统，来感知环境的变化，做出趋利避害的反应，实现自身的生存和繁衍。

比如，许多细菌都有感应器（化学信号知识表征系统），用来测量周围液体中的糖浓度。它们还拥有一种形状很像螺旋桨的结构（化学信号知识表达系统），叫作"鞭毛"，鞭毛的不同旋转方向可以改变细菌的运动方向：直线前进或改变运动方向。此外，细菌内部还有一套简单的化学信号知识转换系统，具有知识转换和传播功能：当感受器发出糖浓度比几秒前降低的信号，则向表达系统发出信号，改变细菌运动方向，寻找新的营养物；当感受器发出糖浓度比几秒前升高的信号，则控制鞭毛旋转方向，细菌直线前进，进一步接近营养物[7]。

总之，化学信号智能实体的知识表征、知识进化和知识表达功能相对简单，它们的知识进化系统是物种或种群通过数亿年"基因知识—基因实体"复合进化过程学习、积累而来，在有生之年不能进行修改，或者说不具备后天学习能力。因此，化学信号智能实体没有意识，也不能进行学习思考，其行为方式只能按先天的固定程序进行，不能根据环境变化做出灵活调整。

（二）神经信号智能实体与神经信号智能

神经信号智能实体是由神经信号知识表征系统、神经信号知识进化系统和神经信号知识表达系统构成的复合实体。所有拥有神经系统的动物（包括人类）都属于神经信号智能实体。神经信号智能实体的组成结构如图5-5所示。

神经信号知识表征系统是指神经信号智能实体的所有感觉器官，一般包括视觉

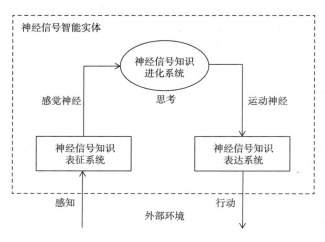

图 5-5　神经信号智能实体的组成结构

系统、听觉系统、嗅觉系统、味觉系统和触觉系统，以及智能实体内部的感受器和神经末梢。知识表征系统把智能实体内外的粒子知识和化学信号知识转换表征为统一格式的神经信号知识（动作电位），并沿着各自的神经通路传输到神经信号知识进化系统（中枢神经系统）。

　　神经信号智能实体的神经信号知识进化系统一般指动物的中枢神经系统，是由数量不等神经元相互连接形成的多模块、多层级的立体网络结构，负责神经信号知识的接收、存储、进化和输出，主要功能是表征智能实体自身和外部世界，控制智能实体的内部生命平衡，适应或改变外部世界。

　　神经信号智能实体的知识表达系统由腺体、器官、肌肉和骨骼等组成，作用是把神经信号知识进化系统输出的知识序列，表达为腺体的分泌，以及通过肌肉细胞的收缩来控制器官运行和肢体运动。

　　神经信号智能是指神经信号智能实体通过"信号知识—实体系统"复合进化进行信号知识的获取、积累、进化和表达，来实现自身生存和繁衍的能力。

　　神经信号智能实体种类很多，从线虫到昆虫，从老鼠到灵长类动物。各种神经信号智能实体的知识表征系统、知识进化系统和知识表达系统的功能有强有弱，智能水平也参差不齐。感觉、记忆、学习能力是信号智能实体最基本的智能。比如，即使只有 302 个神经细胞的线虫，也能产生"舒服"和"不舒服"的感觉，并能够加以记忆，还可以像哺乳动物那样借助毒品产生愉悦的感觉。在上述过程中所使用的神经递质，如感觉神经细胞释放的谷氨酸盐、AMPA 型离子通道、TRPV 离子通道、多巴胺、血清素和哺乳动物完全相同[8]。

相对于线虫等低等动物，拥有"脑"的神经信号智能实体的智能水平会更高。它们通过"信号知识—实体系统"复合进化，将知识表征系统转换表征实体内部和外部环境的神经信号知识，在大脑中构建出模拟智能实体自身和外部实体世界的神经信号知识模型，然后运行这个知识模型，用来实现对身体内部平衡的调节控制，对外部实体环境的感知、预测，以及制定和执行应对策略，等等。下面是《生命通史》一书中关于非洲箭蚁智能行为的描述：

非洲箭蚁，表现出和哺乳动物同样的营救同伴的行为。如果把一只箭蚁用尼龙丝拴住，部分埋在沙下，只露出头部和胸部，尼龙丝也看不见，同窝的箭蚁发现后，会试图营救。先是拖被困蚂蚁的腿，不成功后开始清除埋在受困蚂蚁身上的沙子，再继续拖。如果再不成功，营救蚂蚁会继续清除余下的埋受困蚂蚁的沙子，直到拴住蚂蚁的尼龙丝露出来。这时营救蚂蚁会试图咬断尼龙丝，以释放被拴的同伴，但是不会去咬旁边的，不拴住同伴的尼龙丝。

如果被同样处理的还有同种但是不同窝的蚂蚁，或者不同种的蚂蚁，上述的营救蚂蚁都会置之不理。箭蚁的这种行为明显包含某种程度的智力：营救蚂蚁能够对同窝蚂蚁施以援手，但是对不同窝或不同种的蚂蚁不去施救，是有"目的"性的行为，而且带有"感情"性质。除去埋住同伴的沙子，咬尼龙丝，都是为了解救同伴。蚂蚁以前并没有见过尼龙丝，但是会去咬拴住蚂蚁的尼龙丝，不去咬旁边其他尼龙丝，说明营救蚂蚁"懂得"是拴住蚂蚁的尼龙丝使蚂蚁受困，目的是释放同伴。营救时只拖受困蚂蚁的腿，而从不拖容易损坏的触须，说明蚂蚁"知道"身体的哪些地方是比较结实的，可以拖，哪些地方是脆弱的，不能拖。这些行为用简单反射的机制是无法解释的，而必须要有一定程度的"思考"[8]。

三、符号智能实体与符号智能

在已知的所有智能实体之中，只有人类能够通过后天学习掌握符号知识，因此，人类是唯一的符号智能实体，拥有独特的符号智能。另外，人类同时也是基因智能实体、化学信号智能实体和神经信号智能实体，或者说，人类的符号智能是建立在基因智能、化学信号智能和神经信号智能基础之上的高级智能。符号智能实体的组成结构如图 5-6 所示。

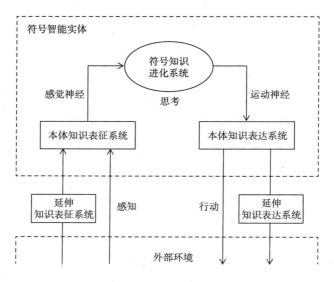

图 5-6　符号智能实体的组成结构

符号智能实体的表征系统比较特殊，共包括两个部分：本体表征系统和延伸表征系统。其中，本体表征系统是人类与生俱来的感官系统，包括视觉系统、听觉系统、触觉系统、嗅觉系统和味觉系统；而延伸表征系统是一些用于观察、测量的人造复合实体，作用是把人类本体表征系统无法感知的知识形态转换为能够感知的知识形态，从而扩展人类对实体世界知识表征的深度和广度，如望远镜、显微镜、夜视镜、雷达等。

由于符号知识分为神经符号知识和感觉符号知识两种形态，两种符号知识同时存在，可以互相转换。其中，神经符号知识存在于大脑的神经符号知识进化系统之中，而感觉符号知识存在于大脑之外的符号知识模型系统之中。

神经符号知识进化系统存在于人类大脑中的神经符号层（即编码神经信号层）。神经符号知识进化系统不是先天遗传的，而是在后天的学习、交流过程中逐渐构建起来的，与人类个体的家庭情况、教育背景、生活环境和工作经历密切相关。因此，拥有相似基因知识系统的人未必拥有相似的神经符号知识进化系统，而基因知识系统区别很大的人却可能拥有非常相似的神经符号知识进化系统。

感觉符号知识模型系统主要包括以文字、数字、专有符号、图形等视觉符号知识元素构建起来的知识系统，包括科学、技术、宗教、艺术等。

符号知识进化系统和感觉符号知识模型系统同时存在，可以互相转换。其中，神经符号知识进化系统存在于符号智能实体之中，而感觉符号知识模型系统存在于符号智能实体之外的各种载体之中。神经符号知识进化系统的主要功能是知识进化和较短时间的知识存储，感觉符号知识模型系统的主要功能是知识传播和较长时间的知识存储。

神经符号知识进化系统不是生而有之，而是出生后通过学习感觉符号知识（如语言、文字等），在神经信号知识模型基础上构建起来的，因此，人类不是天生的符号智能实体，而是在出生之后需要经过长时间的学习，掌握了某种符号知识才从神经信号智能实体"升级"为符号智能实体。

符号智能实体的表达系统包括两个部分：本体表达系统和延伸表达系统。本体表达系统同时也是神经信号智能实体原有的神经信号知识表达系统，由腺体、器官、肌肉和骨骼等组成。人类在不借助工具、设备情况下的行为活动都是通过本体表达系统完成的。延伸表达系统是指人类为了实现自己的意志所操控的外部复合实体，包括各种手工工具、交通工具和机器设备等。

作为唯一的符号智能实体，人类与其他生命体相比，拥有以下三个显著优势。

其一，人类为自己构建了延伸知识表征系统，对实体世界的表征更深、更细、更远。

其二，人类创造了符号知识，分别构建了神经符号知识进化系统和感觉符号知识模型，极大地提高了知识的复制、存储、传播和进化的效率。

其三，人类为自己打造了强大的延伸知识表达系统，极大地提高了知识表达能力。

总之，作为唯一的符号智能实体，人类在知识表征、知识复制、知识存储、知识传播、知识进化和知识表达等各个方面都超越了其他所有生命体，因此才能成为地球的霸主。

四、比特智能实体与比特智能

比特智能实体是由比特知识表征系统、比特知识进化系统和比特知识表达系统构成的复合实体。计算机、智能手机、智能家电、机器人、自动生产线、无人机、自动驾驶汽车等都属于比特智能实体。比特智能实体的组成结构如图5-7所示。

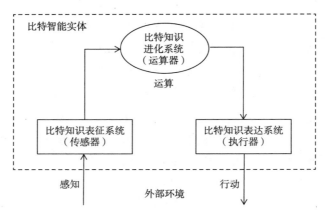

图 5-7　比特智能实体的组成结构

根据知识表征系统、知识进化系统和知识表达系统的功能强弱不同，我们把比特智能实体分成两大类别：部分功能型比特智能实体（植物型）和完整功能型比特智能实体（动物型）。

"部分功能型"比特智能实体是指拥有较强的知识进化能力和或强或弱的知识表征、知识表达能力的比特智能实体。这类比特智能实体一般不能进行自主或半自主空间移动，因此也可称为植物型比特智能实体。具体包括以下几类。

知识进化型，如个人计算机、智能手机、服务器、超级计算机和各类生成式 AI 大模型等。其主机作为比特智能实体的知识进化系统，拥有很强的知识进化能力，而其鼠标、键盘、显示屏、耳机和打印机等输入输出设备作为简单的知识表征系统和知识表达系统，只具有较弱的知识表征和知识表达能力。

表征进化型，如扫描仪、数码相机、智能穿戴设备和智能传感器等，主要功能是把粒子知识或符号知识转换表征为比特知识，然后对这些比特知识进行较为初级的知识进化。

进化表达型，如数控机床、3D 打印机和自动化生产线等，主要功能是把外部输入的比特知识模型进行一些简单进化处理后表达为复合实体。

"完整功能型"比特智能实体是指同时拥有较强的比特知识表征系统、比特知识进化系统和比特知识表达系统的复合实体，也称为动物型比特智能实体。

这类比特智能实体不但拥有较强的知识表征、知识进化和知识表达能力，还能像动物一样进行自我空间移动、操作外部实体，如自动驾驶汽车、无人机、自主行走机器人等。

比特智能实体的知识表征系统是指把其他知识形态转换表征为比特知识的装置，比如，计算机的鼠标、键盘，能把符号知识转换表征为比特知识；智能手机的摄像头、麦克风能把可见光或声波转换表征为比特知识；自动驾驶汽车的水温传感器、激光雷达和可见光摄像头能把汽车内外的粒子知识转换表征为比特知识，等等。知识表征系统所产生的比特知识最终都输入比特知识进化系统。

比特知识进化系统是比特智能实体的核心部分，由中央处理器（CPU）和存储器中的比特知识构成，其作用相当于动物的大脑，负责比特知识的接收、存储、进化和输出。所有计算机和手机的操作系统、自动化设备控制系统、应用软件、人工智能程序都属于比特知识进化系统。

根据构建、进化和运行的自主程度不同，比特知识进化系统可划分为三大类：

"人工型"比特知识进化系统：特点是"人工构建、人工进化、人工运行"，由程序员编写、不能自我学习，只能依靠指令运行的比特知识进化系统，包括运行于各类比特智能实体中的操作系统、应用软件和早期的人工智能软件，如专家系统和棋类软件。

"自动型"比特知识进化系统：特点是"人工构建、自动进化、自动运行"，包括各种基于"机器学习"的人工智能软件和"完整功能型"比特智能实体的控制系统。

"自主型"比特知识进化系统：特点是"自主构建、自主进化、自主运行"，是指能够自我编写程序代码、自我学习、自主运行的比特知识进化系统，目前尚未出现。

比特智能实体的知识表达系统是指把比特知识进化系统输出的比特知识序列转化为物理行为的实体机构，诸如无人驾驶汽车的驱动行走装置、扫地机器人的吸扫装置和数控机床的加工装置。它们能把比特知识分别表达为比特智能实体自身的行为活动、外部实体系统的变化和比特表达实体。

比特智能也称为人工智能，是指比特智能实体在"比特知识—实体系统"复合进化过程中，通过知识表征、知识进化和知识表达，来模拟、预测或改变外部实体系统的能力。

与其他几种智能，尤其是与符号智能相比，比特智能具有以下特点：

首先，比特智能产生的机制不同。基因智能、信号智能和符号智能之间是一种叠加状态，即高级智能构建在低级智能基础之上，而且高级智能与低级智能共处一个智能实体。而比特智能实体和比特智能则是另起炉灶，从零开始。所以，比特智能往往表现出功能单一、灵活性差等缺点。

比如，一些比特智能实体能模仿人类创作诗歌，甚至还出版了诗集。但是比特智能实体作诗和人类作诗的机制完全不同。

人类作诗是使用语言文字这种感觉符号知识来转换表征大脑中的神经符号知识，而神经符号知识又是对模拟神经信号知识的转换表征。这些转换表征还必须遵守诗歌的各种规则，包括用词、韵律等。模拟神经信号知识就是我们常说的"意义"，是神经信号知识在大脑中为实体世界构建的认知表象，包括视觉表象、听觉表象、触觉表象等。

而比特智能实体通过"阅读"海量人类既往的诗歌作品，学习诗歌的创作规则，总结各种可能的词语组合以及命题与诗歌用词的关联，或者一个词之后出现另一个词的概率，然后以此为基础构建出一个概率模型，最后，使用这个概率模型来创作诗歌。也就是说，比特智能实体创作诗歌的时候，知识进化完全局限于比特知识化的文字符号知识层面，是一种纯粹的文字游戏。虽然它们的作品符合所有作为诗歌的标准，但终究是无源之水，无本之木。

其次，比特智能虽然才出现 80 多年，但是其表征范围广、进化速度快和表达能力强等优势，在很多专业领域已经达到或超过人类智能水平，未来或将取代很多人类的工作岗位。这样，人类就可以拿出更多的精力和时间开展知识创造、战略规划和复杂技艺等方面的工作，或者专注于自己的爱好和享受生活。

最后，比特智能也有可能对人类构成潜在的威胁。比如，为了实现人类为其设定的目标而伤害甚至毁灭人类，或者出现"自主构建、自主进化和自主运行"的比特知识进化系统，智能水平远超人类。

第三节　关于外星智能的猜想

根据目前已知的信息，从大约 38 亿年前开始，地球上依次出现了五种智能实体，即基因智能实体、化学信号智能实体、神经信号智能实体、符号智能实体和比特智能实体。那么，在宇宙中是否还存在其他智能实体呢？

初步猜想是，在宇宙中应该出现过或者依然存在其他类型的智能实体，而且有些智能实体的智能水平可能远超人类，理由如下：

首先，宇宙有充足的时间孕育更高级的智能。

根据大爆炸宇宙论，宇宙起源于 138 亿年前的一次大爆炸，1.8 亿年后第一代恒星系诞生。又过了 90 亿年（46 亿年前），作为第三代恒星系的太阳系才出现。也就是说，在太阳系诞生之前的近 100 亿年的时间里，至少存在过两代恒星系。这其中肯定有一些恒星系的寿命超过了太阳系 46 亿年的存在时间，在此期间非常有可能孕育出多种智能实体，甚至还可能进化出远超人类的高级智能。

其次，宇宙中存在数以亿计的类地行星。

根据现有观测数据，科学家们估计宇宙的直径至少为 930 亿光年，恒星的总数十分巨大，有 10^{22} 到 10^{24} 颗。假设每 1 亿个恒星系中有 1 颗类地行星，那么类地行星的总数将有 10^{15} 颗。事实上，我们能观测到的部分仅仅是实际宇宙的冰山一角，宇宙中的类地行星数量可能多得难以想象。这样的话，只要比例很小的类地行星中进化出某种智能，那么智能的总数也是一个天文数字[9]。

最后，宇宙中的智能类型可能超出人类的想象。

人类使用科学方法探索自然的历史只有几百年时间，不可能穷尽宇宙的所有运行规律。或者说，人们为实体世界构建的知识模型还非常肤浅和粗糙，不可能完整和精确地表征更细微和更遥远的实体世界。据科学家计算，这个宇宙是由 75% 的暗能量、20% 的暗物质和 5% 的普通物质构成。其中，暗能量和暗物质无法吸收、反射和辐射光，无法被现有技术手段直接探测到，人类仅能观测到完整宇宙的 5%。正如盲人摸象一样，人类感知的宇宙仅仅是其一个微小的侧面，肯定存在我们无法感知、无法理解的智能现象[10]。

既然宇宙中非常有可能存在其他智能，那么为什么我们毫无觉察呢？主要原因应该来自两个方面，一是智能鸿沟，二是时空阻隔。

所谓智能鸿沟是指高级智能实体能够感知低级智能实体的存在，能够理解和预测低级智能实体的行为活动，甚至对其生存活动进行操作控制；而低级智能实体无法理解、预测高级智能实体的行为活动，甚至无法感知高级智能实体的存在。

比如，人类通过显微镜等延伸表征系统仔细观察作为基因智能实体的某些病毒，为之构建符号知识模型和比特知识模型，然后运行这些知识模型，用于理解和预测病毒的组成结构和致病机制，进而开发出抗病毒药品，找到防范病毒措施。而病毒本身对这一切"毫无觉察",只是简单地重复着在宿主细胞中的复制和传播行为。此外,人类驯化农作物、驯养家畜家禽,都是为了自身的利益,利用智能鸿沟来对其任意生杀予夺。而反过来,作为化学信号智能实体的农作物还没有"意识",根本觉察不到人类的存在;作为神经信号智能实体的家畜家禽虽然能够感知到人类的存在,甚至还能预测人类什么时候来投喂食物,但是却不知道人类饲养它们的真正目的。就像感恩节前一天的火鸡:它预测的是食物投喂,而等来的却是杀戮。

按照大爆炸宇宙论的推测,最早的恒星系诞生于大约 136 亿年前。也就是说,最早的智能实体可能已经进化了近 100 亿年。按照地球上五类智能实体表现出来的进化速度越来越快的规律来判断,可能存在的外星智能实体的智能水平已经超过人类无数个层级。人类与之相比,已经不会像人类与动物的差别,甚至远超人类与病毒、细菌或昆虫的差别。这种情况下,除非人类刚好妨碍了什么,否则外星智能实体不会关心人类的存在与否,而人类也可能永远无法感知到它们的存在。就像花园里的一群蚂蚁,一般情况下我们不会干扰它们的生活,除非为了打理花园而翻动草皮。而蚂蚁对人类则毫无感知,对即将来临的灭顶之灾也无法预知。也就是说,如果真的存在能够到达地球的外星智能实体,那么,它们与人类之间的智能鸿沟,可能远远大于科幻小说《三体》中的三体人与人类之间的智能鸿沟。

所谓时空阻隔是指宇宙体量太大,时间尺度也太大,而智能实体的移动速度太慢,存在的时间太短,结果是不同智能之间很难产生时空交汇。无论从时间上还是空间上,现实中的宇宙都要比我们所能想象的空旷和悠久得多,因此,人类与宇宙中另一种智能相遇的可能性,就像地球上一粒尘埃遇上另一粒尘埃那样机会渺茫。假如真的有外星智能实体到达地球,那么这种超级智能实体的智力和科技水平可能高出人类多个数量级,结果是超级智能对人类无兴趣,人类对超级智能无感知。

参考文献

[1] 梅里亚姆—韦伯斯特公司. 韦氏高阶:英汉双解词典 [M]. 北京:中国大百科全书出版社,2017.

[2] 美国不列颠百科全书公司. 不列颠百科全书(国际中文版):第八卷 [M]. 不列颠百科全书编辑部,编译. 北京:中国大百科全书出版社,1999:392.

[3] 夏征农,陈至立. 辞海 [M]. 6 版. 上海:上海辞书出版社,2009:

2955−2956.

[4] Neel Burton. What is intelligence ［M/OL］. (2018−11−28) ［2022−03−11］.

[5] Turing A M. Computing machinery and intelligence ［J］. Mind, 1950, 59: 433−466.

[6] 理查德·道金斯. 自私的基因 ［M］. 卢允中, 张岱云, 王兵, 译. 长春: 吉林人民出版社, 1998: 38.

[7] 迈克斯·泰格马克. 生命3.0: 人工智能时代人类的进化与重生 ［M］. 汪婕舒, 译. 杭州: 浙江教育出版社, 2018: 33.

[8] 朱钦士. 生命通史 ［M］. 北京: 北京大学出版社, 2019.

[9] 赵斐. 严肃科普: 外星人真的存在吗, 为什么我们还没有发现它们 ［M/OL］. 科普中国. (2022−09−23) ［2022−11−23］.

[10] 小谷太郎. 多云的宇宙: 物理学未解的七朵"乌云" ［M］. 北京: 北京时代华文书局, 2020.

第六章

全谱创新理论

本章摘要

在前五章理论探讨的基础上提出了全谱创新理论，把创新的概念泛化到所有智能实体主导的"复合知识—实体系统"复合进化过程。然后又分别讨论了基于标准复合进化和多重复合进化的全谱创新，以及全谱创新视角下的产品创新流程。

本书第一至第五章提出并讨论了表征和表达概念、知识和实体概念、全谱知识理论、基本进化、复合进化和智能本源。行文至此，很容易得出这样的结论：宇宙万物每时每刻都处在变化之中，而所有的变化都是某种形式的进化。或者是知识进化，或者是实体进化；或是基本进化，或是复合进化。即使像智能和创新这样的复杂行为也能用某种进化模式来解释，因此，我们把这一系列现象称为普遍进化，把描述和解释这些现象的理论称为普遍进化论，并在此基础上构建起了独特的全谱创新理论。

　　英语中的"创新"一词"innovation"起源于拉丁语，字面含义为改变、更新和创造出新的事物。1912 年，哈佛大学教授约瑟夫·熊彼特（Joseph Schumpeter）首先把创新的概念引入经济学领域。他在《经济发展理论》一书中提出：创新就是把一种"新组合"，即新的生产要素或生产条件引入生产体系，并为企业带来更多的利润。创新包括以下五种情形[1]。

　　（1）采用一种新产品——也就是消费者还不熟悉的产品，或一种产品的新特性。

　　（2）采用一种新的生产方法。

　　（3）开辟一个新市场。

　　（4）获得或控制原材料或半成品的一种新的供应来源。

　　（5）实现新的组织形式和管理模式。

　　一百多年后的今天，创新的含义更加宽泛了。

　　经济合作与发展组织（organization for economic co-operation and development, OECD）在《技术创新调查手册》（即《奥斯陆手册》）中，对创新给出了新的定义：

创新是指出现新的或重大改进的产品或工艺，或者新的营销方式，或者在商业实践、工作场所组织或外部关系中出现的新的组织方式。创新的活动包括实现创新所采取的科学、技术、组织、金融、商业方面的活动[2]。

清华大学经济管理学院教授陈劲等在《创新管理：赢得持续竞争优势》一书中对创新的定义为：

创新是从新思想（创意）的产生、研究、开发、试制、制造，到首次商业化的全过程，是将远见、知识和冒险精神转化为财富的能力，特别是将科技知识和商业知识有效结合并转化为价值。广义上说，一切创造新的商业价值或社会价值的活动都可以被称为创新[3]。

总的来看，与知识和智能传统定义的情况相似，对创新的定义被限定在以人类为中心的某种技术、经济活动之中，创新的目的是为人类创造出新的产品或价值。

基于普遍进化理论，对创新的定义如下：

创新是智能实体主导的"复合知识—实体系统"复合进化过程，包括标准复合进化和多重复合进化，目的是创造出全新的知识，以及把这些知识表达为复合实体或行为活动。前者称为知识创新，后者称为实体创新。

首先，创新是一种由智能实体主导的"复合知识—实体系统"复合进化，而所有独立的基本进化都不属于创新行为。比如，粒子实体的基本进化可以产生星辰宇宙、山川湖海、风雨雷电等复杂的实体系统和自然现象，但并不认为这是一种创新活动。

其次，创新可大致分为两大类：

一类是创造出全新的知识，即知识创新，包括理论创新、文化创新、制度创新、流程创新，等等。

另一类是不仅创造出全新的知识，而且还把这些知识表达为全新实体，或表达为行为活动，即实体创新，包括技术创新、产品创新、服务创新，等等。

最后，创新是一种有目的的创造活动，或者说是一种由智能实体设定了选择条件的"复合知识—实体系统"复合进化。

这样看来，创新应该包括四种标准复合进化，即"基因知识—实体系统"复合进化、"信号知识—实体系统"复合进化、"符号知识—实体系统"复合进化和"比特知识—实体系统"复合进化，以及由两种及以上智能实体参与的多重复合进化，因此，我们把这种基于普遍进化论构建起来的创新理论称为全谱创新理论。

第一节　基于标准复合进化的全谱创新

截至目前，我们总共发现四种标准复合进化模式，依次为出现在 38 亿年前的"基因知识—基因实体"复合进化、大约 7 亿年前的"神经信号知识—实体系统"复合进化、大约 20 万年前的"符号知识—实体系统"复合进化和 80 多年前的"比特知识—实体系统"复合进化。这四种标准复合进化对应四类创新活动，分别为基因知识和基因实体创新、信号知识和信号实体创新、符号知识和符号实体创新和比特知识和比特实体创新，如图 6-1 所示。

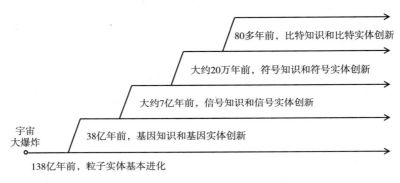

图 6-1　基于标准复合进化的全谱创新示意图

在上述四类创新中，较晚出现的创新构建在较早出现的创新之上，同时，较晚出现的创新模式速度和效率远高于较早出现的创新。比如，人类的神经系统是基因知识进化和表达的结果，或者说，人类的神经信号知识和神经信号实体系统创新构建于基因知识和基因实体创新之上。而且，即使在人类掌握语言文字之前，新颖石器的产生速度也远高于全新物种的生成速度。而最晚出现的比特知识的进化速度，比起创造它们的人脑中的符号知识进化速度已经高出几十亿倍。

另外，上述四类创新都是建立在粒子实体基本进化稳定运行的基础之上。如果粒子实体基本进化出现急剧变化，那么所有创新活动也将发生重大变故，甚至万劫不复。比如，距离较近的超新星爆发或黑洞合并、小行星撞击地球、火山爆发、地震和气候变化，等等。上述任何事件的突然发生都有可能扰乱或终止所有创新进程，包括生物进化和人类文明。

一、基因知识和基因实体创新

基因知识和基因实体创新就是自然状态下的生物进化。这种创新把大约38亿年前的简单原始生命，进化为现在地球上纷繁多样的生命世界。正如达尔文所说："生命有一种朴素的伟大，因为生命的生长、代谢和繁殖的力量，最初只是以一种或几种形式开始的。我们的星球也依据既定法则在不停地循环，土地和水也在循环中变化。生命不停地取代彼此。从如此一个简单的起源，经过对微小变化逐渐选择的过程，无穷无尽地进化出最美丽最令人惊奇的生命形式。"[4]

在自然状态下，通过基因突变和重组，产生新的基因知识模型（基因组），然后，这些基因知识模型通过发育成长和自然选择，表达为新的基因实体，这个过程虽然属于基因知识与基因实体创新，但却进度缓慢、效率低下，且创新的结果更多地体现在物种层面，而不是个体层面。

在人工繁育、基因工程和基因编辑等基因知识多重复合进化出现之后，基因知识与基因实体创新的速度大大加快，效率也有了显著提高。

本书的第八章将提出基因知识和基因实体的定义、范畴和属性，详细、讨论基因知识和基因实体创新。

二、信号知识和信号实体创新

神经信号智能实体为了实现某个目标而形成的策略想法，或者为了制造某种实体而产生形象创意的过程都属于神经信号知识创新，比如，"笼中之猫尝试取食实验"中的猫，摸索出来一套"触碰杠杆打开笼门来获取食物"的策略，即进化出了一个神经信号知识模型；或者原始人利用之前的经验，在头脑中构建了一个石斧的视觉表象，即一个模拟神经信号知识模型。

神经信号智能实体如果把神经信号知识模型表达为实体，那么整个过程就属于神经信号实体创新。比如，实验中的猫果真通过触碰杠杆打开笼门，最终吃到了笼子外面的食物，原始人按照自己想象的模样造出了一个石斧，等等。

本书的第九章提出了信号知识和信号实体的定义、范畴和属性，并专门讨论信号知识和信号实体创新。

三、符号知识和符号实体创新

符号知识创新是指人类在大脑中构建一个神经符号知识模型，乃至将之转换表征为一个感觉符号知识模型。比如，我们在写作之前需要先打个腹稿（神经符号知识模型），然后把这个腹稿书写成文字（感觉符号知识模型）。

符号知识创新涉及的范围非常广泛，包括但不限于科学探索、理论研究、艺术创作、法律制定、工程设计、战略规划，等等。

符号实体创新是指人类构建一个全新的符号知识模型，并将之表达为复合实体的过程。比如，我们在头脑产生一个新奇的想法（神经符号知识模型）并付诸实施；或者经过创新思考，设计出一份全新产品图纸，然后依照图纸生产出新的产品。符号实体创新包括产品研发、创造发明、新型设施的设计建造和新颖活动的策划执行，等等。

人类所有的精神文明成果，包括科学、技术、艺术、宗教、道德、法律，等等，都是符号知识创新积累的符号知识；人类所有的物质文明成果，包括农业设施、工业设施、城市建筑、道路桥梁，以及人们吃、穿、住、行等生活用品，都是符号实体创新过程中知识表达产生的符号知识表达实体，因此，如果没有符号知识和符号实体创新，就不会有现代文明社会。

本书将在第十章详细探讨符号知识和符号实体创新。

四、比特知识和比特实体创新

比特知识和比特实体创新是指由比特智能实体主导的"比特知识—实体系统"复合进化过程，目的是创造新的比特知识，乃至把这些比特知识表达为实体。

比特智能实体分为部分功能型（植物型）和完整功能型（动物型）。其中，部分功能型比特智能实体，包括智能手机、个人计算机、服务器、超级计算机和各种人工智能计算模型。部分功能型比特智能实体参与的复合进化大都是人类主导的多重复合进化；而完整功能型比特智能实体，如服务机器人、自动驾驶车辆等，在自动运行阶段具有一定的自主知识创新能力。

截至目前，所有已知的比特智能实体都不能自主完成从产品设计到产品加工的全部实体创新过程，即比特智能实体还不具备实体创新能力。只有少数比特智能实体能够进行一定程度的比特知识创新。比如，微软公司的小冰能写诗、作画、谱曲、填词；OpenAI 公司开发的 ChatGPT 和百度公司开发的"文心一言"等大语言模型已经能够与人类对话、创作绘画作品、撰写邮件论文、编写程序代码和策划活动方案，等等。而且，上述逐项工作都接近或达到人类的水准。

本书的第十一章提出了比特知识和比特实体的定义、范畴和属性，并系统地研究了比特知识和比特实体创新。

第二节　基于多重复合进化的全谱创新

从熟练掌握语言文字开始，人类的创新活动大都属于基于多重复合进化的全谱创新。

最早出现的多重复合进化是人类祖先根据自己的需求或偏好来驯化和选育动植物的活动。这是一种由符号智能实体（人类）主导，其他基因智能实体（动植物）参与的"符号知识—基因知识—基因实体"多重复合进化。

基因编辑技术是"符号知识—比特知识—基因知识—基因实体"多重复合进化：在科学家依据分子生物学原理（符号知识），把基因知识模型转换表征为比特知识模型，并使用计算机对其编辑、修改，接着把这个比特知识模型转换表征为基因知识模型，并导入微生物体内，最后创造出一个自然界不曾存在过的生物物种。

工人依照计算机设计的图纸加工产品的过程属于"比特知识—符号知识—实体系统"多重复合进化。

产品设计师首先手工绘制草图，然后使用计算机把它转换表征为数字模型，最后通过 3D 打印机打印出产品。这个过程属于"符号知识—比特知识—实体系统"多重复合进化。

科学家们构建各种数字模型，如宇宙模型、天气模型、地震模型等，使用这些模型对相应的实体系统进行模拟、预测。这个过程则属于"比特知识—符号知识—实体系统"多重复合进化。

总之，现代社会的绝大多数生产、科研活动都属于某种形式的多重复合进化。

接下来以第一章的向日葵故事为例，讨论一种基于"比特知识—符号知识—信号知识—实体系统"多重复合进化的全谱创新。

这次向日葵故事是这样的：在花园欣赏完向日葵之后，我们根据大脑中的记忆，画了一幅向日葵的素描；然后把这个素描输入计算机，构建了一个数字模型；在对这个模型修改优化之后，用打印机把它打印出来；最后，我们依照这个打印图纸用彩色的橡皮泥捏了一个向日葵塑像。

上述过程就是符号智能实体主导的，涉及多种知识形态的多重复合进化，其中

包括知识表征（多次）、知识进化、知识表达和实体进化等诸多环节，如图6-2
所示。

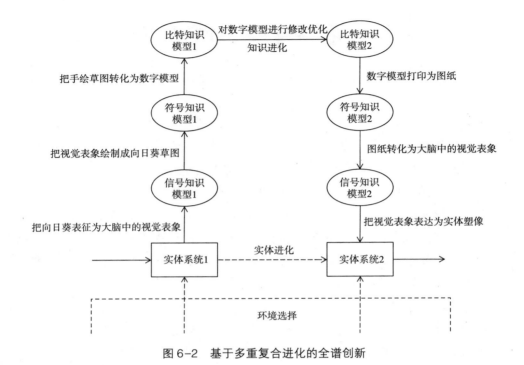

图 6-2　基于多重复合进化的全谱创新

环节1：转换表征。视觉系统把向日葵的反射光（粒子知识）转换表征为神经
信号（信号知识）。

环节2：构建模型。大脑皮层把表征向日葵的神经信号构建为向日葵的视觉
表象，即向日葵的信号知识模型。

环节3：转换表征。通过绘画过程，把向日葵的视觉表象（信号知识模型）转
换表征为向日葵的素描画（符号知识模型）。

环节4：转换表征。把向日葵素描画（符号知识模型）转换表征为计算机中向
日葵数字模型（比特知识模型）。

环节5：知识进化。在计算机中对向日葵数字模型进行修改、优化，最后构建
出一个满意的数字模型。

环节6：转换表征。把数字模型（比特知识模型）打印成纸质图像（符号知识

模型)。

环节7：转换表征。我们通过视觉系统，把纸质图像（符号知识模型）转换为大脑中的视觉表象（信号知识模型）。

环节8：知识表达。我们通过手工操作，把大脑中的向日葵图纸的视觉表象（信号知识模型）表达为向日葵塑像（实体对象）。

这里的"实体进化"就是人们日常概念中的"进化"，即一个实体转变成另一个实体，就像从一代生物到下一代生物体，或者从一个型号的汽车到下一个新型号汽车一样。在本质上，实体进化中的两代实体之间并没有物理上的联系，只有知识层面的进化。

这里的"环境选择"是指多重复合进化过程中的多个层次的选择条件，包括对向日葵草图的选择、对数字模型的选择和对向日葵塑像的选择。选择条件的设定可能是操作者个人的工作要求，也可能包括他人的评判，如果向日葵塑像成为商品，还会接受市场的检验。不论在哪个层面，如果不能通过条件选择，都会返回上一个环节重新开始。

第三节　全谱创新视角下的产品创新

企业的创新活动可大致分为产品创新、流程创新、服务创新和商业模式创新。其中的产品创新属于全谱创新中的实体创新，即首先创造全新的知识，然后把这些知识表达为实体。

根据全谱创新理论，产品创新需要多个复合进化进程才能完成，每个复合进化进程包括知识表征、知识进化、知识表达和环境选择共四个环节，而其中的知识进化又分为知识重组进化和模型推演进化两种模式，因此，产品创新是有多种知识形态参与、多个进化层次相互嵌套的多重复合进化过程，如图6-3所示。

产品创新的进化循环有快有慢，比如，传统汽车企业推出一个新车型往往需要几年时间，而中国的快时尚电子商务公司希音（SHEIN）最快两周时间就能完成从创意设计到产品发布的全过程。

一、知识表征：转换表征三类知识，构建产品创新知识库

知识表征就是把新产品研发过程所需的各种形态的知识（粒子知识、信号知

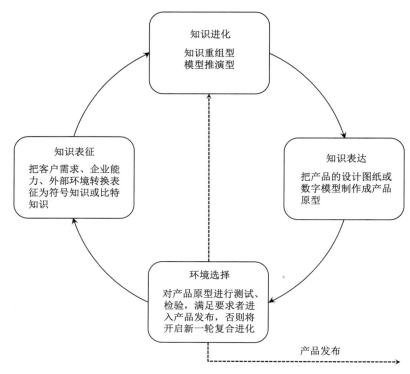

图 6-3　企业产品创新的多重复合进化模型

识、符号知识等),进行收集、转换、分析、整理,形成统一格式的文字、表格和图像等符号知识,或者进一步转换表征为便于存储、进化和传播的比特知识,即电子文档。

　　企业的产品创新既不是单纯意义上的技术驱动,也不是简单的市场拉动,而是上述两种力量交替作用的结果。或者说,成功的产品创新是市场需求、企业能力和外部环境的动态契合,因此,在知识表征阶段应该获取三类知识:

　　表征客户需求的知识;

　　表征企业能力的知识;

　　表征外部环境的知识。

(一) 转换表征客户需求

　　需求是创新之母。准确无误地把客户需求转换表征为符号知识或比特知识,是产品创新的基础和前提。

首先，通过与潜在客户会面、访谈，再把收集、记录客户使用的"消费语言"（相对模糊的符号知识），转换表征为技术性的、可量化的设计参数（更加精确的符号知识）。比如，客户希望笔记本电脑的"功能更强大"，产品创新人员必须搞清楚客户最看重的是哪种功能，是更快的运算速度、更大的存储能力，还是更快的上网速度？

其次，通过现场观察、换位思考，把客户没有觉察或无法表达需求（信号知识），转换表征为语言文字、图像表格等符号知识。人类大脑中的知识分为神经信号知识和神经符号知识，或者称为隐性知识和显性知识。神经信号知识是我们的个人体验和形象化思考，是无法用语言表达的那部分知识；而神经符号知识是能够转换表征为语言文字的知识。

也就是说，客户未必能把所有的需求说出来或写出来，只有对其生活、工作实际场景进行现场观察，才能发现真正需求，然后把这些需求转换表征为语言文字。这个过程的本质就是把客户大脑中的信号知识转换表征为语言文字等符号知识。

最后，也可以把自己当作目标产品的客户，直接把需求转换表征为符号知识。比如，苹果公司的乔布斯在使用多种品牌的音乐播放器过程中，发现了很多未被满足的需求，最后自己带领团队研发设计了性能超群的 iPod。

（二）企业能力的知识表征

知己知彼，百战不殆。针对某一项产品创新，把企业的技术、生产、营销和财务能力转换表征为符号知识，最后形成严谨的文字报告。只有客户需求与企业能力相互契合，才能保证产品创新的成功。

（三）外部环境的知识表征

通过对外部环境的关注、搜索来获取需求信息和创新机会。比如科学技术的新突破、科研机构科技成果和专利等、政府出台新的产业政策、行业或市场的结构性变化、人口结构的变化、竞争对手情况，等等。

总之，通过上述三个方面的知识表征，构建产品创新的知识库，为知识进化阶段提供知识储备。

二、知识进化：从客户需求到设计图纸

知识进化是指从客户需求到新产品定义或设计图纸的全过程。这个过程可能由一个人完成，即知识进化发生在单个大脑之中，如个人的创造发明；也可能由团队完成，即知识进化发生多个大脑之间，比如通过头脑风暴来产生和优化产品创意。另外，现在产品创新的知识进化大都有多种知识形态参与其中，既有信号知识和符号知识，也可能有比特知识，比如使用计算机软件或人工智进行产品设计。

下面以"知识重组型技术创新"为例，来分析产品创新中的知识进化过程（其他创新类型请参照本书第十二章）。知识重组型技术创新是指人们对现有的符号知识模型，或者通过现有实体对象知识表征获取的符号知识模型，进行元素分解和重新组合，构建出全新的符号知识组合体，然后把通过条件选择的稳态知识组合体表达为复合实体，最后从中选择出满意的产品。

知识重组型知识进化包括四个主要环节：条件设定、知识准备、元素组合和条件选择。这里的知识进化也是一个循环往复的过程：不满足条件选择的知识组合体继续进化，满足选择条件的知识组合体输出到知识表达环节，如图6-4所示。

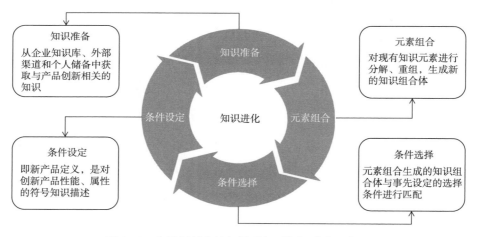

图6-4　产品创新中的知识重组型知识进化示意图

（一）条件设定

条件设定就是为"元素组合+条件选择→稳态组合体"知识进化单元设定选择

条件。选择条件就是对创新产品的定义，是企业对创新产品性能、属性的符号知识描述，是建立在企业对客户需求、企业能力和外部环境的表征知识基础上的产品创新目标。

（二）知识准备

知识准备是指为了元素组合阶段准备相关知识，知识来源包括三个方面：

首先，从知识表征环节构建的产品创新知识库中提取知识，如果发现知识库中的相关知识不够准确、全面，则需要重新进行知识表征。

其次，从外部渠道和合作网络获取知识，如期刊杂志、专利数据库、大学、研究机构，等等；

最后，从产品创新人员的个人知识储备中提取知识。

（三）元素组合

元素组合是指对现有知识元素进行分解、重组，生成新的知识组合体。所有知识组合体都将接受条件选择：如果与选择条件相互匹配，就作为稳态组合体输出到知识表达环节，否则将被抛弃，并开启下一轮元素组合。这个过程可以由一个人独立完成，也可由多个人共同完成。

另外，元素组合可能以符号知识形态发生产品研发人员的大脑之中，也可能以比特知识形态发生在计算机之中。我们把符号知识形态的元素组合方式划分为四个类别：联想式知识组合、框架式知识组合、规范化知识组合和多脑协同组合（详情请参照第十二章）。

（四）条件选择

条件选择是指元素组合生成的知识组合体与事先设定的选择条件进行匹配，符合选择条件的知识组合体成为稳态组合体，以符号知识的形态输出到知识表达环节；否则，将开启新一轮元素组合。

三、知识表达：从设计图纸到产品原型

产品创新中的知识表达是指把产品定义或设计图纸以最快的速度、最低的成本转化为产品原型，以便进行测试和验证。

这个环节就是要做出简单的原型产品，或者仅仅拥有特定功能的缩小版本，不必考虑正式生产时的材质和工艺要求。现在很多产品创新团队采用 3D 打印方式来制作产品原型，可以直接把比特知识形态的产品模型（如 CAD 数字模型）表达为产品原型，这种方法既快速又经济。

四、环境选择：以多种方式对产品原型进行测试、验证

环境选择就是对实体的选择，是产品创新人员以多种方式对产品原型进行测试、验证，根据问题或缺陷的具体情况，反馈到相应的进化环节，重新开始进化循环。比如，有的问题是方向性的，需要重新进行知识表征，或者修改知识进化中的选择条件；有的属于没有达到预设的参数，需要重新进行知识进化。

环境选择有多种形式，比如，由专家小组进行测试，在专门的产品测试中心进行测试，或者请少数用户进行使用测试，等等。

一个新产品大都经过多轮进化循环，最后通过环境选择的原型产品将进入产品发布环节，交由制造部门投入生产。

参考文献

［1］约瑟夫·熊彼特．经济发展理论［M］．易家详，等译．北京：商务印书馆，1991：73-82.

［2］经济合作与发展组织，欧盟统计署．奥斯陆手册：创新数据的采集和解释指南［M］．高昌林，等译．北京：科学技术文献出版社，2011：35-36.

［3］陈劲，郑刚．创新管理：赢得持续竞争优势［M］．3 版．北京：北京大学出版社，2016.

［4］达尔文．物种起源［M］．周建人，等译．北京：商务印书馆，1997：557.

第七章

粒子知识和粒子实体：一切创新的起点

本章摘要

粒子知识和粒子实体概念的理论基础是粒子物理标准模型和宇宙大爆炸理论。粒子知识分为基本粒子知识和组合粒子知识，粒子实体也分为基本粒子实体和组合粒子实体。粒子知识具有表征、传播和表达属性，不具有存储、复制和进化属性。组合粒子实体分为微观、中观和宏观三个层次，都是基本粒子实体多重基本进化的产物。粒子知识与复合知识具有相互表征的关系。复合实体本质上也属于粒子实体，同时也是"复合知识—实体系统"复合进化的产物。

第一节　粒子物理标准模型和宇宙大爆炸理论

一、粒子物理标准模型

粒子物理标准模型是物理学家们于 20 世纪 70 年代提出的关于基本粒子及其相互作用的理论模型。在之后的几十年里，该模型的大部分预言都得到了实验证实，所预测的基本粒子也陆续被发现。比如，1983 年发现了 W 和 Z 玻色子，1995 年发现了顶夸克，2000 年发现了 τ 中微子，2012 年欧洲核子中心探测到了希格斯粒子。因此，粒子物理标准模型是一个非常可靠的理论，使人类对实体世界的解释和预测能力前进了一大步，是人类科学探索中里程碑式的重要成果。

粒子物理标准模型认为，构成世间万物的最小单元或者基本粒子包括两个部分，即费米子（fermions）和玻色子（bosons）。

费米子是组成物质的最小单元，包括夸克（quarks）和轻子（leptons），轻子又分为电子和中微子。玻色子分为规范玻色子和标量玻色子，规范玻色子也称为载力子，能在费米子之间传递自然力。标量玻色子只有希格斯玻色子一种，作用是赋予其他粒子以质量。

大多数基本粒子都存在一个反粒子，二者质量相同，电荷相反。例如，电子的反粒子是正电子，质量与电子相同，但是具有完全相反的等量电荷。正反粒子相遇时会发生湮灭。由于我们日常所见的物质都是由正粒子组成的，没有任何反粒子可以长期存在，因此，迄今为止观测到的所有反粒子都是由宇宙射线的撞击或人类建造的高能加速器所产生。在基本粒子中，胶子、W 粒子、Z 粒子、光子和希格斯玻色子的反粒子就是其本身。

此外，夸克和胶子还具有"色荷"属性。在量子动力学（QCD）的框架下，色荷与夸克和胶子之间的强相互作用有关。夸克有 3 种色荷，而胶子有 8 种色荷。

如果考虑反粒子、色荷等属性区别，标准模型中的基本粒子总数为 61 种，见表 7-1。

表 7-1　粒子物理标准模型中的基本粒子[1]

基本粒子种类		种类	世代	反粒子	色荷	总 计
费米子	夸克	2	3	成对	3 种	36
	轻子	2	3	成对	无	12
玻色子	胶子	1	1	自身	8 种	8
	W 粒子	1	1	成对	无	2
	Z 粒子	1	1	自身	无	1
	光子	1	1	自身	无	1
	希格斯玻色子	1	1	自身	无	1
共　计				61		

鉴于本书的理论需求不涉及反粒子、色荷等属性，因此采用简化版本的标准模型，即构成宇宙的基本粒子共有 17 种：

费米子 12 种：分别是 6 种夸克和 6 种轻子。

玻色子 5 种：分别是光子、胶子、W 粒子、Z 粒子和希格斯玻色子，如图 7-1 所示。

（一）费米子的组成和属性

费米子也称物质粒子，遵守泡利不相容原理，即两个费米子不能同时占据同一个空间，或者说，不能用相同的量子态描述两个费米子。费米子又分为夸克和轻子。这些基本粒子依次组成质子、中子、原子、分子，乃至包括我们自身在内的实体世界。由费米子组成实体世界的显著特点是一个"实"字，也就是在同一时间，一个物理空间只能存在一个实体。比如，我们的身体不能和墙壁同时存在于同一个物理空间，也就是说，在现实生活中我们不可能像《聊斋志异》中的崂山道士那样

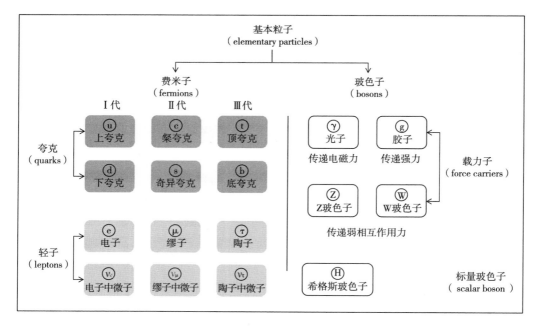

图 7-1　粒子物理标准模型示意图

（根据《粒子宇宙学导论：宇宙学标准模型及其未解之谜》《粒子物理学导论》相关内容绘制）

穿墙而过。

　　夸克共 6 种，分为三代。第一代为上夸克（up quark，u）和下夸克（down quark，d），第二代夸克为粲夸克（charm quark，c）和奇异夸克（strange quark，s），第三代夸克为顶夸克（top quark，t）和底夸克（bottom quark，b）。

　　夸克之间由规范玻色子中的胶子（g）传递强作用力，构成质子（p）和中子（n）。其中，质子带一个正电荷，由两个上夸克和一个下夸克组成，可以表示为：u+u+d→p。中子是电中性的，由一个上夸克和两个下夸克组成，可以表示为：u+d+d→n。

　　轻子也分为三代，共 6 种，包括 3 种电子和 3 种中微子。

　　三代电子分别为电子（e）、缪子（μ）和陶子（τ），都带有一个单位的负电荷。

　　三代中微子分别为电子中微子（ν_e）、缪子中微子（ν_μ）和陶子中微子（ν_τ）。中微子不带电荷，其质量几乎为零，以接近光速传播，与其他物质几乎不发生相互作用。中微子是宇宙中最丰富的基本粒子，太阳内部的核聚变反应，或者宇宙射线与大气之间的碰撞，或者原子反应堆的核裂变均会产生中微子。据估计，每秒大约有 100 万亿个中微子穿过每个人的身体，而我们却浑然不知[2]。

（二）玻色子和自然力

玻色子不遵守泡利不相容原理，即两个玻色子可以在同一时间存在于同一物理空间。或者说，两个玻色子可以用相同的量子态来描述。光子是我们能够感知到的玻色子，它构成了可见光和各种频段的电磁波。日常经验告诉我们，光束不会相互碰撞，而是互不妨碍地彼此通过。

玻色子共五种，分为规范玻色子和标量玻色子。规范玻色子也称载力子（force carriers），是物质粒子之间传递相互作用的载体，包括传递电磁力的光子、传递强相互作用力的胶子以及传递弱相互作用力的 W 玻色子和 Z 玻色子，可能还包括尚未发现的传递万有引力的引力子。正是载力子传递的四种自然力才把物质粒子层层组合，构成了变化万千的宇宙万物。

标量玻色子只有一种，即希格斯玻色子，是一种大质量基本粒子，与所有其他基本粒子相互作用并赋予它们质量。

1. 光子与电磁力

物理学家认为，费米子之间产生相互作用力的时候，对应的载力子同时处于活跃状态。比如，光子是电磁力的载力子，当电子与夸克之间有电磁力相互作用时，光子会在电子与夸克之间来回跃动[3]。

电磁力与引力一样也是长程力，但强度要比引力大得多。电磁力只能作用在带电荷的粒子上，力的大小遵循库仑定律，即与电荷的乘积成正比，与它们之间距离的平方成反比。电荷有正负之分，电磁力在异性电荷之间是引力，在同性电荷之间是斥力。

电磁力在原子、分子尺度上起着支配作用，决定着全部化学和生物学过程。它把电子和原子核结合在一起形成一个原子，把原子结合在一起形成一个分子，再把原子或分子结合在一起形成气体、液体、固体，乃至各种生命体和人造物。

当很多原子或分子聚集在一起时，电磁力会体现为更高层次的基本作用力，诸如，原子或离子之间的化学键作用力，细胞之间的黏着力，弹簧或皮筋的弹性力，两个相互接触物体之间的摩擦力和压力，以及液体表面的张力，等等。除了万有引力，电磁力是我们在日常生活中唯一能体验到的自然力[4]。

2. 胶子与强力

胶子是强相互作用力（强力）的载力子。胶子在夸克之间跃动产生强力，使得夸克之间相互吸引，进而构成质子或中子。

强力是四种自然力中最强的，但力程非常短，只有 10^{-15} 米。虽然我们在日常生活中无法体验到强力的存在，它却与我们所使用的一切能源有关。可以说，目前人类使用的所有种类的能源，归根结底都来自原子中质子和中子在强力作用下，组成更大的原子核，或者分解成更小的原子核，也就是太阳的核聚变和地球上的核裂变。太阳核聚变产生的能量以电磁波的形态传输到地球表面，一部分经过植物的光合作用转化成化学能量，比如食物、煤炭、天然气和石油等，另一部分通过水汽循环、大气流动转化为水能和风能，还有一部分直接在太阳能电池板上转化为电能。而地球上的核电站则是利用核裂变来产生热能和电能。

3. W 粒子和 Z 粒子与弱力

W 粒子和 Z 粒子是弱相互作用力（弱力）的载力子。弱力也是短程力，力程 $10^{-17} \sim 10^{-18}$ 米，因此在日常生活中人们感知不到它的存在。

弱力与中子的 β 衰变密切相关，会引起放射性，并在恒星中以及早期宇宙的元素形成中起极其重要的作用。在弱力的作用下，也就是一个孤立的中子在大约 15 分钟内会分裂成一个质子、一个电子、一个反电子中微子（$n \rightarrow p + e + \bar{v}_e$）。在一些夜光表中，发光材料就是由产生放射性 β 衰变的物质制成的[4]。

4. 引力子与万有引力

引力子是万有引力的载力子。目前绝大多数物理学家都认为引力子可能存在，但至今还没有观测性的证据。幸运的是，人类于 2015 年观测到了引力波，估计观测到引力子的日子不会太久远。

引力是四种自然力中最弱的力，但它是长程力。引力的大小与两个物体质量的乘积成正比，与它们的距离的平方成反比。

任何科学理论都是一个使用某种知识形态来表征实体世界的知识模型，这些知识模型一直处于不断完善、不断进化过程中，与实体世界的匹配程度越来越高，但永远不会等同于实体世界。粒子物理标准模型也不例外，比如，粒子物理标准模型还不能解释引力、暗物质和暗能量。

首先，粒子物理标准模型不包括万有引力。虽然粒子物理标准模型对已观察到的基本粒子和其他三种自然力给出了非常精确的描述，但无法对无处不在的引力给出解释，因此，粒子物理标准模型还不能称为一个完善的理论。

其次，宇宙空间中飘浮着大量与普通物质不同的"物质"。它们不会发射电磁波，人们无法使用现有手段进行观测或捕获，于是被无奈地命名为"暗物质"（dark matter），意思是"不可见的物质"。另外，通过对超新星的观测表明，宇宙正在加速膨胀，这预示着可能有一种不可见的能量——也就是"暗能量"（dark energy）的存在。据估计，这个宇宙是由75%的暗能量、20%的暗物质和5%的普通物质构成。粒子物理标准模型只能解释宇宙中5%的普通物质，对其余的95%则无能为力[3]。

从20世纪60年代开始，科学家们就提出了一种新的基础理论——弦理论。弦理论认为，所有基本粒子都是由一种弦组成的。正如小提琴的琴弦不同的振动方式可以奏出不同音高一般，基本粒子也是通过"弦"的不同振动状态变成电子或光子的。弦理论认为弦是组成物质的最小单位，不可再分割了[5]。

目前，"弦"的存在与否尚无法通过科学手段进行验证，从严格的科学意义上讲，弦理论还处于"假说"阶段。因此，我们仍然把粒子物理标准模型中的费米子设定为粒子实体进化的起点，或者说，夸克、电子和中微子是粒子实体进化的最小组合元素。

二、宇宙大爆炸理论

宇宙大爆炸理论（the big bang theory）是表征宇宙起源和进化的一个符号知识模型。

按照大爆炸宇宙模型的计算和推测，大约在138亿年前，宇宙起源于一个体积无限小、密度无限大、温度无限高、时空曲率无限大的点——奇点。奇点的一次大爆炸之后，宇宙体系快速膨胀，物质密度和宇宙温度快速降低，并在极短的时间内产生了最早的物质形态：基本粒子。基本粒子经过多重基本进化，陆续生成质子、中子、原子核、原子、分子、星云、恒星、行星和星系乃至生命。

宇宙大爆炸理论已经得到很多观测数据的支持，如哈勃常数、宇宙微波背景辐射、红移现象等。尤其是2015年探测到引力波和2019年拍摄到黑洞事件的视界照片，更是对大爆炸宇宙论最有力的支持。

根据诺贝尔物理学奖获得者，美国物理学家史蒂文·温伯格（Steven Weinberg）在《宇宙最初三分钟：关于宇宙起源的现代观点》一书中的描述，结合最新研究成果，整理出一个大爆炸之后的"宇宙年表"[6]：

宇宙大爆炸之后：

10^{-43} 秒：这个时刻称为普朗克时间，宇宙温度约 10^{32} 摄氏度，密度可能超过每立方厘米 10^{94} 克。在此之前的宇宙情形，尚无任何科学理论可以描述。

$10^{-43} \sim 10^{-35}$ 秒：宇宙已经冷却到引力可以分离出来并独立存在，宇宙中的其他自然力（强力、弱力和电磁力）仍为一体。

$10^{-35} \sim 10^{-4}$ 秒：夸克、电子和中微子等费米子和光子、胶子等玻色子形成并稳定下来。引力、强力、弱力和电磁力四种自然力完全分离。夸克在强力作用下形成质子和中子。

10^{-4} 秒~3 分钟：质子和中子结合，产生氢核（^{2}H）、氦核（^{3}He）和微量锂核（^{7}Li），其中，氢核（^{2}H）和氦核（^{3}He）质量占比分别为76%和24%。

38 万年：原子核与电子结合成原子（主要是氢）。光子可以在空间中远距离传播，这就是我们现在探测到的宇宙微波背景辐射。

1.8 亿年：第一代恒星诞生。

92 亿年（46 亿年前）：第三代恒星系——太阳系（包括地球）形成。

100 亿年（38 亿年前）：地球上出现生命。

138 亿年：现在。

截至目前，宇宙大爆炸理论是描述宇宙起源和进化最好的理论模型，应该比历史上任何神话都更接近真相。

第二节　粒子知识和粒子实体概况

上一节介绍的粒子物理标准模型和宇宙大爆炸理论，是建立在量子力学、量子场论、狭义相对论和广义相对论基础上的成熟理论模型。根据上述两个理论模型提出的很多科学假设大都通过了实验或观测的验证。虽然还有不完善之处，但这已经是目前表征这个世界最好的知识模型了。因此，粒子知识和粒子实体的概念就建立在这两个理论模型之上，未来也会随着基础理论的突破和完善做出相应的调整。

一、粒子知识的定义和范畴

粒子知识（particle knowledge）是指各种实体之间的相互作用力。粒子知识不能脱离实体而单独存在。根据相互作用的实体不同，粒子知识分为基本粒子知识和组合粒子知识。

（一）基本粒子知识

基本粒子知识是指基本粒子之间产生的相互作用力，也就是作用于费米子之间，由规范玻色子传递的四种自然力，包括由光子传递的电磁力、由胶子传递的强相互作用力、由 W 粒子和 Z 粒子传递的弱相互作用力，以及由目前尚未发现的引力子传递的万有引力。它们之间的对应关系及自然力的特点见表7-2。

表7-2　规范玻色子与四种自然力的对应关系和自然力的特点

规范玻色子	自然力	相对强度	力程（作用距离）	作用对象	人类感知情况
胶子（g）	强力	1	10^{-15}m	夸克	不能感知
W 粒子和 Z 粒子	弱力	10^{-12}	$10^{-17} \sim 10^{-18}$m	夸克、电子、中微子	不能感知
光子（γ）	电磁力	10^{-2}	∞	带电粒子	能够感知
（引力子）	引力	10^{-38}	∞	有质量的物质	能够感知

规范玻色子的作用是传递自然力。光子构成电磁场，在带电粒子之间传递电磁力。胶子在夸克之间传递强力，使得夸克组成质子和中子，并进一步组成原子核。而弱力是由带电的 W 粒子和 Z 粒子传递。人们猜测应该存在一种可称为引力子的玻色子来传递引力，但尚未在观测中发现[1]。

四种自然力的作用距离差别巨大。引力和电磁力是从 0 至无穷大，而弱力和强力的作用距离非常之小，在 $10^{-15} \sim 10^{-18}$m，只在原子核层面发生作用。

四种自然力的强度也同样差别巨大。如果把强力的强度设定为 1，那么，电磁力的强度大约是 10^{-2}，弱力的强度是 10^{-12}，而引力的强度只有 10^{-38}。

日常生活中，人们只能体验到两种自然力，即引力和电磁力。

这两种力的强度差别巨大，电磁力是引力的 10^{36} 倍。想象一下苹果从树上掉下来的情景，就很容易理解引力和电磁力的相对强度了。

苹果之所以挂在树枝上，是因为果梗上的原子之间相互吸引的电磁力。秋天成熟的苹果最终落到地上，是因为果梗干枯，电磁力逐渐减小，直至小于地球对苹果的吸引力。想想看，整整一个夏天，果梗上为数不多的原子之间的电磁力，对抗的却是质量为 $6×10^{24}$ 千克的整个地球对苹果的万有引力。

电磁力是由光子传递的。光子具有波粒二象性，当时间为瞬时值时，光子以粒子的形式传播，光电效应可以证明光子的粒子特性；当时间为平均值时，光子以波的形式传播，光子的干涉、衍射现象可以证明光子的波动特性。光子体现波动特性时就是电磁波。根据波长大小，电磁波可划分为：无线电波、微波、红外线、可见光、紫外线、X 射线和 γ 射线。

引力作用于宇宙的万物，无处不在。这种力使我们"粘"在地球表面，只有依靠外力才能离开。同样，引力使得太阳系绕着银河系中心运转，行星绕着太阳运转，卫星绕着地球运转。如果没有引力作用，星辰宇宙将是另一番景象。

总的来说，基本粒子知识是构成物质世界的必要条件。如果没有强力和弱力，就不会有质子、中子、原子核；没有电磁力，就不会有原子核与电子组成的原子、分子，乃至各种无机物体和地球上的芸芸众生。如果没有万有引力，不会有星云、星球、星系，乃至整个宇宙。

（二）组合粒子知识

组合粒子知识是指所有费米子经过基本进化和复合进化产生的组合粒子实体和复合实体等所有实体之间的相互作用力，或者说是基本粒子实体之外的所有实体之间的相互作用力。组合粒子知识体现为核力、化学键、分子间作用力、弹性力、摩擦力，等等。组合粒子知识是组成实体的所有基本粒子之间四种自然力综合作用的最终体现。

在我们日常工作生活中，所有接触到的"力"都属于组合粒子知识。这些组合粒子知识是四种自然力在各自力程内共同发生作用的结果。组合粒子知识把不同层次的粒子实体连接在一起，创造出姿态万千的宇宙万物。任何组合粒子知识都可以最终分解为五种规范玻色子所传递的四种自然力——基本粒子知识。

常见的组合粒子知识如下：

（1）核力。使质子和中子结合在一起组成原子核的力。核力是强相互作用力和电磁力共同作用的结果。质子都带正电荷，所以相互排斥；而由夸克组成的质子、中子之间还有相互吸引的强力。相互排斥的电磁力和相互吸引的强力达到平衡时，就构成了相对稳定的原子核。

（2）电磁引力。原子核中的质子带正电荷（中子不带电荷），而围绕原子核旋转的电子带负电荷，因此，原子核中所有正电荷与电子所携带的负电荷之间的电磁力就构成了原子核和电子之间的电磁引力。电磁引力使原子核和电子组成原子。

（3）化学键。化学键是指分子或晶体中相邻的两个原子或离子间的相互作用力，是一个原子（或离子）中原子核和所有电子与另一个原子（或离子）中原子核和所有电子之间的电磁力相互作用的结果，属于组合粒子知识[7]。

（4）范德瓦耳斯力。范德瓦耳斯力也称分子间作用力。一般而言，原子核中的正电荷与核外电子的负电荷数量相同，且正、负电荷中心重合，所以整个原子是电中性的。由于原子或离子组成的分子虽然正、负电荷数量相同，但正、负电荷的中心不一定重合，因此就使得分子的一端带正电荷，另一端带负电荷，形成了极性分子。极性分子之间正负电荷相互吸引，就组成了某种集聚状态的物体。

另外，由于多个电子围绕原子核高速旋转，在某一个瞬间，正、负电荷在分子中的分布也是不均匀的，这样也会使得分子在瞬间变成极性分子。

当两个分子相距较远时，极化形成的分子两端的电荷产生吸引作用，主要表现为吸引力；当两个分子非常接近时，外层电子云开始重叠而产生的排斥作用，主要表现为排斥力；当两个分子在某一平衡位置时，吸引力和排斥力相互抵消，就形成了气态、液态或固态等聚集态物质。

由此看出，范德瓦耳斯力是两个分子中所有质子携带的正电荷和所有电子携带的负电荷之间共同作用的结果，也是一种组合粒子知识。

（5）弹性力。物体接近时的压力、拉扯绳索时的拉力、锻打工件时的冲击力和推动物体时受到的阻力等，都属于弹性力范畴。

弹性力本质上都是相互接触的原子、离子和分子之间所有正负电荷产生的电磁力共同作用的结果。我们已经知道，原子、离子或分子之间的相互作用力与距离有关，距离太近相互排斥，距离较远就相互吸引，只有在某一位置时才能达到平衡状态。

当物体受到压力或拉力时，组成物体的粒子（原子、离子或分子）之间的距离会发生改变，脱离了平衡位置。此时，由于粒子之间距离的改变就产生一个与外力相反的电磁力，把脱离了平衡位置的原子恢复到平衡位置，这个力就是弹性力。

有时粒子知识与复合知识的界限容易混淆。比如，如果某种粒子知识表征了其他形态的知识，就转换成了相应的复合知识，不再属于粒子知识范畴。比如，大自然中的风雨雷暴之声是粒子知识，但人类发出的话语之声就属于复合知识中的听觉符号知识。原因是这些声音表征了大脑中的信号知识，或者通俗地说，这些话语声音承载了某种"意义"。

以此类推，宇宙深处产生的电磁波属于粒子知识，如太阳光、星光、宇宙微波和宇宙伽马射线等，而人类用于通信的电磁波就属于复合知识中的比特知识。比如，广播电视、无线通信和光纤通信中的电磁波就是表征了语音、文字和图像等符号知识的比特知识。目前人类探测到的宇宙引力波属于粒子知识，如果在未来的某一天，人类利用引力波来表征信号知识或符号知识，那么这种引力波就转换为了一种新的复合知识——也许可以称为"引力波知识"。

二、粒子实体的定义和范畴

粒子实体（particle substance）是指粒子物理标准模型中的费米子及其基本进化的产物，分为基本粒子实体和组合粒子实体。

（一）基本粒子实体

基本粒子实体是指粒子物理标准模型中所有的费米子，包括 6 种夸克和 6 种轻子，总共 12 种，前面已有详细介绍。

基本粒子知识和基本粒子实体创生于宇宙大爆炸之后很短的时间。按照大爆炸宇宙论的推测，大爆炸后 $10^{-35} \sim 10^{-4}$ 秒，夸克、电子和中微子等费米子和光子、胶子等玻色子形成并稳定下来。强力、弱力和电磁力三种自然力也完全分离出来。也就是说，在宇宙大爆炸之后大约 10^{-4} 秒内，基本粒子知识和基本粒子实体就已经创生完成。

（二）组合粒子实体

组合粒子实体是指费米子经过多重基本进化产生粒子实体，包括质子、中子、原子核、原子、分子、气体、液体、固体、星云、星球和星系。

组合粒子实体是基本粒子实体经过多重基本进化产生的粒子实体，不包括"复合知识—实体系统"复合进化产生的复合实体。按照基本进化的层级，我们把组合粒子实体划分为三个层次，即微观层次组合粒子实体、中观层次组合粒子实体和宏观层次组合粒子实体。

微观层次组合粒子实体：包括由夸克组成的质子和中子、质子和中子组成的原子核、原子核与电子组成的原子、原子或离子组成的分子。

中观层次组合粒子实体：是指在一定温度和压强条件下，由很多相同或不同的原子、离子或分子组合在一起形成的相对稳定的中观尺度的物体，主要包括气态物质、液态物质和固态物质。人们日常所见的风云雨雪、江河湖海、砂粒石块和山川峻岭等，都属于中观层次的组合粒子实体。

宏观层次组合粒子实体：包括可观测宇宙中的所有星球、星系和超星系团，乃至整个宇宙，如图 7-2 所示。

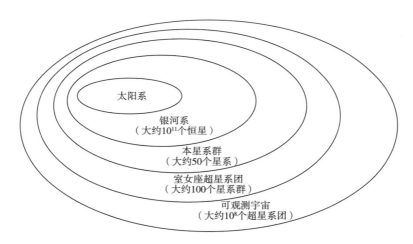

图 7-2　可观测宇宙中的"宏观层次组合粒子实体"层级示意图

地球所在的太阳系由太阳和包括地球在内的 8 大行星组成；

太阳系所在的银河系大约有 10^{11} 个恒星；

银河系属于本星系群，本星系群由大约 50 个星系组成；

本星系群属于室女座超星系团，它包含约 100 个星系群和星系团；

室女座超星系团之上就是我们能看到的可观测宇宙：它包含 10^8 个超星系团，总质量相当于 10^{23} 个太阳，半径是 15Gpc（$1pc \approx 3 \times 10^{16} m$）[1]。

第三节　粒子知识的基本属性

一般而言，粒子知识只有表征、传播和表达三种属性，不具有存储、复制和进化属性。

由于传递自然力的规范玻色子不像实体粒子那样需要遵守泡利不相容原理，因此多个自然力可以在同一时间、同一空间独立存在而互不干扰，更不会合并或融合，因此，我们看到相互交叉的光线各自传播，互不干涉；多个自然力共同发生作用时只会产生效果意义上的"合力"，而不会像实体粒子或复合知识那样形成一个稳态组合体。因此，粒子知识不具有严格意义上的进化属性，而是作为"选择条件"参与粒子实体的基本进化。

此外，由于胶子传递的强相互作用力和 W 粒子、Z 粒子传递的弱相互作用力是短程力，发生作用的距离在 $10^{-18} \sim 10^{-15}$ m 之间，限于原子核之内。因此，我们接下来只讨论两种基本粒子知识（电磁力或光子、引力或引力子）和一种组合粒子知识（机械波）的表征属性、传播属性和表达属性。

一、粒子知识的表征属性

粒子知识能够直接表征实体对象，这个过程称为跃迁表征。任何实体都是通过粒子知识来表征自身的存在。如果实体物质不能产生电磁波、引力波或机械波等粒子知识，或者不能与这些粒子知识发生相互作用（如折射、反射等），那么，任何观察者都无法感知其存在。

因此，粒子知识是所有复合知识的源泉，基因知识、信号知识、符号知识和比特知识都是粒子知识直接或间接转换表征的结果。我们的视觉、听觉、味觉、嗅觉和触觉等感觉器官，只能感知那些表征实体世界的粒子知识，而不能感知实体世界本身。

（一）电磁波（光子、电磁力）的表征属性

任何温度高于绝对零度的实体都会发生量子跃迁，向外发射电磁波（光子），而且电磁波的波长或频率与实体的温度和原子外层电子结构有关，我们把这种情况称为粒子知识（电磁波、光子）的跃迁表征，也是直接跃迁表征。此外，电磁波

（光子）在传播过程中会与实体发生反射、折射、衍射等相互作用，之后的电磁波（光子）对与其发生作用的实体也具有表征功能，这种表征属于间接跃迁表征。人类正是通过肉眼或者观测仪器接收这些电磁波（光子），才能感知实体的存在。

量子跃迁是量子力学体系状态发生的跳跃式变化，即从一个量子状态到另一个量子状态的变化过程。分子或原子中的电子从高（低）能级跳到低（高）能级，就是一种典型的量子跃迁。当电子从高能级跳到低能级时，放出一个光子；当电子从低能级跳到高能级时，吸收一个光子。在物理学中，又把放出光子的量子跃迁称为电磁辐射，包括自发辐射和受激辐射。

自发辐射是在没有任何外界作用下，激发态电子自发地从高能级（激发态）向低能级（基态）跃迁，同时辐射出一个光子的过程。

温度高于绝对零度（−273.15℃）的物质都可以产生自发辐射，宇宙星球、山川河流、岩石土壤、动物植物和人造物品，都在自发地、持续地产生着各种波长的电磁波。自发辐射在温度较低时主要产生的是红外线，当物体的温度较高时，如在500~800℃时，产生的大都是可见光。

不同元素的外层电子构成不同，电子跃迁的能级也不同，连带其放射光子的频率也呈现特定样式分布。比如，氢原子发出的光是一组颜色条纹，氦原子发射的光则是完全不同的另一组颜色条纹，等等。科学家们将这种电磁波的频率分布称为原子频谱。不同元素的原子频谱是独一无二的，因此原子频谱具有表征属性，可用来识别元素。也就是说，宇宙中的星光可以表征宇宙的物质成分[9]。

此外，在原子核的衰变、核裂变和核聚变过程中，都会产生自发的量子跃迁过程，此时发射的光子能量最高，主要是 γ 射线。当这些过程引发内层电子跃迁时，也会产生 X 射线。

受激辐射是指处于高能轨道的电子在外来光子的作用下，向低能轨道跃迁时发出光子的现象。在日常生活中，除了少数情况下直视光源（如蜡烛等），映入我们眼帘的大都是散射光和反射光。事实上，这个过程不是光子的简单折返，而是一个受激辐射过程：入射光子激发物体表面的原子产生量子跃迁，发出新的光子。相同的入射光（如阳光）在不同的物体表面产生新光子的数量、波长和传播方向各不相同，这样我们就能够分辨出各种物体不同的轮廓、明暗和颜色[10]。

（二）引力波（引力子、万有引力）的表征属性

在爱因斯坦的广义相对论中，引力被认为是时空弯曲的一种效应。任何有质量

物体的运动，都会引发时空弯曲，并且以波的形式光速传播，形成或大或小的引力波。一个原子的加速运动、一个人的行走活动以及人造卫星绕地球旋转都会产生引力波，可以说引力波就是有质量物体运动状态的一种表征。

就目前的观测技术而言，人类还不能观察所有物体运动产生的引力波，只能观测到那些质量巨大的天体活动产生的引力波。例如，黑洞的双星绕转、黑洞吸积其他天体、双黑洞合并、双中子星合并和超新星爆发，等等。

2015 年 9 月 14 日，美国的激光干涉引力波观测台（laser interferometer gravitational-wave observatory，LIGO）探测到的引力波信号，据推测是来自一次双黑洞碰撞、合并事件。

天体物理学家珍娜·莱文在《引力波》一书中写道："发生碰撞的这一对黑洞，一个质量是太阳的 29 倍，另一个是太阳的 36 倍。在碰撞之前，两个黑洞相互绕着对方运行，此时，两个黑洞之间的距离仅为数百公里，运行速度非常接近于光速。当它们最终碰撞时，最后变成了一个质量是太阳的 60 多倍的黑洞，相当于 3 倍太阳质量的能量瞬间通过时空以引力波的形式光速辐射出去。而 13 亿年后，地球上的探测器捕捉到了它们运行的最后 4 圈，只持续了 200 毫秒，探测器 4 公里干涉臂的长度发生了相当于质子直径千分之一的空间变化。"[11]

2017 年 8 月 17 日，又检测出了来自双中子星双星系的引力波。据推测这是绕着彼此周围旋转的两个中子星发生碰撞与合并所产生的引力波[3]。

目前，人类对引力波的认识刚刚开始，仅能观测到很窄的频段。如果在未来某一天，能够像观测电磁波的全部频段那样观测引力波，那么，人类将从另一个全新的视角来审视宇宙和自身，构建出一个全新的宇宙图景。

（三）机械波的表征属性

机械波是波源实体受到外界扰动时产生的机械振动在介质中的传播。机械波在传播过程中遇到实体障碍时，会发生折射、反射、衍射等行为。因此，机械波是对波源实体及其运动状态的表征，属于从实体到知识的跃迁表征。

机械波的跃迁表征分为直接跃迁表征和间接跃迁表征。

机械波的直接跃迁表征是指机械波对波源实体扰动事件的表征。例如，声波能够表征波源的位置和振动频率；地震波能够表征震源的位置、深度和地震强度，等等。

机械波的间接跃迁表征是指机械波在传播过程中被实体障碍折射、反射或衍射，之后的机械波能够对实体障碍进行表征。有些动物就是利用声波的反射来探测实体对象的位置、距离，甚至运动方向和速度，这种方式也称"回声定位"。比如，蝙蝠、海豚等动物就是利用"回声定位"来规避障碍或捕捉猎物。人类借助声波在水中间接跃迁表征属性发明了主动声呐，用于导航和探测工作。

二、粒子知识的传播属性

粒子知识是以波的形式进行传播。光子和引力子这两种基本粒子知识分别以电磁波和引力波的形式传播。由原子、分子的振动形成的组合粒子知识则以机械波的形式传播，如水波、声波、地震波等（表7-3）。

表 7-3　粒子知识的传播属性

粒子知识类别	名称	传播介质	传播速度	传播过程遇到障碍物
基本粒子知识	电磁波	真空或介质	真空中光速，介质中各异	发生反射、衍射
	引力波	真空或介质	光速	穿越
组合粒子知识	机械波	介质	与波的种类和介质有关	发生反射、衍射

上述三种粒子知识传播属性的异同如下。

（1）传播介质。电磁波和引力波既能在真空中进行"无介质传播"，也能在介质中传播；而机械波只能在介质中传播，介质可以是气体、液体和固体。

（2）传播速度。电磁波在真空中以光速传播，在介质中的传播速度会有所变化；引力波是一种空间变形，在介质中也应该以光速传播；机械波的传播速度因介质不同而不同。

（3）折射、反射、衍射。电磁波和机械波在不同介质界面上会发生反射和折射，遇到障碍会发生衍射。引力波应该不会发生折射、反射、衍射行为。

（一）电磁波（光子、电磁力）的传播属性

电磁波的传播不需要介质，在真空中以固定速度传播，速度为 $3×10^8$ 米/秒。太阳与地球的平均距离为 $1.496×10^8$ 公里，因此，我们每次看到的都是8分钟前的太阳。

电磁波通过不同介质时，会发生反射、折射、衍射，除非我们直视光源（如蜡烛、白炽灯），否则我们眼睛看到的可见光都是经过反射、折射、衍射后的电磁波。

电磁波是与人们日常生活密切相关的粒子知识，比如人类个体80%的外界信息是通过视觉获得。所谓的"看见"就是把进入眼球的可见光转换表征为神经信号知识。

从古至今，人类观测宇宙和探索自然都需要借助电磁波的传播属性。在人类历史相当长的时间里，天文学家们仅能用肉眼观测宇宙中的可见光。400多年前，伽利略发明了天文望远镜，从此可以观测来自更远、更微弱的可见光。随着科技进步，人类借助射电天文望远镜、雷达、红外线成像仪、X光机等仪器设备，可以观测和感知几乎全部频谱的电磁波。

此外，人类利用电磁波传播属性发明的无线通信、卫星通信和光纤通信等知识传播技术，成为人类社会信息时代不可或缺的基础设施。

（二）引力波（引力子、万有引力）的传播属性

早在1915年，爱因斯坦就基于广义相对论预言了引力波的存在。根据广义相对论，在非球对称的物质分布情况下，当物质运动时，或物质体系的质量分布发生变化时，就会产生引力波。这种时空弯曲产生的涟漪，会以光速且不受任何阻挡地向外传播。当引力波通过时，会将空间及其中的所有物体向同一方向拉伸，同时在另一方向上压缩，结果物体的大小会发生微弱的变化。

科学家们虽然没有发现引力子，却探测到了引力波。2015年9月14日，位于美国路易斯安那州和华盛顿州的两座激光干涉仪引力波观测台（LIGO）同时探测到了13亿年前两个黑洞融合时产生的引力波。

LIGO由两个长4公里的单臂组成L型，用高功率稳定的激光来测量两个垂直单臂的长度变化，借此测量通过地球的引力波。以2015年9月14日首次探测到的引力波为例，这次引力波在LIGO的4公里单臂上拉伸产生的长度变化为1/4000个质子。与此同时，在这次引力波的作用下，我们每一个人仅仅被拉伸了大约10^{-22}米[12]。

引力波的传播不受实体的阻挡，能够穿透那些电磁波不能穿透的实体，因此利用引力波探测器，人们可以接收到遥远宇宙中天体活动表征出来的粒子知识，这为人们观测宇宙提供了全新方式，打开了新的窗口。

（三） 机械波的传播属性

机械振动在介质中的传播，称为机械波，如水波、声波和地震波等。

从原子或分子层面来看，机械振动是在外力的作用下，构成实体的原子、离子或分子的空间距离随着电磁力在吸引、平衡和排斥之间周期变化而产生的一种运动状态。最初产生这种运动状态的实体部分称为波源，如雨滴击打的水面、手指拨动的琴弦、地震时地壳断裂之处等。

波源的振动由近及远依次传递给周围实体中的原子、离子或分子，引发相同频率的机械振动，这样机械波就在介质中实现了传播。而上述传递振动的"周围实体"就是介质。比如，传播水波的水面，传播声音的空气，传播地震波的地壳[13]。

总的来说，机械波传播的不是粒子实体本身，而是粒子实体周期性的运动状态，是一种组合粒子知识。

机械波只能在介质中传播，不能像电磁波和引力波那样在真空中传播。同一种机械波在不同介质中的传播速度也有所不同。表7-4列出了声波在不同介质中的传播速度。

表7-4　声波在不同介质中的传播速度[14]

介质的种类和状态		声速/（米/秒）
气　体	空气（0℃，一个大气压）	331
	空气（20℃，一个大气压）	343
	氢气（0℃，一个大气压）	1284
液　体	水（0℃）	1402
	水（20℃）	1482
	海水（20℃，含盐量3.5%）	1522
固　体	铝	6420
	钢	5941
	花岗岩	6000

三、粒子知识的表达属性

在引力波、电磁波和机械波三种粒子知识中，引力波是时空弯曲的涟漪，是时空本身的一种波动现象，似乎无法表达为波源的实体活动，因此，引力波不具有表达属性。特定频率的电磁波（光子）照射某些物质时，其内部会产生电流，即光电效应。机械波是机械振动在介质中的传播，可以还原为波源的机械振动，如人类听觉系统就能把空气振动表达为鼓膜的机械振动。所以，电磁波和机械波都具有表达属性。

本小节重点讨论电磁波的表达属性。

我们已经知道，量子跃迁产生的电磁辐射被定义为粒子实体到粒子知识的跃迁表征，那么，与其相反的过程——光电效应，完全可以理解为从粒子知识到粒子实体的知识表达。

从量子跃迁角度来看，光电效应和电磁辐射是互为逆向的行为。电磁辐射是电子发射一个光子，同时从高能级跃迁到低能级；光电效应是电子吸收一个光子，同时从低能级跃迁到高能级，如图7-3所示。

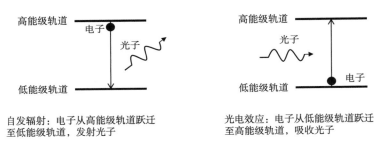

图 7-3　自发辐射与光电效应的量子跃迁原理

光电效应过程中，吸收光子能量的电子不一定停留在原子的外层轨道上，有时候会脱离物体表面，形成光电子射出；有时候仅仅脱离原子核的束缚成为自由电子，产生电流，使被照射的材料的电导率发生变化，这种现象被称为光电导效应；当光子照射使同一物体的不同区域电子释放程度不同时，会产生电位差，如果两处相互连通则形成电流回路，这就是光伏效应，也是太阳能发电的基本原理[15]。

总之，电子从高能级轨道跃迁到低能级轨道发射光子，可以视为粒子实体跃迁表征为粒子知识，而电子吸收光子后从低能级轨道跃迁到高能级轨道，甚至脱离原子核束缚，成为自由电子，则可视为粒子知识表达为粒子实体。这一对可逆行为是最简单、最基本的知识表征和知识表达过程。

第四节　粒子实体的多重基本进化

粒子实体的多重基本进化是由多个"元素组合+条件选择→稳态组合体"基本进化单元组成的基本进化过程。

其中，组合元素可以是基本粒子实体，即组成物质最小单位的费米子，如夸克、电子等，也可以是任何层次的组合粒子实体，如质子、中子、原子核、原子、离子、分子、气态实体、液体实体、固态实体，乃至星际物质、星球和星系。

而选择条件就是作为组合元素的粒子实体在某一空间位置或某一运动状态下，共同作用于组合体的所有自然力达到的相对平衡状态。"平衡状态"是一种相对静止、匀速运动状态或沿着固定轨道做周期性运动，此时组合体中所有元素之间的斥力和引力相互抵消，形成"稳态组合体"。简单地说，粒子实体基本进化中的选择条件就是作用力的平衡。如果这个平衡被外力打破，稳态组合体也将重新分解成或大或小的粒子实体。因此，稳态组合体的"稳态"是相对的、暂时的，这也是宇宙万物分分合合的奥秘所在。

粒子实体多重基本进化中的"稳态组合体"包括除基本粒子实体之外的所有粒子实体，也就是所有组合粒子实体。从质子、中子到星球、星系，都是由更低层次的粒子实体经过基本进化形成的"稳态组合体"。

下面将按照组合粒子实体的三个层次来探讨粒子实体的多重基本进化过程：即微观层次粒子实体的多重基本进化、中观层次粒子实体的多重基本进化和宏观层次粒子实体的多重基本进化，见表7-5。

表 7-5　粒子实体的多重基本进化

粒子实体的层次	组合元素	选择条件	稳态组合体
微观层次	（未知的更小粒子）	（未知的自然力）	夸克
	夸克	强力	质子、中子
	质子、中子	强力、电磁力	原子核
	原子核、电子	电磁力	原子
	原子、离子	电磁力	分子

粒子实体的层次	组合元素	选择条件	稳态组合体
中观层次	原子、分子	电磁力	气体、液体和固体
宏观层次	气体、液体和固体	电磁力、万有引力	星际物质
	星际物质	电磁力、万有引力	星球
	星球	万有引力	星系
	星系	万有引力	可观测宇宙

一、微观层次粒子实体的多重基本进化

微观层次的组合粒子实体包括重子（质子和中子）、原子核、原子和分子。我们把这个阶段的多重基本进化分为四个阶段：重子基本进化、原子核基本进化、原子基本进化、分子基本进化。

（一）重子基本进化：3个夸克→质子或中子

重子是指由3个夸克组成的组合粒子实体，包括组成原子核的质子和中子。质子和中子都是由夸克在强相互作用力（胶子）的作用下组成。重子基本进化中"元素组合+条件选择→稳态组合体"基本进化单元的要素如下：

组合元素：2个上夸克和1个下夸克组成1个质子；2个下夸克和1个上夸克组成1个中子。

选择条件：强相互作用力（胶子）的平衡状态。

稳态组合体：质子或中子

最早发生时间：宇宙大爆炸后 $10^{-35} \sim 10^{-4}$ 秒。

根据宇宙大爆炸模型，在宇宙大爆炸后 $10^{-35} \sim 10^{-4}$ 秒，夸克、电子和中微子等费米子和光子、胶子等玻色子形成并稳定下来。引力、强力、弱力和电磁力等四种自然力完全分离。夸克在强力作用下形成质子和中子。

（二）原子核基本进化：质子+中子→原子核

根据粒子物理标准模型，质子和中子组成原子核，然后原子核和电子组成原

子，因此，原子核进化应该早于原子进化。原子的组成如图 7-4 所示。

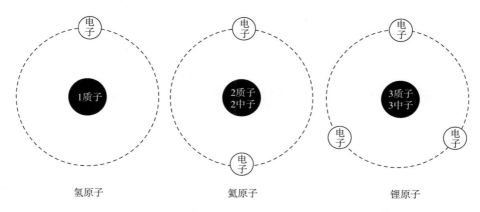

图 7-4　质子、中子和电子组成原子示意图

原子核基本进化中"元素组合+条件选择→稳态组合体"基本进化单元的要素如下：

组合元素：质子和中子

选择条件：强力（胶子）和电磁力（光子）达到平衡

稳态组合体：原子核

最早发生时间：宇宙大爆炸后 10^{-4} 秒～3 分钟

根据大爆炸宇宙模型，在大爆炸后 10^{-4} 秒～3 分钟，最早的原子核产生，主要是氢核、氦核和微量锂核。其中，氢核和氦核质量占比为 76% 和 24%。

原子核中的质子和中子之所以能聚合在一起，是受到强力和电磁力的共同作用。强力的作用距离非常小，是一种将质子和中子吸引在一起的力。在极短的距离内，强力几乎要比电磁力强上 100 倍。电磁力同性相斥，原子核中的质子因为都带有正电荷，电磁力同性相斥，所以存在相互的斥力。如果质子和中子之间相互吸引的强力与质子之间的相互排斥的电磁力达到平衡，则原子核保持稳定。

一般而言，原子核内部的质子数和中子数大体相等。但是由于强力随着作用距离的增加，强度急剧减小，所以原子序数大的元素，也就是质子数量相对多的原子核，电荷数增加，相互排斥的电磁力也随之增加，这时就需要更多的中子来增加强力的吸引作用来抵消电磁力。例如，铁元素原子核中有 26 个质子，却需要 30 个中子；铀 238 原子核内有 92 个质子，而中子多达 146 个。

随着两种力的此消彼长，使得原子核中的质子数最多只能达到 92 个，这也是为什么自然界中元素数目只有 92 个的根本原因。虽然科学家能够用粒子加速器制造出质子数更多的原子核，使得元素周期表中的化学元素增加到了 108 种，但这些原子核非常不稳定，在很短的时间内就发生裂变，分裂成较小的原子核。

（三）原子基本进化：原子核+电子→原子

原子基本进化中"元素组合+条件选择→稳态组合体"基本进化单元的要素如下：

组合元素：原子核和电子

选择条件：电磁力平衡（光子）

稳态组合体：原子、离子

最早发生时间：宇宙大爆炸后大约 38 万年

科学家根据原子核中质子的数目把自然界中的原子分成 92 种，即化学元素周期表中的 92 种天然元素（43 号元素锝，自然界中不存在，已由人工合成），并把质子数相同而中子数不同的原子称为同位素。

根据大爆炸宇宙模型，在宇宙大爆炸后大约 38 万年，随着温度的降低，氢核、氦核和少量锂核分别与自由电子组成原子，产生了最早的氢原子、氦原子和锂原子。之后的化学元素都是在恒星的演化过程中形成的。

宇宙大爆炸后 1.8 亿年，第一代恒星合成原子序数为 3～26 的化学元素（锂～铁）。

第一代恒星大约诞生于宇宙大爆炸后 1.8 亿年，其质量比太阳要大 10 倍以上，成分与宇宙早期星云一样，几乎完全由氢和氦组成。在引力作用下，星际气体和微粒物质体积变小，逐渐集聚成团，随着密度和压力增大，温度持续升高。当温度升高至 1000 万摄氏度时，开始了由氢原子核嬗变为氦原子核的聚变反应——"氢燃烧"，4 个氢原子核聚变成 1 个氦原子核。此时的恒星变成了一个天然的核反应堆，同时释放巨量的光和热，如图 7-5 所示。

恒星进入超巨星阶段，主要成分为氦元素。在引力的作用下，恒星密度逐渐增大，温度也随之升高。当温度达到 1 亿摄氏度时，"氦燃烧"反应开始：3 个氦原子核聚变成一个碳原子核。如果温度继续升高，刚刚生成的碳原子核还会继续俘获氦原子核，进一步生成氧原子核。

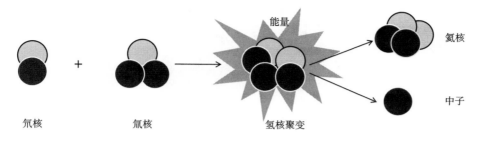

氘核　　　　　　氚核　　　　　　　氢核聚变　　　　能量　　氦核　　中子

图 7-5　氢核聚变生成氦核并释放能量和一个中子

随着中心温度的不断升高，碳燃烧、氖燃烧、氧燃烧和硅燃烧等过程相继在恒星中心附近点燃，并最终形成一个铁核。这一过程合成了原子序数 3~26 的化学元素（锂~铁）。

超新星爆发，合成了原子序数为 27~92 的化学元素。

质量大于 10 倍太阳质量的恒星在超巨星晚期，铁核的质量逐渐增大，引力越来越强，最终恒星由外向内坍缩，形成中子星或黑洞。而坍塌所聚集的能量又引发爆炸，这就是蔚为壮观的超新星爆发现象。此时，恒星物质在极高的温度和压力下发生核聚变反应，合成了原子序数为 27~92 的化学元素（不包括 43 号元素，已经由人工合成），包括银、金和铀等贵重金属。大爆炸把这些元素抛射到广阔的星际空间，周而复始，又开始第二代恒星的形成和演化。

太阳是第 3 代恒星，但其初始成分中氢仍然占到 75%，当前正处在氢燃烧阶段。我们享受的温暖与光明，就是太阳氢燃烧产生的能量。据科学家测算，太阳每秒要烧掉 6 亿吨的氢。太阳已经燃烧了近 46 亿年，预计还能燃烧 50 亿年左右。由于太阳质量较小，最终将变成白矮星，如图 7-6 所示。

（四）分子基本进化：原子或离子→分子

分子基本进化也可称为化学进化。分子基本进化以 90 多种化学元素为基本单元，组合进化出了丰富多样的物质世界，以及神奇伟大的生命世界。

分子是由相同或不同元素的原子（离子）组成。比如，氧气分子（O_2）就是两个氧原子组成的稳态组合体。而水分子（H_2O）则是由两个氢原子（H）和一个氧原子（O）组成的稳态组合体。

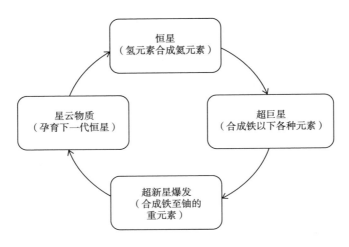

图 7-6 大质量恒星演化和元素合成的循环过程

说明：质量大于 10 倍太阳质量的恒星寿命一般为 5000 万年至 1 亿年，一生经过恒星、超红巨星、超新星爆发，最终形成中子星或黑洞。在此过程中以氢和氦为原料，制造了自然界现存的其他 92 种元素。

（根据《从宇宙大爆炸谈起：元素的起源与合成》《恒星结构演化引论》整理绘制）

将氢气和氧气混合后点燃，在爆炸声中就产生了水。在此过程中氢原子和氧原子组合生成了稳态组合体——水分子。这就是一个分子基本进化过程，如图 7-7 所示。

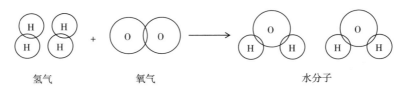

图 7-7 分子基本进化：氢气和氧气化合反应生成水

通常把分子或晶体中相邻的两个原子或离子间强烈的相互作用力称为化学键（chemical bond）。化学键是组成分子的原子（或离子）中的正电荷和负电荷之间电磁力综合作用的结果。

分子基本进化中"元素组合+条件选择→稳态组合体"基本进化单元的要素如下：

组合元素：原子或离子

选择条件：化学键（电磁力平衡）

稳态组合体：分子或晶体

二、中观层次粒子实体的多重基本进化

中观层次的粒子实体是由很多相同或不同的原子、离子或分子，在化学键、分子间相互作用力和万有引力（质量较大时）的作用之下，组成气态、液态或固态不同状态的实体。此外，这也是一个多重基本进化过程：由较低层次稳态组合体作为组合元素，组成更高层次的稳态组合体。

中观层次粒子实体的多重基本进化中"元素组合+条件选择→稳态组合体"基本进化单元的要素如下：

组合元素：原子、离子或分子，其他中观层次的稳态组合体

选择条件：化学键、分子间作用力、万有引力

稳态组合体：气态、液态或固态不同状态的实体

三、宏观层次粒子实体的多重基本进化

宏观层次粒子实体的多重基本进化可以划分为多个层级：星际物质聚集成为恒星、恒星和行星组成星系、多个星系组成更大的星系团……直到整个宇宙。

所有恒星都有一个孕育、诞生、成熟和衰亡的演化过程。根据大爆炸宇宙模型，宇宙大爆炸后 3 分钟至 1.8 亿年，大量星际气体和微粒物质，在引力作用下吸积、聚集，最终产生了第一代恒星。

恒星初始质量的大小决定了它的 4 种可能的归宿：白矮星、中子星、黑洞和星际物质。初始质量小于太阳 1.4 倍的恒星，最终演化为白矮星；初始质量是太阳 1.4~10 倍的恒星演化为中子星；初始质量大于太阳 10 倍的恒星变成黑洞。形成中子星和黑洞的过程会产生超新星爆发现象，产生的星际物质会再次聚集，孕育下一代恒星[16]，如图 7-8 所示。

我们赖以生存的太阳是典型"星三代"。大约在 46 亿年前，太阳系由一、二代恒星衰亡之后的星尘聚集而成。据估计，大约 50 亿年之后太阳将变成一颗体积巨大的红巨星，把地球和火星完全吞噬，然后把大部分外层抛出成为星际物质，其核心则会坍缩形成一颗白矮星[17]。

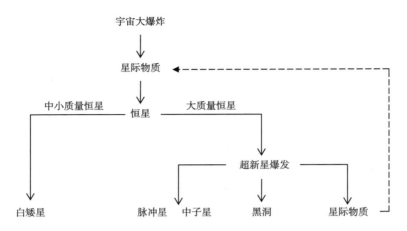

图 7-8　宏观层次的粒子实体的多重基本进化

（根据《恒星结构演化引论》《恒星与行星的诞生》整理绘制）

宏观层次粒子实体的多重基本进化中"元素组合+条件选择→稳态组合体"基本进化单元的要素如下：

组合元素：星际物质、星球

选择条件：电磁力、万有引力

稳态组合体：恒星、行星、星系……宇宙

第五节　粒子知识与复合知识及粒子实体与复合实体的关系

粒子知识与复合知识具有相互表征的关系。

复合知识可以表征为粒子知识，粒子知识也可以表征为复合知识。但两种表征却存在本质的不同，从复合知识到粒子知识的表征属于跃迁表征，而从粒子知识到复合知识的表征属于转换表征。

首先，根据全谱知识理论，一些复合知识的载体就是粒子知识，例如，承载听觉符号知识的声波，承载比特知识的无线电波，等等。而更多的复合知识则是以粒子实体为载体，比如，基因知识（DNA）由碳、氢、氧、氮、磷五种原子构成，化学信号知识由离子或分子构成，文字符号知识由纸张和墨迹构成，等等。构成上述复合知识的粒子实体会以热辐射的形式向外发射电磁波，或者反射特定频率的电磁波和机械波。显而易见，这是一个粒子实体跃迁表征为粒子知识的过程。也就是说，以粒子实体为载体的复合知识会跃迁表征为粒子知识。

其次，粒子知识是一切复合知识的基础和源头。基因知识、信号知识、符号知识和比特知识四种复合知识都是由粒子知识转换表征而来。如果没有粒子知识作为媒介，我们的感觉器官和仪器设备都无法感知和测量实体的存在和属性，因为它们接收和表征的是粒子知识，而不是实体本身。

最后，在所有粒子知识当中，只有极少数被转换表征为复合知识。整个世界时时刻刻都在生成无穷无尽的粒子知识，正所谓"一沙一世界，一叶一春秋"。这其中，只有少之又少的粒子知识被"看见""听见""嗅到"，或者被"拍摄"和"探测"，然后转换表征为复合知识并被记录、存储下来，而绝大部分的粒子知识自生自灭、不被知晓。

粒子实体与复合实体的关系体现在两个层面：

其一，复合实体在本质上是粒子实体。所有复合实体，包括基因实体、信号实体、符号实体和比特实体，都是由夸克和电子经过层层组合形成的组合粒子实体。即便是包括我们人类在内的这些奇妙而伟大的生命体也是如此。正如美国作家比尔·布莱森在《万物简史》中所写的那样：

"你现在来到这个世界，几万亿个游离的原子不得不以某种方式集聚在一起，以复杂而又奇特的方式创造了你。要是你拿起一把镊子，把原子一个一个从你的身上夹下来，你就会变成一大堆细微的原子尘土，其中哪个原子也从未有过生命，而它们又都曾是你的组成部分。真是不可思议：碳、氢、氧、氮、一点钙、一点硫，再加一点儿很普通的别的元素——在任何普通药房里都能找得着的东西——这些就是你的全部需要。"[18]

其二，只有在"复合知识—实体系统"复合进化过程中形成的粒子实体才是复合实体。可以用一个公式描述二者的关系：

复合实体＝粒子实体＋粒子知识＋复合知识

比如，基因实体是"基因知识—基因实体"复合进化过程中形成的复合实体，可以表述为：

基因实体＝粒子实体＋粒子知识＋基因知识

参考文献

［1］卡西莫·斑比，艾·迪·多戈夫，蔡一夫，等.粒子宇宙学导论：宇宙学标准模型及其未解之谜［M］.上海：复旦大学出版社，2017.

［2］Gordon Fraser. 21 世纪新物理学［M］.秦克诚，译.北京：科学出版社，2013：93.

［3］小谷太郎.多云的宇宙：物理学未解的七朵"乌云"［M］.北京：北京时代华文书局，2020.

［4］王丝雨，王雯宇，熊兆华.基本粒子和相互作用的标准模型简介［J］.物理与工程.2019，29（6）：13.

［5］大栗博司.超弦理论：探究时间、空间及宇宙的本原［M］.逸宁，译.北京：人民邮电出版社，2015：61.

［6］史蒂文·温伯格.宇宙最初三分钟：关于宇宙起源的现代观点［M］.张承泉，译.北京：中国对外翻译出版公司，2000.

［7］胡应喜.无机与分析化学［M］.北京：石油工业出版社，2014.

［8］Gordon Fraser. 21 世纪新物理学［M］.秦克诚，译.北京：科学出版社，2013：93.

［9］弗兰克·维尔切克.第一推动丛书·物理系列：存在之轻：新版［M］.长沙：湖南科技出版社，2018.

［10］理查德·费曼.光和物质的奇异性［M］.张钟静，译.北京：商务印书馆，1994：110.

［11］珍娜·莱文.引力波［M］.北京：中信出版社，2017.

［12］Gabriela González. How LIGO discovered gravitational waves，and what might be next［R／OL］.［2019-10-23］.

［13］程守洙，江之永.普通物理学：第 3 册［M］.北京：高等教育出版社，1998：68-69.

［14］哈里德，瑞斯尼克，沃克.物理学基础［M］.张三慧，等译.北京：机械工业出版社，2005：428.

［15］郭江.原子及原子核物理［M］.北京：科学出版社，2014：106.

［16］约翰·巴利，波瑞·普斯. 恒星与行星的诞生［M］. 肖耐园，译. 长沙：湖南科学技术出版社，2009：195.

［17］约翰·巴利，波瑞·普斯. 恒星与行星的诞生［M］. 肖耐园，译. 长沙：湖南科学技术出版社，2009：196.

［18］比尔·布莱森. 万物简史［M］. 严维明，等译. 南宁：接力出版社，2007.

第八章

基因知识创新和基因实体创新：
生物进化是最原始的知识创新和实体创新

本章摘要

基因知识是指由核酸、磷酸和碱基等有机大分子组成的脱氧核糖核酸（DNA）和核糖核酸（RNA）长链，是最早出现的复合知识，具有表征、存储、复制、传播、进化和表达共六大属性。基因实体是指所有生物体，包括病毒、古细菌、细菌、真菌、植物和动物。所有基因实体既是基因智能实体也是基因表达实体。生物进化属于"基因知识—基因实体"复合进化，是地球上最早出现知识创新和实体创新，也是生命世界得以产生、延续、繁荣和多样的创新机制。"符号知识（比特知识）—基因知识—基因实体"多重复合进化极大地提升了基因知识和基因实体的创新效率，加快了生物进化速度，既帮助人类营造了富足美好的生活，也给人类的未来带来了不确定性。

第一节　基因知识和基因实体概况

在宇宙大爆炸之后相当长的时间里，宇宙一直重复着粒子实体组合与分解的循环往复。夸克组成质子和中子，质子和中子组成原子核，原子核和电子组成较小的原子；然后，这些较小的原子在恒星演化的核聚变中合成更大的原子，而更大的原子又会在核裂变中分解成较小的原子；接着，各种原子经过化合反应组成大小不一的分子，分子又通过分解反应生成较小的分子、原子、离子；星云集聚形成星球星系，恒星爆发化为宇宙尘埃……整个宇宙就这样聚散交替，周而复始。如果没有生命的诞生，整个宇宙也许就这样单调无聊地继续下去，地球也会像月球和火星一样死寂荒凉。

大约在 38 亿年前，情况发生了一些变化：在地球上某一个"温暖的小池塘"里，或者海底热液喷口处，一些无机物和有机物分子，如水、氨、甲烷、硫化氢、氰化物等，在紫外线照射、闪电和陨石的冲击，或者水底热泉和火山熔岩的高温作用之下，经过多重基本进化，陆续产生了核糖、碱基、氨基酸、糖类、脂类等有机大分子。然后，这些有机分子又经过漫长的多重基本进化，最终进化出了一个由半通透薄膜包裹，且能繁殖后代的化学反应系统——细胞。最早的细胞属于没有细胞核的原核生物，之后又进化出有细胞核的真核生物，以及真菌、植物和动物等多细胞生物体。

科学家们认为，水、氨、甲烷、硫化氢、氰化物等分子可能在恒星演化过程中就已经产生。而核糖、碱基、氨基酸、糖类、脂类等有机分子也许在早期地球的表面，通过粒子实体多重基本进化生成。这一过程已经得到科学实验的验证。

20 世纪 50 年代，Harold C. Urey 实验室的学生 Stanley L. Miller 设计了一个实验：在一个容器里面按一定比例装入甲烷、氨水、氢气和沸腾的水，并对其放电（模拟闪电），用来模拟地球早期的海洋-空气界面环境。几天之后，容器中就产生了构成生物体蛋白质的氨基酸。之后数年，人们在相似的实验中陆续获得了一系列构成生命的有机分子，如腺嘌呤、鸟嘌呤、糖类和脂类等[1]。

但是，从有机大分子到原始细胞则是一个惊人的飞跃，目前还没有任何理论假设和科学实验对其做出解释。显然，细胞成了普遍进化的分水岭：细胞之前属于粒子实体的基本进化，而原始细胞则开启了"基因知识—基因实体"复合进化，如图 8-1 所示。

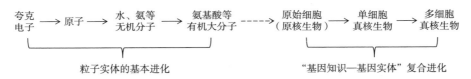

图 8-1　细胞是普遍进化的分水岭

细胞是构成生物体的基本单位。除了病毒之外，已知的所有生物体均由一个或多个细胞构成。在细胞中，专门有一种大分子物质（DNA）负责存储生命信息，并根据需要随时制作副本。还有一种相似的大分子物质（RNA）从 DNA 拷贝信息，并将之转换为由氨基酸序列构成的蛋白质，这些蛋白质参与并控制细胞中的一系列生命活动。

显而易见，所有生物体都可以划分为两个部分：一部分是存储生命信息的 DNA 序列和 RNA 序列，即生物体的构造蓝图或遗传密码；另一部分则是 DNA 或 RNA 表达产生的，由一个或多个细胞构成的生物体，同时也是 DNA 和 RNA 的载体。我们称前者为基因知识，后者为基因实体。

一、基因知识的定义和范畴

基因知识是指由核酸、磷酸和碱基等有机大分子组成的脱氧核糖核酸（DNA）和核糖核酸（RNA）长链，具有表征、存储、复制、传播、进化和表达共六大属性，是最早出现的复合知识。

DNA 分子结构中，两条脱氧核苷酸链构成双螺旋结构，其间由腺嘌呤（A）、鸟嘌呤（G）、胸腺嘧啶（T）和胞嘧啶（C）共四种碱基中的两两一组配对相连，形成稳定的编码表征序列，相当于由四个字母构成的编码表征系统。

RNA 也是使用四个碱基进行编码表征，其中三个碱基与 DNA 相同，只是把 DNA 中的胞嘧啶（C）换成了尿嘧啶（U）。虽然 RNA 出现的时间可能更早，并在一些早期生命体、病毒和类病毒中承担着基因知识的存储功能，但更多情况下，RNA 则是通过转录和翻译，把 DNA 中的碱基序列表达为氨基酸序列，进而合成主导生命活动的蛋白质。DNA、RNA、氨基酸和蛋白质的关系如图 8-2 所示。

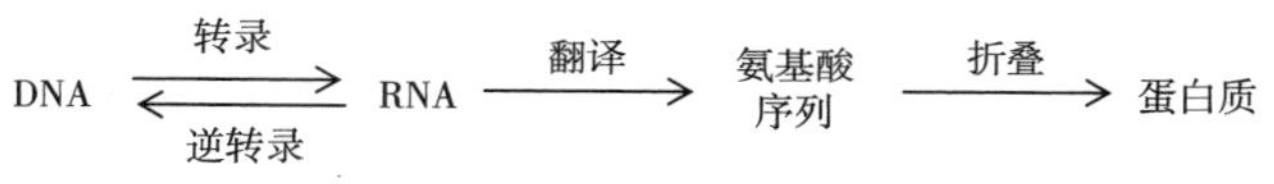

图 8-2　DNA、RNA、氨基酸和蛋白质的关系示意图

二、基因实体的定义和范畴

基因实体是指所有生物体，包括病毒、古细菌、细菌、真菌、植物和动物。

所有基因实体，既是基因智能实体也是基因表达实体。或者说，基因智能实体的知识表达产生的基因表达实体，同时也是一个与自己相似的基因智能实体。这就是生命世界独特的繁殖行为。

病毒是由蛋白质包裹的一组基因知识（DNA 或者 RNA），是一种功能不完整的基因实体，仅拥有基因知识进化系统，不具有基因知识表征系统和基因知识表达系统。正因如此，病毒只能借助宿主细胞的细胞器才能完成基因知识复制、表达等复合进化环节。

除了病毒以外，所有基因实体都是由一个或多个细胞构成。细胞的结构和功能非常复杂。人造的任何机械，比如说由上百万个部件构成的宇宙飞船，其复杂与灵巧的程度仍不能与细胞相比。很多生物是由亿万个细胞组成，比如，新生婴儿的细胞数约为 2 万亿个，而成人的细胞数约为 100 万亿个[2]。

基因实体的智能主要体现在细胞层面和物种层面。

单细胞生物接收到外部环境中的粒子知识或化学信号知识后，调控基因决定打开或关闭特定效应基因的表达，对环境做出反应。比如，当大肠杆菌的环境中乳糖充足时，调控基因会打开一个效应基因，生成一种酶来分解消化乳糖。当环境中缺少乳糖时，调控基因会关闭生成消化酶的效应基因。

在多细胞生物的各种组织和器官中，每个细胞都要根据环境信号和其他细胞传递出的化学信号来调节基因知识的表达，以便应答环境刺激，确保正常代谢，并与其他细胞协调一致，来完成细胞的增殖、生长、分化、衰老和死亡等基本生命活动[3]。

在物种层面，通过"基因知识—基因实体"复合进化，生物种群不断创造新的基因知识，积累成功的基因知识，淘汰失败的基因知识，使得物种在多变的环境中能够延续下去，这也是基因智能的一种体现。

第二节　基因知识的基本属性

基因知识具有表征、存储、复制、传播、进化和表达共六大属性。

一、基因知识的表征属性

从目前已知的情况来看，最早采用编码表征的知识系统既不是使用音节或字符作为最小知识元素的符号知识，也不是以两种物理状态作为最小知识元素的比特知识，而是以腺嘌呤（A）、鸟嘌呤（G）、胸腺嘧啶（T）和胞嘧啶（C）四种碱基作为最小知识元素的基因知识（DNA 和 RNA）。这四种碱基组成的编码表征系统就是生命体的构造蓝图。

DNA 长链呈双螺旋结构，好似一条扭转一定角度的绳梯。绳梯两边的绳索由磷酸和核糖构成，绳梯的横梁是两两相连的碱基。如果把 DNA 双螺旋长链展开铺平，用四个字母 A、G、T、C 表示腺嘌呤（A）、鸟嘌呤（G）、胸腺嘧啶（T）和胞嘧啶（C）四种碱基，就会展现出一串"DNA 文字"。

我们把这种"DNA 文字系统"与语言文字系统进行类比，会有意想不到的收获。

第一，一种常用的字母文字——英语，共有 26 个字母，而 DNA 文字系统中只有四种碱基，或者说只有四个字母。

第二，《牛津英语词典》共收录了大约 60 万个单词；而 DNA 文字的"单词"全部由三个碱基构成，即三联密码子，总共只有 64 个（$4^3 = 64$）。其中，61 个"单词"可通过 RNA 的转录和翻译机制表达为 20 种氨基酸。DNA"单词"中还有不少是"同义词"，即多个三联密码子对应一种氨基酸。比如，TTT、TTC对应苯丙氨酸（Phe），TCU、TCC、TCA、TGG、AGT和AGC对应丝氨酸（Ser），此外还有3个"单词"行使标点符号的功能，是基因表达的起始和终止信号。

第三，《大不列颠百科全书（国际中文版）》共20卷，4300万字；人类基因组共有23对染色体，32亿个碱基对。也可以说，"人类DNA全书"共23卷，32亿个字符。这在生物界属于中等水平，黑腹果蝇的基因组大约有1.5亿个碱基对，而单细胞原生生物无恒变形虫（amoeba dubia）的基因组大小是人类的200倍[4]。

第四，《大英百科全书（第15版）》共有81600个条目；在基因组中，一个基因可以独立或联合表征一个性状，如头发或眼睛的颜色等，相当于百科全书中的一个条目。人类基因组中有21000~23000个功能基因，即"人类DNA全书"中有21000~23000个条目[5]。

第五，人类现存的口头语言有6500种，书面语言有近3000种，而地球上现存的所有近5000万种生物，无论是病毒、细菌、真菌，还是植物、动物，都共用一套DNA文字系统（少数病毒、类病毒生物使用RNA）。

总之，基因知识是一种高效、强大的编码表征系统。

二、基因知识的存储属性

基因知识的存储属性主要表现为超稳定、大容量和多样本等特点。

首先，DNA的双螺旋结构具有难以置信的稳定性，其碱基排列顺序在相当长的时间内几乎不会受到细胞内外环境变化的影响，因此能够长期存储遗传信息，这也是生命系统在地球上生存和繁衍了近38亿年的根本原因之一。

最近，科学家从一个13万年前尼安德特人（Neanderthals，人类的近亲，大约在3万年前灭绝）留下来的脚趾骨中提取了DNA样品，并且从中测定了尼安德特人的全部DNA序列[6]。

另外，2013年7月6日，《加拿大商报》公布了一项科学研究成果，从一块加拿大育空地区出土的70万年前的马化石中，成功提取了DNA序列。因为出土地点的严寒冻土条件，使得样本中的骨胶原残余和部分血管得以保存[7]。上述案例说明，DNA分子能够完整地存储基因知识长达数十万年。

其次，DNA能够以远超比特知识存储设备的密度来存储基因知识。根据哈佛大学乔治·丘奇（George Church）教授及其同事于2016年发表在《自然·材料》

（*Nature Materials*）上的一项研究，即使是结构简单的大肠杆菌（escherichiacoli），其基因组的信息存储密度也达到了每立方厘米 10^{19} 字节。2020 年全世界创建、捕获、复制和消耗的比特知识总量为 59ZB，预计 2025 年将达到 175ZB。这意味着，目前全世界一年内产生的比特知识，只需要一个立方米的 DNA 就能存储[8]。

最后，多细胞生物体采用非常奢侈，却相当保险的方式来存储遗传信息，也就是每个细胞中都存储整套一模一样的基因知识（基因组），无论这个生物体拥有多少个细胞。比如，一个成年人由大约 100 万亿个细胞组成，也同时就拥有了 100 万亿个基因组的全套副本。

鉴于 DNA 储存基因知识的稳定性强、容量巨大和耗能较低等特性，科学家们开始研究通过人工合成的方式，利用 DNA 储存其他形态的知识。

2022 年，天津大学合成生物学团队使用独创的 DNA 存储算法，将十幅敦煌壁画存入 DNA 中。通过加速老化实验验证，壁画信息在实验室常温下可保存千年，在 9.4℃ 下可保存两万年[9]。

三、基因知识的复制属性

基因知识能延续和传承，不但依靠基因组的稳定存储，还需要不断地自我复制，产生更多的副本。生物体内基因组的寿命不会超过生物体，但却可以通过复制副本的方式代代相传，甚至我们每个人的细胞中都存有 38 亿年前最古老的基因片段。

自我复制是基因知识（DNA）独特的属性。正如《生命科学名著·细胞》一书所写的那样："生命始于一种自我复制的构造。最初的活细胞是一种被膜包围的自我复制实体。当某种自我复制的结构与环境隔离的时候生命就开始了。"[10]

DNA 的自我复制离不开两个重要机制，即 DNA 的四个碱基之间的"锁钥关系"和 DNA 长链的"半保留复制"。

由于分子结构的差异，DNA 的四个碱基特定的空间结构，在电磁力的作用下，形成了两组刚好匹配连接的化学键，即胸腺嘧啶（T）与腺嘌呤（A）以两个氢键相连，而胞嘧啶（C）与鸟嘌呤（G）以三个氢键相连，从而形成了 T-A 和 C-G 两组具有"锁钥关系"的碱基对。也就是说，在四个碱基中，胸腺嘧啶（T）只能与腺嘌呤（A）相互连接，而胞嘧啶（C）只能与鸟嘌呤（G）相互连接，如图 8-3 所示。

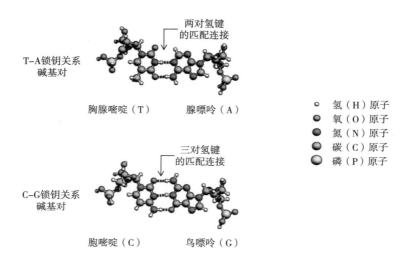

两对氢键
的匹配连接

T–A锁钥关系
碱基对

胸腺嘧啶（T）　　腺嘌呤（A）

○　氢（H）原子
●　氧（O）原子
●　氮（N）原子
●　碳（C）原子
○　磷（P）原子

三对氢键
的匹配连接

C–G锁钥关系
碱基对

胞嘧啶（C）　　鸟嘌呤（G）

图 8-3　DNA 中四种碱基两两匹配的"锁钥关系"示意图

　　这种碱基之间的连接结构严格匹配、形状互补、契合专一，犹如一把钥匙配一把锁，因此，也称为"锁钥关系"。此外，作为生物体中分子之间的识别、连接机制，这种锁钥关系还出现在基因表达、免疫系统、细胞间通信、细胞内信号转导、感知系统等生命活动中。

　　碱基之间的"锁钥关系"成就了 DNA 的"半保留复制"机制。DNA 双螺旋结构的发现者，詹姆斯·沃森和弗朗西斯·克里克在那篇划时代的论文《核酸的分子结构：脱氧核糖核酸的结构》中写道："如果腺嘌呤（A）充当了一个碱基对中的一个成员，不管它是在哪条链上，这个碱基对的另一个成员必定是胸腺嘧啶（T）；对于鸟嘌呤（G）和胞嘧啶（C）来说也是同样的情况。这样，当一条链上的碱基顺序定下来后，那么另一条链上的顺序便自动地决定了。"[11]

　　当 DNA 开始复制时，双螺旋结构中的碱基对断裂，分离成两条单链，然后以每条单链为模板，遵循 A–T、G–C 的"锁钥关系"配对原则，重新构建出两条全新的、与亲代一模一样的子代 DNA，如图 8-4 所示。

　　此外，DNA 的复制机制应是一个高保真系统，具有很高的准确性。研究表明，经过 DNA 检测和修复机制后，DNA 复制的错误率降到 10^{-9} 以下，也就是说，每复制十亿对碱基才会出现一对碱基错配。

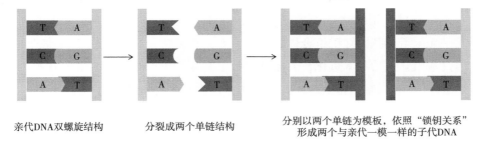

亲代DNA双螺旋结构　　　　分裂成两个单链结构　　　分别以两个单链为模板，依照"锁钥关系"
　　　　　　　　　　　　　　　　　　　　　　　　　　　形成两个与亲代一模一样的子代DNA

图 8-4　基因知识（DNA）的"半保留复制"机制示意图

四、基因知识的传播属性

基因知识随着生物体的空间移动进行传播。植物的基因知识随着花粉、种子随风飘散，或者被某种动物有意无意地携带而实现传播；动物的基因知识主要依靠有性生殖和种群迁徙进行传播。

我们每个人都是基因知识的传播载体。人类的基因组既是个体的生命蓝图，也是代代相传的"基因家谱"。它准确地记录了人类在进化过程中基因知识的细微变化。遗传学家们利用现代基因测序技术，勾勒出了现代人类走出非洲，迁徙到世界各地的年代和路线图，这也是人类基因知识的地理传播路线图。

根据人类的"基因家谱"推测，大约在 6 万年前，现代人开始从非洲迁出，距今 3.5 万~4.5 万年分别到达欧洲和东亚，距今 1.5 万~2.0 万年到达北美，距今 1.2 万~1.5 万年到达南美。现代人用了不到 5 万年的时间把自身的基因知识传播到了全球各地。

以病毒为载体的基因知识的传播方式更加多样。首先，病毒的基因知识能够以其他生物体为载体进行传播，比如依附于细胞表面或侵入细胞内部；其次，还可以通过空气、水和土壤来传播。

此外，基因知识还可以通过基因测序技术转换表征为比特知识，这样便可以搭载电磁波或电脉冲以光速传播。

五、基因知识的进化属性

首先，生物进化的本质是基因知识的进化。自 38 亿年前生命诞生以来，地球上的生物体一直遵循着"随机变异、自然选择"的规则，持续地进化、繁衍。而其中的"随机变异"指的就是基因变异，也就是基因知识的进化。基因知识的进化创造了几乎无限量的基因知识组合体。比如，人类基因组大约有四种共 32 亿个碱基，那么通过基因知识的基本进化，人类基因组会有 $4^{3200000000}$ 种可能的组合方式。即使只有少量基因知识组合体表达为基因实体，也为自然选择提供了源源不断的选择样本。

其次，基因知识进化是粒子实体的多重基本进化。由于基因知识是粒子实体经过多重基本进化所产生，因此基因知识的进化在本质上就是粒子实体的基本进化，完全遵循"元素组合+条件选择→稳态组合体"的基本进化模式。其中，"元素组合"是指 DNA 双螺旋结构中腺嘌呤（A）、鸟嘌呤（G）、胸腺嘧啶（T）和胞嘧啶（C）四种碱基排列顺序的改变，在生物学中被称为"变异"；"条件选择"是指 DNA 对上述排列改变的修复和取舍；"稳态组合体"是指最后能够进行基因表达的碱基序列。

最后，基因知识进化已经从"随机变异"转向"人工变异"。人类进入农耕社会的显著标志，就是通过"人工选育"的方式把野生动植物驯化成为农作物、家畜、家禽和宠物。"人工选育"就是选择优良个体进行交配，人为地改变了参与"元素组合"的基因组，从而使"随机变异"变为"人工变异"。

随着分子生物学理论的发展和基因编辑技术的出现，当前的"人工变异"已经从"人工选育"的基因组层面，深入基因片段，乃至单个碱基层面。如果把"人工变异"的基因知识进化比作编辑一部著作，那么"人工选育"相当于调换整个章节、段落，而最新的基因编辑技术相当于修改每个字母。甚至可以从零开始"创作"一组全新的基因编码，然后通过细胞宿主表达为一个前所未有的生命体。

六、基因知识的表达属性

基因表达是指在"基因知识—基因实体"复合进化过程中，以基因知识为蓝图生成基因实体的过程。所有基因实体，无论是病毒、原核生物（细菌和古细菌），还是真核生物（真菌、植物和动物），所携带的基因知识都具有表达属性。

虽然病毒没有知识表达系统，本身不具备基因表达能力，但其所携带的基因知识却可以借助宿主的细胞器表达为新的病毒。多细胞生物的基因知识则在多层次基因调控之下，通过转录、翻译、折叠等环节生成蛋白质，并逐次形成细胞、组织、器官、系统和整个生物体。

基因并没有意识，也谈不上自私，只是因为复合进化的机制中，能适应环境的基因实体通过生存和繁衍，顺便把基因知识保留下来，原因是它们共处一体。

而其他复合实体则不一样，比如，即使一个批次的汽车因为火灾全部焚毁，那个保有这批汽车相关符号知识（图纸、工艺）的工厂也能很快再造出一批新车。

即使工厂被大火毁于一旦，只要掌握这些符号知识的人和相关文字资料还在，很快就能重建工厂，照样制造汽车。

第三节 "基因知识—基因实体"复合进化：最原始的创新机制

生物进化是最早出现的复合进化，也是最原始的创新机制。生物进化的一个代际，就是一个"基因知识—基因实体"复合进化单元。有性生殖的复合进化包括知识表征、知识进化、知识表达和实体进化共四个环节，大致对应着生物个体产生配子（精子和卵子）、配子形成合子（受精卵）、合子发育成生物个体、生物个体成长为成年个体并成功繁殖下一代，如图8-5所示。

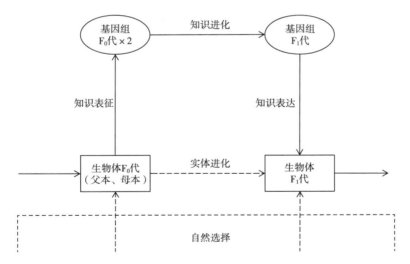

图8-5 "基因知识—基因实体"复合进化单元示意图（有性生殖）

在"基因知识—基因实体"复合进化中，首先进化的是基因知识，基因实体只是基因知识进化的"试错载体"。通过自然选择的基因实体，在其生命周期内将其所承载的基因知识传给下一代基因实体，否则，生物体将连同其所承载的基因知识一起消亡。

一代又一代生物体用有限的生命来为基因知识进化"试错"，而对于一个物种来说，却在持续地进化出新的基因知识，同时积累成功的基因知识，淘汰失败的基因知识。因此，每一个现存生物体中的基因知识都是来之不易的"成功基因知识"。

下面我们就按基因知识表征、基因知识进化、基因知识表达和基因实体进化四个阶段来讨论"基因知识—基因实体"复合进化，即基因知识创新和基因实体创新的过程。

一、基因知识表征

单细胞生物的基因知识表征就是细胞分裂前的 DNA 复制环节。例如，细菌等原核生物是通过细胞的有丝分裂进行繁殖的。细菌分裂时，首先进行环状双链 DNA 自我复制，同时细胞也开始长大。复制完成的两个 DNA 开始分离，移动到细胞的两端，当细胞也长大近一倍时，就分裂成两个子细胞。每个子细胞都得到了一份与母细胞相同的基因组[12]，如图 8-6 所示。

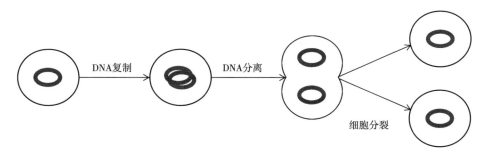

图 8-6　原核生物无性生殖（有丝分裂）过程示意图

多细胞生物有性生殖产生配子的过程可以看作"基因知识—基因实体"复合进化单元的知识表征环节。配子是指生物体进行有性生殖时由生殖系统所产生的成熟性细胞，也称为生殖细胞。配子分为雄配子和雌配子。动物和植物的雄配子称为精子，雌配子称为卵子。

在二倍体生物体产生配子时，首先是生殖细胞中的 DNA 自我复制，然后通过两次细胞分裂产生四个子细胞。这些子细胞就是配子（精子或卵子），每个配子中的染色体是母细胞的一半，如图8-7所示。

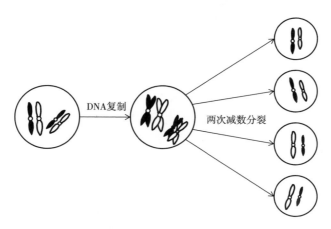

图8-7　"基因知识—基因实体"复合进化的知识表征环节示意图

例如，人类属于二倍体生物，体细胞中含有23对（46条）染色体。每对染色体中，一条来自父本，另一条来自母本，形态、大小相同。经过两次减数分裂产生的配子（精子和卵子）中各含23条染色体，即每个配子中只拥有半套基因知识。在精子和卵子结合后形成的受精卵中，又恢复到23对（46条）染色体，拥有了全套基因知识[13]。

二、基因知识进化或基因知识创新

基因知识进化是一个在原有基因知识的基础上生成全新的基因知识的过程，也称为基因知识创新。

我们已经知道，作为基因知识的DNA是脱氧核苷酸组成的双螺旋长链。脱氧核苷酸由碱基、脱氧核糖和磷酸构成。这三种大分子还可以继续细分为碳、氢、氧、氮、磷等五种元素。也就是说，基因知识进化类似于粒子实体的多重基本进化，完全遵循"元素组合+条件选择→稳态组合体"基本进化模式。其中，"元素组合"是指DNA双螺旋结构中腺嘌呤（A）、鸟嘌呤（G）、胸腺嘧啶（T）和胞嘧啶（C）四种碱基排列顺序的改变，在生物学中被称为"变异"；"条件选择"是指DNA对上述排列改变的修复和取舍；"稳态组合体"是指最后能够进行基因表达的碱基序列。

（一）基因知识创新的"元素组合"

根据 DNA 双螺旋结构中腺嘌呤（A）、鸟嘌呤（G）、胸腺嘧啶（T）和胞嘧啶（C）四种碱基排列顺序改变的层次，"元素组合"可分为基因突变和基因重组两种情形。基因突变是指基因序列中单个碱基或少量碱基的改变，而基因重组是指基因序列中基因片段或者大段碱基被改变或替换的情形。

1. 基因突变——碱基对层面的"元素组合"

基因突变主要发生在 DNA 复制过程中。无论单细胞生物还是多细胞生物，其生殖过程都离不开细胞分裂，而细胞分裂首先要进行 DNA 或 RNA 的复制。这相当于把一部鸿篇巨著一遍遍地抄写，出现些许错误在所难免。研究发现，碱基复制发生错误的概率接近 10^{-3}（DNA 检测和修复之前）[14]。

人类基因组中共有 32 亿个碱基对，仅仅一个碱基对发生"突变"就有可能带来致命的疾病。例如，人类 DNA 中的 β-球蛋白编码区序列上的一个错误（A 变成 T）将导致 β-球蛋白的氨基酸序列中的谷氨酸被缬氨酸取代，结果会带来灾难性的疾病——镰状细胞贫血症[15]，如图 8-8 所示。

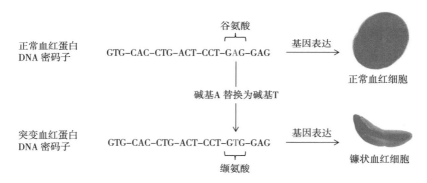

正常血红蛋白 DNA 密码子　谷氨酸　GTG-CAC-CTG-ACT-CCT-GAG-GAG　基因表达　正常血红细胞

碱基A 替换为碱基T

突变血红蛋白 DNA 密码子　GTG-CAC-CTG-ACT-CCT-GTG-GAG　缬氨酸　基因表达　镰状血红细胞

图 8-8　人类基因组中的一个碱基突变导致镰状细胞贫血症

此外，宇宙射线、高能射线和化学毒物也会诱发基因突变。基因突变也有机会为生物体带来有益的特性，例如，太空育种和辐射育种就是利用宇宙射线和高能射线照射种子来诱发基因突变，然后从中选出优良的基因组合。

2. 基因重组——基因片段层面的"元素组合"

单细胞生物的基因重组

单细胞生物之间的基因重组被称为水平基因转移。与有性生殖的基因重组不同，在水平基因转移过程中，交换常常是单向的，即DNA从一个生物体到另一个生物体转移。此外，参与水平基因转移的两个生物体的亲缘关系可能很远，甚至可以发生在不同域的物种之间，如细菌和古细菌之间[16]。

有性生殖的基因重组

有性生殖由两个基因实体的基因知识进化系统（基因组）进行重组，生成后代的基因知识进化系统（基因组）。很多情况下，有性生殖是一种单倍体和二倍体状态之间的循环：二倍体的生殖细胞通过减数分裂产生单倍体细胞，即配子。两种配子（精子和卵子）融合为二倍体合子，二倍体合子表达为生物体。

在有性生殖的一个循环周期之中，共发生两次重要的基因重组。

第一次重组是生殖细胞在减数分裂过程中，来自上一代的父本和母本的同源染色体发生交叉重组，产生父本、母本基因杂合体的配子（精子和卵子）。

第二次重组是分别来自父本和母本的2个配子融合成为一个合子时产生的基因重组。

二倍体的有性生殖相当于分别对两代基因组进行了重新排列，产生了数量巨大的基因知识组合体，为生物体适应外部环境提供了丰富的选择样本。比起单细胞生物依靠调整个别"字母"的基因突变，或者水平转移少量基因等模式，有性生殖的基因重组拥有更高的进化效率和更广阔的进化空间。

另外，有性生殖的基因重组也破坏了那些百年一遇乃至千年一遇的"优秀基因组合"：即使父母一方或双方非常优秀，下一代却不太可能完全继承。

（二）基因知识创新的"条件选择"

基因知识进化的"元素组合"阶段产生了大量的基因知识组合体，而"条件选择"就是决定哪些基因知识组合体能够成为"稳态组合体"，并在下一阶段表达为基因实体。

基因知识进化中的"条件选择"分为两类：规则型条件选择和竞争型条件选择。

1. 规则型条件选择

规则型条件选择在这里体现为 DNA 系统具有一种错误检测和修复机制。这种独特的机制能确保基因的精确复制和稳定传承。

当 DNA 复制发生错误或者产生突变时，DNA 长链上会出现额外的碱基插入或者碱基丢失，碱基编码序列也将随之改变，此时 DNA 双螺旋的正常结构会被扭曲。DNA 的检测机制正是根据这些扭曲来识别出基因复制错误，进而启动修复机制。

修复机制分为直接修复和剪切修复两种类型。直接修复就是直接改正 DNA 长链中的错误排序。剪切修复先要去除错误部分基因序列，然后以另一条完好的 DNA 长链作为模板，重新合成这段基因序列，最后将新合成的基因序列接回到原来出错的位置[17]。

一些实验结果表明，DNA 复制过程中的错误率接近 10^{-3}，经过检测和修复后，错误率降到 10^{-9} 以下（每复制十亿碱基可能会出错一次）。

基因修复机制类似于图书出版中的校对工作。传统的图书出版过程一般要经过"三校一读"和样书检查。"三校"就是样稿经过三次人工和计算机结合校对。"一读"即终校改版后的通读检查。样书检查指图书成批装订前先装订几本样书，分由责任编辑、责任校对检查，经检查确认无误后，方能成批装订出厂。

按照《图书质量管理规定》的要求，经过"三校一读"和样书检查后出版的图书差错率不应超过万分之一（10^{-4}）。换句话说，经过检测和修复后基因复制相较于图书出版，其准确度要高 5 个数量级。

2. 竞争型条件选择

在有性生殖过程中，对应同一个生物性状会有两个或两个以上的基因，也称为等位基因。等位基因分别来自 F_0 代双亲，可以表达为不同的性状。比如豌豆的黄色种子和绿色种子，人类的蓝色眼睛和黑色眼睛，等等。究竟哪一个基因最终表达为生物性状，完全取决于基因的竞争实力，即强势基因成为显性基因，表达为生物性状；弱势基因成为隐性基因，不能表达为生物性状。

如图 8-9 所示，A 代表豌豆强势的显性基因（黄色种子），a 代表豌豆弱势的隐性基因（绿色种子）。如果一个基因座上的两个等位基因分别为 A 和 a，那么，必然表达为强势的显性基因，即黄色种子。当然，隐性基因也不是永远没有翻身机会，比如，图中 F_2 代中的 4 种基因组合，即 AA、Aa、aA、aa。有一种组合是两个等位基因都是上一代的隐性基因 aa，因为缺少强势基因 A 的竞争，在这一代就成为显性基因，表达为绿色豌豆种子。

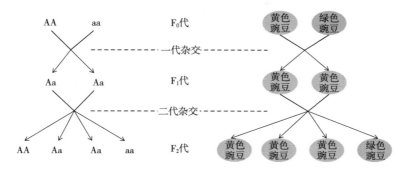

显性基因（A）与隐性基因（a）　　　　黄色豌豆种子是显性基因表达的性状

图 8-9　基因知识进化中的竞争型条件选择

三、基因知识表达

地球上的所有生命体，从细菌、古细菌到真菌，从植物到动物，都无一例外地遵循着分子生物学中心法则：遗传信息从 DNA 中的碱基序列转录为 RNA 中的碱基序列，然后翻译成氨基酸序列，再折叠形成蛋白质，最后由蛋白质来实现生物体的形态和功能。这个过程就是基因知识表达为基因实体的过程。

我们以基因知识表达为血红细胞为例，简单描述基因知识表达的几个关键步骤。

第一个步骤：转录

转录就是 DNA 序列转录为 RNA 序列，也就是基因知识由 DNA 形态转换为 RNA 形态。DNA 与 RNA 的关系很像电报文字与莫尔斯码的关系。人们在发送电报时首先写下将要发送的文字，译电员依照《莫尔斯电码表》将之翻译成由点和划组成的莫尔斯码，最后，发报员再把这些点和划转换为有线电报的电流脉冲或者无线电报的电磁波。同样，DNA 首先转录为 RNA，然后才能翻译成氨基酸序列。

RNA 与 DNA 相似，也由四种碱基串联而成，它们分别是 A、G、C、U。有所不同的是，在四种碱基组成的编码序列中，DNA 中的胸腺嘧啶（T）变成了 RNA 中的尿嘧啶（U）。此外，DNA 是双链螺旋结构，RNA 是单链结构。因此，从 DNA 序列转录到 RNA 序列的规则非常简单，就是把 DNA 中的 T 替换成 RNA 中的 U

即可。

血红蛋白的一段 DNA 编码：GTG CAC CTG ACT CCT GAG GAG

转录为一段 RNA 编码序列：GUG CAC CUG ACU CCU GAG GAG

第二个步骤：翻译

翻译就是 RNA 序列翻译为氨基酸序列。这一过程主要由 4 个元件完成：

信使 RNA（mRNA）：就是转录阶段拷贝了 DNA 信息的 RNA。

转运 RNA（tRNA）：把对应的氨基酸转运到核糖体

氨酰-tRNA 合成酶（aminoacyl tRNA synthetase）：使氨基酸和能识别相应密码子的特异 tRNA 结合起来。

核糖体（ribosome）：根据 RNA 与氨基酸"编码表"中的对应关系，把 RNA 序列转换为氨基酸序列[18]。

如果把这个过程比喻为工业产品制造的话，那么 DNA 相当于产品设计蓝图，信使 RNA 相当于产品的装配工艺图，转运 RNA 相当于物料准备人员，合成酶相当于机器的操作人员，而核糖体相当于组装车间，一堆零件就是在这里按照工艺图纸组装成产品。

基因知识表达的神奇之处在于，RNA 序列与氨基酸是一种"编码表征"关系。RNA 序列中三个碱基对编码一种氨基酸，所以四种碱基组成三联密码子的排列总数是 64 个。其中 61 个定义了 20 种氨基酸，这里存在多个三联密码子对应一种氨基酸的情况，而剩下的三个则是起始和终止信号[19]，具体见表 8-1。

表 8-1　RNA 密码子与 20 种氨基酸匹配关系

密码子	氨基酸	匹配关系	密码子	氨基酸	匹配关系
Ala	丙氨酸	GCU, GCC, GCA, GCG	Leu	亮氨酸	UUA, UUG, CUU, CUC, CUA, CUG
Arg	精氨酸	CGU, CGC, CGA, CGG, AGA, AGG	Lys	赖氨酸	AAA, AAG
Asn	天冬酰胺	AAU, AAC	Met	甲硫氨酸	AUG
Asp	天冬氨酸	GAU, GAC	Phe	苯丙氨酸	UUU, UUC
Cys	半胱氨酸	UGU, UGC	Pro	脯氨酸	CCU, CCC, CCA, CCG

密码子	氨基酸	匹配关系	密码子	氨基酸	匹配关系
Gln	谷氨酰胺	CAA，CAG	Ser	丝氨酸	UCU，UCC，UCA，UCG，AGU，AGC
Glu	谷氨酸	GAA，GAG	Thr	苏氨酸	ACU，ACC，ACA，ACG
Gly	甘氨酸	GGU，GGC，GGA，GGG	Trp	色氨酸	UGG
His	组氨酸	CAU，CAC	Tyr	酪氨酸	UAU，UAC
Ile	异亮氨酸	AUU，AUC，AUA	Val	缬氨酸	GUU，GUC，GUA，GUG
起始		AUG	终止		UAG，UGA，UAA

注　根据《基因的分子生物学（第七版）》第 16 章中表 16.1 遗传密码改编。

第三个步骤：折叠

氨基酸序列折叠成蛋白质，构建生物体结构并且执行生命功能。

一条或多条由 20 种氨基酸排列而成的肽链，折叠成特有的形状，构造出超过 10^{12} 种蛋白质分子。每种蛋白质有其独特的三维结构，分别执行专一的功能。细胞、组织和机体的结构都与蛋白质有关，细胞中的每一项活动都有蛋白质参与。在基因知识的主导下，通过细胞分裂和分化，逐次形成组织、器官、系统，直至发育成长为一个生命体[20]。

以上描述的只是基因知识表达的主要步骤。事实上，基因知识表达不像一个按照图纸加工产品那样的简单流程，而是一个受到多种因素调控和影响的复杂过程。

首先，基因知识进化系统中包括两种基因，即效应基因和调控基因。效应基因对应着氨基酸序列，决定着合成哪种蛋白质；而调控基因则控制每一段编码序列在什么时间和什么位置开始或结束表达。这种知识表达模式效率极高，使用少量基因知识就能表达产生非常复杂的生物体。比如，人类基因组中只有 2 万多个基因，却能控制 200 多种、100 万亿个细胞构成复杂的成人个体。

其次，许多环境因素，诸如温度、光照、营养、水分、声音、辐射、重力、污染物等，都深刻地影响着基因知识表达。同一种基因知识进化系统，在不同的环境中会表达出不同的基因实体。

例如，龟的性别是取决于发育时的环境温度。在某一段温度范围内，胚胎发育成雌龟，在另一段温度范围内则胚胎发育成雄龟。有一种蚜虫，温度、日照和虫卵的拥挤程度等环境因素，不但影响了成虫的性别，还影响了其身体结构[21]。

最后，环境因素还能在不改变 DNA 序列的情况下，使几个代际的基因实体之间产生"可遗传的"变化，生物学家把这种现象称为表观遗传（epigenetic）[22]。

在 1944 年至 1945 年的冬季，荷兰遭遇了前所未有的饥荒，孕妇日均食物摄入量只有 700 卡路里，远低于 2400 卡路里的正常消耗量。结果，那一年出生的孩子出生体重普遍偏低，还有较高的肥胖症与心脏病发病率。然而，多年以后，这些妇女的孙辈也更容易罹患肥胖症与心脏病。这证实卵子和精子不仅携带基因，而且携带祖母和父母在怀孕时的表观遗传负荷[22]。

一项研究观察了老鼠的表观遗传现象。当老鼠闻到樱桃的甜味时，大脑中的一个区域会被激活，促使它们四处奔跑寻找食物。于是，研究人员在老鼠闻到甜味的同时对其实施轻微的电击，这样就在"甜味"和"电击"之间建立一种条件反射记忆。该研究发现，这种记忆会世代遗传，老鼠孙子辈们也会害怕樱桃，尽管它们未体验电击。甜味和电击虽然没有改变老鼠的基因序列，但却改变了精子 DNA 的形状，进而影响了基因知识的表达[23]。

总的来说，表观遗传是一种基因知识表达的调控机制，生活体验、生存环境、营养状况等环境因素，可在不改变基因知识进化系统中 DNA 编码序列的情况下影响基因知识的表达，这种影响会从一代传到下一代甚至更远。

四、基因实体进化或基因实体创新

基因实体进化也称为基因实体创新。

在生殖过程中，不是一个生物实体直接变成另一个生物实体，或者生物体的父代直接变为子代的，而是通过基因知识的表征、进化和表达来实现的。生物体的子代与父代非常相似，但也有所不同。我们把这种关系理解为基因实体进化，这也是我们常识中的生物进化。

生物体一生中的所有生命活动，都发生在某个特定的生存环境中，不但从环境中获取物质和能量，也必须接受环境施加的条件选择，即自然选择。生物体只有符合所有选择条件才能生存繁衍，"基因知识—基因实体"复合进化才能持续下去。

自然选择包括规则型选择和竞争型选择。

规则型选择是指自然环境中的土壤、水分、温度、湿度和光照等诸多物理因素超过某一个阈值，就会对生物个体的发育、成长、生存和繁殖带来决定性影响。

人们普遍认为，在6500万年前的白垩纪末期，来自外太空的一颗小行星撞击了地球，扬起的大量灰尘进入大气层中，遮蔽了太阳光，降低了地球生物圈的温度和光合作用，结果使包括恐龙在内的大部分动物和植物遭到灭绝。与此同时，人类的祖先，一种小型啮齿类动物却获得了更大的生存空间，从此走上了进化的快车道。

竞争型选择包括种间竞争型选择和种内竞争型选择。

种间竞争型选择是指物种之间会因为共用同一种有限资源而进行生存竞争，强者生存，弱者淘汰。种间竞争经常发生在同一个生态位上的不同物种，这类似于同一个基因座上的几个等位基因，或者几个应聘者竞争同一个工作岗位一样。如果两个物种针对同一种资源竞争非常激烈的话，就不可能共同生存，最终必然有一个物种遭到淘汰。

生物学家高斯（G. F. Gause）在1934年设计了一个实验：他把大草履虫（paramecium caudatum）和双小核草履虫（paurelia）共同培养在一个培养液中，用杆菌作为它们的食物，最后总是一种草履虫战胜或灭绝另一种草履虫[24]。

在食物链中有些物种以其他物种为食，两者形成捕食与被捕食的关系。这种天敌与猎物之间往往互为选择条件，比如，奔跑更快的猎豹会通过"条件选择"进化出奔跑更快的羚羊；反之，奔跑更快的羚羊也会通过"条件选择"进化出奔跑更快的猎豹。生物学家把这种现象称为"进化军备竞赛"。

种内竞争型选择包括生存竞争和生殖竞争

一个种群所需的一种或多种资源超过供给能力时，也会引发个体之间的生存竞争。马尔萨斯在《人口论》中提出，人口暴增导致粮食短缺，必然会引发生存斗争，结果是强者生存，弱者灭亡。达尔文将这个机制导入生物进化领域，完善了"生存竞争、优胜劣汰"的自然选择理论。

生殖竞争是生物个体为了繁殖后代争夺交配机会而产生的竞争。达尔文称为"性选择"：雄性为争夺雌性展开的竞争，以及雌性对雄性某些表型的偏好。

美国生物学家弗图摩（Douglas J. Futuyma）在《生物进化》一书中写道："雄性通常为争夺交配权而相互竞争。一些物种的雄性完全通过打斗来竞争，它们通常拥有可以造成伤害的武器，如角和獠牙。另一些物种则通过视觉上的展示来竞争，如明亮的颜色和其他装饰物。鸟类常通过羽毛图案和鸣叫来建立优势。"[25]

生殖竞争还包括雄性精子间的竞争。哺乳动物性交时一次射出的精子至少有 1 亿个。经过激烈竞争之后，只能有一个精子与卵子结合形成受精卵[26]。

第四节　更加高效的创新机制：
"比特知识—基因知识—基因实体" 多重复合进化

20 世纪 70 年代开始，快速发展的信息技术和分子生物学相互融合，诞生了一种颠覆性的基因知识和基因实体创新机制，即 "比特知识—基因知识—基因实体" 多重复合进化，可以更加快速、高效地创造新的基因知识和基因实体。

"比特知识—基因知识—基因实体" 多重复合进化包括四个主要阶段：

首先，通过自动化基因测序技术，把基因知识转换表征为比特知识，并构建比特知识模型。

其次，在比特知识进化系统中对该模型进行编辑、修改，生成新的比特知识模型。

再次，使用基因组装技术把编辑后的比特知识模型转换为基因知识模型（基因组）。

最后，把该基因知识模型（基因组）表达为基因实体（生物体），如图 8-10 所示。

一、基因测序：基因知识转换表征为比特知识

基因测序是使用基因测序仪读取 DNA，把双螺旋结构中的碱基排列顺序转换为计算机数据中 0 和 1 的排列顺序，也就是把基因知识转换表征为比特知识。

当前主流的 DNA 测序仪采用纳米孔单分子测序技术，原理是基于一种只能容纳单个分子通过的纳米孔，当 A、T、C、G 这四种 DNA 碱基通过时，引起的电荷变化有所不同，以此可以判断通过的是哪种碱基。这些 DNA 测序仪已经实现自动化运行，人类基因组中的 32 亿个碱基对序列在不到 10 小时内就可以转换表征为大约 100Gb 的比特知识。

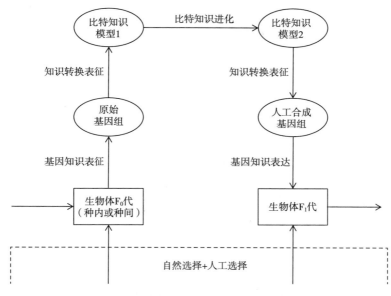

图 8-10 "比特知识—基因知识—实体系统"多重复合进化示意图

二、基因组设计：比特知识模型的进化

基因组设计是通过操作计算机对基因组的比特知识模型进行编辑、修改，设计出比特知识形态下的基因知识模型，甚至可以从零开始，构建一个全新的比特知识形态的基因知识模型。

科学家们在计算机中对比特知识形态的基因组进行解构分析，把基因组细化为一个个比特数据块，并寻找每一个数据块与表型性状的相关性，然后重新组合这些数据块，构建出比特知识形态的基因组。

"比特知识—基因知识—基因实体"多重复合进化最突出的特点就是比特知识进化代替了基因知识进化，知识进化的速度提高了多个数量级。自然选择状态下的生物进化，也就是"基因知识—基因实体"复合进化，一般需要数百万年才能产生新的物种，"比特知识—基因知识—基因实体"多重复合进化只要几个小时就可以创造一个前所未有的生物个体，也许是一个全新的物种。

三、基因组装配：比特知识转换表征为基因知识

基因组装配就是把比特知识形态的基因知识模型转换为宿主细胞中的 DNA 碱基序列。这个过程刚好与基因测序相反，是比特知识转换表征为基因知识。

目前最有效的基因编辑工具是美国生物学家杜德纳和卡朋特于 2012 年发明的 CRISPR—Cas9 技术。该技术实现了对特定基因进行破坏、修复、切割、连接、关闭和启动。

四、基因知识表达：基因组表达为基因实体

比特知识转换表征生成的基因组被移植到宿主细胞内，可以主导细胞的生命活动，表达为新的基因实体。2018 年 8 月 1 日，在《自然》杂志发表的一篇研究论文提到，中国科学家覃重军团队使用 CRISPR—Cas9 基因编辑技术，将单细胞真核生物（酿酒酵母）天然的 16 条染色体人工创建为具有完整功能的单条染色体，创造出一种只含一条染色体的新菌株。人工改造的酵母细胞很稳健，没有表现出重大的生长缺陷[27]。

五、"比特生命"的未来

迄今为止，"比特知识—基因知识—基因实体"多重复合进化的主要目标还是改造现有生命，而且，这些工作大都处于科学规范、伦理道德和法律法规的约束之下。比如，修改基因组，培育转基因动植物优良品种；重组微生物基因，使之生产人类需要的特殊蛋白质，如胰岛素；修改人类体细胞的基因，治疗某些癌症、贫血症等遗传性疾病，等等。

随着基因测序、基因编辑和基因组装配等相关技术的普及推广，不能排除某些个人、组织甚至国家，为了一己私利，滥用这些技术制造有害生物，或者设计出某种"超级人类"。正如尤瓦尔·赫拉利在《未来简史》中所说："生物工程并不会耐心等待自然选择发挥魔力，而是要将智人身体刻意写成遗传密码、重接大脑回路、改变生化平衡，甚至要长出全新的肢体。这样一来，生物工程将会创造出一些小神（godling），这些小神与我们智人的差异，可能就如同我们和直立人的差异一样巨大。"[28]

"比特知识—基因知识—基因实体"多重复合进化不但能改造生命，还能创造

生命。克雷格·文特尔在《生命的未来：从双螺旋到合成生命》一书的前言中写道："现在，我们可以从计算机数字代码出发，走到另一个方向，即我们能够设计出一种新的生命形式，用化学的方法合成它的DNA，然后用它来'生产制造'出实实在在的生命有机体。这是因为，我们现在可以对所有的信息进行数字化处理，并且能够将它们以光学的速度发送到任何地方，并且最终能够重组DNA，再造生命。"[29]

另外，基因测序技术会把越来越多基因知识转换表征为比特知识。随着人工智能技术飞速发展，也许有一天，在人类社会监管的盲区，某一个比特智能实体经过"深度学习"，完全理解了DNA语言的所有"语法规则"，使用A、T、C、G这四个碱基字母，从最底层开始，自下而上地创造出自然界从未有过的全新生命，这对人类来说是福是祸就不得而知了。

参考文献

［1］ N. H. 巴顿，等．进化［M］．宿兵，等译．北京：科学出版社，2010：95.

［2］ 吴相钰，陈守良，葛明德．陈阅增普通生物学［M］．4版．北京：高等教育出版社，2014：31.

［3］ J. D. 沃森，T. A. 贝克，S. P. 贝尔，等．基因的分子生物学［M］．7版．杨焕明，等译．北京：科学出版社，2015：771.

［4］ Douglas J. Futuyma. 生物进化［M］．葛颂，等译．北京：高等教育出版社，2016：183.

［5］ 悉达多·穆克吉．基因传：众生之源［M］．马向涛，译．北京：中信出版社，2018.

［6］ 朱钦士．生命通史［M］．北京：北京大学出版社有限公司，2019.

［7］ 段歆涔．70万年古马成最早测序动物［N］．中国科学报，2013-07-04（2）.

［8］ Victor Zhirnov, Reza M. Zadegan, Gurtej S. Sandhu, George M. Church & William L. Hughes. Nucleic acid memory［J/OL］//Nature Materials, 2016（15）：366-370.（2016-03-23）［2022-06-21］.

［9］ 焦德芳，张佳丽．天津大学合成生物学团队完成十幅敦煌壁画DNA存储［M/OL］.（2022-09-15）［2022-12-25］.

［10］B. 卢因，L. 卡西梅里斯，V. R. 林加帕，等. 细胞［M］. 桑建利，等译. 北京：科学出版社，2009：5.

［11］孟德尔，等. 遗传学经典文选［M］. 梁宏，王斌，译. 北京：北京大学出版社，2012：165.

［12］吴相钰，陈守良，葛明德. 陈阅增普通生物学［M］. 4 版. 北京：高等教育出版社，2014：79.

［13］吴相钰，陈守良，葛明德. 陈阅增普通生物学［M］. 4 版. 北京：高等教育出版社，2014：89.

［14］N. H. 巴顿，等. 进化［M］. 宿兵，等译. 北京：科学出版社，2010：343.

［15］N. H. 巴顿，等. 进化［M］. 宿兵，等译. 北京：科学出版社，2010：334.

［16］N. H. 巴顿，等. 进化［M］. 宿兵，等译. 北京：科学出版社，2010：191.

［17］N. H. 巴顿，等. 进化［M］. 宿兵，等译. 北京：科学出版社，2010：344-345.

［18］J. D. 沃森，T. A. 贝克，S. P. 贝尔，等. 基因的分子生物学［M］. 7 版. 杨焕明，等译. 北京：科学出版社，2015：592.

［19］J. D. 沃森，T. A. 贝克，S. P. 贝尔，等. 基因的分子生物学［M］. 7 版. 杨焕明，等译. 北京：科学出版社，2015：598.

［20］吴相钰，陈守良，葛明德. 陈阅增普通生物学［M］. 4 版. 北京：高等教育出版社，2014：18.

［21］张红卫. 发育生物学［M］. 北京：高等教育出版社，2013：431.

［22］沙拉·佩雷斯. 表观遗传学：如何增强你的基因，造就完美宝宝［M］. 翟亚男，译. 杭州：浙江出版集团数字传媒有限公司，2018.

［23］叶倾城. 我们的遗传基因多大程度地限制了自主意识？［M/OL］.（2020-10-23）［2022-03-21］.

［24］吴相钰，陈守良，葛明德. 陈阅增普通生物学［M］. 4 版. 北京：高等教育出版社，2014：453.

［25］Douglas J. Futuyma. 生物进化［M］. 葛颂，等译. 北京：高等教育出版社，2016：396.

［26］吴相钰，陈守良，葛明德. 陈阅增普通生物学［M］. 4 版. 北京：高等教育出版社，2014：208.

［27］包纯洁，戴青．合成生物学重大突破：中国科学家创建全球首个单染色体真核细胞［M/OL］．（2018-08-03）［2022-03-05］．

［28］尤瓦尔·赫拉利．未来简史［M］．林俊宏，译．北京：中信出版社，2017：38.

［29］克雷格·文特尔．生命的未来：从双螺旋到合成生命［M］．贾拥民，译．杭州：浙江人民出版社，2016.

第九章

信号知识创新和信号实体创新：
细菌、植物和动物的生存智慧

本章摘要

信号知识是一种作用于环境与生物体之间、生物个体之间、多细胞生物体的细胞之间和细胞内部的一种复合知识。信号知识分为化学信号知识和神经信号知识。

化学信号知识是生物体的化学结构所携带的知识形态，起源于原核生物，存在于所有生物体内，包括信号分子、激素、神经递质、气味分子，等等。神经信号知识表现形态为动物神经元中的电脉冲，起源于原核生物的膜电位，包括分级电位和动作电位，存在于动物的神经系统之中。神经信号智能实体是指拥有神经系统的所有动物（包括人类）。

第一节　信号知识概况

信号知识是一种作用于环境与生物体之间、生物个体之间、多细胞生物体的细胞之间和细胞内部的复合知识。信号知识分为化学信号知识和神经信号知识，信号知识的分类如图 9-1 所示。

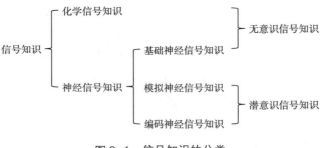

图 9-1　信号知识的分类

一般而言，细菌、古细菌、真菌和植物只拥有化学信号知识转换系统，绝大多数动物界生物则同时拥有化学信号知识转换系统和神经信号知识进化系统，也就是内分泌系统和神经系统。

化学信号知识是生物体的化学结构所携带的知识形态，起源于原核生物，存在于所有生物体内，其主要形态为信号分子、激素、神经递质、气味分子，等等。

神经信号知识表现形态为动物神经元中的电脉冲，起源于原核生物的膜电位，包括分级电位和动作电位。神经信号知识只存在于拥有神经系统的动物体内。神经信号知识还可进一步划分为基础神经信号知识、模拟神经信号知识和编码神经信号知识（神经符号知识）。

根据信号智能实体的意识感知属性，信号知识还可分为潜意识信号知识和无意识信号知识。

潜意识信号知识是信号智能实体在清醒状态下意识能够感知到，并能对其进行操作（如进化和表达）的信号知识，包括模拟神经信号知识和编码神经信号知识。在绝大多数情况下，潜意识信号知识不受意识控制，也不被意识感知。还有一些行为活动，本来是需要意识的控制，但熟练之后，就在潜意识状态下自动执行了，如走路、骑自行车、驾驶车辆过程中的部分行为。

无意识信号知识包括化学信号知识和基础神经信号知识，它们每时每刻都在调控着我们身体中最基本的生命活动，如血液循环、呼吸系统、消化系统、内分泌系统、免疫系统等，但我们的意识层面对此一无所知，完全不受意识控制。

一、化学信号知识

细胞是生命体结构和功能的基本单位，能够独立进行新陈代谢和繁殖后代。而这些生命活动则是一系列生物化学反应的集合，是原子、离子和分子在基因知识主导下的重新组构。化学信号知识专门负责在细胞内部、细胞与细胞之间和环境与细胞之间的知识转换和传输，协调生物体完成新陈代谢、基因表达等各项生命活动。根据作用对象不同，化学信号知识可大致划分为两个类别：细胞内和细胞间化学信号知识、生物个体间化学信号知识。

（一）细胞内和细胞间化学信号知识

细胞内化学信号知识是指在细胞内转换和传递知识的化学物质。包括在细胞质或细胞核内外传递信息的信号分子，如环核苷酸类（如 cAMP）、脂类衍生物（如神经酰胺）和无机物（如 Ca^{2+}、NO），以及能调节基因转录的 DNA 结合蛋白，等等[1]。

细胞内化学信号知识与基因知识以及基因知识的表达密切相关，或者说，在这里，化学信号知识与基因知识可以相互转换表征。

很多具有不同功能的细胞集聚在一起，各类细胞之间有着严密的"劳动分工"。这些细胞使用化学信号知识进行通信交流、协同工作，组成一个更大的生物体——多细胞生物，包括真菌、植物和动物。

多细胞生物是一个有序而可控的细胞社会。这种社会性的维持不仅依赖于细胞物质代谢与能量代谢，更依赖于细胞间和细胞内的化学信号知识来协调各项生命活动，诸如细胞生长、分裂、分化、衰亡及其他各种生理功能[2]。

一般而言，细胞间和细胞内化学信号知识的作用机制包括以下五个步骤。

（1）信号细胞合成并释放细胞间化学信号知识。

（2）细胞间化学信号知识转运至靶细胞。

（3）细胞间化学信号知识与靶细胞表面受体蛋白质进行结合，并激活受体蛋白质。

（4）激活后的受体蛋白质启动靶细胞内一种或多种细胞内化学信号知识的转导。

（5）细胞内化学信号知识引发细胞代谢、功能或基因表达的改变[3]，如图9-2所示。

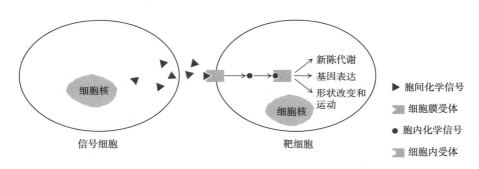

图9-2　多细胞生物细胞间和细胞内化学信号知识的作用机制

在上述作用机制中，步骤（3）描述的是细胞间化学信号知识被靶细胞膜上特殊蛋白质识别、结合，进而激活一系列细胞内化学信号知识传导的过程。这种能够识别、结合化学信号分子的特殊蛋白质被称为受体（ligand）。

化学信号分子与特定的受体的结合是一种近似锁钥关系的分子识别过程，与基因知识的碱基两两配对、免疫系统的 T 细胞和 B 细胞识别特定病原体的情形类似。化学信号分子相当于一把"钥匙"，而受体蛋白分子内部会存在一个类似于"钥匙孔"的空间。如果"钥匙"与"钥匙孔"存在空间结构互补，那么，化学信号分子就有较大的概率进入受体空间。化学信号分子会进一步引起受体蛋白分子发生构象变化，使受体空间中的氨基酸有可能与化学信号分子形成氢键、离子键，二者就会靠得更近一些，此时范德华力发生作用，进而形成更紧密的结合[4]。

由于化学信号分子与受体蛋白分子是在空间结构和电磁力共同作用下完成识别和结合，因此，这种"锁钥关系"的结合在本质上是一个粒子实体的基本进化过程。

多细胞生物体内细胞间化学信号知识的种类很多，包括植物激素，动物的局部介质、激素、神经介质和气体分子等。

植物体内没有神经系统，而是以植物激素为主的细胞间化学信号知识来承担各类细胞和各个器官之间的通信功能。植物激素通过维管束及质外体长距离输导系统，以及质外体与胞间连丝的细胞之间的通道系统，时刻作用于每个细胞，调节细胞的新陈代谢、生理反应和基因表达。已知的植物激素有六大类，即生长素、赤霉素、细胞分裂素、脱落酸、乙烯和油菜素甾醇等[5]。

绝大多数动物拥有两套信号知识进化系统，即化学信号知识转换系统和神经信号知识进化系统。包括人类在内的哺乳动物的内分泌系统就是其化学信号知识转换系统的重要组成部分。在人体中就存在几百种细胞间化学信号知识，分为激素、局部介质、神经递质、气体信号共四大类，见表9-1。

表9-1　人体中的细胞间化学信号知识分类表[6]

化学信号知识种类		分泌细胞	运载体	靶细胞位置
激素类	甲状腺激素、胰岛素等	内分泌细胞	血液	远距离细胞
局部介质	前列腺素等	旁分泌细胞	细胞间液	相邻细胞
神经递质	乙酰胆碱、谷氨酸等	神经元	突触间隙间液	相邻的神经元、腺体细胞或肌肉细胞
气体分子类	主要是一氧化氮	血管内皮细胞	细胞间液	相邻细胞

（二）生物个体间化学信号知识

生物个体间化学信号知识包括单细胞生物之间化学信号知识和多细胞生物之间化学信号知识。

1. 单细胞生物之间化学信号知识

单细胞生物接收环境中的化学信号知识（信号分子），再通过细胞内的知识传导和知识表达来改变自身的运动状态，进而达到生存繁衍的生命目标。

比如，当细菌遇到营养物质时，营养物质分子与细菌细胞膜蛋白质分子相互作用，导致信号转导接连发生，进而改变鞭毛旋转方向，推动菌体逐渐靠近食物源[7]。

不仅如此，单细胞生物还能相互传递化学信号知识，使用"化学语言"进行信息交流。

生物学家 Bonnie Bassler 在一次 TED 演讲中提到，一种名为氏弧菌（vibrio fischeri）能够发光的海洋细菌之间就通过一种化学分子相互交流，由此改变发光状态。当氏弧菌被稀释培养，单位体积内数量很低时不发光，而当它们的存在密度增长到一个特定数量之后就同时发光。研究人员经过观察发现，随着氏弧菌数量的增加，它们会同时分泌小化学分子。当这些小分子累积到一定浓度之后，就相当于向同类发出了信号，于是所有的氏弧菌就同时发光[8]。

研究人员认为，这类化学信号知识可能是生命进化中最原始的"化学语言"，也可能存在于蓝绿藻、细菌和其他原核生物的祖先细胞之间。

2. 多细胞生物之间化学信号知识

科学研究发现，化学信号知识是多细胞生物之间最古老的通信载体，高级动物的嗅觉系统就是在此基础上进化形成的。很多昆虫，尤其是社会性昆虫，依靠较为复杂的化学信号知识来交流信息、协调行动。

蚂蚁是起源于白垩纪的社会性昆虫，曾经与恐龙生活在同一年代。它们虽然体型弱小、智力不高，却成功地在地球上生存繁衍了一亿多年，至今仍生生不息，根本原因就是它们拥有一套独特的"化学语言"交流系统：化学信号知识。

美国生物学家、社会生物学奠基人爱德华·威尔逊是研究蚂蚁的专家。他在《论契合：知识的统合》一书中写道："我们发现，蚂蚁的身体就是一个可以行走的腺体囊，里面充满了可以用作信号的化合物。蚂蚁在释放信息素的时候，或者是以单体形式或者是以化合物的形式释放，还有些蚂蚁是将不同作用的信息素一起释放出去，这些信号是：危险，快来；危险，快跑；有吃的，跟我走；有一个更好巢穴位置，跟我走……一共有十到二十个指令，而且等级不同、种群不同，指令的数量也不同。"[9]

很多哺乳动物通过尿液或腺体分泌化学信号知识，向同类传递交配求偶、领地占有等信息。

一般而言，化学信号智能实体的化学信号知识转换系统是与生俱来的，后天不能更改。也就是说，无论是单细胞生物体，还是多细胞生物体，在基因知识表达为基因实体的过程中，就形成了完整的化学信号知识转换系统，并在其中"写入"了最原始的化学信号知识。当接收到外部环境的知识输入时，化学信号知识转换系统将表达为固定的运行机制和反应模式。

二、神经信号知识

神经信号知识是指在动物神经元细胞（简称神经元，neuron）内部形成和传播的电脉冲，包括在短距离内扩散的分级电位（graded potential）和长距离传导的动作电位（action potential）。

（一）神经元的结构和功能

神经元是动物体内的一种特化细胞，专司神经信号知识的转换、进化和传播。神经元类似于计算机芯片中的微型晶体管，是神经信号知识进化系统中最小的结构和功能单位。

所有神经信号智能实体，从轮虫（rotifer）、老鼠，到大象、人类，其神经系统都毫无例外地由结构和功能基本相似的神经元组成，只是数量差别巨大。其中，轮虫的神经元数量最少，为 200 个，非洲象的神经元数量最多，为 2570 亿个[10]。

神经元由三个部分组成：细胞体、树突和轴突，如图 9-3 所示。

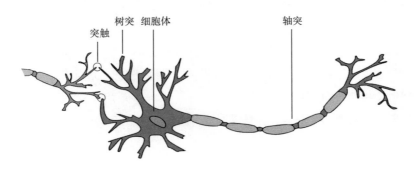

图 9-3　神经元的结构示意图

细胞体（soma）：细胞体的直径一般为 5~100 微米，内有细胞核与细胞器，是神经元代谢、营养和遗传中心。细胞体两端延伸出来的突出部分为树突和轴突。细胞体的作用是把树突接收或转换的分级电位汇总后产生动作电位；动作电位沿着细胞体传播到轴突末梢。

树突（dendrite）：位于细胞体一端，形似鹿角的短分枝称为树突。树突的作用是通过突触（synapse）接收其他神经元的轴突输出的化学信号知识（化学突触）或神经信号知识（电突触）并传给细胞体。突触是指一个神经元的树突与另一个神经元的轴突末梢相互靠近并传递知识的结构。

轴突（axons）：轴突是神经元延伸出来的一条突起。轴突的长度从几毫米到一米不等，末梢部分叉形成许多树状枝，每个树状枝都在其端部形成终扣。轴突的作用是把细胞体中的神经信号知识（动作电位）通过化学突触转换为化学信号知识，传递到其他神经元的树突，或者通过电突触直接把神经信号知识传递到其他神经元的树突[11]。

根据功能作用不同，神经元大致可分为三个类别：感觉神经元、中间神经元和运动神经元。

感觉神经元也称为传入神经元，主要功能是接收外部粒子知识（如电磁波、声波）和化学信号知识（气味分子等），并将之转换表征为神经信号知识后传输至中间神经元。

中间神经元也称为联络神经元，专注于接收、处理神经信号知识，多个中间神经元集聚在一起形成动物的神经节或中枢神经系统，即神经信号知识进化系统。

运动神经元也称为传出神经元，主要功能是把神经信号知识传递到肌肉和腺体，使肌肉收缩或腺体分泌。

神经元的出现，其意义不亚于 DNA 的形成。DNA 承载着基因知识，开启了"基因知识—基因实体"复合进化，生物界从单细胞生物，进化出了真菌、植物和动物等多细胞生物；而神经元承载着神经信号知识，开启了"信号知识—实体系统"复合进化，使得众多神经信号智能实体能够在复杂多变的自然环境中生存繁衍。

（二）神经信号知识的分类

神经信号知识包括分级电位和动作电位两种类型。

1. 分级电位

分级电位是由细胞外部的粒子知识或化学信号知识转换表征产生的局部性电脉冲，根据产生机制的不同，分级电位又可细分为感受器电位（receptor potential）和突触电位（synaptic potential）。

感受器电位

感受器电位是神经信号智能实体中构成知识表征系统的各种感受器转换表征其他形态知识所生成的神经信号知识，具有短距离传导性、渐变性、模拟性等特点。例如，视网膜上的视细胞把可见光转换表征为视觉感受器电位，耳中的毛细胞把声波转换表征为听觉感受器电位，鼻腔中的嗅细胞把气味分子转换为嗅觉感受器电位，舌头上的味蕾细胞把味觉分子转换表征为味觉感受器电位，身体表皮下的柏氏小体把机械刺激转换表征为压力感受器电位，等等。

突触电位

突触是指神经元之间，或神经元与其靶细胞之间的非接触连接部位。突触前神经元的轴突把神经信号知识（动作电位）转换表征为化学信号知识（神经递质），突触后神经元（或靶细胞）再把化学信号知识（神经递质）反向转换表征为神经信号知识，这种神经信号知识就是突触电位，其主要作用就是在神经元内产生动作电位。

2. 动作电位

动作电位也称神经冲动，在多个分级电位的共同作用下，神经元的膜电位超过阈值时就会产生动作电位。动作电位可以直接或间接地传递给相邻的神经元、腺体细胞或肌肉纤维细胞，进而引发新的动作电位、腺体分泌或肌肉收缩。

在神经信号智能实体的感知行为中（如视觉感知），需要分级电位（突触电位和感受器电位）和动作电位协同工作才能完成神经信号知识的表征和传递，如图 9-4 所示。

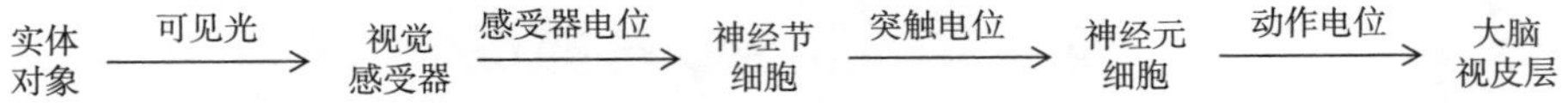

实体对象 —可见光→ 视觉感受器 —感受器电位→ 神经节细胞 —突触电位→ 神经元细胞 —动作电位→ 大脑视皮层

图 9-4 感受器电位、突触电位和动作电位之间的关系

信号知识的作用机制

为了便于对信号知识有一个概括了解，我们以一名赛跑运动员从听到发令枪响

到开始起跑的场景为例，来描述信号知识的表征、进化和表达机制，整个过程共分为五个阶段，如图9-5所示。

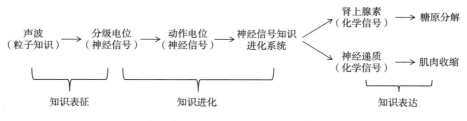

图9-5　信号知识的表征、进化和表达机制示意图

第1阶段：发令枪击发后产生的声波传播到运动员的耳膜上，引起听觉感受细胞变化，并产生分级电位，即粒子知识（声波）转换表征为神经信号知识（分级电位）；

第2阶段：多个分级电位通过"元素组合+条件选择→稳态组合体"进化单元进化为动作电位；

第3阶段：动作电位经过层层加工后传入大脑的听觉皮层，产生认知表象，与此同时，这组信号知识输入神经信号知识进化系统，系统运行的结果是向表达系统输出"起跑"指令；

第4阶段：在意识控制下，神经信号知识从中枢神经系统传递到运动神经元，并分泌神经递质；同时，在无意识状态下，神经信号知识从运动皮层传递到内分泌系统，引发肾上腺细胞向血液中分泌一种激素——肾上腺素。肾上腺素促使肌肉细胞糖原发生水解，产生葡萄糖，作为运动的能源；

第5阶段：运动神经元分泌的神经递质传递给肌肉细胞，引起肌肉收缩，产生运动员的起跑动作。

第二节　信号实体概况

信号实体包括信号知识智能实体（简称信号智能实体）和信号知识表达实体（简称信号表达实体。）信号智能实体又分为化学信号智能实体和神经信号智能实体。

由于化学信号智能实体不能"制造"复合实体，因此信号表达实体是指神经信号智能实体在"信号知识—实体系统"复合进化过程中，通过神经信号知识表达产生的实体，包括所有动物"制造"出来的实体对象，如蜂巢、蚁穴、鸟巢等；掌握语言之前的人类祖先制造的简单石器也属于信号表达实体，掌握语言之后制造的实体大多属于符号表达实体。

一、化学信号智能实体

化学信号智能实体是由化学信号知识表征系统、化学信号知识转换系统和化学信号知识表达系统构成的复合实体，包括所有细菌、古细菌、真菌和植物，以及少数没有神经系统的低等动物（如海绵等多孔动物），如图9-6所示。

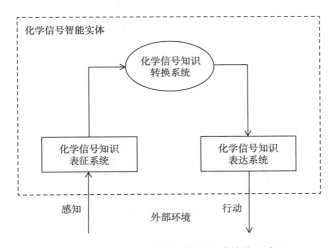

图9-6　化学信号智能实体的组成结构示意图

最简单的化学信号智能实体是单细胞生物，如细菌、草履虫等。它们凭借相对简单的知识表征、知识进化和知识表达功能，不但能保持细胞内的生命环境稳定，确保各种生命活动正常进行，还能感知外部环境的变化，做出"趋利避害"的反应。例如，趋光和避光反应，游向营养物浓度高的区域和逃离障碍物或有害物，等等。下面以细菌为例来探讨化学信号智能实体的"智能"行为，如图9-7所示。

细菌依靠体表上的多根鞭毛进行空间移动。每根鞭毛的根部连在一个位于细胞膜上的微型"电动机"上。鞭毛电动机上有一个蛋白分子，可以控制电动机旋转的

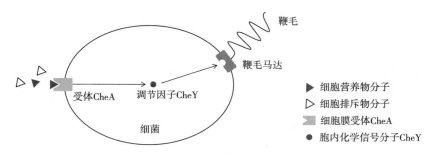

图 9-7　单细胞化学信号智能实体"智能"行为的作用机制

方向。由于鞭毛是弯曲的，且在两个方向的形状不对称，旋转方向不同产生的效果也不一样：当鞭毛逆时针旋转时，所有的鞭毛都聚集成一束，协同摆动，推动细菌向一个方向前进；当鞭毛顺时针旋转，这些鞭毛就彼此散开，伸向不同的方向，细菌就乱翻跟斗。

环境中的细菌营养物（如糖分）或细菌排斥物（如毒素）能够令细菌改变鞭毛的旋转方向，进而使细菌游向营养浓度高的区域，或者逃离排斥物浓度高的区域。这个过程可以分解为三个步骤，即知识表征、知识进化（转换和传播）和知识表达。

（1）知识表征。环境中的营养物分子与细菌细胞膜上的受体分子 CheA 结合，降低了受体分子 CheA 中的组氨酸激酶的活性。

（2）知识进化。组氨酸激酶活性减小，使得调节因子 CheY 的磷酸化程度变小，这种知识进化比较简单，就是化学信号胞内转换和传播。

（3）知识表达。CheY 的磷酸化程度变小，细菌的鞭毛逆时针方向转动，细菌就更多地定向前进，最终结果是细菌游向营养物。

如果环境中的有害分子增多，则受体分子 CheA 的组氨酸激酶活性增强，会导致 CheY 的磷酸化程度变大，细菌鞭毛顺时针转动的时间就越长，细菌更容易翻跟斗，最终结果是细菌游离这个区域[12]。

此外，光线的强弱、温度的高低和有无障碍物等都可以被单细胞生物所"感知"，并表征为胞内信号知识，经过胞内化学信号知识的转换、传播和表达，使生物体产生空间移动，靠近有益区域，远离有害区域。

植物属于多细胞化学信号智能实体。著名的植物学家丹尼尔·查莫维茨在《植物知道生命的答案》一书中写道："植物演化出了复杂的感觉和调控系统，这使它们可以随外界条件的不断变化而调节自己的生长。榆树必须知道它的邻居是不是遮住了阳光，这样它才能想办法向有阳光的地方生长；莴苣必须知道是不是正有贪婪的蚜虫打算把它吃光，这样它才能制造有毒的化学物质杀死害虫，保护自己；花旗松必须知道它的枝条是不是正在被猛烈的风撼动，这样它才能让树干长得更强壮一些；樱花树则必须知道什么时候开花……"[13]

植物体内没有神经系统，这些智能行为都是通过化学信号知识的表征、进化和表达来实现的。环境中的粒子知识和化学信号知识，如可见光、红外线和乙烯等信号分子，可以转换表征为植物体内的化学信号知识，如生长素、赤霉素、细胞分裂素、脱落酸等激素。这些化学信号知识会传播到特定植物细胞，影响其新陈代谢、细胞的分裂生长，进而表达为植物的向光性、向重力性、攀附性、感震性、生物钟以及对病虫害的防御机制等一系列适应环境的智能行为。

比如，向日葵花盘之所以随着太阳位置的变化而转动，是因为环境中的粒子知识（太阳光）影响了植物体内化学信号知识（生长素）的分泌和传播：光照会降低向日葵茎干上生长素的含量。向日葵花盘下茎干的向光侧生长素含量会因为光照而降低，细胞生长较慢，则茎干伸长较慢；反之，背光侧生长素含量相对较高，细胞生长较快，则茎干伸长较快。茎干两侧的伸长速度不同，导致顶端弯向伸长较慢的一侧，最后的结果就是向日葵花盘"跟随"太阳的位置转动[14]。

总的来说，化学信号智能实体缺乏知识存储、知识复制和知识进化能力，使得它们对外反应的模式都是物种或种群通过数亿年的"基因知识—基因实体"复合进化学习、积累而来，不能像动物一样通过"信号知识—实体系统"复合进化学习、积累知识。因此，化学信号智能实体不具备后天学习能力，其行为方式只能按先天固定程序进行。这些固定程序是生物体发育过程中由基因知识表达所生成，存储在化学信号知识转换系统之中，在化学信号智能实体的生命周期内不能做出调整和改变。

二、神经信号智能实体

神经信号智能实体是由神经信号知识表征系统、神经信号知识进化系统和神经信号知识表达系统构成的复合实体，包括拥有神经系统的所有动物，如图9-8所示。

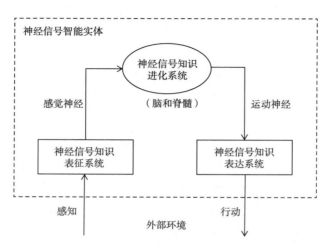

图 9-8　神经信号智能实体的组成结构示意图

所有拥有神经系统的生物体都属于神经信号智能实体，或者说，神经信号智能实体是指除了多孔动物（如海绵）之外的所有动物（包括人类）。

在神经信号智能实体中，除了神经信号知识进化系统之外，还有一套化学信号知识转换系统，也就是内分泌系统，包括脑垂体、甲状腺、肾上腺、生殖腺等。

神经信号知识进化系统一方面通过感觉器官接受体内外的粒子知识和化学信号知识，直接调节或控制身体的各个器官系统的活动；另一方面，还通过化学信号知识转换系统来间接调节机体内部的生命活动。

（一）神经信号知识表征系统

神经信号知识表征系统由神经信号智能实体的各种感受器构成，如视觉细胞、听觉细胞、嗅觉细胞、味觉细胞、触觉感受器、压力感受器、化学感受器，等等。它们的基本功能是把身体内外的粒子知识和化学信号知识转换表征为统一格式的神经信号知识（动作电位），并沿着各自的神经通路传输到神经信号知识进化系统（中枢神经系统）。

根据转换表征的知识来源不同，神经信号知识表征系统又可分为两个部分，即客体神经信号知识表征系统和本体神经信号知识表征系统，见表9-2。

客体神经信号知识表征系统负责接收和转换来自智能实体外部环境中的粒子知

识和化学信号知识，如可见光、声波、气味、味道等。它由多个感官系统组成，如视觉系统、听觉系统、嗅觉系统、味觉系统、触觉系统等。

本体神经信号知识表征系统是指分布在智能实体内部的感受器或神经末梢，负责接收和转换来自智能实体内部的粒子知识和化学信号知识，诸如血压、血糖、pH、疼痛、体温、肌肉的张力等生理指标。

表9-2 人类的客体知识表征系统和本体知识表征系统的功能列表

表征类别		表征系统（感受器）	位置	被表征知识形态	转换表征的物理机制
客体知识表征	视觉	视杆细胞与视锥细胞	视网膜	粒子知识（可见光）	光子引发视觉细胞的离子通道关闭
	听觉	耳蜗中的毛细胞	内耳蜗	粒子知识（声波）	液体波引起毛细胞变形
	嗅觉	嗅神经（双极神经元）	鼻腔	化学信号知识（气味分子）	气味分子与双极神经元膜上的受体结合
	味觉	味觉细胞（味蕾）	舌头	化学信号知识（着味剂）	着味剂分子与味觉细胞膜上的受体结合
	触觉	触觉小体、梅克尔细胞、环层小体	皮肤	粒子知识（电磁力）	迅速或持续的压力变化使细胞膜变形
本体知识表征	运动	半规管中的毛细胞	内耳的半规管	粒子知识（电磁力）	液体的流动引起毛细胞变形
	体温	热、冷感受器	皮肤	粒子知识（电磁力）	温度的变化使细胞膜上的离子通道打开或关闭
	疼痛	伤害性感受器	贯穿全身	粒子知识 化学信号知识	化学物质以及压力和温度的变化，引起细胞膜内的离子通道打开或关闭
	肌肉牵张	牵张感受器	肌肉和肌腱	粒子知识（电磁力）	肌梭的牵张引起细胞膜的变形
	血压	压力感受器	动脉分支处	粒子知识（电磁力）	动脉壁的牵张引起细胞膜的变形
	pH	化学感受器	动脉、延髓	化学信号知识	—

无论是客体神经信号知识表征系统，还是本体神经信号知识表征系统，转换

表征后形成的神经信号知识都是"标准格式"的动作电位，只是传输的路径和终点脑区不同。

对任何一个智能实体来说，知识表征系统都是不可或缺的。比如，我们人类的大脑与实体世界并没有直接联系，只有通过神经信号表征系统建立的间接关系。我们在意识中"感知"到的也不是真正的实体世界，而是由神经信号知识构建的知识模型。这些神经信号知识的获取还要经过两个环节，一是实体系统跃迁表征为粒子知识，如太阳发出的可见光，或者物体反射的可见光；二是知识表征系统把这些粒子知识转换表征为神经信号知识，并传输至神经信号知识进化系统之中。因此，拥有不同知识表征系统的神经信号智能实体，其心目中的世界会有所不同。比如，蝙蝠能够感知超声波，大象、海豚等能感知次声波，蛇类能感知红外线，有些蝴蝶和鸟类能够感受地磁场，等等。这些动物把超声波、次声波、红外线或地磁场等粒子知识转换表征为神经信号知识，最终在大脑中构建出来的世界模型，与人类大脑中的世界模型肯定有所区别。

（二）神经信号知识进化系统

神经信号智能实体的神经信号知识进化系统是由数量不等的神经元相互连接形成的多层级、多系统的立体网络结构，负责神经信号知识的接收、存储、进化和输出，主要功能是模拟和表征智能实体本身和外部实体世界，控制智能实体的内部生命平衡，适应或改变外部实体世界，实现个体的生存和繁衍。

构成神经信号知识进化系统的神经元数量差别很大，少则数百个，如轮虫、线虫；多则成百上千亿，如人类和非洲象，见表9-3。

表9-3　人类和一些动物大脑中的神经元数量[15]

序号	动物名称	大脑中神经元数量
1	非洲象	2570亿
2	人类	860亿
3	大猩猩	330亿
4	恒河猴	64亿
5	金刚鹦鹉	31亿
6	狗	23亿

序号	动物名称	大脑中神经元数量
7	家猪	22 亿
8	乌鸦	22 亿
9	猫	7.6 亿
10	章鱼	5.0 亿
11	鸽子	3.1 亿
12	家鼠	7100 万
13	青蛙	1600 万
14	蟑螂	100 万
15	蜜蜂	96 万
16	蚂蚁	25 万
17	文昌鱼	2 万
18	水母	5600
19	秀丽隐杆线虫	302
20	轮虫	200

　　神经信号知识进化系统与比特知识进化系统有很多相似之处。

　　比特知识进化系统的基本进化单元是微型晶体管。数以亿计的微型晶体管相互连接构成计算机芯片，不同功能的计算机芯片经过层级组合，构成计算机的中央处理器，这是比特知识进化系统的"硬件"部分，而在这些微型晶体管之间不断产生的脉冲电流就是比特知识进化系统的"软件"部分，也称为比特知识模型，而中央处理器输出的电脉冲，就是比特知识模型知识进化的结果。

　　神经信号知识进化系统的基本进化单元是神经元。数量不等的神经元相互连接构成神经回路、神经元核团等功能模块，不同功能的神经元核团通过层级组合，构成动物的"脑"，这是神经信号知识进化系统的"硬件"部分，而在这些神经元之中不断产生的动作电位就是神经信号知识进化系统的"软件"部分，也称为神经信号知识模型，而"脑"输出的动作电位，就是神经信号知识模型知识进化的结果。

　　神经信号知识进化系统与比特知识进化系统也有本质的区别。在比特知识进化系统中，运算和存储任务是由相互独立的运算器和存储器来完成，运算器运行时需要从存储器临时调用比特知识，最后再把运算结果输入存储器。

在神经信号知识进化系统中，运算和存储功能由神经元和连接神经元的突触共同完成：神经元把从突触获取的神经递质转换为分级电位，然后进化出动作电位；动作电位沿着轴突传递至末梢，在这里转换表征为神经递质，通过突触传递到下一个神经元。这个过程会改变突触的连接强度，或者建立新的突触连接。当神经信号进化系统下一次运行时，突触数量和连接强度的变化影响动作电位的产生和传递，从而实现了神经信号知识的运算和存储功能。

伴随动物界的"基因知识—基因实体"复合进化，神经信号知识进化系统也经历一个从简单到复杂的进化过程，表现出了网络化、节点化、髓脑化和皮层化等进化趋势。

从结构组成来看，神经信号知识进化系统是一个层级结构，最多可由四个层级组成，分别是化学信号层、基础神经信号层、模拟神经信号层和编码神经信号层。

从功能上看，神经信号知识进化系统的所有子系统可分为两个类别，一类是表征和控制神经信号智能实体自身的知识模型，我们称为本体神经信号知识模型；另一类是表征外部实体世界的知识模型，我们称为客体神经信号知识模型。

总的来说，神经信号知识进化系统首先是一个绝佳的模拟器，它利用神经信号知识构建的知识模型，来表征神经信号智能实体本身和外部实体的状态、属性，对过去做出解释，对未来进行预测；其次，神经信号知识进化系统是一个运算器，它根据对实体系统的预测结果，再结合任务目标或选择条件制定出最优的行动策略；最后，神经信号知识进化系统是一个控制器，它把制定好的行动策略，以神经信号知识的形态输出到知识表达系统，对内调节生理机能的平衡稳定，保持生命活动正常进行，对外转换为肢体器官的行为活动。

下面分三个部分来分别讨论神经信号知识进化系统的生物进化、层级结构和主要功能。

1. 神经信号知识进化系统的生物进化

在动物的进化史中，其神经信号知识进化系统（中枢神经系统）经历了一个从简单到复杂的进化过程，在不同的进化阶段，分别表现为网络化、节点化、头脑化、髓脑化和皮层化等进化趋势。

无脊椎动物的神经信号知识进化系统的生物进化可分为三个阶段：网络化、节点化、头脑化，如图 9-9 所示。

水螅：网络化神经系统　　　　涡虫：节点化神经系统　　　　昆虫：头脑化神经系统

图 9-9　无脊椎动物神经信号知识进化系统的进化趋势示意图

最原始的、最简单的神经系统出现于无脊椎动物的腔肠动物门中，即网络化神经系统，如水螅、线虫的神经系统。在这类神经系统中，所有神经元的结构和功能都非常相似，彼此首尾相连，形成一个网状系统，没有神经中枢，神经信号知识在任何方向都等强度传递[16]。

扁形动物（如涡虫）的神经系统出现节点化。节点化是指大量中间神经元局部集中，形成神经节，支配身体局部反应。涡虫有两条神经索纵贯全身，横向之间有神经纤维相连，形似绳梯，神经索的一端交汇于身体的前部，形成两个神经节，这也是"脑"的雏形[17]。

有些节肢动物进化出了多个神经节，有头部、胸部和腹部三个大的神经节，分别控制感觉、运动以及营养和生殖功能。头部神经节构成脑。脑又分前脑、中脑和后脑三部分。前脑是视觉和行为的神经中心，中脑是触觉的神经中心，后脑负责身体的消化系统[18]。

脊椎动物的神经信号知识进化系统的进化分为髓脑化和皮层化两个阶段。

最初级的脊椎动物（如文昌鱼）的脊椎骨内形成了一条神经管，神经管的前端膨大形成了脑泡。脑泡继续分化，形成了所有脊椎动物脑的基本雏形，即后脑、中脑和前脑，而神经管则进化成为脊髓。

从两栖动物（如青蛙）开始，原来位于前脑内部的灰质逐渐向外转移，最后覆盖在前脑表面，形成原始大脑皮层。高等爬行动物（如乌龟）的大脑部分已经出现了新脑皮质。

哺乳动物是从爬行动物进化而来的。在进化过程中，哺乳动物的小脑分化，大脑两半球体积增大，原始脑皮层越来越小，新脑皮质则越来越大，逐渐覆盖了大脑的表面，且厚度和沟回不断增加。类人猿是哺乳动物的高级代表，大脑的结构和容量与人类大脑最为接近，其感知、记忆、分析和判断能力显著提高[19]。

人类的进化始于 600 万年前的类人猿。在其后的几百万年间，大脑容量变化不大。大约从 250 万前开始，人类大脑进化加速，直到 20 万年前，大脑容量不再增长，标志着现代人的神经系统进化基本完成[20]。

人类的神经信号知识进化系统（中枢神经系统）是一个复杂的层级结构，从低到高依次为脊髓、延髓、小脑、脑桥、中脑、间脑和大脑。层次越低，进化完成的时间越早，功能越基础；层次越高，进化完成的时间越晚，功能越复杂，如图 9-10 所示。

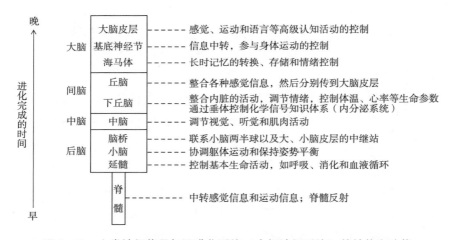

图 9-10　人类神经信号知识进化系统（中枢神经系统）的结构和功能

脊髓起源于低等鱼类（如文昌鱼）的神经管，估计在 5 亿年前已经进化完成。脊髓就像一条由神经元组成的"电缆"，主要功能是把表征系统转换表征的神经信号知识传递到脑，并把脑发出的运动指令传递到肌肉细胞等表达系统。此外，脊髓还可以把感觉神经和运动神经直接连通，使身体不经过大脑控制就对外界刺激做出快速反应，如医生用小锤敲击患者膝盖产生的膝跳反应。

后脑包括延髓、小脑和脑桥。

延髓主要功能是调节内脏运行，控制基本生命活动，如呼吸、消化和血液循环等，有"生命中枢"之称。即使脑的其他部分受到损伤，只要延髓完好，这些基本生命活动仍能暂时维持，不会立即死亡。

小脑是运动调节中枢，通过整合大脑皮层的运动指令和肢体状态反馈，实现躯体协调运动和保持姿势平衡。

脑桥联系小脑两半球以及大、小脑皮层的中继站。

中脑是视觉、听觉和运动等神经信号知识处理中枢，能控制瞳孔、眼球和肌肉活动。

间脑由丘脑和下丘脑组成，位于中脑与大脑之间。

丘脑是脑中感觉信息整合的主要场所。视觉信息、听觉信息以及体感信息都被传送到丘脑中。感觉信息通过丘脑，分别传到大脑皮层。不同类型的感觉信息的传送，都是由丘脑中特定的神经元来完成的。

下丘脑则负责整合内脏的活动，调节情绪状态，控制体温、食欲、摄水、排便、排尿、心率、血压、性活动、哺乳以及生长功能。这些精确的稳态机制使我们都能保持 37℃ 的体温、120/80mmHg 左右的血压、70 次/分的心率和 1.5 升/天的水摄入与排出。此外，下丘脑还控制着垂体，进而控制着身体的化学信号知识进化系统（内分泌系统）[21]。

人类的大脑主要由左右大脑半球（由胼胝体连接）、基底神经节和海马体组成。覆盖在大脑半球表面的一层灰质称为大脑皮质，是神经元集中的区域。

基底神经节是神经元的细胞体所组成的基团，埋藏在大脑皮层下的白质中，负责接收感觉神经传来的感觉信息，以及大脑皮层和小脑所发出的运动指令，参与身体运动的控制。

海马体主要负责长时记忆的转换形成和情绪控制[22]。

大脑皮层既是感觉、运动控制中枢，也是学习、记忆、语言、文字等高级认知活动的控制中枢。

根据进化完成的早晚，大脑皮层分为旧皮层和新皮层。人类大脑的新皮层占据了大脑容量的 75% 以上，占全部皮层的 96%，由 6 层大约 300 亿个神经元组成。每个神经元和其他神经元之间有大约 10000 个突触，从而产生总共约 300 万亿个连接。大脑新皮层应该是人类语言运用、逻辑推理等认知能力的"硬件"基础，也使得人类在生物界中具有智能优势[23]。

2. 神经信号知识进化系统的层级结构

随着单细胞生物进化为多细胞生物，低级动物进化为灵长类动物，信号知识进化系统的结构和功能也呈现出层级累加的进化趋势，先后出现四个层级：即化学信号层、基础神经信号层、模拟神经信号层和编码神经信号层。层级越低，进化完成的时间越早，结构和功能越简单；层级越高，进化完成的时间越晚，结构和功能越复杂。不同的物种，其信号知识进化系统的层级数量和构成也不尽相同，如图9-11所示。

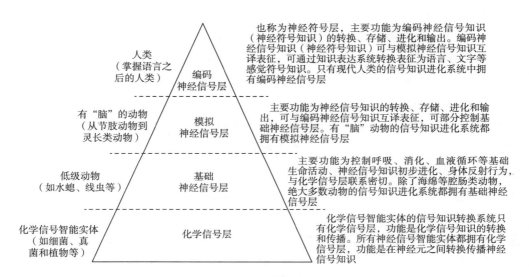

图9-11 信号知识进化系统的层级结构

化学信号智能实体，如细菌、古细菌、真菌和植物等，它们的知识进化系统只有化学信号层，仅能起到化学信号知识的转换和传播作用，尚不具有知识的存储和进化功能。

一些低级动物，如腔肠动物门中的水螅、线虫等，它们信号知识进化系除了化学信号层外，还增加了基础神经信号层。基础神经信号层是一个网状神经系统，缺少由多个中间神经元集中形成的神经节点，因此只具有相对简单神经信号知识的存储和进化功能。

所有已经进化出不同程度"脑"的动物，包括从扁形动物（如涡虫）到灵长类动物，在化学信号层和基础神经信号层的基础上，还增加了模拟神经信号层。模拟神经信号层具有完整的神经信号知识转换、存储、进化和输出功能。

从发明语言符号知识开始，人类的信号知识进化系统通过后天学习，额外增加了编码神经信号层，也称神经符号层。其主要功能是编码神经信号知识（神经符号知识）的转换、存储、进化和输出。编码神经信号知识（神经符号知识）可与模拟神经信号知识互译表征，可通过知识表达系统转换表征为语言、文字等感觉符号知识。

化学信号层

化学信号智能实体的信号知识进化系统只有化学信号层。包括单细胞生物的细胞内信号传导系统和植物体内的激素系统，等等。化学信号层由基因知识表达产生，后天不能更改，其运行模式也相对固定，即相同或相似的知识输入，产生基本相同的输出结果。

所有神经信号智能实体的信号知识进化系统都拥有化学信号层。化学信号层是信号知识进化系统的底层结构，负责包括神经元在内的所有细胞内部和细胞之间的知识转换和传递。

高级动物神经信号知识进化系统中的化学信号层包括三类化学信号知识：神经元内化学信号知识、神经元之间化学信号知识和大脑中腺体分泌的激素。

神经元内部化学信号知识包括细胞膜上的受体蛋白和离子通道蛋白，以及细胞内的信号蛋白和可进出细胞的各种离子，如钠离子、钾离子、氯离子和钙离子等。这些蛋白质分子和带电粒子的活动有序地改变细胞膜内外的电位差，进而产生分级电位和动作电位。也就是说如果没有神经元内部化学信号知识，神经信号知识也不会产生和存在。

神经元之间的化学信号知识指各种神经递质，包括多巴胺、5-羟色胺、γ-氨基丁酸、肾上腺素、组胺、腺苷、甘氨酸、谷氨酸、乙酰胆碱等。

在神经元之间、神经元与表达系统（如肌肉和腺体）之间，除了极少数以电突触传递神经信号知识之外，绝大多数神经元通过化学突触来传递化学信号知识（神经递质）。

化学突触是一个神经元（突触前神经元）的轴突末端与另一个神经元（突触后神经元）的树突之间"连而未接"缝隙结构，这个缝隙的宽度为20~40纳米。

化学突触传播神经信号知识的过程如图9-12所示。

动作电位 　　转换表征　 神经递质 　　突触缝隙 　 神经递质 　　转换表征 　　分级电位
（突触前神经信号）——————→（化学信号知识）- - - - - - →（化学信号知识）——————→（突触后神经信号）

图 9-12　化学突触传播神经信号知识的过程

首先，神经信号知识转换表征为化学信号知识。

突触前神经元的动作电位传播到轴突末端，打开钙离子通道，钙离子经过细胞膜进入神经元，促使突触小囊里的神经递质（化学信号知识）释放到突触的缝隙中。神经递质（neural transmitter）分子种类很多，包括多巴胺、5-羟色胺、γ-氨基丁酸、肾上腺素、组胺、腺苷、甘氨酸、谷氨酸、乙酰胆碱等，其中绝大多数是核苷酸或核苷酸的衍生物。

其次，神经递质在化学突触的缝隙中扩散传播，从突触前神经元的突触末端，传播到突触后神经元的树突表面。

最后，化学信号知识转换表征为神经信号知识。

神经递质分子扩散到突触后神经元的树突，和细胞膜上的受体结合，启动一个分级电位。如果多个分级电位的"元素组合"值超过"选择条件"，即膜电位的阈值（一般为-55mV），就会在神经元中产生一个动作电位（稳态组合体），因此，形成动作电位的过程也是一个神经信号知识的"元素组合+条件选择→稳态组合体"基本进化[12]。

哺乳动物体内还有一套专门的化学信号知识转换系统——内分泌系统，主要作用是调节体内各种组织细胞的代谢活动。神经信号知识通过下丘脑控制脑垂体的激素分泌，进而控制内分泌系统中的主要腺体激素分泌，如松果体、甲状腺、甲状旁腺、胸腺和肾上腺等，实现了神经信号层与化学信号层的协调和互动，共同调节机体的生理过程。

基础神经信号层

所有神经信号智能实体都拥有基础神经信号层。

低级动物（如水螅、线虫、海兔等）的信号知识进化系统中只有化学信号层和基础神经信号层，其中基础神经信号层主导调控智能实体的生命活动和对外反应。

低级动物的基础神经信号层由结构和功能都非常相似的神经元首尾相连，形成一个网状系统，没有神经节点，因此，只具有相对简单的知识进化功能与知识转换、存储和传播功能。

比如，海兔受到刺激后自动退缩等行为就是通过神经信号知识的表征、转换、传播和表达来实现的，属于简单反射行为。

脊椎动物的基础神经信号层由多种神经元组成，位于脊髓、后脑、中脑、间脑和大脑皮层下的神经核团之中，主要功能包括三个方面，即基本生命活动控制、神经信号知识的初步进化和反射行为控制。

（1）基本生命活动控制。脊椎动物的基本生命活动是由基础神经信号层控制，在无意识中运行，主要包括两类行为：

其一是通过下丘脑调控垂体的激素分泌，进而控制体温、饮食、排便、心率、动脉压等生理指标；

其二是通过自主神经系统调节内脏运行，如呼吸、消化和血液循环等，能够独立维持基本生命活动。

（2）神经信号知识的初步进化。这个层级的小脑、中脑和丘脑，会对上传的感觉神经信号知识和下传的运动神经信号知识进行初步整合和进化，这些知识进化行为都是在意识感知不到的情况下进行。

小脑是运动调节中枢，通过整合大脑皮层的运动指令和肢体状态反馈，实现躯体协调运动和保持姿势平衡。

中脑是视觉、听觉和运动等神经信号知识处理中枢，能控制瞳孔、眼球和肌肉活动。

丘脑是脑中感觉信息整合的主要场所。视觉信息、听觉信息以及体感信息都被传送到丘脑中。

（3）反射行为控制。在日常生活中，人类一些身体行为是无意识自动进行，这类行为包括反射行为和程序性行为。

反射行为是指机体对内在或外在刺激有规律的反应（也称规律性应答），即对相似的刺激产生固定的反应。

最简单的反射行为是由一对感觉神经元和运动神经元实现的，整个过程只有"知识表征"和"知识表达"两个环节，缺少"知识进化"环节，还不能算作一个完整的"信号知识—实体系统"复合进化过程。例如，当我们在膝半屈和小腿自由下垂状态下，用一个橡胶锤敲击膝盖髌韧带时，小腿便不由自主地急速前踢。这就是人类最简单的反射行为——膝跳反射。在这个过程中，感觉神经元首先把外部刺激（如敲击）转换表征为神经信号知识，然后把这些神经信号知识传递到与之相连的运动神经元，最后，运动神经元把神经信号知识表达为肌肉收缩，产生身体行为（小腿前踢）。

较为复杂的反射行为还有很多。比如，一阵风吹来，人们会不自觉地眨眼睛；手若触到炽热的物体，会快速自动缩回；食物误入气管时，会立刻发生呛咳反应。这些反射行为只需要一个或多个中间神经元的参与。

另外，反射可分为先天性反射和习得性反射，也称为非条件反射和条件反射。先天性反射是信号智能实体与生俱来的，由基因知识表达所形成；习得性反射是信号智能实体出生后通过学习、训练获得。比如，狗在被喂食时分泌唾液是先天性反射；在经过多次"喂食+摇铃"训练之后，仅仅听到摇铃声，狗就分泌唾液的情况属于习得性反射。

模拟神经信号层

模拟神经信号层是神经信号知识进化系统中存储和进化模拟神经信号知识的层级，其主要功能是以模拟表征的方式为实体对象构建知识模型，通过"信号知识—实体系统"复合进化来控制智能实体自身行为活动以及适应、影响和改变外部实体世界。

模拟神经信号层构建在基础神经信号层之上，对基础神经信号层的有些行为能够控制，更多的行为不能控制。比如，呼吸、眨眼等行为既可由基础神经信号层控制，也可由模拟神经信号层控制。而更多的基础生命活动，如消化系统、血液循环系统等，模拟神经信号层无法控制，而是完全由基础神经信号层控制。

凡是进化出"脑"的动物，都拥有模拟神经信号层。掌握语言之前的人类和其他有"脑"的动物完全依靠模拟神经信号层进行思考、预测和决策。

模拟神经信号层中的模拟神经信号知识就是心理学描述的"表象""情景""意义"等内容。美国著名认知语言学家本杰明·伯根（Benjamin K. Bergen）在《我们赖以生存的意义》一书中写道："意义是由一组不同的认知系统共同创造的，在语言出现以前就存在了。"[25]

事实上，所谓的"意义"就是模拟神经信号知识在模拟神经信号层中构建的客体神经信号知识模型，用来表征外部实体对象，因此，凡是有"脑"的动物，就应该感知到意义。

人类的模拟神经信号层主要功能包括以下三个方面。

（1）生成认知表象。知识表征系统，包括视觉、听觉、嗅觉、味觉、触觉系统，把实体对象跃迁表征产生的粒子知识，转换表征为神经信号知识，然后在模拟神经信号层构建出实体对象的知识模型，或者称为实体对象的认知表象。不同的表征系统在模拟神经信号层中产生不同的认知表象，如视觉表象、听觉表象、嗅觉表象、味觉表象、触觉表象等。

（2）与编码神经信号知识模型互译表征。比如，看到"向日葵"三个字后，在大脑中浮现出向日葵的视觉表象，其本质是实体对象的编码神经信号知识模型与模拟神经信号知识模型的互译表征。

（3）进化出新的神经信号知识。比如，我们在头脑中想象出来一个现实中不存在科幻场景，或者构想出来一个从未有过的产品创意，等等。

一般而言，人类的思维过程可分为两种类型，即形象思维和抽象思维。形象思维就是模拟神经信号层中的知识进化，抽象思维就是编码神经信号层中的知识进化。动物只有形象思维，没有抽象思维，因为动物的大脑中没有编码神经信号层；人类可以在两种思维形式之间相互转换，也就是模拟神经信号知识与编码神经信号知识可以互译表征。

在大多数情况下，人们首先在模拟神经信号层中构建认知表象或知识模型，并在意识主导下进化、完善，然后互译表征为编码神经信号知识模型（神经符号知识模型），如有必要，再转换表征为感觉符号知识，如语言、文字等，比如人们说话、写作的过程。或者把模拟神经信号知识模型直接表达为实体对象或转换表征为模拟符号知识，比如工匠手工制造产品，或者画家创作绘画作品。

很多科学家、发明家非常善于在模拟神经信号层中进行思考、创造。他们在大脑中操作认知表象，对模拟神经信号知识模型进行分解、组合、运行和修改，然后把满意的结果互译表征到编码神经信号层，最后转换表征为其他人听得到或看得见的感觉符号知识，即语言、文字或图画。

爱因斯坦曾经在头脑中构建出一个"物理图景"：如果能与一束光赛跑，将会发生怎样的情形？后来，他在此基础上，提出了著名的狭义相对论。

几年之后，爱因斯坦又在头脑中构建出一个"动态模型"：行星就像是玻璃弹球，沿着以太阳为中心的弯曲的平面滚动，牛顿所说的"万有引力"其实是空间弯曲所造成的结果。而这个"动态模型"就是广义相对论的精髓所在[26]。

爱因斯坦对此总结道："思考的元素，它的物理本质是符号和影像，这些影像可以主动地加以制造或组合。这种组合对思考是很重要的，在字的逻辑性建构或其他可以与他人沟通的符号出现之前，我是先在脑海中玩弄影像的组合。在我的情形，这些元素是视觉的和肌肉的形式。当影像的连接已经相当成形，可以经由意志去唤出或制造出来后，我才去寻找通用的文字或其他的符号来表达它。"[27]

著名的发明家特斯拉非常善于使用模拟神经信号层进行发明创造。他在自传中写道："当我有个新想法时，我会立即在想象中构建模型，改变它的结构，做出各种改进，并在脑海中操作它。不论是在想象中开动我的涡轮还是在车间中测试它，对于我而言都无关紧要。我甚至能注意到它是不是失去了平衡。在想象中和现实中的结果都是一样的，没有什么区别。通过这种方式，即便不用碰任何东西，我也能迅速地发展、完善我的理论。在发明过程中，我能想到很多可能的改进，当我能使其中的任何一个改进都具体化，同时能够看到任何一个改进都没有错误时，我就赋予了思维的最终产物具体的形状。"[28]

美国著名动物学家、美国艺术与科学院院士、孤独症患者，坦普尔·葛兰汀（Temple Grandin）博士也非常善于"图像思维"。她在《用图像思考：与孤独症共生》一书中写道："当发明新设备或想到新奇有趣的事情时，我总是形成新的视觉图像。我会提取以往的旧图像，然后对其进行重组，从而形成新的图像。我能够想象所有不同类型的畜牧业设备如何运行，比如挤压槽、卡车装载坡道等。"[29]

编码神经信号层

编码神经信号层是人类在出生之后，通过学习语言、文字等感觉符号知识，利用大脑现有的结构和功能，全新构建出来的神经信号知识层级。人类刚出生的时候应该与灵长类动物一样，大脑中只有模拟神经信号层，没有编码神经信号层，也就是说，人类大脑中的编码神经信号层是出生后通过学习和使用符号知识构建起来的。

由于语言、文字等感觉符号知识只有转换表征为编码神经信号知识后才能被人类理解和参与进化，因此，编码神经信号知识也称为神经符号知识，编码神经信号层也称为神经符号层。

在现实生活中，某一个感觉符号知识单元与其所表征的实体对象之间的对应关系是约定俗成的，或者说这种对应关系已经存储在使用共同语言的族群成员的大脑之中。比如，只有懂中文的人才可能知道"向日葵"三个字表征的是什么实体对象。

儿童语言学习的过程，就是把编码神经信号知识对感觉符号知识（"向日葵"

三个字）的编码表征，与模拟神经信号知识对实体对象（向日葵实物）的模拟表征建立起互译表征关系。在此之后，每当孩子读到"向日葵"三个字时，大脑中就会浮现出向日葵的视觉表象；反之，当儿童看到向日葵实体时也会自动联想到"向日葵"三个字。也就是说，感觉符号知识与其表征的实体对象之间的对应关系，是依靠大脑中的编码神经信号层与模拟神经信号层构建出来的间接关系，离开了大脑中两种神经信号知识的互译表征，这种关系就不存在了。这就是语言文字的本质所在，如图9-13所示。

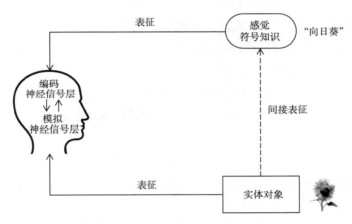

图9-13 编码神经信号知识与模拟神经信号知识的互译表征关系

早在20世纪50年代，英籍犹太裔科学家、哲学家波兰尼（Michael Polyani，1891—1976年）就提出，人类的知识分为两种：显性知识（articulate knowledge）和隐性知识（inarticulate knowledge）。显性知识是能够用各种符号加以表述的知识，比如我们用语言、文字、图表和数学公式表述出来的知识；隐性知识是我们在做某事的行动中所使用的知识，对于这些知识，我们虽然"知道"，但却难以言传。比如，我们骑自行车时可以不自觉地保持平衡，但却很难用语言形容是如何做到的。波兰尼认为，隐性知识应该比显性知识更多，也就是"我们所知道的要比我们所能言传的多"。现在看来，波兰尼提出的显性知识与隐性知识概念，与编码神经信号知识和模拟神经信号知识的概念非常契合。也就是说，编码神经信号知识（神经符号知识）相当于显性知识，模拟神经信号知识相当于隐性知识。的确，我们绝大多数时间都在使用模拟神经信号知识在思考，只有其中很少的一部分能够互译表征为编码神经符号知识或者感觉符号知识[30]。

编码神经信号层的作用包括以下三个方面。

（1）把模拟神经信号知识互译表征为编码神经信号知识，再经由表达系统（发声或书写）转换表征为语言文字等感觉符号知识，即实现从"意义"到"符号"的转换。

（2）把表征感觉符号知识的编码神经信号知识互译表征为模拟神经信号知识，即实现从"符号"到"意义"的转换。

（3）编码神经信号知识的存储和进化。语言文字等感觉符号知识只有转换表征为编码神经信号知识后才能在大脑中存储、建模和进化。我们需要通过学习、记忆，把感觉符号知识转换表征为大脑中的编码神经信号知识，然后才能进行抽象思维或逻辑思考，产生新的思想。

3. 神经信号知识进化系统的主要功能

在本小节中，根据功能属性对神经信号知识进化系统中的神经信号知识和子系统进行分类：

一是根据意识状态把神经信号知识进化系统中的神经信号知识分为意识神经信号知识、潜意识神经信号知识和无意识神经信号知识，简称意识、潜意识和无意识。

二是把神经信号知识进化系统分为本体神经信号知识模型和客体神经信号知识模型。

意识、潜意识和无意识

《牛津心理学词典》（*The Oxford Dictionary of Psychology*）将意识定义为："人类清醒状态时的正常心理状态。在这种状态下，人们可以有知觉、思维、感情、对外部世界的觉察以及自我觉察的体验。"[31]

这个表述是在众多意识定义中较有代表性的一个，认为意识是人类独有的心理状态。那么，动物是否拥有意识呢？

一般而言，神经信号知识进化系统中只要拥有模拟神经信号层，就能构建出神经信号知识模型，用来表征、控制和改变智能实体自身和外部实体，并且在"信号知识—实体系统"复合进化过程中不断地完善、修改和重构这些知识模型，这应该是意识最显著的特征。因此，我们认为凡是拥有"脑"的动物，或者说进化出模拟神经信号层的生物体都拥有意识。这样看来，从拥有最简单"脑"的节肢动物开始，所有昆虫、鱼类、鸟类、哺乳动物都应该拥有意识。

另外，关于意识如何产生的理论也有很多种。当前较为主流的理论是美国心理学家伯纳德·巴尔斯（Bernard Baars）在 1988 年提出的全局工作空间理论（global workspace theory，GWT）。该理论认为，"全局工作空间"是一个知识汇聚、共享的区域。大脑包含多个具有独立功能的知识处理器，这些处理器能够在全局工作空间中分享知识。只有进入全局工作空间的知识，才能被人们意识到[32]。

在全局工作空间理论的基础上，提出了"动态工作空间"模型：

神经信号知识进化系统是由多个具有独立功能的子系统组成，而每个子系统又包含下一层子系统，也就是说，神经信号知识进化系统是一个包括多个层级的分布式并行系统。

在神经信号智能实体清醒状态下，其神经信号知识进化系统的最高层级中会形成一个"动态工作空间"，各个子系统在这里"联合办公"，分别负责感知、思考和运动等认知活动。只有进入动态工作空间中的神经信号知识才能被神经信号智能实体所感知。或者说，进入意识空间的神经信号知识就转换为"意识神经信号知识"，简称"意识"。而其他所有未进入动态工作空间的神经信号知识则分别属于"潜意识神经信号知识"和"无意识神经信号知识"范畴，如图 9-14 所示。

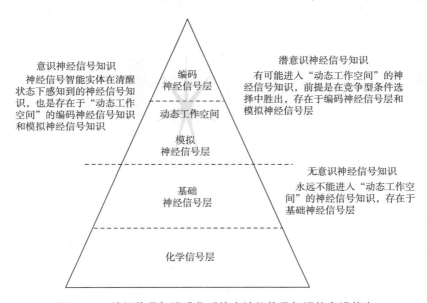

图 9-14　神经信号知识进化系统中神经信号知识的意识状态

动态工作空间的具体位置会在感觉皮层、联合皮层和运动皮层范围内动态变化，其位置变化受制于神经信号知识进化系统中各个子系统的条件选择机制：哪些子系统的神经信号知识单元与当前选择条件匹配程度最高，或者强度最大，哪里就是动态工作空间。与此同时，与动态工作空间联系密切的子系统的神经元也会同步放电，形成一个贯穿全局的活跃神经网络。

各个子系统的神经信号知识进入动态工作空间的条件选择机制分为两种情况，即规则型选择和竞争型选择。

规则型选择是指那些与当前意识目标相关性或者匹配度最高的知识单元才能进入动态工作空间。例如，当我们思考某个人或事的时候，与其相关性最高的人或事会自动进入意识之中；或者，在人声嘈杂的场所里，通过专心专注，你可以做到只听见某个特定人士的话语。

竞争型选择指在相互竞争的多个神经信号知识单元之中，只有强度最高者才能进入动态工作空间。比如，你正在阅读一本小说，已经有了丝丝饿意，然而引人入胜的情节却让你废寝忘食，但是，最终总会有那么一刻，你会饿得难以忍受，放下书本急急忙忙去找吃的。这就是阅读欲望和饥饿感产生的神经信号知识此消彼长的竞争过程。还有，当我们专心写作时，对窗外的车水马龙、人声鼎沸听而不闻，但突然传来救火车的鸣叫声可能会引起我们的注意，这也是竞争型选择的结果。

人们在睡眠的时候，潜意识神经信号知识仍然正常运行，也会把现有知识元素组合成为新的知识组合体。如果它们的强度足够大，就会被长时记忆存储下来，在人们醒来的时候进入动态工作空间，被意识所感知。由于这些知识组合体的组合过程不受约束，而且没有经过意识主导的条件选择，因此梦中的故事情节往往有些怪诞出格。

如果把神经信号知识进化系统比作一个层级结构的企业组织，那么，动态工作空间或者意识神经信号知识就相当于"高层办公会议"，负责对各个部门提交的重大事项进行讨论和决策。高层办公会议的召开地点随时变化，哪个部门事态紧急，就在哪里召开；讨论的议题要么是此前的延续，要么是临时出现的紧急情况，但在同一时间、同一地点只能讨论一个议题。参会人员与讨论议题有关，议题改变，参会人员也随之改变。与此同时，整个企业其他所有部门都在正常自主运行，不会受到高层办公会议的影响。

在进化过程中，意识最初应该产生于节肢动物的类脑，然后扩展到鸟类和哺乳动物的大脑皮层。随着动物大脑的进化，原来行使意识功能的神经元被更高层次的神经元所覆盖、代替。这些神经元虽然起着相似的作用，但变成较低层级的子系统，无法进入意识层级，不再能被意识所感知。正如一个家庭作坊逐步发展成一个小型企业、中型企业、大型企业或跨国公司。管理机制层层累加，原来的底层管理功能虽然还在发挥作用，但在企业正常运行的情况下，一般不会被公司管理高层所关注。

潜意识神经信号知识是指"潜在的"意识神经信号知识，即有资格或有可能进入动态工作空间的神经信号知识，前提是在条件选择中胜出。潜意识神经信号知识存在于模拟神经信号层和编码神经信号层。一些程序性行为起初是由意识控制，经过多次重复或练习之后，能够全部或部分转换为在潜意识状态下自动运行，如驾驶汽车、骑自行车、游泳、打字、演奏乐器等。

无意识神经信号知识是永远不能进入动态工作空间的神经信号知识，存在于基础神经信号层。基础神经信号层负责调控最基础的生命活动，因此我们不能通过意识来感知和控制诸如血压、血糖、体温、心跳等生理指标。

本体神经信号知识模型和客体神经信号知识模型

从知识表征的视角来看，神经信号知识进化系统就是动物大脑内部的物理状态来表征神经信号智能实体本身和外部实体世界的物理状态。正如美国著名神经科学家安东尼奥·达马西奥所说："人类大脑模拟着鲜活生动的世界：躯体，从皮肤到内脏；周围的世界，包括男人、女人、小孩，猫猫狗狗，各种场所，炎热或寒冷的天气，平滑或粗糙的质地，洪亮或轻柔的声音，甜甜的蜂蜜或咸咸的鱼肉。无论大脑外部有什么，神经网络都模拟着这一切。换句话说，大脑能够对大脑以外的物体和事件的结构进行表征，包括机体的动作及成分，例如四肢、发音器官等。"[33]

也就是说，我们意识所感知的不是实体世界本身，而是大脑中神经脉冲对实体世界的表征，或者说，我们感知的是大脑中神经信号知识模型。它们既能模拟、调控智能实体本身的生命活动，保持内环境稳态，又能控制肢体活动，对外部世界做出反应。

这些子系统或知识模型大致可分为两大类别，一类是表征和控制神经信号智能实体自身的神经信号知识模型，我们称为本体神经信号知识模型，另一类是表征外部实体世界的神经信号知识模型，我们称为客体神经信号知识模型，具体如下。

（1）本体神经信号知识模型。本体神经信号知识模型作为神经信号知识进化系统的一个部分，其中的神经信号知识也可以分为三个层次，即意识神经信号知识、潜意识神经信号知识和无意识神经信号知识。

意识神经信号知识：是指从模拟神经信号层或编码神经信号层通过条件选择进入动态工作空间的神经信号知识，表现为智能实体清醒状态下的自体感觉和自我认知，包括饥渴、疲劳等生理感知，喜欢、厌恶等基本情绪，既往生活经历的记忆，对未来的愿望期许，等等。

潜意识神经信号知识：是指当下尚未进入动态工作空间的模拟神经信号知识或编码神经信号知识，作用是在自动或半自动状态下负责感知、思考和运动。

无意识神经信号知识：存在于基础神经信号层，在无意识状态下自主运行，监测和控制体内的生命活动，以及一些简单的反射行为。

本体神经信号知识模型中最具代表性的就是感觉图谱和运动图谱，这是神经信号知识进化系统在大脑的感觉皮层和运动皮层中构建的模拟身体感觉和肢体运动的神经信号知识模型，如图 9-15 所示。

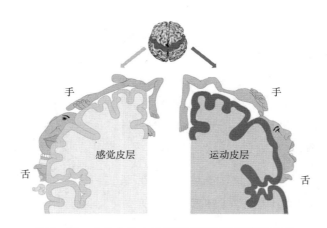

图 9-15　人类大脑中感觉图谱和运动图谱示意图

感觉图谱是大脑感觉皮层某些区域表征躯体特定区域的感觉，比如有的区域表征脸部感觉、有的区域表征手部的感觉。

运动图谱是大脑运动皮层某些区域控制着特定肢体的行为活动。比如，有的区域控制手的行为，有的区域控制脚的行为。

在感觉图谱和运动图谱中，大脑皮层的面积大小与其对应的躯体部分敏感程度成正比，也就是我们感知越敏感、控制越灵巧的躯体部分所对应的大脑皮层的面积越大。比如，表征和控制人类手臂的大脑皮层面积比例远远超过手臂所占躯体的比例[34]。

（2）客体神经信号知识模型。客体神经信号知识模型是神经信号知识进化系统中表征外部实体世界的神经信号知识模型，也是最原始的"虚拟现实"。视觉器官、听觉器官、嗅觉器官等客体知识表征系统，把表征实体世界的粒子知识，如光子、声波等，转换表征为神经信号知识，沿着各自的神经通路传入大脑皮层，在那里重新构建出实体世界的神经信号知识模型，使我们能够"认识"世界、"理解"世界和"记忆"世界。

同一物种生物体的知识表征系统和知识进化系统具有天然的相似性，那么在大脑中构建的客体神经信号知识模型也必然具有相似性，因此它们也就拥有相同的生活习性和行为方式。但是，相似不等于相同，每一个神经信号智能实体都是独一无二的，针对相同的外部实体构建的神经信号知识模型也会存在不同程度的差别，这就是所谓认知的主观性。正如莎士比亚所言："一千个人眼中就有一千个哈姆雷特。"

完全不同的知识表征系统和知识进化系统，对于同一个外部实体表征和构建出来的客体神经信号知识模型肯定不同。蝙蝠表征超声波回声构建的实体世界与人类表征可见光构建的实体世界必然有所区别。

客体神经信号知识模型纷繁复杂，我们仅选择几个最基本的客体神经信号知识模型进行讨论，即认知地图、自我模型和他者模型。

①认知地图。现在，人们常常使用手机地图进行导航。打开地图 APP 之后，屏幕上显示的电子地图就是表征实体世界的比特知识模型，那个不断移动的小箭头表征的正是你本人或手机在这个知识模型中的位置。通过这个比特知识模型，你能够感知自己在实体世界的空间位置，并规划出到达目的地的最佳路线。

令人惊奇的是，科学家们在老鼠和人类的大脑中，都发现了类似于手机地图的导航系统。约翰·奥基夫（John O Keefe）、迈·布里特·莫泽（May-Britt Moser）和爱德华·莫泽（Edvard Moser）等三位科学家，历经 30 多年的研究探索，发现了构成大脑定位系统的神经元，即"位置神经元"和"网格神经元"，并且凭借此项成果获得了 2014 年度的诺贝尔生理学或医学奖。

早在 1971 年，约翰·奥基夫就在实验中发现，每当大鼠身处屋子的某个特定的空间位置时，其大脑海马体内有一种神经元会开始放电，而当大鼠移动到其他位置时，另一些神经元则被激活。这些神经元似乎对应着实体世界的空间位置，因此，他称这些神经元为"位置神经元"。

2005 年，迈·布里特·莫泽和爱德华·莫泽又在大鼠大脑中发现了类似电子地图的"网格细胞"。这种神经元能够构建出坐标系，以便精确定位和路线查找[35]。

科学家也在人脑中发现了"位置神经元"和"网格神经元"。医生有时需要监测癫痫病患者的脑电活动情况。医生让一些患者玩一种电子游戏，游戏中他们在一个小镇上自由开车。当他们驱车驶过镇上的某一处时，他们大脑海马区中的"位置神经元"便会被激活，发出信号。同时，在内嗅皮层上也发现了"网格神经元"，它们出现的位置和老鼠的"网格神经元"在大脑中所出现的位置一样[36]。

由此看来，大脑将感觉器官，主要是视觉器官产生的神经信号知识，构建了一个与外部实体世界相匹配的"认知地图"。依靠这个认知地图，神经信号智能实体能够理解和记住外部实体世界的空间结构，能够知道自己身在何处，能够找到从一个地方到另一个地方行进路线。这些都是我们熟视无睹却非常神奇的生存本领。

②自我模型和他者模型。意大利神经科学家贾科莫·里佐拉蒂（Giacomo Rizzolatti）和他的同事通过对恒河猴进行一系列实验后发现：有一些神经元在猴子完成特定动作时会被激活，也会在观察实验员完成相同动作时被激活。于是，他们称这些神经元为镜像神经元（mirror neuron）。

例如，猴子在完成或知觉以下各种动作时其运动前区腹侧一些神经元的反应极其相似：猴子自己剥开花生，猴子看到实验人员剥开花生，猴子听到实验人员剥开花生的声音[37]。

后来，科学家发现人类大脑中也存在镜像神经元。它们位于前运动区和布洛卡区（主管语言活动的区域），产生于个体生命形成之初，从在母亲的子宫里就开始跟随我们，是我们与外部世界建立联系的主要生理资源。镜像神经元使我们在观察他人时会将他人置换成自己，就好像在镜中注视自己[38]。

正如安东尼奥·达马西奥所说："在镜像神经元的作用下，我们能通过让自己处于类似于他人的躯体状态，来理解他人的动作。当目睹他人的动作时，大脑将他人的躯体状态当作是我们自己在运动。"[39]

这么看来，大脑中的镜像神经元能够表征自己的躯体状态，也能同样表征他人的躯体状态。或者说，大脑用表征自己躯体的"本体神经信号知识模型"来表征外部世界中相同或相似的事物。因此，我们有理由推断，依靠镜像神经元机制，动物或人类不但能够模仿、学习他者的动作行为，还能够推己及人，在表征自我的神经信号知识模型基础上，为外部实体对象构建一个"他者神经信号知识模型"，然后利用对自身行为活动的认知，来理解或预测他者行为活动。

在日常生活中，人们的很多决策、行为都建立在对他者行为进行准确预测的基础之上，而预测的前提条件是构建他者神经信号知识模型。

假设你在一处住宅的门前看到一位女士带着一个儿童，脚下放着一堆购物袋，女士的两手在自己的挎包内拼命地摸索着什么，那么，你一定能推断出她正在找的是什么，也能预测出她接下来将要做什么。

原因很简单，首先是你可能亲身经历过相似的事件；其次是你可能看到过、听说过家人和朋友经历过这种状况。即使上述两种情况都未发生过，你也完全可以通过其他生活常识推断出来。也就是说，对于日常生活中经常见到的人物类型，或频繁发生的行为事件，我们很可能早就为其构建了神经信号知识模型，或者能根据既存神经信号知识快速做出推理。

一般来说，表征自己躯体的本体神经信号知识模型是与生俱来的，而客体神经信号知识模型则是出生后才开始构建，尤其是表征他人心智的神经信号知识模型。心理学家发现，儿童在三岁之前还不能为他人构建心智模型，而是一直"以自己之心度他人之腹"。到了4~6岁时，他们才意识到自己的心理状态和他人的不同，才能意识到两个人可以有关于世界状态的不同信念[40]。

英国的科学作家乔治·扎卡达基斯在《人类的终极命运》一书中设计了一个实验：

"给你3岁的孩子看一盒蜡笔，然后问问他里面有什么，他多半会告诉你'蜡笔'，但是你要科学般严谨地这样做：用随便什么东西比如说糖来换掉里面的蜡笔。让孩子看看糖，再把糖放到盒子里。然后问问你3岁的小孩，妈妈会说盒子里有什么。假如妈妈不在屋里，孩子很可能告诉你是'糖'。至少我的儿子3岁做试验时是这么告诉我的。但是当我在他4岁时重复这个实验，他就能正确地告诉我他妈妈会说里面是蜡笔。为什么？因为孩子一开始不能区分别人知道什么而我又知道什么，而他妈妈有着不一样的心理状态。"[41]

随着年龄的增长，阅历的丰富，人类为身边的每个人都构建了他者模型，而且还共同为社会上的所有人构建了各种分类模型，比如，男人、女人，好人、坏人，老人、年轻人，工人、农民、商人等。

另外，他者模型中还可以嵌入新的他者模型，就像俄罗斯套娃一样，可以嵌套很多层次。比如，张三认为李四知道王五想去旅游。在这里，张三构建的李四的他者模型中，已经嵌套了李四为王五构建的他者模型。因此，我们可以说，张三构建一个 2 层结构的他者模型。一般而言，一个正常人都可以构建 3 层他者模型，而小说家至少可以构建 5 层他者模型。

最后也是最重要的是，构建他者模型的能力体现了一个生物体的智力水平，也决定了其生存状态。生物体只有为对手"建模"，才能理解、预测其意图和下一步行为，才能由此制定正确的应对策略。

在地球上所有物种之中，人类不是体力最强的，不是跑得最快的，不是飞得最高的，更不是游得最远的。人类最大优势就是能够为几乎所有生物构建他者神经信号知识模型，进而了解它们的心思，预测它们的行为，制定正确的应对策略并付诸实施。比如，猎人会提前在野兽觅食、饮水的地方，或者必经之路上设下埋伏或陷阱，接下来就静等它们落网。而且，善于为他者构建模型的人类个体也会在生存竞争中处于优势地位。

（三）神经信号知识表达系统

神经信号智能实体的知识表达系统由腺体、器官、肌肉和骨骼等组成，作用是把神经信号知识进化系统输出的神经信号知识序列，表达为腺体分泌和肌肉细胞的收缩，进而控制器官运行和肢体运动。

运动神经元中的动作电位引起肌肉细胞的收缩，产生的张力通过骨骼系统带动肢体发生运动。肢体运动会使神经信号智能实体自身的空间位置或运动状态发生变化。

神经信号知识表达系统还能作用于外部实体，不同程度地改变外部实体系统的进化路径，影响进化结果，甚至产生全新的复合实体。比如，动物和人类的生存活动不但会影响生态环境，还能制造出自然界不曾有过的实体，如蚁穴、蜂房、鸟巢和早期人类制造的工具，等等。

此外，神经信号知识表达系统还是神经信号智能实体与外界进行知识交流的唯一通道，不同种类的动物分别通过各种叫声、肢体行为、面部表情和腺体分泌等向种群内外的其他动物传递自己的情绪、意图、态度等。而人类更是需要知识表达系统把大脑中的编码神经信号知识转换表征为语言、文字等感觉符号知识，这是人类文明的基础和前提。

三、信号知识表达实体

由于化学信号知识不能实现真正意义上的存储和进化，因此，化学信号智能实体参与的"信号知识—实体系统"复合进化无法产生化学信号表达实体，因此，本小节只讨论神经信号表达实体。

神经信号表达实体是指在神经信号智能实体参与的"信号知识—实体系统"复合进化过程中，由神经信号知识表达而生成的复合实体。或者说，神经信号表达实体是由神经信号智能实体"制造"出来的复合实体，分为动物"制造"的复合实体和早期人类"制造"的复合实体两大类。

在自然界中，动物制造的复合实体历史悠久、种类繁多。河狸筑造的水坝、蚂蚁建造的巢穴、蜘蛛织出的猎网、鸟儿搭建的爱巢、蜜蜂构建的蜂房，等等，都属于神经信号表达实体。

生物学家认为，白蚁在地球上生存超过了 2 亿年，它们在非洲大草原建造的巢穴规模巨大，地面部分高达 7 米，并延伸到很深的地下。蚁穴的内部巢室结构复杂，别出心裁，能够循环内外空气，调节温度和湿度[42]。

绝大多数鸟类都会自己筑巢。有的在高大的乔木上用树枝搭建巢穴，如喜鹊；有的则用树皮和羊毛编织出挂在树上的吊巢，如中华攀雀；有的在石壁或房檐下衔泥筑巢，如家燕、岩燕等。

有一种生活在东南亚的缝叶莺还是一个"缝纫高手"。它们首先将一大片叶子围拢闭合，然后用嘴做针，用茎皮纤维、棉花纤维做线，把叶子边缘缝合在一起，巧妙地做成一个袋子形状的精致鸟巢[43]。

有的灵长类动物还能制造和使用简单工具。著名的英国动物学家珍妮·古道尔发现，黑猩猩会使用经过仔细挑选或简单改造过的石头，砸开坚果的外壳以便吃到果仁；或者精心修饰一条细长的小树枝，然后将之伸入蚁穴，"沾"出白蚁做美餐[44]。

根据目前的考古学证据，人类早在 250 万年前就能够制造简易的石器。

1994 年，古人类学家在埃塞俄比亚的 Kada Gona 河东岸挖掘出 3000 多件石质人造物，类型有石核（砍砸器、盘状器、石核刮削器）、废片（完整石片、碎片等）以及少量石器，原料主要为火山岩。碳十四年代测定结果显示，这些人造物成型于大约 250 万年前，是迄今发现年代最早的人类制造的"神经信号表达实体"[45]。

到了大约 100 万年前，粗糙的石器刃具转变为巨型手斧。50 万年前，人类学会了用火烹制食物，并且能制造出简易的长矛等工具。直到 5 万年前，人类才制造出精巧的骨器、专用石器和复合工具，同时也开始留下符号知识的痕迹，如洞穴壁画、雕刻的首饰、精密武器及繁复的葬礼[46]。

古人类学家和语言学家普遍认为，人类大约在 5 万年前才熟练掌握了口头语言。这也意味着人类开始使用一套全新的知识形态——符号知识。也就是说，在 5 万年以前，人类还是"神经信号智能实体"，人造物是"信号知识—实体系统"复合进化的产物，属于神经信号表达实体；人类发明了口头语言之后，才升级为"符号智能实体"。这之后的绝大多数人造物都是"符号知识—实体系统"复合进化的产物，属于符号知识表达实体。

第三节　信号知识的基本属性

一、化学信号知识的基本属性

由于化学信号知识的复制属性、进化属性不太显著，所以本小节只讨论化学信号知识的表征属性、存储属性、传播属性和表达属性。

（一）化学信号知识的表征属性

化学信号知识可以转换表征两种知识形态，即神经信号知识和粒子知识。

1. 转换表征神经信号知识

神经元之间传播知识的方式有两种，即电突触和化学突触，而且是以化学突触为主。化学突触工作机制包括把神经信号知识转换表征为化学信号知识。即突触前神经元的神经信号知识（动作电位）传播到轴突末端，打开钙离子通道，钙离子经过细胞膜进入神经元，促使突触小囊里的神经信号知识（神经递质）释放到突触的缝隙中，并被突触后神经元的树突接收并转换表征为神经信号知识，完成神经信号知识在两个神经元之间的传递。

此外，哺乳动物的下丘脑是神经信号知识进化系统与化学信号知识转换系统（内分泌系统）的连接中枢。下丘脑把神经信号知识转换表征为化学信号知识，再通过脑垂体，间接调控体内主要腺体分泌化学信号知识（激素），如促甲状腺激素释放素（TRH）、促肾上腺皮质激素释放激素（cRH）、促卵泡生成激素释放激素（FSH-RH）、促黄体生成激素释放激素（LH-RH）、生长激素释放激素（GRH）、生长激素抑制激素（GIH 或 S.S.）、泌乳激素释放激素（PRH）、黑色细胞刺激素抑制激素（MRIH）及黑色细胞刺激素释放激素（MRH），等等。

2. 转换表征粒子知识

很多单细胞生物和植物细胞中都有一种被称为"光受体"的蛋白质，能把特定波长的电磁波转换表征为细胞内的化学信号知识。这些化学信号知识经过胞内转换和传播，然后表达为单细胞生物的鞭毛运动，以及抑制或加速某些植物细胞的生长，最终体现化学信号智能实体的某些初级智能行为。比如，趋光性细菌朝着有光的方向游动；向日葵的花盘"跟随"太阳的位置转动，等等。

（二）化学信号知识的传播属性

化学信号知识既能够在细胞内和细胞间传播，也能够在多细胞生物体之间传播。前者已经在"信号知识概况"一节中有所论述，此处不再讨论。

化学信号知识能够在植物之间、动物之间，乃至植物和动物之间进行传播。传播过程主要由以下三个环节组成。

（1）知识传播者合成并释放化学信号知识。

（2）化学信号知识通过空气、土壤或水流等介质传递给知识接收者。

（3）知识接收者把接收到的化学信号知识表征为体内的化学信号知识或者神经信号知识。

一般而言，知识接收者体内这些化学信号知识或神经信号知识会参与知识转换或知识进化，并进一步表达为生物体的对外的行为反应，包括求偶、觅食、攻击和逃避等行为。

化学信号知识传播是植物种间和种内信息交流的主要形式。许多陆生植物可以合成并释放化学信号知识，并通过空气和土壤两种介质进行传播，尤其是在植物受到侵袭和寄生条件下。例如，美国西部盆地优势种灌木山艾树周围常伴生野生烟草，当山艾树的枝叶被剪去后，在1小时内山艾树释放正常情况下6.5倍的茉莉酮酸甲酯，而且在距其3米范围内的空气中可以检测到。同时几分钟内顺风方向的烟草植株体内的蛋白酶抑制剂增加4倍，这些邻近的烟草植株受害虫侵害的程度减少60%以上[47]。

从水生动物到陆生动物，从无脊椎动物到脊椎动物，种内生物个体之间都在不同程度地借助化学信号知识的传播来交流生死攸关的信息。

海葵是一种水生无脊椎动物。如果把海葵按水流方向排成一列，当故意伤害第一只时，其释放的信息素有报警作用，能依次使下流海葵关闭口、收回触手。另外，只有几百个神经元的大豆线虫通过化学信号知识来求偶：雌虫释放信息素吸引雄虫前来，雄虫触及信息素时呈现出特有的卷曲行为。

化学信号知识更是昆虫最擅长的"化学语言"。蜜蜂、蚂蚁等社会性昆虫，使用多种化学分子或者这些化学分子的不同组合，相互传递有关食物源、危险、攻击、求救、逃避等各种信息。

哺乳动物通过尿液、粪便和皮肤腺体分泌物中携带的化学信号知识，向种内或种间个体传播诸如个体身份、社会地位、繁殖状态、领地占有、危险警示等方面的信息。

（三）化学信号知识的存储属性

化学信号知识是以分子和离子形态存在，具有相当的稳定性，因此具有一定的存储功能。与其他知识形态相似，化学信号知识的存储也包括三个环节：知识的写入、保持和读取。

绝大多数化学信号知识是与生俱来的，其"写入"环节发生在基因知识的表达过程。基因知识表达为基因实体时，同时把相关的基因知识转换表征为化学信号知识，写入生物体的化学信号知识转换系统，并稳定地保持，直到生物体生命结束。生存期间，如果生物体受到特定的刺激，或者说有外部环境的知识输入，存储的化学信号知识将被"读取"，并表达为固定的对外反应模式。比如，部分单细胞生物和植物的趋光、避光反应和先天防卫行为，以及人类的内分泌系统、先天免疫系统的反应模式，等等。

还有一些化学信号知识是后天"写入"的，可以理解为一个"学习"过程。

比如广泛存在于原核生物、植物和动物体内的适应性免疫系统，就能够"记住"曾经入侵过生物体的病毒和细菌。如果这些病毒和细菌再次入侵，那么免疫系统将会"认出"它们，并启动相应机制予以清除。下面我们以人类免疫系统的作用机制为例，说明化学信号知识的存储过程中的写入、保持和读取环节。

人体所有细胞的细胞膜上都有独特的分子标志（major histo-compatibility complex，MHC）。除了同卵双胞胎，没有两个人的分子标志是相同的。当病毒、细菌和其他的致病因子入侵者被免疫系统识别出带有不同的分子标志后，B淋巴细胞和T淋巴细胞受到刺激，开始快速分裂出巨量的相同细胞。同时，这些淋巴细胞分化成两个群体：一个群体成为效应细胞（effector cell），负责歼灭入侵者，另一个群体分化为记忆细胞（memory cell），负责"记住"入侵者的分子标志，这个过程相当于化学信号知识的"写入"环节；然后，记忆细胞进入静止期，在较长时间内稳定存活，这相当于化学信号知识的"保持"环节；当相同的入侵者再次出现时，记忆细胞会立刻将之识别出来，并快速启动细胞分裂机制，生成大量的B淋巴细胞和T淋巴细胞来消灭入侵者，这则相当于化学信号知识的"读取"环节[49]。

目前在全球普遍施打的各种防病毒疫苗，就是让人体的免疫系统事先认识并记住相应病毒的分子标志。假如在疫苗有效期之内，如果遇到这种病毒入侵身体时，免疫系统就会快速反应，识别并消灭这些病毒，使得人类避免或减轻受到病毒的侵害。

（四）化学信号知识的表达属性

细菌等单细胞生物能够把细胞内化学信号知识表达为鞭毛运动，进而推动自身朝着光照强度大或者糖分浓度高的位置前进。

植物体内的化学信号知识通过知识表达，控制着细胞分裂、生长速度，体现为植物的向光性、向重力性、攀附性、感震性、生物钟以及对病虫害的防御机制等一系列适应环境的行为。

二、神经信号知识的基本属性

神经信号知识具有表征、传播、存储、进化和表达共五种基本属性，尚未发现其复制属性。

（一）神经信号知识的表征属性

神经信号知识可以转换表征所有其他形态的知识，包括粒子知识（电磁波、声波）、基因知识、化学信号知识、符号知识和比特知识，如图 9-16 所示。

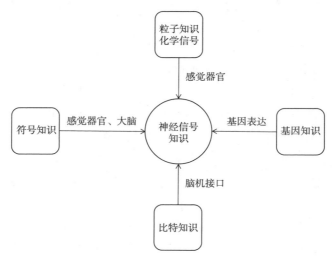

图 9-16　神经信号知识的表征属性

1. 转换表征粒子知识

动物的感受器遍布全身，能够把外部环境和身体内部的粒子知识转换表征为格式统一的神经信号知识，并沿着各自的通路传输到对应的大脑皮层。

首先，哺乳动物的视觉系统能够把可见光（粒子知识）转换表征为神经脉冲（神经信号知识）。在动物视网膜的感光细胞中，有一种重要物质叫视黄醛。当无光照时，视黄醛分子的形状是"弯棍"，即 11-顺式；当受到一定波长的可见光照射时，分子结构就变为"直棍"，即全反式。分子结构的变化使感光细胞产生相应的动作电位，最终的结果就是把电磁波（粒子知识）转换表征为动作电位（神经信号知识）[12]。

人类视网膜的感光细胞包括 1.25 亿个视杆细胞和 700 万个视锥细胞。视杆细胞能够把很弱的光线转换为神经信号知识，主要在黑暗中起作用。视锥细胞有 3 种，分别为蓝视锥细胞、绿视锥细胞、红视锥细胞，分别接收和转换蓝色、绿色和红色的可见光。

我们看到的可见光是波长为 400~780 纳米的电磁波。电磁波谱包括从 γ 射线、X 射线、紫外线、可见光、红外线、微波、无线电波等多个波段，可见光只是其中非常狭小的一段。如果把全部电磁波谱展开绕赤道一周（40076 公里）的话，那么可见光这段还不到一个指头宽（约 0.4 厘米），电磁波全部波谱是可见光波长范围10 万亿倍。也就是说，我们人类的视觉系统是通过一个小得不能再小的缝隙来观察实体世界。

其次，听觉器官、触觉感受器把电磁力作用（粒子知识）转换表征为神经脉冲（神经信号知识）。

声波是波源实体受到外界扰动时产生的机械振动在固体、液体和气体等实体中的传播，本质属于电磁力作用，是一种组合粒子知识。

动物的听觉器官把声波产生的电磁力集中和放大后，传递到听觉神经元的静纤毛或微绒毛上，打开细胞膜上的 TRP 离子通道，让细胞外的阳离子进入细胞，改变神经元的膜电位，进而产生神经脉冲（神经信号知识）[12]。

再次，触摸、压力、振动是相互靠近的两个物体原子之间产生的电荷斥力，属于电磁力作用，也是一种组合粒子知识。遍布动物身体表层的触觉感受器能够把这些粒子知识转换表征为神经信号知识。触觉感受器种类很多，其中，迈斯纳小体转换表征轻微接触，梅克尔小体转换表征一般接触，环层小体转换表征外部振动。

最后，温度是大量分子热运动的统计属性，是分子运动平均动能的标志。感知温度就是感受器受到大量运动分子的电磁力作用。作为温度感受器的皮肤下鲁菲尼小体能够把这种粒子知识转换为神经信号知识[50]。

2. 转换表征基因知识

动物出生时就拥有的神经系统是受精卵在发育过程中基因知识表达的结果。或者说，动物个体最初始的神经信号知识是由生殖细胞中的基因知识转换表征而来。绝大部分鱼类出生后就会游泳、觅食和躲避天敌，海龟出生后就拼命地爬向大海，婴儿出生后就会吃喝拉撒睡，等等，这些本能活动都是初始神经信号知识表达产生的行为模式，而且，越是低等动物越依赖这种初始神经信号知识。另外，基因知识转换表征为神经信号知识的过程不是在动物出生时就已经全部完成，在其成长过程的不同时期仍然有序发生。

3. 转换表征化学信号知识

动物的嗅觉和味觉就是把化学信号知识转换表征为神经信号知识的过程。

嗅觉是神经信号知识对气体状态的化学信号知识（气味分子）的转换表征。气味分子进入鼻腔后，与位于鼻腔顶部黏膜中的双极神经元结合，生成动作电位（神经信号知识），然后，神经信号知识经过嗅小体、嗅球，沿着嗅神经通路传递到初级嗅皮质。嗅觉作为所有感觉中最古老的一种，可以绕开丘脑直接向嗅觉皮层传达信息[51]。

味觉是神经信号知识对溶液状态的化学信号分子（食物分子）的转换表征。食物分子（也称为着味剂），与味觉细胞中的感受器结合后产生动作电位（神经信号知识），神经信号知识沿神经链传入大脑皮层，形成味觉。

人类的基本味觉只有咸、酸、苦、甜和鲜五种。也就是说，味觉系统把成千上万种食物分子大致分为五个类别，因此，味觉是一种粗粒度的知识转换表征。

4. 转换表征符号知识

当我们聆听或阅读一则动人故事时，往往会在头脑中浮现出故事情节的影像，如同亲眼所见。在本质上，倾听和阅读就是把感觉符号知识转换表征为模拟神经信号知识。这个过程可分为三个阶段，如图9-17所示。

语言符号知识 → 转换表征 → 神经信号知识 → 转换表征 → 编码神经信号知识 → 互译表征 → 模拟神经信号知识
（语音、文字）　　　　　　（动作电位）　　　　　　（心理语言）　　　　　　（认知表象）

图9-17　神经信号知识转换表征符号知识的过程

首先，听觉系统和视觉系统把语言符号知识和文字符号知识转换表征为神经脉冲，即神经信号知识，这是知识的转换表征阶段；

其次，这些神经信号知识沿着神经通路传送至大脑的听觉皮层或视觉皮层，并在此转换表征为编码神经信号知识（也称神经符号知识），这是"听清语言"和"认出文字"阶段；

最后，编码神经信号知识互译表征为模拟神经信号知识，即从编码表征的"心理语言"转换表征为模拟表征的"认知表象"，这是"理解"或"重现"阶段。

5. 转换表征比特知识

脑机接口（brain computer interfaces，BCI）是当前的热门技术。在本质上，BCI就是神经信号智能实体（人或动物）绕过自身的表征系统和表达系统，直接与比特智能实体实现神经信号知识与比特知识的转换表征和双向传播。

从工作机制上看，脑机接口技术应用可分为两大类：

一类是神经信号知识转换表征为比特知识，即从大脑中采集和提取神经信号知识，转换表征为比特知识后用来控制外部设备，比如通过意念控制计算机光标、机械手、残障轮椅等。

另一类是比特知识转换表征为神经信号知识，即把电磁波、声波等粒子知识转换表征为比特知识，然后再把比特知识转换表征为神经信号知识并输入大脑之中，来实现视觉、听觉和感觉扩增的功能，如人工耳蜗、人工视觉和感觉扩增等。

此处就以人工耳蜗和感觉扩增技术为例，讨论神经信号知识转换表征比特知识的过程。

在正常人耳中，声波撞击鼓膜后，会转变成锤骨、砧骨、镫骨等一系列骨头的机械振动。这些机械振动通过充满液体的耳蜗管道传递到基底膜，引起毛细胞弯曲，从而引发听觉神经放电，产生神经信号知识。这些神经信号知识传递到大脑皮层，形成听觉。

人工耳蜗提供了一种替代方法。首先使用一个麦克风（安置在耳朵后部），把环境中的声波（粒子知识）转换表征为模拟比特知识，然后通过信号处理器把模拟比特知识互译表征为编码比特知识，最后把这些编码比特知识通过电磁感应的方式传输到安装在耳蜗的电极阵列，来代替毛细胞产生电脉冲，使听觉神经产生神经信号知识，如图9-18所示。

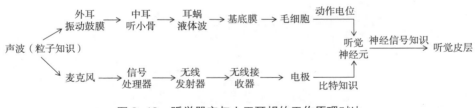

图9-18　听觉器官与人工耳蜗的工作原理对比

一个正常耳蜗包含大约20000个毛细胞，相比之下，一个人工耳蜗仅有几十个电极，由于传入大脑信息十分匮乏，使用者所接收的声音质量和正常人所听到的有很大差距[52]。

感觉扩增技术则是利用大脑皮层的可塑性，把人类感觉器官感知不到的红外线、超声波等粒子知识转换表征为神经信号知识，并传送到大脑的视觉皮层和听觉皮层，使人类"看到"本来看不见的红外影像，"听到"本来听不到的超声波声音。从理论上讲，任何形态的粒子知识，包括各种频率的电磁波、声波，甚至引力波，都可以转换表征为神经信号知识，然后把这些神经信号知识传送到大脑皮层，这样人类拥有了全谱系的视听感觉能力。

（二）神经信号知识的传播属性

神经信号知识的传播属性分为三个层次：一是神经信号知识在神经元内部传播，二是神经信号知识通过化学突触和电突触在神经元之间传播，三是神经信号知识在动物个体之间进行间接传播。

1. 神经元内部的知识传播

神经元既是神经信号知识的进化单元，也是神经信号知识的传输单元。人类神经元中的神经信号知识传输速度可以达到 120 米/秒。

神经元内部的神经信号知识传播分为两个阶段：一是多个树突形成的分级电位在神经元的轴突丘处叠加形成动作电位；二是动作电位沿着轴突传播至轴突末端，如图 9-19 所示。

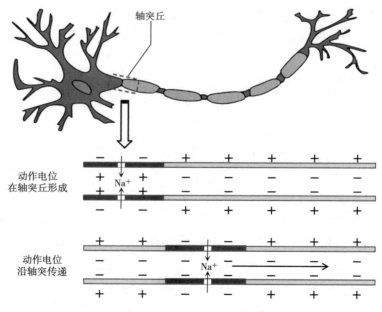

图 9-19　神经元内部的神经信号知识传播

由于神经元的细胞膜两边各种离子的浓度不同，所以细胞膜内外存在电位差。这个电位差也称为膜电位（membrane potential）。膜电位一般是细胞膜内为负，细胞膜外为正，大小约为-70毫伏（负号表示细胞膜内为负）[12]。

细胞膜两边各种离子的浓度有所差别。细胞膜内钾离子浓度高而钠离子浓度低，细胞膜外正相反。为了便于叙述，我们只考虑对膜电位起主要作用的钠离子（Na^+）。

神经元的树突通过突触接收其他神经元轴突释放的神经递质，在这里转换表征为分级电位，并在细胞体和轴突连接处的轴突丘汇集叠加。当轴突丘的膜电位的幅度减少大约15毫伏，也就是其数值减少到约-55毫伏时，就形成了动作电位。

动作电位是通过膜电位"连续翻转"的方式沿着轴突传递，就像多米诺骨牌一样，第一张牌倒下会使后面的牌依次倒下，因此神经元只能单向传递动作电位。

神经元的树突随时都生成分级电位，在膜电位降低到阈值之前，只有膜电位的变化，却没有动作电位被激发。只有当轴突丘的膜电位减少15毫伏时才能形成动作电位，因此神经信号知识是以"全无"或"全有"的形式存在，与二进制中的"0"和"1"相似[12]。

2. 神经信号知识在神经元之间的传播

动物的神经系统是由从数百个到近千亿个神经元首尾相连构成的神经网络。神经元之间通过"突触"相互连接，突触分为化学突触和电突触。

化学突触

化学突触是一个神经元（突触前神经元）的轴突末端与另一个神经元（突触后神经元）的树突之间"连而未接"缝隙结构。化学突触传播神经信号知识需要经过三个步骤完成，整个过程差不多耗时近1毫秒。详情请参照本章第二节有关"化学突触"的内容。

电突触

电突触处的两个细胞之间距离只有2~4纳米，二者细胞质通过一种特别的通道直接相通的，这样，一个细胞的钠离子就可以直接进入另一个细胞，继续动作电位的传递。

电突触使神经信号知识在神经元之间直接传递，没有像化学突触那样经过神经信号知识与化学信号知识的转换表征，因此，电突触的知识传递速度快了很多，使得有些动物的逃避反射更加迅速[12]。

3. 神经信号知识在动物个体之间的传播

神经信号知识在动物个体之间通过间接方式进行传播。传播过程一般包括以下三个环节。

（1）知识传播者把神经信号知识转换表征为某种中间形态知识，如视觉信号、听觉信号等。

（2）中间形态知识在一定范围内传播。

（3）知识接收者把接收到的中间形态知识再次转换表征为神经信号知识。

电磁波（可见光）是主要的中间形态知识。很多动物会把神经信号知识表达为肢体动作或面部表情，在可见光的照射下，这些行为活动跃迁表征为粒子知识——电磁波。在可视距离之内，其他动物个体借助视觉器官接收这些视觉信号，并将之转换表征为神经信号知识。

少数动物还能借助自身发出的可见光信号来相互交流。例如，萤火虫就在夜晚靠发出冷光寻找配偶。有一种萤火虫的雄性个体每隔5.8秒发光一次，雌性个体则以发光相应答，每次发光间隔与雄性相同，但总是在雄性发光2秒后才发光。雌雄萤火虫通过多次发光逐渐接近，直到交配成功。每一种萤火虫的发光频率都不同，这也避免了种间混淆和种间杂交[53]。

声音信号也被广泛用作中间形态知识。从昆虫、两栖动物，到鸟类、哺乳动物都在使用声音信号在种内或种间个体之间传播自己大脑中的神经信号知识，其意义包括求偶、觅食、恐吓和报警等，肯定还存在人类尚未破解的含义。灵长类动物则使用较为复杂的声音信号相互交流，这也许是人类语言的早期雏形。

此外，化学信号知识是一种动物之间传播神经信号知识的中间形态知识。请参照"化学信号知识"一节中有关论述。

在动物个体之间有一种非常重要的知识传播方式——行为模仿。行为模仿是以视觉信号为中间知识形态的神经信号知识传播方式。

早在1890年，法国社会学家加布里埃尔·塔尔德就在《模仿律》一书中给"行为模仿"下了这样的定义："一个头脑对隔着一段距离的另一个头脑的作用，一个大脑上的表象在另一个感光灵敏的大脑皮层上产生的类似照相的复写……我说的'模仿'就是这种类似于心际之间的照相术，无论这个过程是有意的还是无意的，是被动的还是主动的。"[54]

科学研究已经证实，几乎所有动物，包括昆虫、鱼类、鸟类、哺乳动物，主要是通过行为模仿从其他个体那里学习知识和技能，比如，什么东西能吃、哪里能找到食物、如何处理食物、捕食者长什么样以及如何逃脱被捕食，等等[55]。

法国行为生态学家伊莎贝尔·顾朗曾经做过一个著名的实验：一种生活在内河的九刺鱼，能够模仿同类的找食、进食行为[55]。

在欧洲，有大约 12 种鸟，包括大山雀和蓝冠山雀，通过行为模仿学会了在送奶工将牛奶送到顾客家门阶上后，啄开牛奶瓶盖子偷食牛奶。

1953 年，一只名为伊莫的年轻雌性日本猕猴发明了一种新的"卫生进食"方法：把红薯放在一条淡水溪流里洗干净再吃。不久之后，该种群里的其他猕猴大都通过行为模仿学会了在溪流或海水里清洗食物[55]。

黑猩猩从出生直到 5 岁左右，一直在模仿其母亲的各种求生本领，但学习的速度很慢。像用石头砸开坚果外壳的技能需要模仿学习长达 3 年的时间。

在语言出现之前的远古时代，人类和其他灵长类动物一样，个体之间的知识传递应该以模仿学习为主。现代人类仍然是天生的优秀模仿者。

著名发展心理学家安德鲁·梅尔佐夫的研究发现，刚出生 42 分钟的婴儿，就能模仿成人张嘴和伸舌头的动作。梅尔佐夫和其他研究者对稍大一些的新生儿开展后续研究时发现，婴儿的模仿能力包括观察学习如何使用物体、语言学习、模仿动作的意图而不是如何实施，等等[56]。

因此，行为模仿很早就出现了，它如影随形，无处不在。我们通过行为模仿学会了走路、说话，学会了亲情、社交，学会了生活、工作。

（三）神经信号知识的存储属性

神经信号知识的存储就是我们日常所说的"记忆"，而专门存储知识的行为就是"学习"。

早在 1949 年，加拿大的心理学家唐纳德·赫布（Donald Hebb）就提出了一个从神经元层面解释学习和记忆的科学理论——赫布理论（Hebbian theory）。他在《行为的组织》（*The Organization of Behavior*）一书中写道："我们可以假定，反射活动的持续与重复会导致神经元稳定性的持久性提升……当神经元 A 的轴突与神经元 B 很近并参与了对 B 的持续重复放电时，这两个神经元或其中一个便会发生某些生长过程或代谢变化，致使 A 作为能使 B 放电的细胞之一，它的效能增强了。"[57]

也就是说，如果一个神经元不断地产生动作电位（放电），那么它与相邻神经元之间的化学突触就会变得更强。而突触强度又决定了动作电位能否继续传递到邻近的神经元，或者传递的程度大小。较强的突触会促进动作电位的传递，而较弱的突触则会减慢或阻止动作电位的传递。学习或训练正是利用化学突触的这种可塑性来实现知识的存储或记忆。

20 世纪 90 年代，美国奥地利裔科学家埃里克·坎德尔（EricR Kandel）在研究海兔（Aplysia）的记忆形成机制过程中，在分子层面验证了赫布理论的正确性，他也因此获得了 2000 年诺贝尔生理学或医学奖。

海兔神经系统比较简单，只有约 2 万个神经元，但已经能够形成简单的条件反射。当用水流冲击海兔的吸水管时，它会产生保护性的缩鳃反应。如果在此期间同时对其尾部进行电击，缩鳃反应就更加强烈和持久。经过上述训练以后，海兔吸水管单独受到刺激时鳃收缩的时间比没有经过电击训练的长三倍。这说明海兔的神经系统已经把吸水管受到刺激和尾部电击联系起来，相当于"记住"了电击的感觉。

坎德尔及其团队进一步研究发现，经过训练之后的海兔，其感觉细胞在化学突触释放的神经递质更多了，或者说增加了化学突触的连接强度，这直接导致与之相连的运动细胞动作电位也变得更强。这些神经信号知识表达为海兔的行为动作——更加激烈的缩鳃反应。

埃里克·坎德尔最后总结道："我们海兔研究的结果显示出，神经系统的可塑性——神经元改变突触强度甚至数量的能力——是学习与记忆背后的机制。"[34]

与其他形态知识的存储过程相似，神经信号知识的存储也包括写入、保持和读取三个环节。

1. 神经信号知识存储的写入环节

神经信号智能实体在出生时就拥有了初始的神经信号知识进化系统，其中的神经信号知识是在个体发育过程中，通过基因知识表达预先写入的。而神经信号智能实体出生后的神经信号知识则是在"信号知识—实体系统"复合进化过程中写入，包括感官输入、行为模仿、学习训练、实践探索、思考顿悟等各种认知活动，都会增加和积累新的神经信号知识。

心理学家把记忆分为两类，即保持数分钟的短时记忆和保持几天或更长时间的长时记忆。二者的写入机制有所不同。

短时记忆是在强度较小或重复次数较少的动作电位作用下，神经元之间化学突触的连接强度发生变化，实现了对神经信号知识的存储。在分子层面，这个过程通过一些现有蛋白质（如钾离子通道）的磷酸化就可以实现，不需要合成新的蛋白质。但是，这些蛋白质的改变不太稳定，一段时间（一般为几分钟）之后，化学突触连接的强度又恢复到原状，存储的神经信号知识逐渐消失，记忆也就不复存在了。

长时记忆是在强度较大或重复次数较多的动作电位作用下，神经元之间化学突触不但连接强度发生变化，而且化学突触的数量也会发生变化。这会更大程度地改变神经信号知识在神经网络中传播路径，存储神经信号知识时间短则几天，长则数十年。在分子层面，这个过程改变了基因知识的表达，合成了新的蛋白质，这不但使得化学突触的连接强度的变化保持更长的时间，还会建立一些全新的突触连接[34]。

总的来说，神经信号知识存储过程中的写入环节，就是动作电位改变了神经元之间化学突触的数量多少和连接强度。

另外，神经信号知识的"写入"可以是多维并行操作，形成一个多种感觉共同作用的"多维记忆"。比如，我们对于一个阳光明媚、鸟语花香场景的记忆，就包含了视觉、听觉、嗅觉等感觉器官转换表征的神经信号知识的共同作用。

2. 神经信号知识存储的保持环节

神经元之间化学突触连接的稳定性决定神经信号知识存储时间的长短。由于短时记忆与长时记忆的写入机制不同，短时记忆只能保持几分钟到几个小时，长时记忆可以保持数天到数十年。

短时记忆和长时记忆很像流动的河水给河道带来暂时和长久的改变：一次小的阵雨会使河水少量且短暂地增加，河道也会随之变宽变深，但雨过天晴之后，水量回到正常水平，河道也将恢复原状，这相当于短时记忆；而一次巨大的、长时间的暴雨洪峰，会把河道冲刷得面目全非，带来永久的改变，甚至辟出新的河道，这就相当于长时记忆。

3. 神经信号知识的读取环节

简单地讲，神经信号知识的读取就是记忆的重现，或者说是把由动作电位改变的化学突触连接强度，重新"读取"为神经信号知识进化系统中相关神经元中的动作电位。

关于这一点，埃里克·坎德尔认为："一段记忆，只有当它能够被唤起时才是有用的。记忆的提取取决于合适的线索，让一只动物能够将线索与它的学习经验联结起来。这个线索可以是外部的，比如在习惯化、敏感化和经典条件作用中的感觉刺激，也可以是内部的，比如一个想法或欲望。"[34]

也就是说，神经信号知识的读取需要线索。根据线索的来源不同，我们把神经信号知识的读取方式分为两种：意识主导型和线索联想型。

意识主导型读取是指人们为了某个任务目标，有意识地主动读取记忆中的内容。比如，我们为了写出这段文字，要搜肠刮肚、绞尽脑汁地回想起与这段内容有关的知识储备，或者阅读相关资料。

线索联想型读取是指由于进入意识的某个知识单元，自动联想起了与之相关的记忆内容，就是我们常说的睹物思人、触景生情。比如，当我们闻到一股熟悉的饭香时，马上就会想到妈妈端上美餐的情景；听到一首老歌时，会激起一种久违了的心境。

神经信号知识的存储机制与比特知识的存储机制相比有很大的不同。

在计算机中，比特知识的存储和进化是在两个独立的实体模块中完成：一个是存储器，另一个是运算器。计算机运行时，首先从存储器中调用程序和数据等比特知识，然后把这些比特知识传输到运算器参与知识进化（运算），最后再把进化结果输出到存储器中进行存储，因此，计算机系统是一种"存算分离"结构。

而在动物大脑中，连接神经元的化学突触，既负责知识的存储，又参与知识进化，因此，包括人类在内的所有动物的大脑都是一种"存算一体"结构。也就是说，动物大脑中没有专门的知识"存储器"，所有神经信号知识都分散存储在数以万亿计的化学突触之中。

因此，神经信号知识存储是"全过程存储"，即所有神经信号知识的接收、进化和输出都会带来化学突触数量或强度的改变。我们从小到大的所有生活阅历、理想愿望、爱恨情仇、知识技能等，都被表征为神经信号知识存储在大脑的化学突触之中。

（四）神经信号知识的进化属性

神经元是神经信号知识进化的基本单元，而各种动物的神经信号知识进化系统都是由数量不等的神经元构成，因此，我们将从两个方面来讨论神经信号知识的进化属性：在神经元中的基本进化和在神经信号知识进化系统中的模型进化。

1. 神经信号知识在神经元中的基本进化

在神经信号知识进化系统中，任何神经元都不是单独存在，而是与多个神经元通过突触相互连接。

一个神经元的树突与成千上万个化学突触相互连接，每个化学突触都接收来自不同神经元的轴突末端释放出来的神经递质（化学信号知识），然后将之转换表征为分级电位（神经信号知识）。这些神经递质有的是兴奋性的，有的是抑制性的。兴奋性神经递质产生的分级电位使神经元的膜电位增大，抑制性神经递质产生的分级电位使神经元的膜电位减小，而且每个分级电位的强度也大小不一。当所有的正负相反、强弱不同的分级电位与神经元原有的静息电位汇集叠加，就会在神经元细胞体与轴突的连接之处——称为"轴突丘"（hilllock）——形成一个"组合电位"：如果这个"组合电位"的值大于"阈值电位"（一般为-55毫伏），就产生一个动作电位沿着轴突传播；如果这个"组合电位"值小于"阈值电位"，就不能产生动作电位。

静息电位是指神经元未受刺激时存在于细胞膜内外两侧的电位差，大多数细胞的静息电位在-10~-100毫伏，哺乳动物神经元的静息电位为-70毫伏[34]。

上述过程是不是有些似曾相识？没错，这就是一个典型的"元素组合+条件选择→稳态组合体"基本进化单元，同时也是神经信号知识的基本进化单元，如图9-20所示。

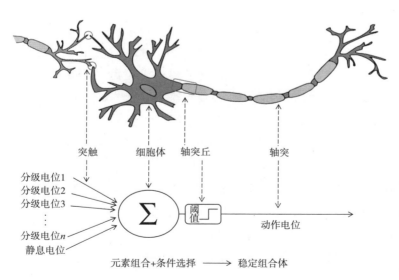

图9-20　神经信号知识在神经元中的进化示意图

元素组合

在神经信号知识的基本进化单元中，参与元素组合的成分包括多个分级电位和神经元的静息电位。

分级电位是由化学突触接收突触前神经元释放的神经递质转换表征而来。每个接收神经递质的化学突触都会产生一个分级电位，数量的多少取决于与突触后神经元连接的神经元数量，以及这些神经元的活跃程度。

在神经信号知识的基本进化单元中，元素组合形成组合体的过程就相当于一次求和运算：

分级电位 1 + 分级电位 2 + 分级电位 3 + ⋯ + 分级电位 n + 静息电位 = 组合电位

上述算式中 n 的数值可能很大，也就是说参与组合的分级电位的数量可能很多。比如在哺乳动物脊髓中的一个运动神经元，竟然与突触前轴突中多达 5 万个突触相互连接[58]。

条件选择

神经信号知识的基本进化单元的条件选择属于规则型选择，选择条件就是神经元的阈值电位，一般为 −55 毫伏。在神经信号知识的基本进化单元中，如果元素组合形成的组合电位超过这个阈值，就会在神经元中产生一个动作电位，否则就不产生动作电位。

稳态组合体

在神经信号知识的基本进化单元中，稳态组合体只有两种：产生动作电位或不产生动作电位。

这是一个"全有"或"全无"的状态，类似于逻辑电路中的"通"和"断"。计算机行业用逻辑电路中的"通"和"断"来表征符号知识中的 1 和 0，从而实现了比特知识与符号知识的转换表征，引领人类进入比特知识时代。现在看来，这种简洁的知识表征方式早在几亿年前的动物神经元中就已经存在。

动作电位是幅度固定（约 0.1 伏）的短暂电脉冲，持续时间约为 1 毫秒，传播速度为 120 米/秒。动作电位之间有最小间隔期，也称不应期（refractory period），通常持续几毫秒，只有动作电位的全部序列完成后，另一个动作电位才能在同一位置引发，在此期间不能引发第二个动作电位，因此，神经信号知识在神经元中的进化速度受到限制，这也会制约整个神经信号知识进化系统的知识进化效率[59]。

2. 神经信号知识的模型进化

神经信号知识的模型进化就是神经信号知识在神经信号知识进化系统中的进化。神经信号知识进化系统是由少则几百多则近千亿个神经元构成，又分为多个层级子系统，比如神经元、神经回路、神经核团、功能组织，等等。

目前，科学界对于神经信号知识模型进化的深层机制还不甚了解，我们只能在当前认知的基础上给出一个基本假设：神经信号知识的模型进化具有多线程、多层级、网络化等特点，在知识进化的每个线程、每个层级，乃至作为一个进化整体，都应该遵循"元素组合+条件选择→稳态组合体"基本进化模式。或者说，神经信号知识的模型进化是多个"元素组合+条件选择→稳态组合体"基本进化单元的有机组合。神经信号知识进化系统输出的每一个知识单元都是无数次"元素组合+条件选择→稳态组合体"基本进化的结果，如图 9-21 所示。

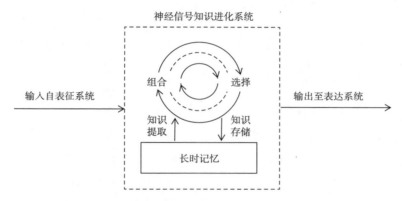

图 9-21 神经信号知识的模型进化机制示意图

模型进化中的元素组合

从基本进化的角度来看，神经信号知识进化系统中的任何知识单元，都是由更小的知识单元通过元素组合所产生。一般而言，参与模型进化的元素组合神经信号知识来源于两个方面，一是知识输入，二是知识提取。

知识输入是指神经信号智能实体的知识表征系统把身体内外的粒子知识、化学信号知识转换表征为神经信号知识，并输入神经信号知识进化系统。

本体知识表征系统主要把体内生理参数转换表征为神经信号知识，如血压、体温、pH 等。这些神经信号知识参与较低层次的知识进化，虽然不被意识所感知，但却对生命活动起着至关重要的调控作用。

客体知识表征系统负责转换表征智能实体外部的粒子知识和化学信号知识，如视觉信息、听觉信息、嗅觉信息，等等。不同的生物物种，转换表征的知识形态也有所不相同。比如，人类包括视觉、听觉、味觉、嗅觉、触觉等五种主要的外部感受器，其中视觉信息占到输入知识总量的80%，而蝙蝠几乎完全依靠转换表征听觉信息。

由于人类掌握了语言文字等符号知识，能够跨越时间和空间，把人类社会积累的巨量符号知识转换表征为神经信号知识，极大地丰富了元素组合的知识来源。

知识提取是指神经信号知识模型进化过程中需要从长时记忆系统提取神经信号知识参与元素组合。可提取的神经信号知识包括自身生活阅历、实践探索的记忆留存，也包括行为模仿其他个体，或者转换表征符号知识获取的神经信号知识的记忆存储。

由于神经信号知识的模型进化是由多层次、多线程的"元素组合+条件选择→稳态组合体"基本进化单元组成，因此元素组合也会在不同层次、不同路径上同时发生，而且，通过条件选择的稳态组合体还会继续参加新一轮元素组合。

模型进化中的条件选择

神经信号知识的模型进化的每一进化层级，每一个进化路径，都有相应的"选择条件"，包括规则型条件选择和竞争型条件选择。

在无意识层面，主要是规则型条件选择。

哺乳动物体内的基本生命活动，如消化、呼吸、免疫、血液循环等，其所需的物理、化学条件（如体温、pH、血压等）被限制在一个很窄的幅度之内。例如，人类正常体温（腋下）应在 $36 \sim 37^\circ\mathrm{C}$，血液 pH 应在 $7.35 \sim 7.45$，等等。这些数值就是条件选择的"阈值"。

身体中的本体知识表征系统会实时地、不间断地向本体神经信号知识模型传递各项生理参数。如果某项数值超出"阈值"范围，本体神经信号知识模型会立即通过自主神经系统发出信号，将数值调控至"阈值"范围之内。在正常情况下，这一系列调控过程是自动完成，意识层面对此浑然不知。只有当这种自动调节失效，或者体内稳定状态遭到破坏时，才能被意识所感知。

在意识层面，模型进化的条件选择方式既有规则型，也有竞争型。

生物进化机制中的最高选择条件就是生存和繁衍。这也是神经信号知识模型进化中的最高层级选择条件。在不同情况下，这个选择条件所涵盖的范围有所区别，有的仅仅为了个体自身，有的为了后代，有的为了族群，有的为了物种，也许有的为了整个生物界。

比如，羚羊母亲为了搭救幼崽，舍身引开猎豹；地震中的父母用血肉之躯保护自己的孩子，等等。这是母爱的伟大，也是一种条件选择的结果——那些"舍身救子"的基因更有可能延续下来。

人类在意识层面的选择条件则更为复杂，不但有满足生存、繁衍所需的基本选择条件，还包括外部符号知识转换表征为神经信号知识后形成的更加高级的选择条件，比如道德、法律、理想、信念，等等。

模型进化中的稳态组合体

由于神经信号知识模型进化的层级性，在此过程中任何一个"元素组合+条件选择→稳态组合体"基本进化单元都会形成神经信号知识的稳态组合体，然后这些稳态组合体还会继续加入下一个基本进化单元，因此，绝大多数稳态组合体是过渡性的，只有极少数被存储在长时记忆系统，之后或者表达为神经信号智能实体的行为活动，或者转换表征为符号知识。

比如，我们为了解决某一个问题而查阅资料、认真思考，这就是神经信号知识在意识层面的模型进化过程；一段时间的苦思冥想，否定了很多待选方案，终于找出一个最佳解决方案——这次模型进化的最终稳态组合体。接下来，我可以自己实施这个方案，或者把它写下来交给别人。

（五）神经信号知识的表达属性

神经信号知识的表达属性体现在两个层面，其一是神经信号知识表达为肌肉细胞的伸缩，带动肢体、器官产生的行为活动；其二是神经信号智能实体的行为活动影响外部实体系统进化路径，改变实体进化的结果，甚至产生全新的复合实体——神经信号表达实体。

脊椎动物的知识表达系统由躯体运动神经元、肌肉系统和骨骼系统组成。躯体运动神经元的动作电位引起肌肉收缩，然后肌肉收缩产生的张力作用于骨骼系统，带动肢体发生运动。

其中，躯体运动神经元引起肌肉细胞的收缩是神经信号知识表达的关键环节，其中包括神经信号知识和化学信号知识相互转换表征，如图9-22所示。

首先，神经信号知识进化系统把运动指令通过运动神经元传出，在运动神经元

神经信号知识 $\xrightarrow{转换表征}$ 化学信号知识 $\xrightarrow{转换表征}$ 神经信号知识 $\xrightarrow{转换表征}$ 化学信号知识 $\xrightarrow{知识表达}$ 肌肉收缩
（神经元动作电位）　　（乙酰胆碱）　　（肌肉细胞动作电位）　　（钙离子）

图 9-22　脊椎动物的神经信号知识表达为肌肉伸缩过程

的轴突末梢转换表征为化学信号知识——名为乙酰胆碱的神经递质。

其次，化学信号知识通过化学突触扩散到肌肉细胞，与肌肉细胞膜上的受体蛋白结合形成分级电位，当多个分级电位叠加结果达到阈值时，就在肌肉细胞内产生动作电位。

再次，动作电位传播至肌肉细胞的肌质网，肌质网释放 Ca^{2+}。

最后，Ca^{2+} 与肌钙蛋白结合，引发肌肉收缩，肌肉收缩的张力拉动骨骼运动[60]。

从另一个层面来看，神经信号智能实体的任何行为活动都会对外部环境产生不同程度的影响，或者说改变了外部实体系统的进化路径。比如，食草动物的取食行为会改变植被状态，食肉动物的捕食行为会影响猎物的种群繁衍，甚至蚯蚓的活动都会使土壤变得更疏松。

有些动物还能"制造"出全新的复合实体，即把神经信号知识表达为神经信号表达实体。诸如蜘蛛网、蜂房、蚁穴、鸟巢，以及人类在掌握语言之前制造的简单工具都属于神经信号知识表达的产物。

第四节　信号知识创新和信号实体创新

信号知识创新和信号实体创新是通过"信号知识—实体系统"复合进化来实现的。

"信号知识—实体系统"复合进化是信号知识智能实体主导的，由知识表征、知识进化、知识表达和实体进化四个进化环节循环往复形成的复合进化，主要意义在于信号知识的获取、积累和进化，以及改变实体系统进化路径和进化结果，生成全新的信号表达实体，最终目标是实现信号智能实体的生存和繁衍。

生活在地球上的所有生物体（病毒除外），为了个体生存和繁衍，都在持续进行着或简或繁的"信号知识—实体系统"复合进化。

微生物、真菌和植物等化学信号智能实体的复合进化机制相对简单，只具备简单的化学信号知识的表征、传递和表达功能，缺少知识的存储和进化环节。更为关键的是，这套复合进化机制是由基因知识表达产生，只能按照先天遗传的固定模式对外部环境做出程序性反应，因此，化学信号智能实体不具有后天学习能力，其行为模式也不能在个体的生命周期内进行任何改进。

我们本节重点讨论神经信号智能实体，也就是拥有神经系统的动物参与的"信号知识—实体系统"复合进化，因此，本小节提及的"信号知识"指的是神经信号知识，"实体系统"指的是参与复合进化的神经信号智能实体本身和外部实体系统。

一、标准"信号知识—实体系统"复合进化

一般而言，一个标准"信号知识—实体系统"复合进化单元包括四个环节：知识表征、知识进化、知识表达和实体进化，如图 9-23 所示。

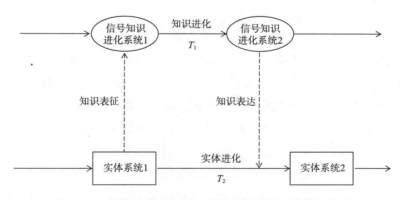

图 9-23　标准"信号知识—实体系统"复合进化示意图

神经信号智能实体的行为活动，无论是在睡眠时还是清醒时，无论是主动的还是被动的，都会涉及知识表征、知识进化、知识表达和实体进化中部分或全部环节，因此，神经信号智能实体的所有行为活动都属于"信号知识—实体系统"复合进化范畴。

比如，我们用手端起杯子喝茶的日常行为，就是一个"信号知识—实体系统"复合进化单元多次循环的过程。

首先，我们要看一眼茶杯的位置，这便是视觉表征系统对茶杯进行知识表征；其次是知识进化，即大脑规划手臂接近茶杯的运动路线。我们对这个过程感知不明显，原因是意识层只是确定了任务目标——端起茶杯，具体的路线规划是由潜意识神经信号层自动完成的；再次是知识表达，即大脑发出执行指令，手臂开始接近、抓握茶杯；最后是实体进化，即茶杯在手臂作用下移动到嘴边，如图9-24所示。

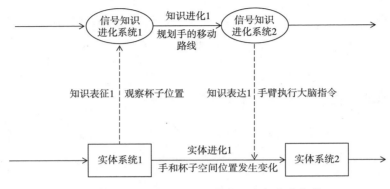

图9-24　"伸手端茶杯"动作的一个复合进化单元

从准备端起茶杯到喝上茶水，需要无数个复合进化单元的循环往复。比如，手伸向茶杯过程中，双眼要紧盯茶杯和手的相对位置，随时调整手臂姿势和运动路径；端起茶杯后，还要继续观察茶杯的位置，随时调整手臂姿势和运动路径，与此同时，还要随时感知、调整手的抓握力量，防止茶杯脱离和茶水外溢，直到把茶杯送到嘴边为止。在上述过程中，每一次不经意地调整手臂的用力和方向都是一个复合进化单元，而每一个复合进化单元的用时仅仅为几毫秒。

下面我们就分别讨论标准"信号知识—实体系统"复合进化中的知识表征、知识进化、知识表达和实体进化。

（一）神经信号知识表征

神经信号知识表征是指神经信号智能实体的知识表征系统把从机体内部和外部接收到的不同形态知识转换表征为统一格式的神经信号知识（动作电位），并传输至神经信号知识进化系统的过程。知识表征是"信号知识—实体系统"复合进化的起点。

神经信号知识表征分为客体知识表征和本体知识表征。

客体知识表征就是客体知识表征系统把来自智能实体外部环境的粒子知识和化学信号知识，如电磁波、声波、气味、味道等，转换表征为神经信号知识（动作电位），并沿着各自的通路传送至神经信号知识进化系统。比如，我们"看""听""嗅"和"尝"等感知过程都属于客体知识表征。

大脑不能直接感知实体世界。它"看"不到光线，"听"不到声音，"嗅"不到气味，"尝"不到味道，所有这些外部信息必须通过视网膜、耳蜗、嗅神经、味蕾等感受器，转换表征为神经信号知识并传入大脑皮层后才能够被感知，也就是说，大脑感知到的外部实体世界都是客体知识表征的结果，而不是实体世界本身。

本体知识表征就是本体知识表征系统把来自神经信号智能实体内部的粒子知识和化学信号知识，诸如肌肉的张力、体温、血压、体液 pH、血糖浓度等转换表征为神经信号知识，并传送至神经信号知识进化系统。这个过程都是在无意识下自动完成，不需要意识的关注和控制。

由于参与"信号知识—实体系统"复合进化的主要是客体知识表征，因此，本小节重点讨论几种常见的客体知识表征方式。

1. 视觉表征：粒子知识（可见光）→神经信号知识

视觉表征就是动物的视觉系统把外部环境的粒子知识（可见光）转换表征为神经信号知识（动作电位），并沿着视觉神经通路传入神经信号知识进化系统的过程。视觉系统是人类最重要的感觉器官，根据科学统计，人类获取的外部信息中有近80%来自视觉系统。我们以眼睛"看到"一株向日葵为例，来介绍视觉系统知识转换表征的工作机制，如图 9-25 所示。

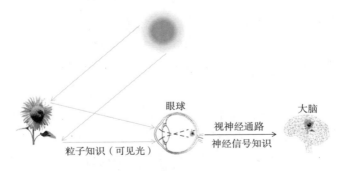

图 9-25　视觉表征：粒子知识转换表征为神经信号知识

首先，太阳光照在一株向日葵上，一些反射光进入眼球，透过晶状体在视网膜上成像。

其次，视网膜上的感光细胞把光子转换为神经信号知识，经过双极细胞、神经节细胞进一步处理后，沿着视神经传入大脑皮层。

最后，神经信号知识在大脑的视觉皮层产生向日葵的视觉表象，于是我们就"看"到了那株向日葵。

其中，色彩就是人类对不同波长可见光的主观感受，比如，我们把波长为630~780纳米的光感觉为红色，波长为500~570纳米的光感觉为绿色，波长为420~470纳米的光感觉为蓝色，等等。

人类只能感知波长为400~780纳米的可见光，而有些动物能感知到的波长范围更大一些。例如，蜜蜂和虾姑（皮皮虾）能感知波长小于300纳米的紫外线，而蛇类能感知波长超过800纳米的红外线[61]。

2. 听觉表征：粒子知识（声波）→神经信号知识

听觉表征是动物的听觉系统把外部粒子知识（声波）转换表征为神经信号知识（动作电位），并沿着听神经传入神经信号知识进化系统的过程。无论是在气体还是在液体或固体中，声波的振动分子作用于任何物体都是一种近距离的电磁力作用，因此声波是一种粒子知识。

耳是人类的听觉器官，分为外耳、中耳和内耳。声波进入外耳，振动鼓膜，经过依靠听小骨的中耳的机械偶联，转化为内耳的液体波。液体波转而引发基底膜的振动。排布于基底膜表面上细小的毛细胞感受到这些振动，并将之转换为动作电位。毛细胞通过突触将动作电位传递给耳蜗神经节中的神经元，再经由以耳蜗神经核、上橄榄核、外侧丘系核、下丘、内侧膝状体核、初级听觉皮层这6个神经链，将神经信号知识传入大脑皮层[62]。

人类听觉表征的敏感范围为20~20000赫兹，但是对1000~4000赫兹的刺激最敏感，这个范围涵盖了对人类日常交流起关键作用的大部分信息，如日常说话声或饥饿婴儿的啼哭声。

有些动物的听觉比人类更加宽泛，如大象可以听到低于20赫兹的次声波，狗、狼和蝙蝠能听到频率高达40000赫兹的超声波[63]。

3. 嗅觉表征：化学信号知识（气味分子）→神经信号知识

嗅觉表征是把外部化学信号知识（气味分子）转换表征为神经信号知识（动

作电位），并传入神经信号知识进化系统的过程。

气味分子进入鼻腔，与位于鼻腔顶部黏膜中的气味感受器即双极神经元结合，产生动作电位，然后，动作电位被输送到嗅球的嗅觉神经元中，最终传送到大脑的初级嗅皮质。

嗅觉表征是客体知识表征系统中最古老的一种，单细胞生物已经能够把环境中的化学信号知识转换表征为细胞内化学信号知识。几乎所有动物都使用嗅觉系统来表征外部世界，有些动物的嗅觉还非常灵敏，如狗的嗅觉灵敏度大约是人类的 100 万倍。

4. 味觉表征：化学信号知识（食物分子）→神经信号知识

味觉表征是指食物分子（化学信号知识）与味觉细胞中的感受器结合转换表征为神经信号知识，并传入神经信号知识进化系统的过程。人类的味觉细胞位于舌头上的味蕾中，口腔中包括大约 10000 个味蕾。基本味觉包括咸、酸、苦、甜和鲜[64]。

5. 触觉表征：粒子知识（电磁力）→神经信号知识

触觉表征是指触觉感受器把作用于皮肤的触摸、振动和温度等粒子知识转换为神经信号知识并传送至神经信号知识进化系统的过程。

触摸和振动就是相互靠近的两个物体中的原子之间产生的电荷斥力，本质上属于电磁力作用，是一种粒子知识。触摸和振动产生的电磁力被皮肤中的感受器转换为神经信号知识。

环境温度是大量分子热运动的统计属性，是物体分子运动平均动能的标志，感知温度就是感受器受到大量运动分子的电磁力作用，并将这种粒子知识转换为神经信号知识的过程。皮肤下的鲁菲尼小体是温度感受器[65]。

此外，还有一些动物能够感知电磁场，它们的客体知识表征系统能够把电磁场转换表征为神经信号知识。比如，候鸟、蝴蝶、鲑鱼、鲨鱼、海龟能通过感知电磁场来为自己导航、捕猎或逃生[66]。

每种动物的客体知识表征系统都对关乎自身生存和繁衍的知识形态特别敏感，而对其他知识形态则一概不感兴趣。这样可以用尽可能少的资源来解决最重要的生存问题。比如青蛙的眼睛只对横向移动条状物有感觉，这是它的食物——毛毛虫影像。大部分蝙蝠主要在夜间活动、捕食，所以放弃了在黑暗环境下非常低效的视觉系统，而进化出异常强大的声波定位系统。因此，生存在同一个世界的不同物种，表征实体世界的神经信号知识模型可能区别很大，甚至完全不同。

（二）神经信号知识进化或神经信号知识创新

神经信号知识进化就是在原有神经信号知识基础上创造新的神经信号知识的过程，即神经信号知识创新。

在神经信号智能实体的生命周期内，神经信号知识的进化发生在神经信号知识进化系统初始构建、修改完善和使用运行等各个阶段。

在动物的胎儿阶段和出生后一段时间，神经信号知识进化系统处于初始构建阶段，主要任务是在基因知识和外部环境的交互作用下，完成神经信号知识进化系统的初始构建。

在动物生命的早期，神经信号知识进化系统处于修改完善阶段，即知识学习阶段，主要任务是通过"信号知识—实体系统"复合进化，完成各个功能子系统的训练、完善，乃至重新构建。

在动物生命的中后期，神经信号知识进化系统进入使用运行阶段，主要任务是通过"信号知识—实体系统"复合进化，进行知识创造和输出。

上述三个阶段的界限不是绝对的，存在很多重叠部分。动物出生后的一段时间内，神经信号知识进化系统在基因知识操控下的初始构建仍在进行，而与此同时，神经信号知识进化系统就加入了"信号知识—实体系统"复合进化循环之中，开始了修改完善阶段。另外，神经信号知识进化系统的每一次使用运行，相关神经元之间突触连接的强度都会发生变化，客观上也在重塑神经信号知识进化系统。

1. 神经信号知识进化系统的初始构建

动物在出生时的神经系统基本结构已经定型，神经元之间建立了初步连接，也就是说，此时的神经信号知识进化系统在一定程度上完成了初始构建，已经拥有了基础"硬件系统"，还预装了具有基础功能的"软件系统"，就像出厂状态的个人计算机。

初始状态的神经信号知识进化系统是"基因知识—基因实体"复合进化过程中，基因知识进化系统在物种层面学习、积累的结果。然后，这些基因知识在生物体发育过程中表达为神经信号知识进化系统的实体部分（如大脑），并"预存"了生存必需的神经信号知识。

一般而言，动物的智能程度越低，其出生时神经信号知识进化系统相对于成年期的完整程度越高，对后天学习的依赖程度就越小，比如，昆虫等无脊椎动物，几乎所有生存技能都是先天的，基本不需要后天学习；反之，动物的智能程度越高，对后天学习的依赖程度就越高，如灵长类动物和人类。

如果用计算机系统做比喻，那么，无脊椎动物的神经信号知识进化系统相当于早期的单板机，其软硬件系统在出厂时已经基本固化，只有少量参数可以调整；而灵长类动物和人类的神经信号知识进化系统类似于一台个人计算机，在出厂时只安装了操作系统和少量基础软件，绝大多数应用软件则根据需要陆续安装。

无脊椎动物的神经信号知识进化系统相对简单，在出生时就已经近乎完美，预存了生存繁衍所需的绝大部分神经信号知识。比如，蜘蛛织网，蜜蜂建巢，白蚁筑穴等，都是与生俱来的本事，很少依赖后天学习。

当春天来临的时候，一只雌性细腰蜂从地下羽化出生。它必须独自面对这个陌生的世界，因为它的双亲早在前一年的夏天就死去了。接下来，它需要同一只雄性细腰蜂交尾，然后独自完成一些程序性工作：挖洞筑巢、外出狩猎、把猎物麻醉后带回巢室、产卵和封堵洞口。这一系列工作都是依靠基因知识表达所构建的神经信号知识进化系统，或者说，细腰蜂所有生存、繁衍的知识技能都已经预先存储在大脑中，不需要后天学习[67]。

脊椎动物的神经信号知识进化系统在初生时也预存一些必要的神经信号知识，包括管理身体内部重要的生命参数，基本行为能力，如吃、喝、拉、撒、睡等。还有一些动物在出生后能对相似的刺激做出特定的反应，比如，小海龟出壳后就朝着光线更强的方向爬行，这样它们很快就能回到大海；小鸭子会把出生后见到的第一个运动物体当作妈妈，并一直紧随其后；等等。

但是，要应对外部复杂的生存环境，这些先天知识远远不够，还需要后天学习掌握更多的神经信号知识。比如，高级哺乳动物出生后必须靠母亲保护和喂食，向成年动物学习物种特有的生存技能，少则数月多则数年才能独立生存。

人类作为智能程度最高的生物，依赖后天学习的程度也最高，往往需要耗费近三分之一的人生时间。但是，越来越多的研究结果表明，人类在出生时已经"预存"了很多神经信号知识。也就是说，婴儿出生时就拥有了一些早期生活必备的独特技能，这些技能与生俱来，不需要后天学习，比如生存反射、原始反射以及偏好与恐惧。

生存反射

生存反射是人类出生时就掌握的一些比较精细和复杂的行为模式，能够满足机体的基本需要，保护自己，避免不良刺激的伤害，包括：

（1）呼吸反射。有节奏地自主呼吸。

（2）眨眼反射。保护眼睛免受外物和强光的刺激。

（3）觅食反射。触摸婴儿面颊时，他/她会把头转向触摸的方向。

（4）吮吸反射和吞咽反射。婴儿通过这一反射摄取食物。

原始反射

原始反射是早期人类生存环境下的必要反射行为，属于进化的遗迹，但是现代人类已经不需要这种技能，所以在出生后就很快消失。包括：

（1）巴宾斯基反射。当足底被抚摸时，会张开并弯曲脚趾。一般8个月到1年时消失。

（2）手掌抓握反射。婴儿弯曲手指试图抓住接触手心的物体。一般在3~4个月内消失，被自主的抓握所取代。

（3）游泳反射。婴儿浸入水中时四肢主动划水，并下意识地屏住呼吸[68]。

偏好与恐惧

在人类的进化史上，大约有600万年生活在采集狩猎时代，仅有1万多年生活在农耕时代，仅有一百多年生活在工业时代。而"基因知识—基因实体"复合进化的速度非常缓慢，由基因知识表达所构建的神经信号知识进化系统更适应采集狩猎时代，而不是工业时代和信息时代，因此，现代人必然会表现出一些不合时宜的本能性偏好与恐惧。

我们都知道，过量的糖分和脂肪会带来"三高"，即高血糖、高血脂和高血压，而三高又是糖尿病、心脑血管疾病的罪魁祸首。在采集狩猎时代，食物来源肯定不会像现在这样稳定和充足，在经常食不果腹的情况下，高糖和高脂肪食物的营养成分正是人们身体所需。为了使个体更积极获取这种食物，就进化出了令现代人欲罢不能的"甜""香"和"鲜"等美妙感觉。在远古的食品匮乏时代，这种感觉有助于人类主动获取含糖量和脂肪量更高的食物，应该很少出现超量获取的情况；但在生活富足的今天，"甜""香"和"鲜"的感觉会让我们摄取过多的糖分和脂肪，最终导致过度肥胖，引发致命的疾病。

另外，对一些特定事物的恐惧也具有进化的遗迹。很多人都天生怕蛇、怕蜘蛛、恐高、晕血，等等。事实上，在当代社会，这些东西已经很少给人类带来危险和伤害；反之，对汽车、电插座、香烟、枪支等致命性更高的东西倒没那么害怕。出现这种情况的根本原因在于，"信号知识—实体系统"复合进化的速度远远高于"基因知识—基因实体"复合进化的速度，"基因知识—基因实体"复合进化还来不及"忘掉"那些不必恐惧的事物，同时"记住"那些当下应该恐惧的事物。

2. 神经信号知识进化系统的修改完善

神经信号知识进化系统的修改完善是指完成初始构建的神经信号知识进化系统，通过"信号知识—实体系统"复合进化持续地进行修改、完善，以及构建全新知识模型的过程，而对于神经信号智能实体而言，就是学习知识的过程。

一般而言，本体神经信号知识模型在神经信号智能实体出生时已经较为完善，后天修改的程度较小，因此，本小节重点讨论客体神经信号知识模型的修改、完善和重建，以及从知识学习的视角来讨论神经信号知识进化系统的修改完善。

神经信号知识进化系统的运行过程中，神经元的每一次放电，都会改变相关神经元之间的突触连接强度，甚至构建新的突触连接。这就不可避免地改变了神经信号知识进化系统中特定知识模型的功能结构。当进入下一个复合进化循环时，知识模型中的知识进化路径已经发生改变，并会输出不同的知识进化结果。因此，从本质上看，神经信号知识进化系统的修改完善就是通过改变或重建神经元之间的突触连接，对现有知识模型进行修改和重构的过程。

通过研究相关资料，我们发现两种知识模型修改和重建的模式，分别是同元异构模式和异元同构模式。

同元异构模式

同元异构模式是指神经信号知识进化系统中的一个神经元集群，通过增强或减弱神经元之间突触连接的强度来改变原有的知识模型，或者通过在这些神经元之间建立新的突触连接来构建新的知识模型。简单地说，同元异构就是由相同的神经元使用不同的突触连接状态，构建出不同的知识模型。

一般而言，动物出生时神经信号知识进化系统的基本结构已经成形，神经元的总体数量已经锁定，不会再生成新的神经元。但是，神经元之间的突触连接却具有可塑性：突触连接强度会变强或变弱，突触连接的数量可增可减，因此，同一群神经元可以通过突触连接的强度和数量的改变，构建出多个相似但不同的知识模型，用于表征相似但不同的实体系统。

在这个过程中，由基因知识初始构建的知识模型会得到修改，同时也会在此基础上构建出更多的知识模型。下面是几个典型案例。

其一，在自我模型的基础上构建他者模型。

一般来说，神经信号知识进化系统中表征智能实体自身的本体神经信号知识模型在出生时就已经基本构建完成，而表征外部实体对象的他者模型则是在本体神经信号知识模型的基础上构建出来的。随着年龄的增长，阅历的丰富，人类个体会在自我模型的基础上构建出越来越复杂、越来越精准的他者模型。这使得年长者对他人心理、行为的预测和判断更加准确。

此外，人类往往用本体神经信号知识模型的视角来看待外部事物。比如，在人类早期的神话故事中，日月星辰、山川河流、花鸟鱼虫，都和人一样有灵性，有意识的，这就是万物有灵论。儿童也一样，他们/她们会把花花草草和小动物当成与自己一样的玩伴，和它们交谈，与它们玩耍。

其二，在"空间知识模型"的基础上构建"人际知识模型"。

在大脑中构建认知地图（即空间知识模型）是动物的本能。神经科学家在试验中发现，在大鼠进入新环境之后的 10~15 分钟内就能构建出新的空间知识模型，最理想的情况下，这个知识模型能保持几星期甚至几个月[34]。

人类不但能构建出外部环境的空间知识模型，还能在此基础上构建出人际关系的知识模型。科学家在实验中发现，人们喜欢用空间知识模型来表征人际关系，包括个体之间的亲近程度，以及他们在群体中的等级地位，也就是说，表征空间位置的神经元还能表征人际关系的亲疏远近。比如，我们在描述人与人之间关系的词语中，经常出现本来描述空间关系的词素，如上级下属、远亲近邻、左邻右舍、关系密切或疏远等[69]。

其三，比喻、比拟和类比等修辞方式是同元异构模式在编码神经符号层的具体体现。

在我们的思维活动和语言交流中，往往用简单、熟悉和具体的事物，来比喻、比拟和类比那些复杂、陌生和抽象的事物，这已经成为人类的一种基本的认知方式。在这个过程中，应该就是对编码神经符号层的知识模型按照"同元异构模式"重新塑造，构建出表征新事物的知识模型。

异元同构模式

异元同构模式是指在不同集群的神经元，通过多次"信号知识—实体系统"复合进化循环，最终形成反应模式相同的知识模型。异元同构最经典的案例是巴甫洛夫式的条件反射：

一只狗从出生时就拥有一种原始反射——当嘴里有食物时就会分泌唾液，这是由神经信号知识进化系统中的初始知识模型控制产生的行为，这个知识模型可以表示为"呈现食物→分泌唾液"。

如果在给狗喂食的同时敲响铃声，并持续一段时间，就能构建出了一个新的知识模型："呈现食物+响铃声→分泌唾液"。

此后一段时间内，即使没有食物呈现，只要敲响铃声，这只狗也会分泌唾液，此时发挥作用的知识模型是"敲响铃声→分泌唾液"。

在这个过程中，表征不同事物的神经元在重复多次的"信号知识—实体系统"复合进化过程中，在原有知识模型（"呈现食物→分泌唾液"）的基础上扩展构建出了反应模式相同的知识模型（"敲响铃声→分泌唾液"），因此称为异元同构模式。

总的来说，对于神经信号智能实体来说，神经信号知识进化系统的修改完善就是一个知识的获取和积累的学习行为。绝大多数动物在出生后都要或多或少地学习一些必备的生存技能，智能程度越高，需要学习的东西就越多。低等动物，如线虫、水螅等或许不需要后天学习，其所有生存技巧全部存储在基因知识进化系统之中，在出生时就已经转换表征为神经信号知识。哺乳动物一般需要几个月到数年才能掌握基本的生存本领。人类从咿呀学语开始，到大学本科毕业，有近 20 年的"全职学习"时间。工作之后，还要边干边学才能保住饭碗，可以说是"活到老，学到老"。

3. 神经信号知识进化系统的使用运行

神经信号知识进化系统的运行是指神经信号知识进化系统在完成初始构建和修改完善之后，在"信号知识—实体系统"复合进化过程中通过知识进化来模拟实体系统进化，进而对实体系统的进化过程进行模拟、解释、预测、规划和控制。

根据意识参与程度的不同，我们把神经信号知识进化系统的使用运行分为三个层次：意识主导运行、潜意识自动运行和无意识自主运行。

意识主导运行

顾名思义，意识主导运行就是神经信号知识进化系统在意识的驱动、控制下运行。或者说，神经信号智能实体在清醒状态下，动态工作空间主导神经信号知识进化系统的使用运行，包括如何从表征系统获取知识，从长时记忆系统提取知识，怎样进行知识元素的组合，使用什么样的选择条件，以及最终输出或表达哪些知识进化的结果，等等。

在意识主导之下，神经信号知识进化系统的运行能够超越时间维度，既可以正向运行，也可以反向运行，而且其运行速度远远高于实体系统的进化速度。正因为如此，作为神经信号智能实体的我们才能解释过去、感知当下、预测未来，以及为了完成既定目标而制定和实施相应的规划策略。

潜意识自动运行

潜意识自动运行是指模拟神经信号层和编码神经信号层中，暂未进入动态工作空间的那些神经信号知识的运行状态。这种运行不被神经信号智能实体所感知和控制。但是，如果强度足够大到在竞争中胜出，就会即刻转换为意识主导运行。

如果用企业组织来比喻神经信号知识进化系统，那么，潜意识自动运行则相当于除了公司高层办公会议关注之外的所有部门、所有层级和所有员工正常进行的业务活动。只要这些工作按照既定程序开展，高层办公会议就不会关注，也不会干预。

美国著名心理学家丹尼尔·卡尼曼在《思考，快与慢》一书中提出，人类的大脑有快与慢两种运行系统，即系统1和系统2。

系统1是在潜意识状态下自动运行，意识不会感知，反应速度快且不怎么费力，当系统1遇到麻烦，才会调动系统2。

系统2是在意识主导下运行，它通过调动注意力来分析和解决问题，并做出决定，反应比较慢，且不容易出错。系统2通常与行为、选择和专注等主观体验相关联，但是需要系统1不断为其提供印象、直觉、意向和感觉等信息[70]。

这么看来，系统1大致相当于神经信号进化系统的"潜意识自动运行"，而系统2则相当于"意识主导运行"。

在神经信号智能实体清醒时，神经信号知识进化系统的模拟神经信号层和编码神经信号层中的绝大多数子系统都处于潜意识自动运行的状态。只有出现重大事项或意外情况，潜意识自动运行才会转换为意识主导运行。比如，我们在专心写作时，意识专注于思考和打字，而身体的姿势、呼吸频率、感知系统等都处于自动运行状态，不需要意识的感知和控制。但是，如果我们写作时间太长，感到有点腿部发麻，就会站起来活动一下，此时，姿势调节就由潜意识自动运行转换为意识主导运行。

另外，一些意识主导运行的知识模型经过较长时间的训练、学习，变得非常熟练之后，也会自动转换为潜意识自动运行。我们以驾驶汽车为例：开始学习驾驶的时候，每一个细微的动作都需要意识的参与，是彻头彻尾的意识主导运行。经过一段时间的练习之后，随着驾驶技术不断提高，意识的参与程度会越来越低。在正常行驶的情况下，调整方向、控制油门等基本动作就转换成潜意识自动运行，这时可能会一边开车，一边与身边的乘客聊天。人类很多基本行为和技能型活动，如走路、骑自行车、游泳、打字、弹钢琴等，都可以通过长时间练习，从意识主导运行转换为潜意识自动运行。

无意识自主运行

无意识自主运行是指神经信号智能实体在任何时候都无法感知和控制的神经信号知识进化系统运行状态，一般发生在基础神经信号层。主要功能包括两个方面，其一是调控基本的生命活动，如自主神经系统控制的消化系统、呼吸系统、血液循环系统等；其二是控制较低层级的行为活动，如身体的各种反射行为。

（三）神经信号知识表达

神经信号知识表达是指神经信号知识进化系统输出的神经信号知识，通过神经信号知识表达系统转化为肌肉伸缩，控制神经信号智能实体的肢体行为，以及改变外部实体系统进化路径和结果的过程。

神经信号知识传输至肌肉细胞，表达为肌肉收缩和舒张，拉动骨骼运动，控制肢体行为。我们的坐卧、走路、抓举、说话、呼吸、进食等所有肢体行为都是由神经信号知识的表达机制所产生。对人类而言，知识表达还能够把大脑中的编码神经信号知识转换表征为感觉符号知识，如手势、语言、文字、绘画等。

神经信号智能实体的行为活动还会改变外部实体系统进化路径，或者产生全新实体，即信号知识表达实体。神经信号智能实体的任何行为活动都会对外部实体环境带来或多或少的改变，比如，蚯蚓的地下活动使土壤变得更松软，白蚁的造穴行为会导致堤坝崩溃，河狸建造的堤坝能改变河道的走向，等等。然而，与人类相比，这些影响则是小巫见大巫了。人类既可以令沧海变成桑田，也可以令森林变成荒漠，还可以改变地球的气候，升高大气的温度，甚至有能力毁灭地球。

一些动物和早期人类已经能够把大脑中的神经信号知识表达为自然界中本来不

存在的复合实体。比如，河狸的水坝、蚂蚁的巢穴、蜘蛛的猎网、鸟儿的爱巢、蜜蜂的蜂房等，都属于神经信号表达实体的范畴。人类在发明语言等符号知识之前所制造的简单工具也属于神经信号表达实体。

（四）神经信号实体进化或神经信号实体创新

"信号知识—实体系统"复合进化中的实体进化环节是指信号智能实体的知识表达会改变外部实体进化的路径和进化结果，甚至生成全新的复合实体，这个过程也称为神经信号实体创新。

前面提到的动物活动对实体环境改变和"制造"全新实体都是实体进化环节的产物。

"信号知识—实体系统"复合进化中的实体进化在本质上是一种有信号知识参与的粒子实体的基本进化，可以表示为：

粒子实体+粒子知识+信号知识→信号知识表达实体

比如，在自然状态下，一块岩壁崩塌形成的岩石被洪水冲进河道，经过岁月的冲刷磨砺，最后变成一块圆润的鹅卵石，这个过程属于粒子实体的基本进化。如果一位远古的猎人选中一块菱角锋利的岩石，然后按照自己的意图对其进行一番打磨，造出了一把可以砍断兽骨的石斧，这个过程就是"信号知识—实体系统"复合进化中的实体进化。

二、信号知识创新的两种主要类型

神经信号智能实体参与"信号知识—实体系统"复合进化的主要目的是创造和积累新的神经信号知识，即神经信号知识创新。接下来，我们重点讨论神经信号知识创新的两种主要类型：观察思考型和实践探索型。

（一）"观察思考型"神经信号知识创新

观察思考型神经信号知识创新是指那些以知识获取和积累为目标，由多个缺少知识表达环节的复合进化单元循环往复构成的复合进化。由于没有知识表达环节，观察思考型神经信号知识创新过程中，信号智能实体不会对实体进化施加影响，如图 9-26 所示。

在日常生活中，人们往往通过观察某些自然现象或社会现象，经过深思熟虑后

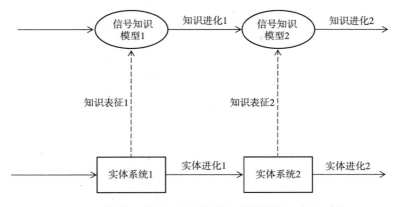

图 9-26　观察思考型 "信号知识—实体系统" 复合进化

归纳总结出一些简单的知识模型，接下来再继续观察、检验，对这些知识模型进行修改和完善，最后形成一些规律性的观点。

在此期间，我们未对观察对象采取任何干预行动（知识表达）；观察对象按照自身的规律发展变化（实体进化）；我们只是对其进行被动地观察观测（知识表征）；根据观察所得对观察对象构建知识模型，并通过运行知识模型对观察对象的实体进化进行预测（知识进化）。在下一个复合进化单元中，首先对知识进化结果与实体进化的观察结果进行对比检验，然后根据二者匹配程度对知识模型进行修改完善。

可以设想，人类的远古祖先应该就是以这种 "观察思考型" 神经信号知识创新，来发现、总结诸如日夜交替、四季轮回等最基本的自然规律。

(二) "实践探索型" 神经信号知识创新

"实践探索型" 神经信号知识创新是指神经信号知识智能实体为了实现某个实体进化目标，主导进行的包括多个复合进化单元的复合进化，如图 9-27 所示。

在动物和人类的日常生活中充满未知和变数，需要不断的探索和尝试，这些行为活动都属于 "实践探索型" 神经信号知识创新。

美国心理学家爱德华·桑代克（Edward Thorndike）于 1898 年设计的 "笼中之猫尝试取食" 的动物实验，就是一个典型的 "实践探索型" 神经信号知识创新。

他把饥饿的猫放在一个封闭的笼子里，笼子外面摆着一盘食物。如果笼子里面

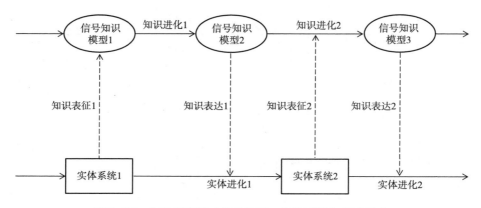

图 9-27　实践探索型"信号知识—实体系统"复合进化

的一个杠杆被碰到，笼门就会开启。起初猫在笼子里乱蹿乱抓，也无济于事。但过了一段时间，猫偶尔会碰到那个杠杆，笼门就开了。之后，猫渐渐学会了通过触碰杠杆打开笼门来获取食物的技能。这个过程可进行如下分解：

第1个复合进化单元

知识表征1：猫发现自己被关在笼子里，笼子外面有食物。

知识进化1：猫暂时还想不出办法走出笼子，只能用以前的经验来尝试，也就是运行现有神经信号知识模型进行知识进化。

知识表达1：猫在笼子里乱蹿乱抓。

实体进化1：猫偶尔碰到杠杆，笼门打开，吃到食物。

第2个复合进化单元

知识表征2：猫发现碰到杠杆可以吃到食物。

知识进化2：猫根据成功出笼的经验，修改了原有神经信号知识模型：触碰杠杆，就能走出笼子吃到食物。

知识表达2：猫把想法表达为行为：触碰杠杆。

实体进化2：笼门打开，猫走出笼子，吃到食物。

参考文献

[1] 王红阳. 细胞信号转导：基础理论与实用技术 [M]. 上海：上海科技教育出

版社，2013：82-83.

［2］翟中和，王喜忠，丁明孝．细胞生物学［M］．4 版．北京：高等教育出版社，
2011：156.

［3］翟中和，王喜忠，丁明孝．细胞生物学［M］．4 版．北京：高等教育出版社，
2011：158.

［4］孙大业，崔素娟，孙颖．细胞信号转导：基础篇［M］．北京：科学出版社；
2010：57.

［5］孙大业，崔素娟，孙颖．细胞信号转导：基础篇［M］．北京：科学出版社；
2010：2.

［6］王红阳．细胞信号转导：基础理论与实用技术［M］．上海：上海科技教育出
版社，2013：82-83.

［7］B. 卢因，L. 卡西梅里斯，V. R. 林加帕，等．细胞［M］．桑建利，等译．北
京：科学出版社，2009：35.

［8］Bonnie Bassler. How bacteria communicate［R/OL］．［2022-05-17］．

［9］爱德华·威尔逊．论契合：知识的统合［M］．田洺，译．北京：生活·读
书·新知三联书店，2002：99.

［10］DinaAnimals. com. Animals – the number of neurons in the brain［R/OL］．
［2021-07-12］．

［11］约翰·安德森．认知心理学及其启示［M］．7 版．秦裕林，等译．北京：人
民邮电出版社，2012：15.

［12］朱钦士．生命通史［M］．北京：北京大学出版社，2019.

［13］丹尼尔·查莫维茨．植物知道生命的答案［M］．刘夙，译．武汉：长江文
艺出版社，2014：3.

［14］吴相钰，陈守良，葛明德．陈阅增普通生物学［M］．4 版．北京：高等教育
出版社，2014：244.

［15］DinaAnimals. com. Number of neurons in the brain of animas［R/OL］．
［2021-07-12］．

［16］Peter H. Raven, George B. Johnson. 生物学［M］．6 版．谢莉萍，张荣庆，
张贵友，译．北京：清华大学出版社，2008：166.

［17］Peter H. Raven, George B. Johnson. 生物学［M］．6 版．谢莉萍，张荣庆，

张贵友，译．北京：清华大学出版社，2008：1051.

[18] 吴相钰，陈守良，葛明德．陈阅增普通生物学 ［M］．4 版．北京：高等教育出版社，2014：166.

[19] 吴相钰，陈守良，葛明德．陈阅增普通生物学 ［M］．4 版．北京：高等教育出版社，2014：167.

[20] 吴相钰，陈守良，葛明德．陈阅增普通生物学 ［M］．4 版．北京：高等教育出版社，2014：168.

[21] J. G. 尼克尔斯，A. R. 马丁，B. G. 华莱士，等．神经生物学：从神经元到脑 ［M］．杨雄里，等译．北京：科学出版社，2014：400.

[22] Peter H. Raven，George B. Johnson. 生物学 ［M］. 6 版．谢莉萍，张荣庆，张贵友，等译．北京：清华大学出版社，2008：1056.

[23] 拉杰什 P. N. 拉奥．脑机接口导论 ［M］．张莉，陈民铀，译．北京：机械工业出版社，2016：10.

[24] J. G. 尼克尔斯，A. R. 马丁，B. G. 华莱士，等．神经生物学：从神经元到脑 ［M］．杨雄里，等译．北京：科学出版社，2014：401.

[25] 本杰明·伯根．我们赖以生存的意义 ［M］．天津：天津科学技术出版社，2021.

[26] 加来道雄．爱因斯坦的宇宙 ［M］．徐彬，译．长沙：湖南科学技术出版社，2006：1.

[27] 史迪芬·平克．语言本能 ［M］．洪兰，译．汕头：汕头大学出版社，2004：79.

[28] 尼克拉·特斯拉．科学巨匠特斯拉自传：超越爱因斯坦 ［M］．王磊，译．南昌：江西教育出版社，2012：9.

[29] 天宝·格兰丁．用图像思考：与孤独症共生 ［M］．范玮，译．华夏出版社，2014.

[30] Michael Polanyi. Study of Man ［M］. The University of Chicago Press，Chicago，1958：12.

[31] Andrew M. Colman. Oxford Dictionary of Psychology ［M］. 上海：上海外语教育出版社，2007：381-382.

[32] 罗丁豪．理论对抗：意识从何而来 ［J］．环球科学，2021，000（007）：

86-91.

［33］安东尼奥·达马西奥. 当自我来敲门：构建意识大脑［M］. 北京：北京联合出版公司，2018.

［34］埃里克·坎德尔. 追寻记忆的痕迹：新心智科学的开创历程［M］. 北京：中国友谊出版公司，2019.

［35］The Nobel Prize in Physiology or Medicine 2014［EB］.［2021-09-22］.

［36］Neil Burgess. How your brain tells you where you are［R/OL］.［2022-05-23］.

［37］Michael S. Gazzaniga, Richard B. Lvry, George R. Mangun. 认知神经科学：关于心智的生物学［M］. 周晓林，高定国，等译. 北京：中国轻工业出版社，2011：245.

［38］贾科莫·里佐拉蒂，安东尼奥·尼奥利. 我看见的你就是我自己［M］. 孙阳雨，译. 北京：北京联合出版公司，2018.

［39］安东尼奥·达马西奥. 当自我来敲门：构建意识大脑［M］. 北京：北京联合出版公司，2018.

［40］Michael S. Gazzaniga, Richard B. Lvry, George R. Mangun. 认知神经科学：关于心智的生物学［M］. 周晓林，高定国，等译. 北京：中国轻工业出版社，2011：528.

［41］乔治·扎卡达基斯. 人类的终极命运［M］. 北京：中信出版社，2017.

［42］卡尔·冯·弗里施. 动物的建筑艺术［M］. 王佳俊，等译. 北京：科学普及出版社，1983：119.

［43］卡尔·冯·弗里施. 动物的建筑艺术［M］. 王佳俊，等译. 北京：科学普及出版社，1983：187.

［44］古道尔. 和黑猩猩在一起［M］. 卢伟，秦薇，译. 成都：四川人民出版社，2006：181.

［45］贾真秀，裴树文. 追溯历史：寻找最古老的石制品［J］. 化石，2017（2）：11-20.

［46］卡尔·齐默. 演化：跨越40亿年的生命记录［M］. 唐嘉慧，译. 上海：上海人民出版社，2011：233.

［47］孔垂华，胡飞. 植物化学通讯研究进展［J］. 植物生态学报，2003，27

（4）：561-566.

[48] 李绍文. 生物的化学通讯［J］. 生物学杂志, 2002, 19（5）：1-4.

[49] 吴相钰, 陈守良, 葛明德. 陈阅增普通生物学［M］.4 版. 北京：高等教育出版社, 2014：147.

[50] Michael S. Gazzaniga, Richard B. Lvry, George R. Mangun. 认知神经科学：关于心智的生物学［M］. 周晓林, 高定国, 等译. 北京：中国轻工业出版社, 2011：151.

[51] Michael S. Gazzaniga, Richard B. Lvry, George R. Mangun. 认知神经科学：关于心智的生物学［M］. 周晓林, 高定国, 等译. 北京：中国轻工业出版社, 2011：148.

[52] 拉杰什 P. N. 拉奥. 脑机接口导论［M］. 张莉, 陈民铀, 译. 北京：机械工业出版社, 2016：167-169.

[53] 吴相钰, 陈守良, 葛明德. 陈阅增普通生物学［M］.4 版. 北京：高等教育出版社, 2014：514.

[54] 加布里埃尔·塔尔德. 模仿律［M］. 何道宽, 译. 北京：中国人民大学出版社, 2008：7.

[55] 凯文·拉兰德. 未完成的进化：为什么大猩猩没有主宰世界［M］. 北京：中信出版社, 2018.

[56] 格雷戈里·希科克. 神秘的镜像神经元［M］. 杭州：浙江人民出版社, 2016.

[57] 黄家裕. 认知神经的可塑性：赫布理论的哲学意蕴［J］. 哲学动态, 2015（9）：104-108.

[58] Peter H. Raven, George B. Johnson, 等. 生物学［M］.6 版. 谢莉萍, 等译. 北京：清华大学出版社, 2008：1048.

[59] J. G. 尼克尔斯, A. R. 马丁, B.G. 华莱士, 等. 神经生物学：从神经元到脑［M］. 杨雄里, 等译. 北京：科学出版社, 2014：15.

[60] Peter H. Raven, George B. Johnson, 等. 生物学［M］.6 版. 谢莉萍, 等译. 北京：清华大学出版社, 2008：975.

[61] J. G. 尼克尔斯, A. R. 马丁, B.G. 华莱士, 等. 神经生物学：从神经元到脑［M］. 杨雄里, 等译. 北京：科学出版社, 2014：444.

[62] J. G. 尼克尔斯，A. R. 马丁，B.G. 华莱士，等. 神经生物学：从神经元到脑 [M]. 杨雄里，等译. 北京：科学出版社，2014：525.

[63] Michael S. Gazzaniga, Richard B. Lvry, George R. Mangun. 认知神经科学：关于心智的生物学 [M]. 周晓林，高定国，等译. 北京：中国轻工业出版社，2011：141.

[64] Michael S. Gazzaniga, Richard B. Lvry, George R. Mangun. 认知神经科学：关于心智的生物学 [M]. 周晓林，高定国，等译. 北京：中国轻工业出版社，2011：150.

[65] Michael S. Gazzaniga, Richard B. Lvry, George R. Mangun. 认知神经科学：关于心智的生物学 [M]. 周晓林，高定国，等译. 北京：中国轻工业出版社，2011：151.

[66] 弗朗斯·德瓦尔. 万智有灵：超出想象的动物智慧 [M]. 严青，译. 长沙：湖南科学技术出版社，2019.

[67] 吴相钰，陈守良，葛明德. 陈阅增普通生物学 [M]. 4版. 北京：高等教育出版社，2014：499.

[68] David R. Shaffer, Katherine Kipp，等. 发展心理学 [M]. 9版. 邹泓，等译. 北京：中国轻工业出版社，2016：133.

[69] 马修·舍费尔，达妮埃拉·席勒. 大脑的精密地图 [J]. 刘炳煜，顾勇，译. 环球科学，2020（5）：6.

[70] 丹尼尔·卡尼曼. 思考，快与慢 [M]. 胡晓姣，等译. 北京：中信出版社，2012：5-9.

第十章

符号知识创新和符号实体创新：人类文明的秘诀

本章摘要

符号知识分为两种形态，即感觉符号知识和神经符号知识，两种符号知识可以相互转换表征。感觉符号知识是以任何一种人类能够感知的实体作为感觉符号构建起来的知识形态，比如语言、文字、图画等；神经符号知识是大脑中的神经信号对感觉符号知识的表征，是能说未说的话语，能写未写的文字，能画未画的图像。符号知识表达形成的复合实体为符号表达实体，掌握语言之后的人类制造的产品大都属于符号表达实体。在所有生物体中，人类是唯一的符号智能实体。发明和使用符号知识，并持续地进行符号知识创新和符号实体创新，是人类创造文明的独有秘诀。

第一节　符号知识概况

人类进入文明社会之后，便生活在符号知识的海洋之中，一刻也离不开符号知识。我们与家人共处、与他人交流离不开符号知识；我们学习、工作离不开符号知识；我们闲暇时阅读、上网离不开符号知识。

一、符号知识的定义和分类

让我们再次回到向日葵的故事。当我们看到花园里长有黄色花盘的植物时，大脑中会很自然地浮现出"向日葵"几个字，可能还伴随着这几个字的发音。或者，在之后的某一时刻，当我们读到"向日葵"三个字时，或听到这三个字的发音时，会在头脑中浮现出向日葵的视觉表象，也许是在花园中看到的那株，也许不是。

在上述过程中，有三种知识形态（感觉符号知识、神经符号知识和模拟神经信号知识）和一个实体对象（向日葵）通过我们的大脑发生着直接或间接的表征关系，如图 10-1 所示。

当我们看到向日葵时，会在大脑中产生一个视觉表象。在此过程中，表征对象（向日葵）首先跃迁表征为粒子知识，然后粒子知识（向日葵的反射光）转换表征为神经信号知识，并在大脑中模拟神经信号层中构建出向日葵的模拟神经信号知识模型，即向日葵的视觉表象。紧接着，这个模拟神经信号知识模型会互译转换表征为神经符号知识模型（也是编码神经信号知识模型）——"向日葵"三个字视觉表象，或者这三个字发音的声音表象。具体知识表征过程如图 10-2 所示。

而当我们看到"向日葵"三个字，或听到这三个字的口语发音时，会在头脑中

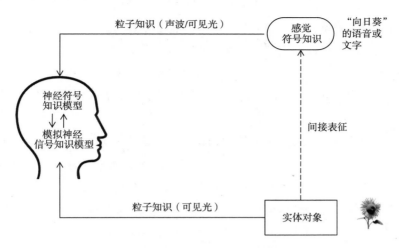

图 10-1　符号知识的工作机制

实体对象　　　粒子知识　　　神经　　　模拟神经　　　神经符号
（向日葵）　　（反射光）　　信号知识　　信号知识模型　　知识模型
　　　　跃迁表征　　　转换表征　　　构建模型　　　互译表征

图 10-2　从向日葵实体到神经符号知识模型的表征关系

浮现出向日葵的视觉表象，虽然此时并未看到向日葵。这个过程的知识转换机制是这样的：

首先，"向日葵"三个字的反射光或口语发音被我们的视觉系统或听觉系统转换表征为神经信号知识，并在大脑中构建出一个神经符号知识模型（也是编码神经信号知识模型）——"向日葵"三个字在大脑中的视觉表征，或者其口语发音在大脑中的声音表征；然后，向日葵的神经符号知识模型互译表征为模拟神经信号知识模型——向日葵的视觉表象。具体知识表征过程如图 10-3 所示。

感觉符号　　　粒子知识　　　神经　　　神经符号　　　模拟神经
（向日葵三个字）（反射光）　　信号知识　　知识模型　　信号知识模型
　　　　跃迁表征　　　转换表征　　　构建模型　　　互译表征

图 10-3　从"向日葵"三个字到向日葵视觉表象的表征关系

另外，要完成上述知识表征过程需要一个不可或缺的前提，那就是我们必须事先从别人那里学习过这种植物的名称是"向日葵"这三个字，以及它们的读音。或者说，通过语言学习，在我们的大脑中对向日葵的模拟符号知识模型和神经符号知识模型建立起互译表征的关系，进而把"向日葵"三个字及其读音与向日葵本身建立起一种间接表征关系。

行文至此，我们可以给出一个符号知识的定义了。

符号知识包括两种知识形态，或称为双态结构，一种形态是神经符号知识，比如我们的思想、观念、逻辑思维等；另一种形态是感觉符号知识，比如语言、文字、图画等。

神经符号知识也称为编码神经信号知识，是人类大脑对语言、文字等感觉符号知识构建的神经信号知识模型。在向日葵故事中，神经符号知识就是"向日葵"三个字在大脑中视觉表象，或者其口语发音在大脑中的听觉表象。

人类在大脑的模拟神经信号层的基础上，通过长时间的后天交互学习，把外部的感觉符号知识"写入"大脑而形成神经符号层（也称编码神经信号层），用来存储和进化神经符号知识。大多数动物的大脑都拥有模拟神经信号层，但只有人类拥有神经符号层。

感觉符号知识是这样一种知识形态，它以任何一种人类能够感知的实体系统作为感觉符号，通过人类大脑中的神经符号知识与模拟神经信号知识之间的互译表征，来间接表征实体对象或者其他形态知识。正如符号学创始人之一查尔斯·桑德斯·皮尔斯（Charles Sanders Peirce）所说："符号可以直接与思想对话……所有的思想都是借助符号来表达的。"[1]

神经符号知识和感觉符号知识之间是一种相互依存的关系。一方面，所有感觉符号知识只有转换表征为神经符号知识才能被人类认知和理解，对于我们每个人来说，一段听不懂的外国语言就是噪声，一篇读不懂的外国文字就是乱码；另一方面，神经符号知识只有转换表征为感觉符号知识才能在人类社会中交流和传播。如果人类不会说话，不会写字，那就不会有今天的文明社会。

从功能上看，神经符号知识主要作用是以人类个体的大脑为载体，进行知识进化和存储，存储时间从几秒到数十年不等；而感觉符号知识的主要作用是在人类个体之间进行传播，以及在各种物理介质中更长时间的存储。

最初的神经符号知识是感觉符号知识"写入"大脑的结果，或者说是婴幼儿通过向成人学习感觉符号知识的过程中逐渐形成的；而感觉符号知识又是神经符号知识转换表征所产生。很难说哪个形态的符号知识最先出现，这个问题有点像"先有鸡还是先有蛋"一样难以捉摸。我们倾向于认为，两种知识形态在漫长的"符号知识—实体系统"复合进化过程中，交互产生，相互完善，共同走向成熟的。

感觉符号知识不限于语言和文字这两种形态，凡是人类感觉器官能够感知的实体系统都可以构成感觉符号知识。我们按着人类的感知系统来分类感觉符号知识：文字、图画、手语和旗语属于视觉符号知识；口语和音乐属于听觉符号知识；盲文属于触觉符号知识，等等。也许在未来的某一天，人类发明出嗅觉符号知识或味觉符号知识，如图 10-4 所示。

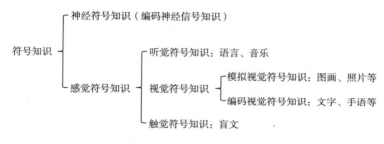

图 10-4　符号知识的分类

这其中，视觉符号知识还可以细分为模拟视觉符号知识和编码视觉符号知识。

模拟视觉符号知识是指视觉符号与表征对象之间在视觉特征方面具有某种程度的相似性。如图画、象形文字、手势、照片等。

编码视觉符号知识是一组视觉符号以编码表征的方式来表征各种实体对象或其他形态知识时所形成的知识形态，如文字、数字、手语、旗语等。在编码视觉符号知识中，视觉符号与表征对象是约定俗成的对应关系，二者之间不存在内在联系或相似性。

表征同一事物可以使用模拟视觉符号知识，如一张图画；也可以使用编码视觉符号知识，如一行文字，如图 10-5 所示。

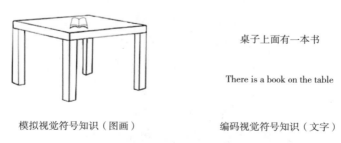

模拟视觉符号知识（图画）　　　　　　　编码视觉符号知识（文字）

图 10-5　模拟视觉符号知识和编码视觉符号知识对比

此外，电影、视频和游戏等属于混合形态感觉符号知识，是两种及两种以上的感觉符号知识组成的混合体。

二、感觉符号知识的起源和进化

感觉符号知识是人类最重要的发明，也是人类文明的载体。从大约600万年前人类祖先与黑猩猩分道扬镳，到20世纪50年代计算机的诞生，人类在这个"符号知识时代"先后发明了多种感觉符号知识，包括语言、图画、文字、数学、音乐、照片和电影等。本节重点讨论几种感觉符号知识的起源和进化，包括一些动物的"初级符号知识"、语言、图画、文字和数学。

感觉符号知识的进化具有显著的趋势性：

其一是视觉符号的维度逐渐降低的趋势，即从三维的实体视觉符号知识、二维的图画视觉符号知识和象形视觉符号知识到一维的编码视觉符号知识的进化趋势；

其二是从模拟表征到编码表征的进化趋势，比如，从象形文字到字母表文字；

其三是从单一表征方式到混合表征方式的进化趋势，比如，语言、文字分别使用听觉、视觉单一表征方式，而电影、视频等则是听觉、视觉两种表征方式的混合，而虚拟现实技术还会加入触觉和嗅觉等表征方式。

（一）动物的"单符语言"

听觉符号知识（语言）的起源时间可能比我们想象得更加久远。著名语言学家斯蒂文·罗杰·费希尔（Steven Roger Fischer）认为："语言的历史必须包括非人类语言。自20世纪60年代以来，这一点就被揭示出来，特别是在具有开拓意义的鸟类、鲸类和灵长类实验中显示出来了。原始的语言形式仍然在世界各地存在，而这一点直到现在才刚刚被人们所认识。"[2]

在很久以前，一些社会性昆虫就开始借助简单的"感觉符号"进行沟通交流。比如，起源于1.3亿年前白垩纪的蚂蚁和蜜蜂，早已进化出一种独特的本事——使用简单的"化学符号"和"舞蹈符号"相互交流与生存繁衍息息相关的重要信息。

蚂蚁的"化学符号"表征的意义非常精确，每一种有机分子都表征特定的含义。20世纪70年代，英国昆虫学家约翰·布拉德肖（John Bradshaw）发现，当一只非洲织叶蚁的工蚁遭遇敌人时，会排出由四种化学物质组成的混合物，其中浓度最高的化学物质决定这个"化学短语"的具体含义：己醛唤醒其他蚂蚁，引起它们的警觉；己醇使附近的蚂蚁迅速游荡，搜索麻烦的根源；十一烷能吸引工蚁更靠近事发地点，并叮咬任何异物；油酸辛烯醇能增加进攻性动力，使蚂蚁进行袭击和叮咬[3]。

早在 1945 年，德国生物学家卡尔·冯·弗里斯（Karl Von Frisch）就发现了蜜蜂摇摆舞的奥秘。蜜蜂发现了食物源后，会在蜂巢跳一种"8"字舞蹈，以此告诉其他蜜蜂食物源的大致方位。蜜蜂从一条直线，也就是"8"字舞蹈的中轴开始摇摆着奔跑，随后向右转，跑一个圆弧回到起点，然后沿着中轴反向奔跑，随后向左转，跑一个圆弧回到起点，按照这种交替模式继续下去。舞蹈中轴的长度指明了食物源的距离，舞蹈中轴相对于垂直的方向表明食物源相对于太阳的方向[4]，如图 10-6 所示。

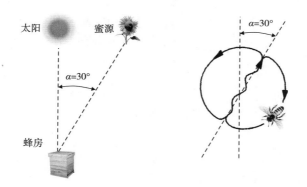

图 10-6　蜜蜂使用"舞蹈符号"告诉同伴蜜源的位置

虽然蚂蚁和蜜蜂沟通的信息数量比较少，但准确度较高，可以据此构建庞大而高效的社会组织。

灵长类动物是人类的近亲，如猴子、黑猩猩和大猩猩等，已经拥有一种最接近人类语言的"单符语言"——使用特定的叫声表征特定的含义。

20 世纪 60 年代，生物学家史都赛克（Thomas Struhsaker）在肯尼亚安柏赛立（Amboseli）国家公园的研究发现，有一种非洲绿猴（vervet）种群，个体之间可以针对三种不同的天敌发出三种不同的警告呼叫，其他绿猴听到叫声后，会采取三种不同的防御措施：

当绿猴遇上豹子等大型猫科动物时，雄绿猴会发出一连串响亮的吠叫声，雌性则是高亢的喳喳声，其他绿猴一听到这种叫声，立即爬上树躲避。

当绿猴看见鹰类盘旋在头顶上时，会发出两个音节的短暂咳声，其他绿猴立刻抬头仰望天空，或跑向矮树丛。

当绿猴发现蟒蛇或其他危险的蛇类时，会发出另一种特别的叫声，附近的绿猴立刻后退直起身子，四下张望。

后来的研究人员陆续发现，柏赛立国家公园的绿猴至少有 10 种特别的叫声，分别表征特定的含义："豹子来了""天上有老鹰""小心有蛇""狒狒""其他猎食兽""陌生的'人类'""地位高的同伴""地位相当的同伴""地位低的同伴"以及"看见敌对队群"[5]。

总的来说，无论是蚂蚁的"化学符号"、蜜蜂的"舞蹈符号"，还是灵长类动物的"单符语言"，都属于单符表征，即依靠"一符一义"或"一符多义"的映射关系来表征有限数量的事物。虽然表征精度尚可，但承载的知识总量有限，而且是即时性的，而非历时性。也就是说，它们只能描述和交流此时此地发生的事情，无法像人类一样谈古论今、憧憬未来。

上述"单符表征语言"可以看作是语言符号知识的初级阶段，或者是感觉符号知识不同的进化分支。最终，只有人类才掌握了真正意义上的感觉符号知识，这也是人类区别于其他动物的本质特征。

（二）听觉符号知识：语言

听觉符号知识也称为语言，是以人类听觉系统能够感知到的声波范围作为感觉符号，来转换表征其他形态知识，且能在人类个体之间进行交流和传播的感觉符号知识。语言的出现早于图画和文字，是最古老的感觉符号知识。

声波是一种机械波，由声源振动产生。人耳能听到的频率范围在 20~2000 赫兹，频率低于 20 赫兹或高于 2000 赫兹的机械波分别被称为次声波和超声波，人耳听不到，但有些动物，如蝙蝠、大象和鲸鱼等能听到。

语言的表征方式为编码表征，音素是最小的语音单位。语言不同，音素的种类和数量也不尽相同：英语国际音标中共有 48 个音素；汉语普通话中共有 32 个音素。这些有限数量的音素经过多个层级组合，可以逐次生成接近无限数量的音节、单词、词组和句子等稳态组合体，用来转换表征大脑中的神经符号知识。

有关研究表明，人类的语言应该起源于灵长类动物的"单符表征语言"，在经历了 600 多万年，尤其是最近 20 万年的进化，大约在 5 万年前初步形成了具有简单语法规则的语言符号知识体系。而且，现在儿童学习语言的过程，可能"重演"了人类语言的进化史。

发育生物学有关研究表明，人类胚胎发育重演了整个动物界从低级到高级的进化历史。比如，人类受精卵在发育过程中，会依次变成像鱼类、两栖类、爬行类和哺乳类等动物的胚胎，这与从鱼类到人类的进化史非常相似。我们通过对比研究发现，儿童语言获得与发展可能重演了语言的进化史，也就是说，通过研究儿童语言获得与发展，可以大致推测出语言的进化路径。

发展心理学研究表明，人类从出生 2 个月开始咿呀学语，到大约 5 岁的时候掌握基本的语言技能。语言的发展大致经历了四个阶段，即无意义音节、单词句、电报句和复杂语句：

"无意义音节"阶段

出生后 2 个月，婴儿在高兴、满意的时候就会发出咕咕声；出生后 4~6 个月期间，在与别人互动时发出咿呀声。

"单词句"阶段

一般 10~18 个月大的婴幼儿开始讲单词句，即一次一个单词，可能代表整句话的意思。比如，一个婴幼儿用手指着一个玩具，嘴里喊着"拿"，他/她想表达的意思应该是"你帮我把那个玩具拿过来。"

"电报句"阶段

在 18~24 个月的时候，婴幼儿开始把单词组成简单的句子。因为它们像电报一样，只包含表达关键信息的单词，如名词、动词和形容词，省去了冠词、介词和助动词之类的修饰词。

"复杂语句"阶段

在 2.5~5 岁，儿童逐渐学会很复杂的句子，能说出各种复杂的、像成人一样的言语[6]。

根据有关南方古猿、直立人、能人和智人的考古证据，包括脑容量、骨骼、制造和使用的工具、居住的房屋和村落、创作的艺术品，以及迁徙路线和领地争夺等诸多情况，我们可以推测，语言符号知识的进化也应该走过了与儿童语言获得和发展的大致相似的历程：从灵长类动物至南方古猿早期的"无意义音节"、直立人阶段的"单词句"阶段、能人阶段的"电报句"和智人阶段的"复杂语句",见表 10-1。

表 10-1　儿童语言获得与发展和人类语言符号知识进化史对比表

语言的发展或进化阶段	儿童语言获得与发展		语言符号知识进化史（推测）	
	出现时间	主要特征	出现时间	主要特征
无意义音节	出生后 2~6 个月	婴儿在高兴、满意时发出咕咕声，与别人互动时发出咿呀声	420 万年前，人类祖先进化为南方古猿之前的年代	人类祖先使用类似灵长类动物的单音节叫声进行简单交流
单词句	出生后 10~18 个月	婴幼儿一次说出一个单词，能代表整句话的意思	420 万~200 万年前，南方古猿至直立人阶段	南方古猿晚期和直立人使用单个词汇，再结合手势和表情进行交流
电报句	出生后 18~24 个月	儿童开始说出包含两三个单词的句子，只包含表达关键信息的单词	200 万~20 万年前，能人阶段	根据考古学证据，能人应该掌握了简单的语言，至少能达到"电报句"的水平
复杂语句	2.5~5 岁儿童	儿童逐渐学会各种复杂的语句，最终达到或接近成人的语言水平	20 万~5 万年前，智人至现代人阶段	语言进化进入快车道，从简单的"电报句"进化为成熟语言。根据有关研究，这可能与人类的 FOXP2 基因突变有关

注　本表根据《发展心理学（第 9 版）》和《语言的历史》有关资料整理[2,7]。

语言的主要作用包括知识进化和知识传播。

首先，语言是构建人类文明的思维工具。人类如果没有语言，只能像其他动物一样使用模拟神经信号知识进行思考，那将如同在大脑中观看一部电影：所有事物都将没有名称、数量和属性，自然也就没有可量化的时间、距离等时空概念，更无法对事物进行分层分类以及逻辑推理。

其次，语言是知识交流的载体，或者说，语言以听觉符号（声波）为载体，在人类个体之间传递知识或意义。正如认知语言学家本杰明·伯根（Benjamin K. Bergen）所说："语言对我们来说很重要，是因为它负责承载意义，使我们可以将自己脑海中浮现的渴望、意图和经历转化成信号，然后穿过一定的空间距离，在另一个人的头脑中得以再现。"[8]

（三）视觉符号知识：从陶筹到文字

视觉符号知识是这样一种知识形态，它以人类的视觉器官能够感知的任何一种实体作为感觉符号，通过人类大脑中的视觉神经符号知识与模拟神经信号知识或听觉神经符号知识之间的互译表征，来间接表征实体对象或者其他形态知识。其中，借助视觉神经符号知识与模拟神经信号知识互译表征实现间接表征属于模拟视觉符号知识，如陶筹、刻契、岩画和象形文字等；借助视觉神经符号知识与听觉神经符号知识互译表征的属于编码视觉符号知识，如现代社会的字母表文字、音节文字和汉字。

视觉符号知识起源于堆石、结绳和陶筹等实体模拟视觉符号，然后经历了岩画、刻契、象形文字等图画模拟视觉符号，最后，字母表和偏旁部首与听觉符号知识相互结合，产生了手写文字和印刷文字等编码视觉符号。视觉符号知识的进化过程中，前期采用的是模拟表征方式，即模拟视觉符号知识；后期则以编码表征方式为主，即编码视觉符号知识，如图10-7所示。

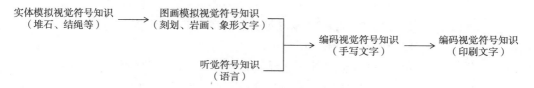

图 10-7　视觉符号知识的进化路径

1. 实体模拟视觉符号知识

人类在发明文字之前，已经学会了借助有约定意义的可视实体来辅助记忆和交流思想，结绳记事和陶筹就是两个最典型的实体模拟视觉符号知识。

结绳记事至少可以追溯到新石器时代早期。针对不同的记事内容，可以是简单地在一个绳子上打结，也可以把一些绳结依次排列，形成一组复杂的绳结[2]。

云南省独龙族在中华人民共和国成立初期还保留着结绳记事的习惯。当他们远行时，借结绳计算日子，每过一天就打一个结。若朋友约定几天后相会，也可先在一根绳子上打几个结，每过一天解开一结，绳结解完之时即知相会之期已到[9]。

陶筹出现在公元前 8000 年左右的近东地区，是由黏土制成的实体模拟视觉符号。它们形状各异，有圆锥体、球体、盘状物、圆柱体等。其中，每种形状的陶筹代表着一种实物，如卵形体代表油罐，圆锥体代表较小单位的谷物，球体代表较大单位的谷物。此外，陶筹还有计数功能，比如，一个卵形体代表一个油罐，两个卵形体代表两个油罐[10]。

结绳、陶筹等实体模拟视觉符号的表征机制，是通过学习、记忆使得实体模拟视觉符号和表征对象的模拟神经信号知识模型在人类大脑中建立起固定的互译表征关系，以一种实体对象（如卵形陶筹）间接表征另一种实体对象（如油罐），最终实现"记事"和"交流"的目标，如图 10-8 所示。

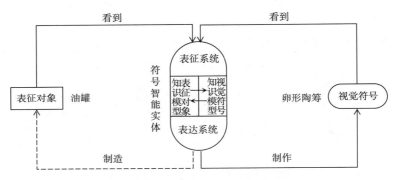

图 10-8　陶筹等实体模拟视觉符号知识的表征机制

由于实体模拟视觉符号知识具有直观、形象的特点，即使在现代社会仍然广泛存在，比如，军事沙盘、建筑模型，产品模型，以及各种各样的儿童玩具，等等。这些实体模型都是用一种实体来模拟表征另一种实体，应该属于实体模拟视觉符号范畴。

2. 图画模拟视觉符号知识

图画模拟视觉符号知识是指人类通过凿刻、刻契和涂绘等方式，在岩石、洞穴、贝壳、兽骨、木头、泥板、陶器、金属器物等实体上，制造出可以较长时间保持的视觉痕迹，通过模拟表征大脑中的模拟神经信号知识，来间接表征特定实体对象，进而实现模拟神经信号知识的"脑外存储"和个体之间的交流。典型的图画模拟视觉符号知识包括古代岩画、契刻符号、象形文字和现代社会的图形符号。图画模拟视觉符号的作用机制与实体模拟视觉符号相同。

古代岩画

岩画是史前人类在岩穴、崖壁或独立岩石上凿刻或涂绘的图画或符号，内容大都为模拟人类、动物、地形、地貌、工具和武器，以及狩猎、打斗、祭祀等生产生活场景。

至少在七八万年以前，岩画就已经出现在非洲的肯尼亚、坦桑尼亚和纳米比亚等地，然后陆续传遍了亚洲、欧洲和其他大陆。目前，在世界各地已有超过 68000 个岩画点记录在案。

《世界岩画：原始语言》一书的作者，意大利卡莫诺史前研究中心主任，埃马努埃尔·阿纳蒂教授认为，岩画是人类在无文字时代的一种重要表达和沟通手段，用来记录事件和交流思想，是一种原始象形文字或原始视觉语言[11]。

契刻符号

契刻符号是指人类刻制在龟甲、兽骨、泥板、陶器、金属器物表面的符号或图形，用来记录特定事件或者物品，或者作为族群和部落的图腾，一般被认为是象形文字的前身。

近东的苏美尔人把代表油罐等物品的陶筹装入黏土制成的"封球"里用于记账存档。封球是一种简单的、中空的黏土球，人们在封球表面刻画符号，表示球内存放的陶筹种类和数量。例如，封球中封存了七个卵形陶筹，封球的表面就带有七个卵形标记。据说这些封球上的标记符号最终演化出了刻在泥板上的楔形文字[12]。

在中国河南省漯河市舞阳县贾湖出土的龟甲、兽骨和陶器上的契刻符号，经碳14 检测数据，年代距今大约为 8000 年。契刻符号至少十七个，其中有一些与 4000多年后的商代甲骨文的"目"字、"曰"字等非常相似，因此，这些契刻符号被认为是中国最早的文字符号[13]。

象形文字

人类最古老的五种文字均为象形文字，包括古埃及象形文字、两河流域的楔形文字、古印度文字、美洲的玛雅文字和中国的甲骨文。

象形文字是用简单的图画、刻画来模拟表征山川河流、日月星辰、人和动物、工具武器等，属于模拟视觉符号。象形文字应该是从岩画、刻画、标记等各种图形经过抽象、简化后逐渐生成，不需要借助发音就可以传递非常复杂的信息。

时至今日，五种象形文字中的四种都已经失传，只有中国的甲骨文经过多次演变，成为今天十几亿人仍在使用的汉字体系。

图形标志

图形标志是以简洁明了的模拟图形作为表征符号来传播某种"意义"的模拟视觉符号知识，被称为"现代版象形文字"。图形标志与古代岩画和契刻符号一样，属于模拟视觉符号。它被视觉系统转换表征形成的模拟神经信号知识，直接与大脑中表征实体对象的模拟神经信号知识建立连接，不必像语言、文字那样需要经过神经符号知识的互译表征，因此，图形标志具有直观、简明、易懂、易记等特点，世界各地使用不同语言、文字的人，甚至不识字的人都能很容易理解，被广泛应用在社会生产和生活的各个领域。

当我们走进商店、机场、车站时，当我们驾车行驶在街道或高速公路时，当我们操作手机、计算机和家用电器时，当我们阅读技术文件或产品说明书时，各种各样的图形符号都在向我们传递当下行为活动所必需的知识[14]。现代社会常见的图形标志如图 10-9 所示。

图 10-9　现代社会常见的图形标志

3. 编码视觉符号知识：文字

编码视觉符号知识也称为文字，是人类通过有限数量的视觉符号的层级组合，来间接表征听觉符号的一种知识形态。文字是在语言之后的几万年出现的。语言已经有 5 万~20 万年的历史，而文字的发明应该不足 1 万年，而且，文字的发明是以语言的存在为前提。正如现代语言学之父，瑞士语言学家索绪尔所说："语言和文字是两种不同的符号系统，后者唯一的存在理由是在于表现前者。"[15]

文字对语言的间接表征是在人类的"读"和"写"过程中实现的。其中"读"是从"符号"到"意义"，即从编码视觉符号知识到模拟神经信号知识；"写"是从"意义"到"符号"，即从模拟神经信号知识到编码视觉符号知识，如图 10-10 所示。

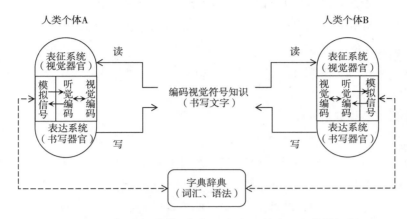

图 10-10　编码视觉符号知识（文字）的产生和传播机制

一般情况下，当人们看到"向日葵"三个字时，大脑中会出现曾经听到或者读过这三个字发音的感觉，几乎与此同时，脑海中还会浮现出向日葵的视觉表象。在此期间的知识转换是这样的：

首先，人们看到"向日葵"三个字时，就已经完成了从编码视觉符号知识（"向日葵"三个字）到大脑中的视觉神经符号知识的转换表征；

接着，视觉神经符号知识互译表征为听觉神经符号知识，此时人们大脑中出现声音感觉；

最后，听觉符号知识互译表征为模拟神经信号知识，于是，人们大脑中浮现出了向日葵的视觉表象。

有时这一过程可以简化，即视觉神经符号知识直接互译表征为模拟神经信号知识。也就是我们默读时大脑中不会出现声音感觉，直接浮现出视觉表象。比如，我们在快速默读时，阅读者的头脑中只是出现了文字的视觉表征（视觉神经符号知识），而没有出现文字的声音表征（听觉神经符号知识）；在阅读外语文字时，如果阅读者对这种外语的口语不够纯熟，这种情况也会经常发生。

而当人们写作的时候，流程刚好与此相反：

首先是从模拟神经信号知识（创意、想法）互译表征为听觉神经符号知识

（声音腹稿），然后再互译表征为视觉神经符号知识（文字腹稿），最后再表达为纸面或者计算机屏幕上的文字。

要实现上述读写过程，人类个体的大脑中应该拥有一套"心理词典"——视觉神经符号知识与听觉神经符号知识的互译表征系统。也就是说，一个人要想识字，必须通过长时间的学习和练习，把存储文字的发音、含义和用法的字典辞典"写入"大脑，构建一个视觉神经符号知识与听觉神经符号知识的互译表征系统——可随时调用的"心理词典"。

字母表文字与形声文字

现代文字系统分为两大类，即表音文字和形声文字。

表音文字是使用有限数量的视觉符号来编码表征听觉符号知识的音素或音节所形成的编码视觉符号知识，典型的表音文字是字母表文字。其表征机制如下：

首先，把听觉符号知识（某种语言）的发音分解成无意义的音素；然后使用二十几个无意义的视觉符号（即字母表）对其进行编码表征；最后产生的视觉符号线性组合就是字母表文字。

最早的字母表由 3500 年前近东地区的迦南人发明，总共有 22 个字母。它成为数以百计的其他字母表的范本。在西方，迦南人的字母表派生出古希腊字母表、拉丁语字母表和斯拉夫字母表，这几个字母表是西方文字的基础。在此基础上又演化出了希腊语、拉丁语、英语、法语、德语、俄语等多种文字的字母表；在东方，它派生出阿拉美亚字母表，再进一步演化出印度语、阿拉伯语、希伯来语、波斯语、维吾尔语和蒙古语等文字的字母表[16]。

总的来说，所有字母表文字与人类早期的象形文字似乎不存在继承关系，而是以同一个字母表的不同演化版本为视觉符号，来编码表征各自的听觉符号知识所构建的文字体系。

形声文字是用象形文字符号来表征口语声音所形成的文字系统。在所有的现代文字系统中，只有现代中文属于形声文字。

现代中文用古老的象形文字符号来表征汉语口语的读音，成为"声旁"或"音符"，与表征意义的"形旁"或"意符"共同组合成了形声表意文字。其中，声旁表音，形旁表意，因此，现代汉字是象形、形声和表意的混合体。中文就以这种方式从模拟表征的象形文字平缓地过渡到编码表征的形声文字。

手书文字和印刷文字

文字发明之后的绝大部分时间都是手工契刻或书写。人类早期的文字使用锋利的刀具在石料、甲骨、金属等质地坚硬的载体上契刻而成。后来陆续使用毛笔、芦苇笔、鹅毛笔、钢笔、铅笔等，分别在竹简、莎草纸、羊皮卷、丝帛、纸张上书写。总的来说，人工书写文字效率低下、错误率高，标准难以统一。或者换一种说法：编码视觉符号知识人工复制方式的准确度低、出错率较高、复制速度较慢。比如，世界上最早的军事著作《孙子兵法》的世人传抄版本，与 1972 年在中国山东省银雀山汉墓出土的竹简版本相比，在文字、篇次和段落等方面共有 300 多条不同之处[17]。

大约公元 8 世纪，中国首先发明了雕版印刷术：在一块硬木板上，用凸文雕出整版的文字，涂上墨后就可以重复印刷。

到了 11 世纪，活字印刷技术在中国问世。人们首先使用黏土为单个汉字铸模，经高温烧制定型，然后再将这些汉字排列、固定，制成印刷模板，最后在模板上涂抹墨汁，便可以快速、重复地印刷了。

1452 年，德国人约翰·古藤堡（Johann Gutenberg）将中国的泥制活字换成合金活字，把当地葡萄酒压榨机的工作原理用于排字，再使用改进了的西方绘画用的油墨，把文字印刷在中国人发明的纸张之上，从而制造出第一台印刷机。1455 年，古藤堡用改进后的印刷机印出了第一本圣经[18]。

印刷机是一种人类的延伸表达系统，也是一台视觉符号知识的复制机器。它有效提高了视觉符号知识复制的精度和速度，同时大幅降低了知识的复制和存储成本。有人做过统计，在印刷机诞生的 50 年里，欧洲大约印刷了 800 万册图书，这可能超过了在此之前所有手抄书籍的数量[19]。

印刷机使书籍的成本急剧降低。在印刷机诞生的年代，人工抄写的费用大约是每 5 页 1 弗洛林（一种金币，1 弗洛林约合 200 美元），因此，抄写一本 500 页的书可能要花费 20000 美元。印刷机永久而深刻地改变了这一状况。几乎是一夜之间，一本书的成本就骤降 300 倍，一本书的售价相当于从 20000 美元急剧降至 70 美元[20]。

印刷文字的出现，极大地促进了符号知识的积累、传播、汇集和创造。现有符号知识的成千上万个副本在人际中广泛传播，跨越年代和地域的知识在读者的头脑中集聚，然后又进化出更多更新的知识，而这些知识还会创造出更多的新知识。印刷机的诞生堪称一次符号知识复制和传播的革命，或者是一次"符号知识大爆炸"。

美国学者，《作为变革动因的印刷机》一书的作者伊丽莎白·爱森斯坦经过 17 年的系统研究，得出了一个惊人的结论：印刷机的发明开启了欧洲的文艺复兴、宗教改革、启蒙运动和科学革命，进而引发了第一次工业革命[21]。

（四）最抽象的符号知识：数学

数学是由文字、数字、字母、记号等编码视觉符号构建出的公理、命题、定理、公式、方程式等视觉符号知识模型，或者由点、线、面等图形视觉符号构建出来的几何图形类视觉符号知识模型，用来表征实体世界的数量关系、空间分布、运动状态、机会概率等。虽然全人类的语言有成百上千种，但公认的数学只有一种。

不同的数学分支就是使用不同的数学符号知识模型来表征实体世界的特定属性。

算术和数论用数字集合或计算公式等数学符号知识模型来表征实体世界的数量关系。最简单的数学知识模型大概是数字的加减乘除四则运算。它们最原始的作用就是告诉我们的祖先已经拥有了多少牲畜和粮食，以及怎么分配它们。

几何学等数学符号知识模型来表征实体世界的形状属性和空间分布。几何学最早应该是用来表征领地、耕田、道路、房屋等实体对象，然后用这些知识构建符号知识模型，用于符号知识的存储、进化和表达。比如，确认和记录领地和耕田的边界，设计道路走向和房屋结构并将之付诸实施。

微积分则用方程式来表征实体世界的运动状态的变化。前面提到的算术、几何等数学符号知识模型主要是表征实体对象静止状态的属性和特征，而微积分则可以表征实体对象运动状态的属性和特征，比如，物体的运动速度和加速度、电磁变化，以及行星、恒星的运动轨道等。

数学符号知识的显著特征就是极端抽象，任何一种实体系统，无论其多么复杂宏大，都可以在抽象、简化之后表征为数字、图形或者公式。现代数学中，有的数学符号已经不再直接表征实体世界，而是纯粹的数学层面的知识组合。

科学革命以来，数学已经成了表征自然科学和社会科学的通用语言。我们对大部分物理现象、社会现象和经济规律都构建出了符号知识模型（数学模型）。通过构建和运行这些知识模型，人们可以解释过去、掌控当下和预测未来。

更重要的是，科学家们用数学中的二进制数字 0 和 1 与电路中的"通"和"断"建立对应关系，实现了符号知识与比特知识之间的转换表征，引领人类进入了比特知识时代。

第二节　符号知识的基本属性

符号知识具有表征、存储、复制、传播、进化和表达共六大属性。

一、符号知识的表征属性

由于符号知识的两种形态——神经符号形态和感觉符号形态——可以互译表征，因此，我们把符号知识的两种形态作为一个整体来讨论其表征属性，如图 10-11 所示。

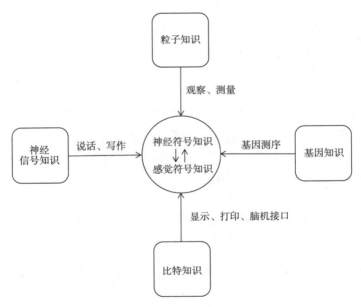

图 10-11　符号知识的表征属性

（一）符号知识转换表征神经信号知识

这是符号知识最基本的表征属性。我们说话、写作、绘画、雕刻等行为都是把大脑中的神经信号知识首先互译表征为神经符号知识，然后转换表征为视觉符号知识的过程。其中的神经信号知识可能是对实体对象的表征，即对实体对象的感知，也可能是神经信号知识进化的结果，如幻想、创意、创作等。

（二）符号知识转换表征粒子知识

当我们把看到的、听到的、闻到的、品尝到或触摸到的所有感受，用语言、文字或图画等感觉符号知识描述出来时，就是一个符号知识转换表征粒子知识的过程。我们感觉器官感受到的不是实体事物本身，而是其跃迁表征出来的粒子知识，包括反射光、声波和电磁力等。然后，粒子知识依次表征为神经信号知识、神经符号知识和感觉符号知识。

在现实生活中，我们常常使用延伸表征系统把粒子知识直接转换表征为符号知识。比如，用照相机拍摄照片，用温度计测量温度，用血压计测量血压，用尺子丈量物体的长度，用天平称量物体的质量，等等。

（三）符号知识转换表征基因知识

基因知识或 DNA 是由碳、氢、氧、氮和磷五种元素的原子组成的粒子实体。通过电子显微镜，生物学家观察到这种粒子实体跃迁表征产生的粒子知识，然后用化学符号、数字、文字和图形等视觉符号来转换表征这些粒子知识，构成一般读者能够理解的、描述基因知识的符号知识模型。

（四）符号知识转换表征比特知识

计算机屏幕显示的文字、图像，电视机播放的视频，手机产生的声音和画面，这些都属于符号知识的范畴。这些符号知识都是转换表征比特知识所产生，不论这些比特知识最早来自哪里。

很多测量仪表的工作机制是先把物理量或化学量等粒子知识转换表征为比特知识，然后把比特知识转换表征为符号知识，在表盘上显示为数字或图形。

(五) 符号知识只能间接表征实体对象

在我们的认知体系中,认为"符号"和"对象"是一种直接表征关系。比如,我们会很自然地认为,"向日葵"三个字或者这三个字的发音,直接表征了那种花盘跟着太阳转动的植物,而忘记了我们自身才是这个表征过程的关键环节。离开了我们的眼睛、大脑、双手或发音系统,这种表征关系就不会存在。也就是说,符号知识不能直接表征实体,只能通过知识的跃迁表征、转换表征和互译表征,来间接表征实体。

下面以语言、文字、图画、照片四种常见符号知识为例,来讨论符号知识对实体(向日葵)的间接表征过程,如图 10-12 所示。

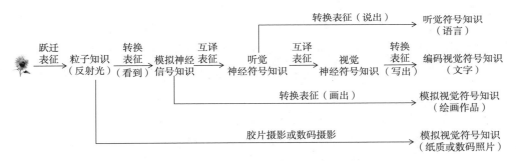

图 10-12　符号知识对实体对象(向日葵)的几种间接表征方式

从实体到语言的表征过程

从看到向日葵到说出"向日葵"三个字,需要经过多个知识表征环节。

首先,知识表征系统(视觉器官)把向日葵的反射光(粒子知识)转换表征为大脑中模拟神经信号层的视觉表象(模拟神经信号知识模型);

接着,通过"心理词典",把向日葵的神经信号知识模型(视觉表象)互译表征为向日葵的听觉神经符号知识模型(心理语言);

最后,通过知识表达系统(发声器官)把听觉神经符号知识模型转换表征为声音序列(语言)——"向日葵"三个字的读音。

从实体到文字的表征过程

文字的作用就是用视觉符号来表征听觉符号,在人类个体通过长时间的学习,熟练地掌握了语言、文字之后,二者就形成了互译表征关系。在文字识别和语音识别等计算机技术出现之前，这种互译表征只能发生在大脑中的神经信号层和神经符号层之间。因此，从实体到文字的表征过程，要比从实体到语言的表征过程多了一个环节——从听觉神经符号知识到视觉神经符号知识的互译表征。

从实体到模拟视觉符号知识（绘画）的表征过程

绘画是画家把记忆中的视觉表象（模拟神经信号知识模型）转换表征为画布上的点、划组合（模拟符号知识模型）的过程。模拟神经信号知识通过运动神经传递至肢体肌肉细胞，控制手臂，用各种画笔，甚至是手指，在画布、纸张等介质上绘出图画（模拟视觉符号知识模型）。

大脑中的视觉表象（模拟神经信号知识模型）一般来自对实体反射光的转换表征，也可能是神经信号知识进化的结果，或者称作画家的想象或创意。

从实体到模拟视觉符号知识（照片）的表征过程

无论是胶片照相机还是数码照相机，都属于人类的延伸表征系统。

照相机和人类眼睛的工作原理非常相似：实体的反射光（粒子知识）通过凸透镜在感光材料上形成倒立、缩小的实像，然后感光材料再把可见光成像转换表征为其他形态知识。

胶片相机的感光材料为胶片，能把可见光成像（粒子知识）转换表征为自身状态的改变并保持下来，这个过程也称为感光，然后经过冲洗处理（即显影、定影），转换表征为视觉可见的照片（模拟视觉符号知识）。

数码相机的感光材料为光感应式的电荷耦合器件（CDD）或互补金属氧化半导体（CMOS），二者都能把可见光（粒子知识）转换表征为比特知识并储存下来，然后再通过显示屏幕或打印机转换表征为照片（模拟视觉符号知识）。

二、符号知识的存储属性

（一）神经符号知识的存储属性

在日常生活中，如果我们说一个人"很有知识"，那么大概是说这个人的大脑中存储了较多的神经符号知识。这些神经符号知识来源于两个方面，一是外部输入，即通过语言交流和书刊阅读，把古今中外的人类个体创造、积累的感觉符号知识转换表征为神经符号知识，并存储在大脑中的神经符号层；二是大脑的神经符号知识进化所创造的新知识，即新思想、新观念、新创意等。

在文字出现之前，人类以语言为载体的知识财富只能以神经符号知识形态，分散存储在族群成员的大脑之中，包括整个族群生存技能、社会伦理和宗教仪式等方方面面的知识。

神经符号知识存储的准确度不高、存储时间受到寿命的限制。在远古时代，一位知识丰富的长者大脑中存储的神经符号知识可能决定着一个族群的兴衰存亡。

（二）感觉符号知识的存储属性

语言是以声波为载体的感觉符号知识，其载体是空气振动产生的声波。声波瞬间产生，稍纵即逝，只能短暂地存在于从嘴巴到耳朵的传播期间，因此，语言本身不具备存储属性。

有两种情况，可以看作是语言的"间接存储"方式。

一是大脑记忆。如上一小节讨论的那样，人们可以把听到的话或者说过的话，以神经符号知识的形态存储在大脑之中，需要的时候再转换为语言说出来。

二是录音设备。使用录音设备把听觉符号知识（声波）转换表征为其他形态知识，写入某种载体并予以保持，需要的时候再转换表征为听觉信号知识。唱片、磁带、光盘和磁盘都可以作为录音载体。

编码视觉符号知识（文字）的出现，使得符号知识终于冲破神经元的藩篱，在大脑之外找到栖身之所，以一种全新的知识形态实现较长时间的存储和更远距离的传播。与其他形态知识一样，文字的存储也包括三个环节，即写入、保持和读取。

首先，人类把大脑中神经符号知识转换表征为视觉符号的组合序列并"写入"某种载体之上；其次，这种状态会稳定地"保持"一定的时间；最后，在需要的时候人类再将之"读取"出来，转换表征为大脑中的神经符号知识。因此，文字的存储也可以理解为神经符号知识脱离人类大脑，存储于实体世界的载体之中，而这些存储载体则相当于大脑的"外部硬盘"。

文字"写入"的方式不断演进，古代以凿、刻、划、铸为主，比如在岩壁、石碑上凿刻，在兽骨、泥板上刻画，在铜器、铁器上铸造等，近现代则进化为笔写、印刷和打印。与此同时，文字"写入"的载体也发生着变化，从岩石、泥板、兽骨、铜器和铁器，逐渐变成了竹简、羊皮、锦帛、纸张和计算机屏幕。

根据"写入"方式和载体的不同，文字"保持"的时间长短不一。刻画在洞穴岩壁上的象形文字估计已有几万年的历史，而泥板上的楔形文字和兽骨上的象形文字至少存在了 8000 多年，写在竹简、羊皮卷、纸张上的文字也能保持几百年至几千年。

所谓"读取"就是我们日常所说的阅读，需要三次知识转换表征才能完成。

首先，通过视觉器官把文字转换表征为大脑中的视觉神经符号知识；其次，把视觉神经符号知识互译表征为听觉神经符号知识；最后，把听觉神经符号知识互译表征为模拟神经信号知识，即意义。有的时候，对于一些读音生疏的文字，可能会跳过听觉神经符号知识，直接转换表征为模拟神经信号知识（即意义）。

人类借助文字稳定、持久的存储属性，跨越时间和空间，汇集和积累了不同年代、不同地域人类个体创造的符号知识，最终构建出了一个体量巨大的"公共符号知识库"，其中包括哲学、宗教、法律、科学、技术、文学、艺术等。所有这一切，都是在数万年之间，由数以亿计的人类个体的大脑中进化出来，并以感觉符号知识的形态延续和传承。没有文字符号知识，就不会有现代文明社会的出现和繁荣。

三、符号知识的复制属性

语言和文字均不能自我复制。语言的复制可以理解为听清并复述别人说过的话。这个过程包括两次方向相反的知识转换："听清"是听觉符号知识转换表征为神经符号知识，"复述"是神经符号知识转换表征为听觉符号知识。

文字复制需要借助人工或机器才能完成，"抄写""临摹"就是人工复制文字符号知识，而"印刷"则是机器复制文字符号知识。

按着知识复制的三个指标——成本、速度和精度——来评判，印刷比抄写要好很多。

印刷机就是一个文字、图画等视觉符号知识的复制机器，也属于人类的延伸表达系统。它有效地降低了复制成本，并大幅地提高了复制的速度和精度。这使得印刷书籍可以在人际中广泛传播，极大地促进了符号知识的积累、传播和创造。跨越时间和空间的符号知识进入越来越多的人类大脑，又在那里进化出全新的符号知识。

四、符号知识的传播属性

神经符号知识只能在神经元内部和神经元之间进行短距离传播，在转换表征为感觉符号知识之后，便可以在人类个体之间进行传播。其中，在同代人之间的符号知识传播称为横向传播，在父子、爷孙等异代人之间的符号知识传播称为纵向传播。

符号知识的传播属性使得每个人都可能获取前人和他人创造的符号知识，而不必完全依靠"符号知识—实体系统"复合进化，从零开始创造这些知识。事实上，每个人通过自己观察、实践获得的符号知识是极其有限的。另外，每个人都是符号知识的贡献者，其所创造的符号知识又会被他人或后人所用，并汇入人类文明的长河之中。

（一）语言的传播属性

与前语言时代的行为模仿和简单叫声相比，语言在传播的精度、效率都有了大幅度提高。语言在族群个体之间的横向传播，构成了一个以人类个体为节点的知识网络，每个人都可以接收多人传出的知识，同时也可以向多人传播自己的知识，这使得语言集团内部能够协同配合，完成人类个体无法完成的任务，进而逐渐形成部落和国家等大型社会组织。而语言的纵向传播，即祖辈父辈的知识通过语言传给子孙后代，使知识得以逐代传承、积累，最终铸成丰富多彩的人类文明。

语言的传播包括"说"和"听"两个独立的环节。

"说"就是产生语言，是一个从"意义"到"符号"的过程：模拟神经信号知识互译表征为神经符号知识，再转换表征为听觉符号知识。

"听"是指对语言的收听和理解，是一个从"符号"到"意义"的过程：听觉符号知识转换表征为神经符号知识，然后互译表征为模拟神经信号知识。

语言的传播还需要具备以下两个条件。

（1）需要两个以上的言语个体共同参与，比如，图10-13中的"言语个体 A"和"言语个体 B"；

（2）这些人类个体的大脑中拥有一套相同或相似的"心理词典"——神经符号知识与模拟神经信号知识的互译表征系统，这样才能保证相同的听觉符号知识在不同的大脑中转换表征为相同或相似的意义。

人类个体出生时并没有现成的心理词典，而是通过后天的长期语言学习逐步构建起来的。人类学会了某种语言，就意味着在大脑的模拟神经信号层之上又建构了一套神经符号层（即编码神经信号层），而且这两层之中的知识模型还可以进行双向互译表征。而语言学习也可以理解为"复制"或"写入"家人、老师、朋友等人"心理词典"的过程。拥有相同或相似心理词典的人类个体才能进行语言的交流和沟通。正如现代语言学之父费尔迪南·德·索绪尔所说："语言以存储在某一集团每个成员大脑中的全部印象的形式存在，几乎就像把一本词典的相同副本分发给每一个人。语言存在于每个个体中，同时也是所有人共有的。而且不被存储者的意志所左右。它的存在方式可以用以下公式来表达：1+1+1+…=1（集体模型）"[22]

下面我们以两个人相互交谈为例，分五个步骤详细讨论听觉符号知识（语言）在人类个体之间的传播机制，如图 10-13 所示。

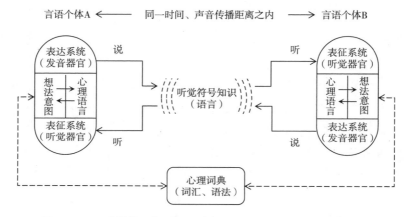

图 10-13 听觉符号知识（语言）在人类个体之间的传播机制

言语个体 A 对言语个体 B 讲话时的知识转换与传递过程如下。

步骤 1：说话者（言语个体 A）把大脑中的想法或意图（模拟神经信号知识），通过"心理词典"互译表征为想说未说的话——听觉神经符号知识（心理语言）。

步骤 2：听觉神经符号知识经过运动神经元传递到知识表达系统（发声器官），在这里转换表征为以声音序列为载体的听觉符号知识——语言。

步骤 3：通过空气振动，听觉符号知识从言语个体 A 的发声器官传播至言语个体 B 听觉器官。

步骤 4：言语个体 B 的知识表征系统（听觉器官）接收到言语个体 A 的语音，并将之转换表征为大脑中的听觉神经符号知识。

步骤 5：言语个体 B 大脑中的"心理词典"把听觉编码神经信号知识互译表征为模拟神经信号知识——想法、意义等。

而当言语个体 B 对言语个体 A 回话时的知识转换与传递过程与上述步骤完全一样，只是方向相反。

一般而言，所有社群成员除了拥有一个相同的"心理词典"之外，还拥有相同或相近的世界观、价值观、人生观和生活方式，或者说拥有相似的"实体世界知识模型"。说话者把想法意图（模拟神经信号知识）互译表征为心理语言（神经符号知识）的过程是一个抽象、简化和降维的过程，会省略很多背景知识；而收听者把心理语言（神经符号知识）互译表征为想法意图（模拟神经信号知识）的过程则是一个重构、丰富和升维的过程，会把对方省略的知识自动补齐。因此，如果说话者和收听者的"实体世界知识模型"差别较大或完全不同，就会出现误解和歧义，不能准确地传递意义。

按照知识传播的主要指标，语言的传播属性可以表述如下。

（1）传播距离。或称空间跨度，语言的直接传播距离为声音所及的距离，从几十厘米到几百米。

（2）传播时效。或称时间跨度，语言的直接传播只存在于声音传递的短暂时刻，但语言可以转换表征为神经符号知识存储在人的大脑中跨越时间进行间接传播。

（3）传播精度。或称保真度，语言的传播精度远高于行为模仿，但低于文字传播。

（4）传播速度。语言的直接传播速度为音速，空气中的音速在 1 个标准大气压和 20℃的条件下为 340 米/秒。

如果听觉符号知识转换表征为比特知识，能以光速进行间接传播，如电话、广播、电视、互联网等。

（5）传播效率。或称传播带宽，汉语讲话速度一般为每分钟 150~300 字，每个汉字 16 个比特，所以汉语讲话的传播带宽为每分钟 2400~4800 比特，每秒钟 40~80 比特。语言可以实现"一对多"传播，即一位说者对多位听众，这大幅提高了传播效率。

（二）文字的传播属性

清代学者陈澧在《东塾读书记》中写道："声不能传于异地，留于异时，于是乎书之为文字。"也就是说，语言的出现，使符号知识可以在此时此地的人类个体之间传播，但承载语言的声波稍纵即逝，无法实现知识的存储；文字的诞生，知识可以超越时间和空间的限制，实现了古人向今人传播，此地之人向彼地之人传播。

文字是语言的视觉表征，因此，文字传播比语言传播增加了一个环节，就是听觉神经符号知识（心理语言）与视觉神经符号知识（心理文字）的互译表征，这个过程是在大脑中的神经符号层中完成的。下面我们以两个人的信函往来为例，分7个步骤详细讨论，如图10-14所示。

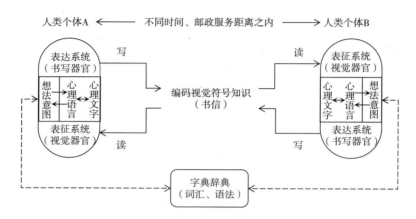

图 10-14　编码视觉符号知识（文字）在人类个体之间的传播机制

人类个体 A 写信、发信和人类个体 B 收信、读信的知识转换与传递过程如下。

步骤 1：写信者（人类个体 A）把模拟神经信号知识，通过"心理词典"互译表征为听觉神经符号知识，也就是把想法意图转换为想要说但还未说出口的话语。

步骤 2：写信者（人类个体 A）在大脑中的神经符号信号层把听觉神经符号知识互译表征为视觉神经符号知识，也就是把想说未说的话语转换为想写未写的文字。

步骤 3：写信者（人类个体 A）大脑中的编码视觉神经信号知识经过运动神经元传递到知识表达系统（书写器官），在这里转换表征为以文字序列为载体的编码视觉符号知识——书信。

步骤 4：邮政系统把书信从人类个体 A 传递到人类个体 B。符号知识的传播依赖知识载体的空间移动。

步骤 5：收信者（人类个体 B）的知识表征系统（视觉器官）阅读信函，并将之转换表征为大脑中的视觉神经符号知识——心理文字。

步骤6：收信者（人类个体B）在大脑的神经符号层把视觉神经信号知识互译表征为听觉神经符号知识，即把心理文字互译表征为心理语言。

步骤7：收信者（人类个体B）把听觉神经符号知识互译表征为模拟神经信号知识，即把心理语言转换为想法、意图。

而当人类个体B向人类个体A回信时的知识转换与传递过程与上述步骤完全一样，只是方向相反。

按照知识传播的主要指标，文字的传播属性可以表述如下。

（1）传播距离。或称空间跨度，文字的传播距离取决于承载文字介质移动的距离，理论上人类的足迹所及的地方就是文字最远的传递距离。

（2）传播时效。或称时间跨度，迄今为止，发现最早的可读文字是苏美尔人的楔形文字，距今已有6000年之久。

（3）传播精度。文字传播精度或保真度远高于语言。文字的承载介质受损情况决定着文字传播的精度。

（4）传播速度。文字传播的速度取决于承载介质的移动速度，从古代的快马驿站，到今天的航空邮件，传播速度不断加快。如果文字转换表征为比特知识，则能以光速进行远距离传播。

（5）传播效率。文字传播的效率或带宽取决于书写和阅读的速度，如果是一对一的传播，效率不是很高，可能还慢于语言，如果是一对多传播，效率可以大幅提高。比如，一篇文章或一本书有多人同时阅读。

总之，文字的出现，极大地促进了符号知识在人类社会中的广泛传播。正如美国思想家贾雷德·戴蒙德（Jared Diamond）所说："文字给现代社会带来了力量，用文字来传播知识可以做到更准确、更大量和更详尽，在地域上可以做到传播得更远，在时间上可以做到传播得更久。虽然所有这些信息在文字出现以前的社会里也可以用其他手段来传播，但文字使传播变得更容易、更详尽、更准确、更能取信于人。"[23]

五、符号知识的进化属性

符号知识包括两种形态，即神经符号知识和感觉符号知识，其中神经符号知识具有进化属性，而感觉符号知识不能直接进化。我们经常会感觉到一种语言或一个理论的确发生了某些变化，但这是它们被转换表征为神经符号知识后在大脑中发生的进化，然后转换表征为新的感觉符号知识。

符号知识的进化属性体现在三个层次：

第一个层次是神经符号知识在神经元中的进化。进化模式为"元素组合+条件选择→稳态组合体"。其中，"元素组合"是指神经元树突产生的多个分级电位和神经元的静息电位在轴突丘处叠加汇总；"条件选择"是指叠加汇总的电位是否超过阈值电位；"稳态组合体"是指叠加汇总电位超过阈值电位后产生的动作电位。

第二个层次是在神经符号知识进化系统中发生的模型进化，即由数以亿计的神经元参与的，由多线程、多层级的"元素组合+条件选择→稳态组合体"基本进化单元组成的进化过程。

"元素组合"是指知识表征系统输入的神经信号知识和从神经信号知识进化系统内部提取的知识共同组合，生成多个知识组合体。

"条件选择"包括"规则型选择"和"竞争型选择"。规则型选择是指满足事先设定的标准、规则的知识组合体都可以成为稳态组合体；竞争型选择是指那些某项指标更高的知识组合体才能成为稳态组合体。

"稳态组合体"是指满足规则、达到标准或者在竞争中获胜的知识组合体，比如广为接受的科学假设、定理定律等。

这两个层次的符号知识进化实质上就是编码神经信号知识的进化，详情请参照第九章中的"神经信号知识进化属性"部分。

第三个层次是符号知识进化的"蜂巢模式"。

感觉符号知识虽然不能直接进化，但是可以借助存储和传播功能，连接多个神经符号知识进化系统共同参与到一个符号知识模型的进化。我们把这种"神经符号知识进化系统分别进化、感觉符号知识模型传播、存储"的形式称为"蜂巢模式"：每个蜜蜂单独采花酿蜜，这些蜂蜜集中存储在蜂巢之中，供其他蜜蜂和下一代蜜蜂食用，下一代蜜蜂继续为蜂巢采花酿蜜。这样的话，虽然每个蜜蜂能力有限、寿命短暂，蜂巢却能积累蜂蜜、繁育后代。

事实上，在符号知识的"蜂巢模式"进化中，每个人会从多个"蜂巢"获取知识，同时也向多个"蜂巢"贡献自己的知识。这样，所有人类个体和所有"蜂巢"构成了一个具有符号知识存储、进化和传播的巨大网络，共同推动着人类文明的不断进步。

六、符号知识的表达属性

符号知识可以通过符号智能实体的本体表达系统和延伸表达系统表达为复合实体，即符号知识表达实体。

神经符号知识通过本体表达系统表达为自身的行为活动，或者通过操控延伸表达系统来改变实体系统进化路径，或者产生全新的复合实体。

感觉符号知识不具有表达属性，只有转换表征为神经符号知识才能实现知识表达。比如，任何设计图纸不会自己变成产品，只有读懂图纸的生产者才能据此制造出产品。

第三节　符号实体概况

符号实体包括符号知识智能实体（简称符号智能实体）和符号知识表达实体（简称符号表达实体）。在已知的所有智能实体之中，只有人类能够通过后天学习掌握系统的符号知识，因此，人类是唯一的符号智能实体。人类手工制造，或者使用延伸表达系统——工具或设备——制造的产品都属于符号表达实体。

一、符号智能实体

符号智能实体是由符号知识表征系统、符号知识进化系统和符号知识表达系统构成的复合实体，如图 10-15 所示。

首先，在地球上的所有生物中，拥有神经系统的非人动物属于神经信号智能实体；所有细菌、古细菌、真菌和植物，以及少数没有神经系统的低等动物（如海绵等多孔动物）属于化学信号智能实体；只有病毒属于纯粹的基因智能实体；而人类既是基因智能实体、化学信号智能实体、神经信号智能实体，更是唯一的符号智能实体。

其次，人类不是天生的符号智能实体，而是在出生之后，学习掌握了某种符号知识，才"升级"为符号智能实体。

最后，符号智能实体的知识表征系统和知识表达系统不仅存在于实体本身，还有不同程度的延伸。比如，望远镜、显微镜、声呐系统等可以看作是人类的延伸表征系统；交通工具、生产设备可以看作是人类的延伸表达系统。

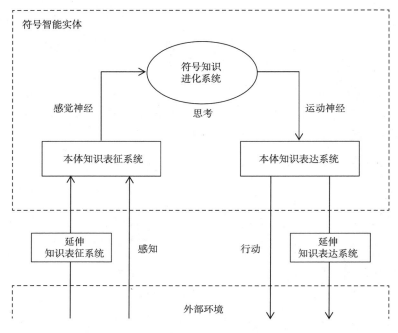

图 10-15　符号智能实体的组成结构

（一）符号智能实体的知识表征系统

符号智能实体的表征系统包括两个部分：本体表征系统和延伸表征系统。

本体表征系统是人类与生俱来的感官系统，包括视觉表征系统、听觉表征系统、触觉表征系统、嗅觉表征系统和味觉表征系统，具体内容可参照第九章"神经信号智能实体的表征系统"相关论述。

延伸表征系统是一些用于观察、测量的复合实体，目的是把人类本体表征系统无法感知的知识形态转换为能够感知的知识形态，从而扩展人类对实体世界知识表征的深度和广度。延伸表征系统必须通过本体表征系统才能发挥作用。

延伸表征系统包括人类制造的所有观测仪器，包括但不限于望远镜、显微镜、夜视镜、雷达、声呐、超声波传感器、次声波传感器、X 光机、核磁共振、引力波探测器等。

望远镜、显微镜、夜视镜、雷达等属于视觉延伸表征系统，它们使人类看得更加遥远、更加细微，或者把人类视觉系统不能感知的红外线、雷达波转换为人类视觉系统能够感知的可见光。

相较于所有粒子知识，人类本体表征系统的表征范围非常非常狭窄。比如，人类视觉表征系统只能看到波长为 400~780 纳米的电磁波（可见光）。这个波段相当于电磁波全部波长范围的 10 万亿分之一。那些波长更长的红外线、微波、无线电波，以及波长更短的紫外线、X 射线和 γ 射线等，只能经过诸如夜视仪、雷达、射电望远镜、X 光机、伽马射线探测仪等延伸表征系统的转换表征之后，人类的本体表征系统才能"看到"。

（二）符号智能实体的知识进化系统

由于符号知识为"双态结构"，分为神经符号知识和感觉符号知识两种形态，两种符号知识同时存在，可以互相转换。其中，神经符号知识存在于大脑的神经符号知识进化系统之中，而感觉符号知识存在于大脑之外的符号知识模型系统之中，如图 10-16 所示。

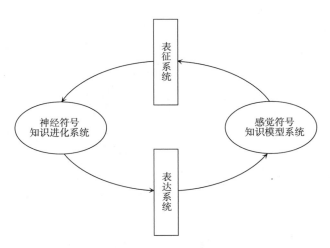

图 10-16　两种符号知识系统之间转换关系

神经符号知识进化系统的主要功能是知识进化和较短时间的知识存储，感觉符号知识模型系统的主要功能是知识传播和较长时间的知识存储。

人类在"符号知识—实体系统"复合进化过程中，通过运行两种形态的符号知识系统，能够对实体世界的过去进行模拟和解释，对实体世界未来进行预测和规划。

1. 神经符号知识进化系统

神经符号知识进化系统存在于人类大脑中的神经符号层（即编码神经信号层）。神经符号知识进化系统不是先天遗传的，而是在后天的学习、交流过程中逐渐构建起来的，与人类个体的家庭情况、教育背景、生活环境和工作经历密切相关。因此，拥有相似基因知识系统的人未必拥有相似的神经符号知识进化系统，而基因知识系统有区别的人却可能拥有非常相似的神经符号知识进化系统。比如，同属一个民族的人可能拥有完全不同的价值观和世界观，而不同种族的人类也能使用同一种语言文字。

神经符号知识进化系统由多个层级的子系统组成，我们把最小的子系统称为神经符号知识模型，比如，表征一个简单的想法、一段文字、一个数学公式或一个图形。或者说，神经符号知识进化系统是由多个神经符号知识模型经过层级组合构建起来的。

神经符号知识进化系统中的知识模型主要有以下三个来源。

一是模拟神经信号知识模型转换表征为神经符号知识模型。比如，我们把一个实体对象或事件用心理语言描述出来。

二是感觉符号知识模型转换表征为神经符号知识模型。比如，我们通过阅读过程，把书本、手机或计算机屏幕上文字、数学公式转换表征为大脑中的神经符号知识模型。

三是从现有神经符号知识模型进化出来新的神经符号知识模型，比如，我们的创意、创作、计划和幻想等。

符号知识只能在神经符号知识状态才能进化，具体内容请参照"符号知识的进化属性"。

2. 感觉符号知识模型系统

在三种常见的感觉符号知识中，听觉符号知识（语言）不具有存储属性，触觉符号知识（如盲文）使用范围较小，因此，本小节主要讨论视觉符号知识模型系统。

视觉符号知识模型系统是指以视觉符号，诸如文字、数字、专有符号、图形等知识元素构建起来的知识系统。包括科学、技术、法律、宗教、艺术等。

视觉符号知识模型系统的直接载体是纸质书籍、报刊和电子屏幕，转换表征为比特知识之后的间接载体包括磁带、磁盘和光盘等。

视觉符号知识模型系统由多个层级的子系统组成。比如，科学作为视觉符号知识模型之一，至少由以下四个层级的子系统组成。

第一层级子系统：自然科学、社会科学和思维科学等子系统。

第二层级子系统："自然科学"由物理学、化学、生物学、天文学等下一级子系统组成。

第三层级子系统："物理学"可以继续划分为经典力学、电磁学、热力学、相对论、量子力学等子系统。

第四层级子系统："经典力学"主要包括牛顿三大运动定律和万有引力定律等子系统。

一般我们把视觉符号知识模型系统中最小的子系统称为视觉符号知识模型，如命题、假设、公理、定理、定律、数学公式、方程式和几何图形等。也可以理解为，视觉符号知识模型系统是由各种知识模型，经过多次层级组合构建起来的。在日常应用过程中，我们每次操作运行的大都是一个符号知识模型，而不是一个庞大的符号知识模型系统。

视觉符号知识模型系统大致可以分为四个类别，即文字符号知识模型、图形符号知识模型、数学符号知识模型和混合符号知识模型。

文字符号知识模型是以文字作为视觉符号组成的最小视觉符号知识系统，如一段文字描述、一个命题、假设、定理、定律等。

图形符号知识模型是由点、线、面等视觉符号组成的最小视觉符号知识系统，包括图形、图像、照片等。

数学符号知识模型是由数字、字母、运算符号等视觉符号组成的最小视觉符号知识系统，如数学公式、方程式和方程组等。

混合符号知识模型是由多种视觉符号组成的最小视觉符号知识系统，如地图、图表等。

一个视觉符号知识模型系统往往由很多不同种类的视觉符号知识模型组成，比如，一本《物理学》书籍中就包括很多文字叙述、数学公式、方程式和图形图表等不同种类的知识模型。

视觉符号知识模型系统的主要功能是知识存储和知识传播，只有转换表征为神经符号知识进化系统才能实现知识进化，因此，一个视觉符号知识模型可以由不同时代、不同地域的多个人类个体的大脑参与进化，只有最具竞争力的视觉符号知识模型才能成为主流并广泛传播。

从某种意义上看，神经符号知识进化系统和视觉符号知识模型系统的关系类似于计算机的中央处理器和外部存储器（硬盘、软盘、光盘等）之间的关系。计算机的中央处理器专司知识进化，兼顾较短时间知识存储，而外存储器则负责知识传播和长时间知识存储。

符号知识系统与之相似。神经符号知识进化系统专司知识进化，兼顾较短时间知识存储，而视觉符号知识模型系统则负责知识传播和长时间知识存储。当符号知识进化系统开始运行时，如果所需的符号知识模型存储在大脑之内，则直接调取并进入运行状态，比如我们思考那些记忆在大脑中的问题：也许是简单的日常问题，也许是自己非常熟悉的专业问题；如果所需的符号知识模型的部分或全部是以视觉符号知识模型形式存储在大脑之外，则首先需要通过阅读将之转换表征为神经符号知识模型，然后才能开始运行。比如，我们要修改一篇文稿，首先要阅读这篇文稿；我们要运算数学公式，首先要看懂这个公式。

（三）符号智能实体的知识表达系统

符号智能实体的表达系统包括两个部分：本体表达系统和延伸表达系统。

本体表达系统同时也是动物原有的神经信号知识表达系统，由腺体、器官、肌肉和骨骼等组成。神经符号知识通过知识表达系统转换为肌肉细胞的收缩，控制器官运行和肢体运动，进而不同程度地改变外部实体系统的进化路径，影响进化结果，甚至产生全新的复合实体。

人类与动物的重要区别之一就是能够操控延伸表达系统来实现自己的意志。延伸表达系统大都是人工制造物，属于符号知识表达实体范畴，包括各种手工工具、交通工具和机器设备等。

锤子、改锥、钳子等手工工具属于较为简单的延伸表达系统，在人类的操纵下，能够胜任双手无法直接完成的工作。

自行车、汽车、飞机、轮船等交通工具是可以代替双脚的延伸表达系统，能够改变符号智能实体本身和其他实体的空间位置。

纺织机、车床、建筑机械等各类生产设备是更复杂的延伸表达系统，能够在人类的操控下，把复杂和精细的符号知识模型，如面料图案、零件设计图、建筑图纸等表达为复合实体。

二、符号表达实体

符号知识表达实体是指符号智能实体在"符号知识—实体系统"复合进化过程中，通过符号知识表达产生的复合实体，简称符号表达实体。

掌握语言文字之后的现代人类，使用简单工具制造和借助复杂的机械设备生产的所有产品均属于符号表达实体；在此之前的人造物则属于信号表达实体。我们日常生活、生产中使用的物品、工具、设备、设施，除了少数属于信号表达实体和比特表达实体之外，绝大多数都是符号表达实体。

第四节　符号知识创新和符号实体创新标准模型

符号知识创新和符号实体创新主要通过"符号知识—实体系统"复合进化来实现。

"符号知识—实体系统"复合进化是符号智能实体（人类）主导的，由符号知识表征、符号知识进化、符号知识表达和实体进化共四个环节循环往复形成的复合进化，主要目标是符号知识的获取、积累和进化，以及改变实体系统进化路径，甚至生成全新的符号表达实体。

符号知识创新和符号实体创新是人类文明社会的显著标志。人类所有的知识文明成果，包括科学、技术、艺术、宗教、道德、法律等，都是符号知识创新过程中积累和创造的符号知识；人类绝大部分物质文明，包括基础设施、生产工具、生活用品，等等，大都是符号实体创新过程中知识表达产生的符号表达实体，因此，如果没有符号知识创新和符号实体创新，就不会有现代人类文明。

标准的符号知识创新和符号实体创新包括四个环节：符号知识表征、符号知识进化、符号知识表达和实体进化，如图10-17所示。

一、符号知识表征

符号知识表征是指符号智能实体使用本体知识表征系统（感觉器官）或延伸知识表征系统（仪器仪表），把其他形态的知识转换表征为神经符号知识或感觉符号

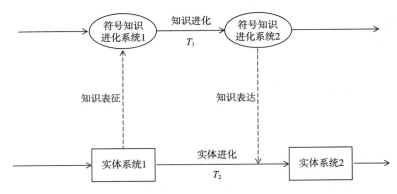

图 10-17　符号知识创新和符号实体创新的标准模型

知识的过程。

　　由于符号知识的双态结构，即神经符号知识和感觉符号知识同时存在，且能相互转换，因此，符号知识表征是在两个路径上分别进行，如图 10-18 所示。

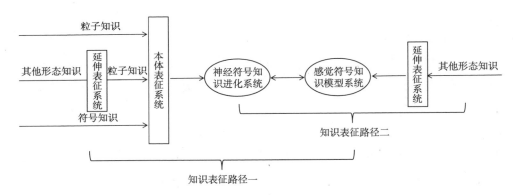

图 10-18　"符号知识—实体系统"复合进化的知识表征机制

　　路径一：本体和延伸表征系统→神经符号知识→视觉符号知识。

　　路径二：延伸表征系统→视觉符号知识→神经符号知识。

　　在路径一中，本体表征系统把其他形态知识直接转换表征为神经符号知识，然后转换表征为感觉符号知识。

　　比如，我们把呈现在眼前的美丽风景，或者发生在身边的一个事件，用一段心理语言来描述。如果有必要，可以说出来、写出来或者画出来，转换表征为感觉符号知识。

或者，把别人创造的感觉符号知识，包括说过的言语、写出的文字和创立的理论等，转换表征为自己大脑中的神经符号知识。这样的话，每个人都可以跨越时间和空间，方便、快捷地获取不同年代、不同地域的其他人类个体创造和积累的符号知识，还可以在此基础上创造出新的神经符号知识，最后将之转换表征为感觉符号知识。

在路径一中，有时也用到延伸表征系统，如望远镜、显微镜、夜视仪、声呐装置、超声波传感器、次声波传感器等，把本体表征系统看不见、听不到的粒子知识，转换为看得见、听得到的粒子知识，然后转换表征为神经符号知识。

在路径二中，延伸表征系统把实体世界的某些属性，或者人类感觉器官无法感知的知识形态，转换表征为感觉符号知识，再进一步转换表征为神经符号知识。比如，计量仪器把诸如数量、质量、长度、温度、压力、湿度等实体对象的属性转换表征为感觉符号知识；射电望远镜、X光机、引力波探测器等科学仪器，把人类无法感知的知识形态转换表征为图像、曲线、数字等感觉符号知识，最后再转换表征为神经符号知识。

二、符号知识进化或符号知识创新

一般而言，符号知识的进化发生在两个层面，其一是构成符号知识进化系统的各个层级子系统的进化，主要发生在符号知识进化系统的初始构建和修改完善阶段；其二是指符号知识进化系统运行过程中的符号知识进化，一般发生在逻辑推理或数学运算等符号知识进化系统运行期间。

由于符号知识的双态结构，"符号知识进化系统"既包括神经符号知识进化系统，也包括感觉符号知识模型系统。神经符号知识进化系统大致位于人类的大脑皮层，其主要功能是符号知识进化和较短时间存储，而感觉符号知识模型系统存在于纸张等知识载体上，其主要功能是符号知识的传播和较长时间存储。也就是说，我们在头脑中思考问题时用的是神经符号知识进化系统，而说出来或写出来的时候就转换表征为感觉符号知识模型系统。

比如，我们将要对某个问题发表评论，首先会在头脑思考、酝酿，打出腹稿，然后再说出言语，或者写成文字。与此类似，要完成一个计算、求解一个方程、推导一个公式，首先需要把这些视觉符号知识读懂，也就是把感觉符号知识转换表征为神经信号知识，然后在大脑中进行计算、推导或求解，最后把结果转换表征为视觉符号知识。

总的来说，符号知识的进化发生在人类个体的大脑之中，而知识进化的结果能够以感觉符号知识的形态传播和存储。

下面我们在符号知识模型层面来讨论符号知识进化机制，包括符号知识模型的初始构建、符号知识模型的修改完善和符号知识模型的使用运行。

（一）符号知识模型的初始构建

符号知识模型的初始构建是指符号智能实体利用从外部获得和从大脑中提取的神经信号知识或神经符号知识，构建出新的知识模型，并将之转换表征为感觉符号知识模型的过程。

文学家写出一篇小说，数学家推导出一个方程，物理学家发现一个定律，建筑大师画出一幅图纸，画家创作一幅画作，等等，都是构建了一个符号知识模型。

符号知识模型的初始构建方法很多，我们主要讨论三个类别，即模拟法、归纳法和演绎法。

1. 模拟法构建符号知识模型

模拟法构建符号知识模型是指使用神经信号知识构建出模拟神经信号知识模型，并将之转换表征为感觉符号知识模型的过程。

肖像、素描、临摹等绘画艺术就是一个模拟法构建的符号知识模型。比如，本书第一章"向日葵的故事"中，为向日葵实体画出素描画就是用模拟法构建了一个向日葵的视觉符号知识模型。

模拟法构建符号知识模型需要经过四个步骤才能实现，如图 10-19 所示。

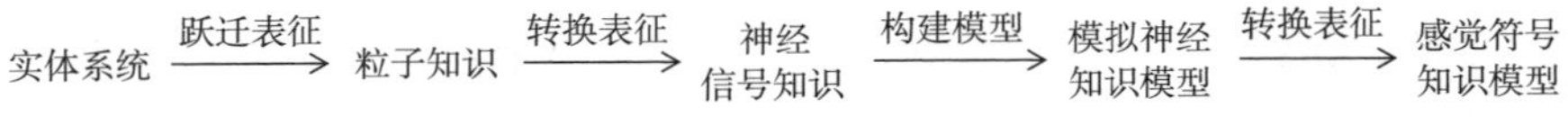

实体系统 —跃迁表征→ 粒子知识 —转换表征→ 神经信号知识 —构建模型→ 模拟神经知识模型 —转换表征→ 感觉符号知识模型

图 10-19　模拟法构建符号知识模型过程

步骤 1：实体跃迁表征为粒子知识。

几乎所有的实体被可见光照射都会形成反射光；有些实体会自己发出可见光，如太阳、火焰、灯泡、萤火虫，等等。上述两种情况都是一个跃迁表征过程，即实体跃迁表征为粒子知识（可见光）。任何实体只有反射或发出可见光，才能被眼睛看到。

步骤 2：粒子知识转换表征为神经信号知识。

进入眼帘的粒子知识（可见光）被人类的视觉系统转换表征为神经信号知识，并沿着视觉神经通路传递至大脑皮层。

步骤 3：构建模拟神经信号知识模型。

表征实体的神经信号知识进入大脑皮层之后，会构建出一个实体的模拟神经信号知识模型。如果此前已经看见过这个实体，就会同时提取存储的相关神经信号知识，然后共同构建出实体的模拟神经信号知识模型。

步骤 4：转换表征为感觉符号知识模型。

人类使用绘画工具，把大脑中的模拟神经信号知识模型转换表征为感觉符号知识模型：一张素描画。

另外，人类大脑还能通过"元素组合＋条件选择→稳态组合体"基本进化模式，利用现有的知识元素、知识单元或知识模型，创造出全新的神经信号知识模型。它们不是对任何实体的知识表征，却同样可以转换表征为图画符号知识模型，甚至可以表达为全新的实体——符号知识表达实体。

比如，神话故事中的人物模型、卡通人物模型、科幻电影中的人物和场景模型等，这些都不是实体世界中现有实体的表征模型，而是在神经信号知识进化系统中创造出来的全新知识模型。

2. 归纳法构建符号知识模型

即使几万年前的古人也应该能注意到，太阳每天早晨从东方升起，傍晚从西方落下，天天如此，从未改变。于是他们很容易就归纳出一条定律：太阳从东方升起，从西方落下。

而一些喜欢在夜晚瞭望星空的人，可能会根据月亮的圆缺变化的规律，归纳出这样一个定律：月亮一个盈缺周期大约为三十天。

如果一个人记忆力足够好，又喜欢思考，还可能发现：天气的冷暖也存在周期变化，虽然间隔时间有点长，完全有可能据此归纳了一个更复杂的"定律"：一年可分四季，即最寒冷的冬季、最炎热的夏季，以及介于两者之间的春季和秋季。

上述三个"定律"加在一起就是一个简单的历法，也是一个宏观实体世界的符号知识模型。我们可以推想，人类最早的历法也许就是这样编制出来的。而这个知识模型的构建方法就是归纳法。

归纳法是对一些重复出现且具有序贯关系的实体对象进行知识表征，然后把这些知识元素构建出一个具有预测功能的知识模型。或者说，归纳法是从个别事例中发现普遍规律，从大量数据中提炼通用法则。

正如著名物理学家戴维·多伊奇（David Deutsch）所说："如果人们反复在相似的条件下得到相似的经验，就理当外推或概括出该模式，并预测这种模式将继续下去。预测每应验一次，它将始终应验的可能性就应当增加一点。这样，人就应该可以根据过去获取有关未来的更可靠认知，并根据特例获取有关普遍规律的更可靠认知。"[24]

确切地说，归纳法建模是指人类在有限时间内，通过对相同或相似的实体系统进行有限次数的知识表征（观察或测量），然后利用所获取的神经符号知识在大脑中依次构建出神经符号知识模型，最后转换表征为感觉符号知识模型，如命题、假设、定律或数学公式等。因此，归纳法构建符号知识模型就是从有限数量的"符号知识—实体系统"复合进化中获取和积累知识，来构建用于预测接下来复合进化的路径和结果的知识模型，具体过程如图 10-20 所示。

实体系统 ——跃迁表征→ 粒子知识 ——转换表征→ 神经符号知识 ——构建模型→ 神经符号知识模型 ——转换表征→ 感觉符号知识模型

图 10-20　归纳法构建符号知识模型过程

人类从日常生产生活的观察和实践中获取经验知识的过程，就是在使用归纳法构建人物、事物、事件等各种实体系统的符号知识模型。从小到预测天气的谚语，大到规划一年 365 天的历法等符号知识模型都是这样构建起来的。

所有科学知识都来源于最基本的命题和假设，而其中的绝大部分都是科学家通过观察和实践，使用归纳法构建出的表征实体世界的符号知识模型。比如，人们使用延伸表征系统中的测量工具对实体系统进行测量，把状态或属性转换为数据、参数等感觉符号知识，构建出具有精确预测功能的符号知识模型，如原子模型、细胞模型、气象模型、宇宙模型等。

由于所有归纳法构建的符号知识模型，都来自于有限次数"符号知识—实体系统"复合进化，如果在未来的某一次复合进化过程中出现与知识模型不匹配的知识表征结果，如黑天鹅事件，那么，这个符号知识模型立刻被"证伪"，以此为基础构建起来的理论体系或被修改，或被弃用。

3. 演绎法构建符号知识模型

演绎法构建符号知识模型是指人类个体通过大脑思维，从现有的一个或多个感觉符号知识模型推导出新的感觉符号知识模型的过程，具体路径如图 10-21 所示。

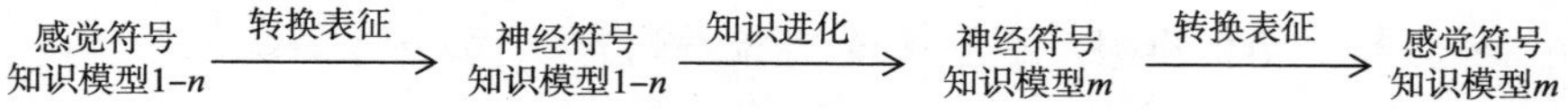

感觉符号　　转换表征　　神经符号　　知识进化　　神经符号　　转换表征　　感觉符号
知识模型1-n ⟶ 知识模型1-n ⟶ 知识模型m ⟶ 知识模型m

图 10-21　演绎法构建符号知识模型过程

逻辑推理中的三段论就是一个典型的演绎法构建符号知识模型过程：由两个命题（感觉符号知识模型 1、2）推导出一个全新的命题（感觉符号知识模型 3）。例如：

现有命题：

每棵树都有根系。

院子里的松柏是树。

推导出来的全新命题：

院子里的松柏有根系。

数学就是从一些简单视觉符号知识模型出发，遵照一些既定的规则，使用演绎法逐层构建出一系列全新的、更复杂的视觉符号知识模型。

比如，古希腊数学家欧几里得所著的《几何原本》，以 23 个关于点、线、面、圆等基本定义，以及 5 条公设、5 条公理，演绎推导出了 465 个命题，构建起了完整的几何体系，也是人类历史上第一个数学公理体系[25]。

演绎法最原始的、作为起点的符号知识模型——定义、公理和公设，不能通过演绎法来获得，只能通过归纳法来构建。

（二）符号知识模型的"进化"

完成初始构建的符号知识模型还需要在后续的"符号知识—实体系统"复合进化过程中接受检验：一个复合进化单元输出的符号知识，与下一个复合进化单元知识表征环节产生的符号知识进行比较，如果二者完全匹配或者匹配程度很高，这个符号知识模型就通过了"条件选择"，可以进入使用运行状态，否则，还需要进行修改、完善，乃至抛弃。也可以说，下一个复合进化单元中的知识表征、知识进化环节也是对上一个复合进化单元中符号知识模型与实体系统的匹配性进行"条件选择"。

在人类的科学探索过程中，很多符号知识模型没能经受住"条件选择"，被彻底抛弃。比如，以地球为中心的宇宙论，解释燃烧现象的燃素说，解释电磁波传播的以太论，等等。

还有一些符号知识模型，不断接受"条件选择"，发现问题后进行修改完善，直到今天仍然被使用运行。比如，生物进化论就经历了这样一个过程。

生物进化的思想萌芽可以追溯到古希腊时代的阿那克西曼德。他认为生命最初由海中软泥产生，这些原始的水生生物演变为陆地生物，再进一步演化为人类和其他动物。

又过了几百年，亚里士多德则提出，生物的演化应该是从非生命开始，然后是植物，最后是动物。其理念与当代生物进化理论大致相似。这应该是最早的关于生物进化的符号知识模型。

这之后的 2000 多年间，另一个来自《圣经》的符号知识模型——神创论——占据了主导地位。人们普遍相信物种是由上帝一个一个地造出来的，而且这些物种一经造出，便不再变化。

直到 1859 年，达尔文《物种起源》一书的出版，标志着第一个系统的生物进化符号知识模型诞生。之后的 100 多年里，包括孟德尔、詹姆斯·沃森（James D. Watson）和弗朗西斯·克里克（Francis Crick）在内的众多科学家，不断拓展、修正、完善这个知识模型，终于形成了今天的现代综合进化论。

（三）符号知识模型的使用运行

符号知识模型的使用运行是指完成初始构建和修改完善的符号知识模型，通过知识进化来解释、预测和规划实体系统进化的过程。

我们在大脑中使用神经符号知识进行问题思考、逻辑推理，以及借助纸笔进行数学运算、公式推导等认知行为，都是在使用运行符号知识模型。

神经符号知识模型只能在一个人的大脑中独立运行，而一旦转换表征为感觉符号知识模型之后，那么不同年代、不同地域的人就可以将之转换表征为自己大脑中的神经符号知识模型来运行。因此，借助感觉符号知识模型，人类可以跨越时间和空间，协同进行符号知识的创造、进化、积累和传承。

符号知识模型使用运行的目的就是模拟和改变实体系统的进化，或者说记录和解释过去、预测和规划未来。

1. 记录和解释过去

使用归纳法构建的符号知识模型，可以对实体系统的过去记录和解释。通过对实体系统进行多次知识表征，记录和积累越来越多的符号知识，然后利用这些符号知识构建出一个能够解释实体系统既往进化过程的符号知识模型。

另外，任何一个符号知识模型都不可能完整"记录"实体系统过去的全部，但仍然可以对其过去进行一定程度的模拟，这就是"解释"。比如，宇宙大爆炸理论（符号知识模型）可以解释宇宙红移现象（实体系统进化）：由于宇宙大爆炸引起星系之间加速远离，从地球上观测大部分星系射出的可见光谱线向低频方向移动。

2. 预测和规划未来

在"符号知识—实体系统"复合进化过程中，人们使用符号知识模型模拟实体系统的进化，由于知识进化速度远远快于实体进化速度，因此，符号知识模型将比实体系统更快完成进化，更早得到进化结果，这样的话，人类就可以提前预判实体系统将要发生的情况，这就是预测的本质。

在"符号知识—实体系统"复合进化的标准模型中，从符号知识进化系统1到符号知识进化系统2的过程是知识进化，所用时间为 T_1；从实体系统1到实体系统2的过程为实体进化，所用时间为 T_2，很显然，T_2 远大于 T_1。也就是说，通过运行符号知识模型，人们可以提前预测实体系统的未来。

在科学领域，很多经典的符号知识模型具有超强的预测能力：牛顿万有引力定律准确地预测太阳系第八大行星——海王星的存在和轨道数据；麦克斯韦方程组预测电磁波的存在和传播速度；爱因斯坦相对论预测了光线在宇宙空间传播过程会受到大质量天体的引力影响产生弯曲，还预测了黑洞和引力波的存在。这些预测都在后来的科学观测中得到了验证，其中引力波是在预测之后近百年才被观测到。

符号知识进化系统预先设计实体系统的进化路径就是规划，而所有的规划都建立在预测的基础之上。人们在符号知识模型中，根据事先设定的选择条件或工作目标，进化出来一个全新的符号知识模型，即一个策略规划。

美国科学哲学家托马斯·库恩在《科学革命的结构》一书中把科学探索过程划分为两个阶段：常规科学和科学革命。常规科学是指坚实地建立在一种或多种过去科学成就基础上的研究工作，库恩称为"解答谜题"，这是绝大多数科学工作者所做的工作；而科学革命是指现有科学范式（Paradigm）遇到不能解释的科学问题而产生危机，然后重新构建一个新的科学范式，比如，牛顿提出三大运动定律和万有引力定律、达尔文创立进化论、爱因斯坦创立相对论等[27]。

如果把科学探索工作与符号知识进化的三个阶段相比，那么科学革命相当于符号知识模型的初始构建阶段，即通过归纳法或演绎法构建全新的符号知识模型（科学范式）；而常规科学则相当于符号知识模型的修改完善和使用运行阶段，科学家们使用这些符号知识模型解决实际问题，同时进行一些修修补补。

三、符号知识表达

符号知识表达是指符号知识进化系统输出的符号知识，通过知识表达系统来改变外部实体系统的进化路径，或者生成全新符号表达实体的过程。

在绝大多数情况下，符号知识表达是由本体表达系统和延伸表达系统共同完成的，或者说，人类的意志大都需要借助工具设备才能变成现实。

在渔猎时代，人类使用渔网、鱼叉、弓箭、标枪等简单的延伸表达系统。

在农耕时代，人类发明了各种生产工具和简单机器等延伸表达系统。

在工业时代，人类发明了蒸汽机、内燃机、车床、汽车、火车、飞机等更为复杂的延伸表达系统。

由于延伸表达系统本身也属于符号知识表达实体范畴，这样就出现了一个正向循环：人类使用简单的延伸表达系统制造出复杂的延伸表达系统，然后使用这些复杂延伸表达系统制造出更为复杂的延伸表达系统。

四、符号实体进化或符号实体创新

这里的实体进化或符号实体创新是指在"符号知识—实体系统"复合进化单元中，"实体系统1"到"实体系统2"的进化。在此过程中，一个粒子实体的基本进化受到符号知识表达的介入，改变了原来的进化路径，产生了不同的进化结果，甚至生成了全新的复合实体。因此，"符号知识—实体系统"复合进化的实体进化可以表示为：

粒子实体（或复合实体）+粒子知识+符号知识→符号知识表达实体

我们以制作牛奶鸡蛋面包为例，来说明"符号知识—实体系统"复合进化中的实体进化过程。

假设我们把面粉、奶粉、鸡蛋、食盐、干酵母、蔗糖、黄油、牛奶和温水等材料，不按比例、不讲顺序，在常温下随机混合，那么这个"基本进化"的结果可想而知。

如果我们按照"牛奶鸡蛋面包的原料配方和制作工艺"来操作，也就是让符号知识参与到上述基本进化过程中，把一个符号知识模型表达为复合实体，那么这个过程就变成了一个复合进化中符号实体进化，或者符号实体创新过程，最终结果是按照符号知识表述的配方，制作出了一块丝滑美味的面包。

参考文献

［1］皮尔斯．论符号［M］．赵星植，译．成都：四川大学出版社，2014：10.

［2］斯蒂文·罗杰·费希尔．语言的历史［M］．北京：中信出版社，2023.

［3］贝尔特·荷尔多布勒，爱德华·威尔逊．蚂蚁的故事：科学探索见闻录［M］．夏侯炳，译．海口：海南出版社，2003：48.

［4］约翰·安德森．认知心理学及其启示［M］．7版．秦裕林，等译．北京：人民邮电出版社，2012：358.

［5］杰拉德·戴蒙德．第三种猩猩：人类的身世与未来［M］．王道还，译．海口：海南出版社，2004：148-151.

［6］David R. Shaffer, Katherine Kipp. 发展心理学［M］．9版．邹泓，等译．北京：中国轻工业出版社，2016：347-371.

［7］David R. Shaffer, Katherine Kipp. 发展心理学［M］．9版．邹泓，等译．北京：中国轻工业出版社，2016：348-372.

［8］本杰明·伯根．我们赖以生存的意义［M］．天津：天津科学技术出版社，2021.

［9］汪宁生．从原始记事到文字发明［J］．考古学报，1981（1）：46.

［10］丹尼丝·施曼特-贝瑟拉．文字起源［M］．王乐洋，译．北京：商务印书馆，2015：12.

［11］埃马努埃尔·阿纳蒂．世界岩画：原始语言［M］．银川：宁夏人民出版社，2017.

［12］丹尼丝·施曼特-贝瑟拉．文字起源［M］．王乐洋，译．北京：商务印书馆，2015：13.

［13］蔡运章，张居中．中华文明的绚丽曙光：论舞阳贾湖发现的卦象文字［J］．中原文物，2003（3）：17-22.

［14］白殿一．生活中的图形标志［M］．北京：中国标准出版社，2006.

［15］菲尔迪南·德·索绪尔．普通语言学教程［M］．高明凯，译．北京：商务印书馆，1999：47.

［16］罗伯特·洛根．字母表效应：拼音文字与西方文明［M］．何道宽，译．上海：复旦大学出版社，2012：2.

［17］吴九龙，等．孙子校释［M］．北京：军事科学出版社，1996.

［18］约翰·H. 林哈德．发明的起源：新机器诞生时代历史的回声［M］．刘淑华，郭威主，译．上海：上海科学技术文献出版社，2011：157.

［19］伊丽莎白·爱森斯坦．作为变革动因的印刷机：早期近代欧洲的传播与文化变革［M］．何道宽，译．北京：北京大学出版社，2010：27.

［20］纳特·西尔弗．信号与噪声［M］．胡晓娇，等译．北京：中信出版社，2013：XIV.

［21］伊丽莎白·爱森斯坦．作为变革动因的印刷机：早期近代欧洲的传播与文化变革［M］．何道宽，译．北京：北京大学出版社，2010：6.

［22］费尔迪南·德·索绪尔．普通语言学教程［M］．北京：中国社会科学出版社，2009.

［23］贾雷德·戴蒙德．枪炮、病菌与钢铁［M］．谢延光，译．上海：上海译文出版社，2000：225-226.

［24］戴维·多伊奇．无穷的开始：世界进步的本源［M］．王艳红，张韵，译．北京：人民邮电出版社，2014：6.

［25］欧几里得．几何原本［M］．重庆：重庆出版社，2014.

第十一章

比特知识创新和比特实体创新：机会和风险并存

本章摘要

比特知识是以某种物质状态的改变来转换表征其他代际知识，进而间接表征实体系统的知识形态，分为模拟比特知识、编码比特知识和量子比特知识。比特知识具有表征、存储、复制、传播、进化和表达共六种属性。比特实体分为比特智能实体和比特表达实体。比特智能实体是由比特知识表征系统、比特知识进化系统和比特知识表达系统构成的复合实体，分为部分功能型（植物型）和完整功能型（动物型）；比特表达实体是指比特知识直接表达产生的复合实体。比特知识创新和比特实体创新可以通过完整功能型比特智能实体的标准"比特知识—实体系统"复合进化来完成，更多情况下是通过"符号知识—比特知识—实体系统"多重复合进化来完成，比如，人们利用计算机、生成式 AI 大模型等部分功能型比特智能实体从事文字编辑、声像处理、产品设计等创造性工作。与人类智能相比，比特智能具有巨大的现实和潜在优势。这种优势既令人类从中受益，也可能成为人类潜在的威胁。

第一节　比特知识和比特实体概况

一、比特知识的定义和分类

比特知识是以某种物质状态的改变来转换表征其他代际知识，进而间接表征实体系统的知识形态。

常见的比特知识包括导线中的脉冲电流、人工调制的电磁波、微型磁粒的磁极方向、半导体芯片中微型晶体管的高低电平，以及电子的自旋、光量子的偏振，等等。

早期的比特知识都是从声音、文字、图像等感觉符号知识转换表征而来，比如，电话机、发报机、计算机等都能把符号知识转换表征为比特知识。计算机和互联网时代的比特知识也被称为大数据，是由计算机、智能终端、物联网设备和各类传感器等比特智能实体的知识表征和知识进化过程所产生。

根据表征方式和表征载体的不同，比特知识大致分为三类，即模拟比特知识、编码比特知识和量子比特知识。

（一）模拟比特知识

模拟比特知识是以某种物质状态的连续变化来模拟表征其他代际知识的知识形态。比如，在电话、广播、电视系统中，用脉冲电流、电磁波的频率或强度连续变化来转换表征听觉符号知识和图画符号知识，此时的脉冲电流或电磁波就属于模拟比特知识。

在 1875 年 6 月的一次试验中，电话之父亚历山大·格雷厄姆·贝尔把一个薄薄金属片和电磁开关连接在一起时，意外地发现声音能引起金属片振动，进而在电磁开关线圈中产生了脉冲电流，而且，电流的强弱可以模拟声音的大小。这股由声音引发的脉冲电流应该是最早的模拟比特知识。贝尔利用这个原理发明了最早的电话系统。

贝尔的电话机由话筒、听筒和连接二者之间的导线组成。话筒把声音信号（听觉符号知识）转换表征为脉冲电流（模拟比特知识）。脉冲电流传送到导线另一端的电话机，由听筒再把脉冲电流（模拟比特知识）转换表征为声音信号（听觉符号知识），如图 11-1 所示。

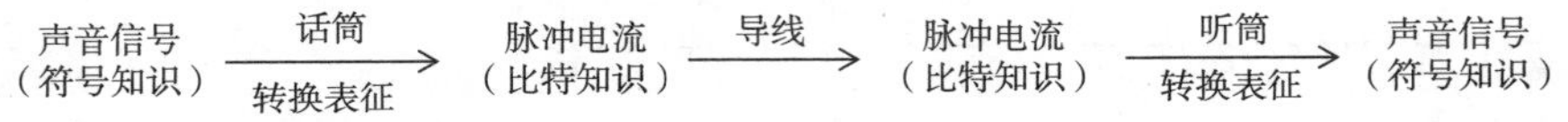

声音信号 ——话筒——→ 脉冲电流 ——导线——→ 脉冲电流 ——听筒——→ 声音信号
（符号知识）转换表征 （比特知识） （比特知识）转换表征 （符号知识）

图 11-1　贝尔电话系统中听觉符号知识与模拟比特知识的转换表征

1906 年，美国物理学家费森登成功地发明无线电广播。无线电广播中的调频和调幅技术就是分别使用电磁波频率和振幅的连续变化来模拟表征声音信号，这种经过人工调制的电磁波也是一种模拟比特知识。

1923 年，美国工程师兹沃雷金发明电子扫描式显像管，能够把图画符号知识转换表征为模拟比特知识，并借此发明了电子扫描式电视系统。

总体来说，电话、广播、电视，以及 20 世纪 80 年代投入商用的第一代移动通信，都是经由话筒、摄像机、调制器等知识转换表征装置，把声音、图像等感觉符号知识，转换表征为脉冲电流或电磁波承载的模拟比特知识，并在导线或空间中以光速传播；接收方通过扬声器、显像管、解调器等知识转换表征装置，再把模拟比特知识转换表征为感觉符号知识。

（二）编码比特知识

编码比特知识是利用一种物质的两种形态对应二进制中的 0 和 1，来编码表征其他代际知识的一种知识形态。

可用于编码表征的物质形态有多种。比如，导线中脉冲电流的强弱或通断、硬盘中微型磁粒的磁极方向、半导体芯片中微型晶体管的电平高低或电流通断、激光束的强弱，乃至 DVD 碟片表面特定点位是否为凹坑等等，都可以成为两个独立的比特知识元素。两个比特知识元素经过持续的层级组合，能够生成近乎无限多的稳态组合体。如果把两种比特知识元素分别对应二进制中的 0 和 1，那么这些物理状态构成的组合体就能够转换表征为 0 和 1 的数字组合，然后再互译表征为文字、图像或声音等感觉符号知识。

最早的编码比特知识应该是萨缪尔·莫尔斯于 1834 年发明的有线电报系统中的脉冲电流。

使用莫尔斯电报机发报时，首先要把电报文本翻译成莫尔斯电码。莫尔斯电码使用"点"和"划"来编码表征电报文本中的字母、数字和标点符号。这是一种二进制编码，与百年之后的计算机数据编码方式非常相似，见表 11-1。

表 11-1　莫尔斯电码表（部分）

字符	电码符号	字符	电码符号	字符	电码符号
A	· —	P	· — — ·	5	· · · · ·
B	— · · ·	Q	— — · —	6	— · · · ·
C	— · — ·	R	· — ·	7	— — · · ·
D	— · ·	S	· · ·	8	— — — · ·
E	·	T	—	9	— — — — ·
F	· · — ·	U	· · —	0	— — — — —
G	— — ·	V	· · · —	?	· · — — · ·
H	· · · ·	W	· — —	/	— · · — ·
I	· ·	X	— · · —	( )	— · — — · —
J	· — — —	Y	— · — —	—	— · · · · —
K	— · —	Z	— — · ·	,	— — · · — —
L	· — · ·	1	· — — — —	:	— — — · · ·
M	— —	2	· · — — —	!	— · — · — ·
N	— ·	3	· · · — —	;	— · — · — ·
O	— — —	4	· · · · —		

莫尔斯电报机由发报端、接收端和导线构成。发报端相当于一个电路开关，短时间接通电路，产生一个短促的电流，对应一个"点"的莫尔斯电码；稍长时间的接通，对应一个"划"的莫尔斯电码。发报员手动控制电路的接通和切断，就把莫尔斯电码中"点"和"划"的排列组合，转换成为"短脉冲电流"和"长脉冲电

流"的排列组合。接收方逆向操作，就把接收到脉冲电流转换表征为"点"和"划"的排列组合，最后互译表征为电报文本。这种电报系统导线中传播的脉冲电流应该是最早的编码比特知识。具体的知识表征和传播如图 11-2 所示。

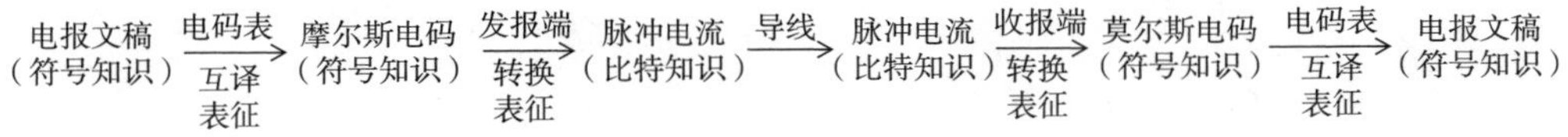

电报文稿 →(互译表征)→ 电码表 →→ 摩尔斯电码 →(转换表征)→ 发报端 →→ 脉冲电流 →导线→ 脉冲电流 →(转换表征)→ 收报端 →→ 莫尔斯电码 →(互译表征)→ 电码表 →→ 电报文稿

（符号知识） （符号知识） （符号知识） （比特知识） （比特知识） （符号知识） （符号知识） （符号知识）

图 11-2　莫尔斯有线电报系统的知识表征和传播示意图

　　莫尔斯电报系统中的脉冲电流是一种仅拥有表征、传播和表达等部分知识属性的编码比特知识，而拥有包括存储、复制和进化属性在内全部知识属性的编码比特知识是与现代数字计算机系统相伴而生的。

　　在 1854 年出版的《思维规律研究》一书中，英国数学家乔治·布尔（George Boole）发明了一种独特的数学语言——布尔逻辑。布尔逻辑将书面语言进一步抽象为更简单的数值和符号，然后使用这些数值和符号来表征逻辑命题并进行数学运算。例如，他把真命题设为二进制的数字 1，假命题设为二进制的数字 0，运算符号则包括"与（and）""或（or）""非（not）"和"如果……那么……（if/then）"等[1]。

　　布尔逻辑把逻辑问题表征为数学函数，或者说把文字符号知识互译表征为数学符号知识，然后进行运算或者知识进化。

　　大约 100 年后，信息论之父，美国数学家克劳德·香农（Claude Shannon）发现，布尔逻辑的数学函数不仅仅能在纸上运算，还可以在继电器电路上进行运算。1938 年，他在自己的硕士论文《继电器与开关电路的符号分析》中写道："继电电路可以进行复杂的数学运算。只要能用有限数量的'如果……那么'、'或''与'等字词描述的操作，都可以用继电器自动完成。"[2]

　　具体做法是，用布尔代数中逻辑变量的"真"和"假"，"是"和"否"，或者二进制数值"1"和"0"，来对应电路开关的"闭合"和"断开"，用逻辑运算符"and"和"or"对应电路的"串联"和"并联"。这样的话，二值的布尔逻辑表达式就可以在开关电路中实现模拟运算了，后来，人们把这种电路称为逻辑电路。

　　例如，我们如果想要实现一个"与"运算，就把两个继电器开关串联，这样只有两个开关同时闭合才能接通电路；如果想要实现一个"或"运算，就把两个继电器开关并联，这样只要闭合一个开关就接通电路。如果把多个继电器开关组合起来，构成一个电路布局，就可以执行更为复杂的逻辑运算。

图 11-3 是几个逻辑门运算规则与逻辑电路通断的对应关系。

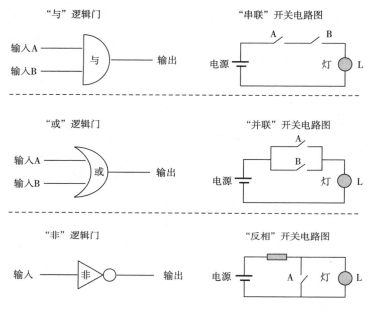

图 11-3 逻辑门运算规则与逻辑电路通断对应关系

"与"逻辑门

只有当一件事的几个条件全部具备之后，这件事才能发生。这种关系叫作"与"逻辑关系。具有"与"逻辑关系对应的逻辑电路是串联电路，见表 11-2。

表 11-2 "与"门逻辑运算与串联开关电路原理对比表

逻辑门运算规则				开关电路原理			
逻辑门	输入 A	输入 B	输出	电路	开关 A	开关 B	电路通断
与	0	0	0	串联	断	断	断
	0	1	0		断	通	断
	1	0	0		通	断	断
	1	1	1		通	通	通

"或" 逻辑门

当一件事的几个条件只要有一个条件满足，这件事就会发生，这种关系叫作"或"逻辑关系。具有"或"逻辑关系对应的逻辑电路是并联电路，见表11-3。

表 11-3　"或"逻辑门运算与并联开关电路原理对比表

逻辑门运算规则				开关电路原理			
逻辑门	输入 A	输入 B	输出	电路	开关 A	开关 B	电路通断
或	0	0	0	并联	断	断	断
	0	1	1		断	通	通
	1	0	1		通	断	通
	1	1	1		通	通	通

"非" 逻辑门

一件事的发生是以其相反的条件为依据的。这种关系叫作"非"逻辑关系。具有"非"逻辑关系对应的逻辑电路是反相开关电路，见表11-4。

表 11-4　"非"门逻辑运算与反相开关电路原理对比表

逻辑门运算规则				开关电路原理			
逻辑门	输入 A	输入 B	输出	电路	开关 A	开关 B	电路通断
非	0		1	反相	断		通
	1		0		通		断

如果把多个串联电路、并联电路和反相电路进行组合，就可以形成体现各种逻辑规则的混合电路，能够进行更为复杂的二进制数值运算，如图11-4所示。

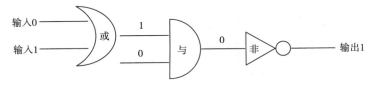

图 11-4　多个逻辑门组合运算示意图

1939 年，美国数学家乔治·斯蒂比兹（George Stibitz）按照香农的想法发明了一种高效的计算工具——复数计算器。其核心是一个由 400 多个继电器组成的逻辑电路，可以进行二进制和逻辑运算[3]。

复数计算器进行运算时，首先要根据运算任务的要求，由人工设定每一个继电器的初始通断状态，构建出相应的逻辑电路。然后，通过打孔卡等输入装置，把需要计算的数学函数转换成脉冲电流后流经逻辑电路，完成数学或逻辑运算，最后输出运算结果。这里的脉冲电流就是进化状态的编码比特知识，其流经逻辑电路中的行为就是比特知识进化，而逻辑电路就是比特知识进化载体。至此，人类不但创造了一种新知识形态，而且创造这种知识的进化载体和进化方式。同时，这台复数计算器基本上实现了图灵计算机的理论构想：一台机器能够自动完成只有人类大脑，有时还需要加上纸笔才能胜任的数学运算和逻辑运算。

总的来说，布尔逻辑把文字符号知识互译表征为数学符号知识，逻辑电路则把数学符号知识转换表征为编码比特知识，并实现知识进化。

事实上，逻辑电路不是实现逻辑运算的唯一方式，只要把两个有差别的且容易相互切换的物理状态有序组合，产生"与""或""非"等逻辑功能，就能够实现逻辑运算。比如，针对水流的通和断这两种物理状态，我们用水管代替导线，用水流代替电流，用阀门代替电路的开关，完全可以构建一个"逻辑水路"，如果空间足够大，甚至可以建造一台"水流计算机"。

现代计算机系统就是在逻辑电路的基础上发展起来的，其核心组成——中央处理器——就相当于复数计算器中的逻辑电路，只是把体型笨重、反应迟钝的继电器换成了体积更小、反应更快的微型晶体管而已。目前最先进的中央处理器中可以容纳几百亿个微型晶体管，或者说，这种中央处理器是由几百亿个电路开关构成的逻辑电路。

（三）量子比特知识

量子比特知识是以量子比特为表征载体的知识形态。

量子比特是量子计算机的基本信息单元，与电子计算机使用的非 0 即 1 的二进制编码表征不同，量子比特能够以两种状态叠加的形式存在（就像著名的"薛定谔的猫"那样）。

编码比特和量子比特可以用"抛硬币"和"转硬币"来比喻：假设我们有一枚硬币，一面是白色，一面是黑色。编码比特相当于把硬币抛到桌面，要么是白面朝上，要么是黑面朝上，是一种非黑即白的确定状态。而量子比特则相当于硬币在桌面上像陀螺一样不停旋转，呈现出不黑不白的灰色，此时相当于量子叠加态——存在无限多个状态。当我们对其进行测量或干预并使之倒在桌面的时候，依然是确定的白面或黑面朝上，这就相当于量子比特被测量时叠加态坍缩，转换为编码比特。

量子比特有多种形态，包括电子自旋、光子偏振、囚禁离子、中性原子、核磁共振等。比如，以电子自旋或光子偏振作为量子比特时，在自然状态下，电子自旋或光子偏振可以是任何方向，这就是量子比特的叠加态；当对其进行测量时，就会坍缩为两种状态中的一种，即垂直方向或水平方向[4]。

相对于编码比特知识，量子比特知识具有两个独特的属性：量子叠加态和量子纠缠。

在编码比特中，二进制中的 0 和 1 分别表征两种截然不同的物理状态，比如，逻辑语句的真和假，高电压电平和低电压电平，电路的接通和切断，电容器的充电状态和不带电状态，等等。

一个量子比特可能是无限多个状态中的某一个——0 和 1 的叠加态，取值有无穷多种可能。当我们想要得到量子比特的信息不得不测量它的时候，就会产生叠加态坍缩，得到的结果仍然是编码比特，即 0 或者 1。

由于量子比特存在叠加状态，在理论上可同时存储 0 或 1 这两种状态，这使得量子比特拥有比编码比特更大的知识表征和知识存储能力。比如，由于 2 的 5 次方等于 32，故具有 5 个编码比特的二进制计算机能表示从 0~31 之间的任何一个数字；而具有 5 个量子比特的量子计算机却可同时表示从 0~31 之间的每个数字。这样的话，相同数量的量子比特知识比编码比特知识转换表征更多的其他形态知识，并把这些知识以量子比特的形态进行存储[4]。

在微观世界里，如果两个量子发生了相互作用，那么它们就建立了某种特殊的"纠缠"关系。在此之后，无论二者相距多么遥远，只要其中一个量子的状态发生变化，另一个量子的状态也立即发生相应的变化，而且传播速度至少比光速快 4 个数量级。阿尔伯特·爱因斯坦称之为"幽灵般的超距作用"[5]。

利用量子纠缠和量子叠加属性，科学家们发明了一种更安全的通信方式——量子通信。在量子通信网络中，如果量子密码被窃听或测量，它的量子状态会立刻发生改变，信息的发送者和接收者发现情况后会立即停止该信道的发送。

逐渐进入公众视野的量子计算机正是利用量子比特知识的叠加原理和纠缠效应，实现知识大量存储和快速进化，极大地提高了对实体系统的模拟和数据运算能力。当前的量子计算机还处在原理验证阶段，需要解决诸如量子纠错、量子模拟和软件编程等重大问题之后，才能制造出有实用价值的通用量子计算机，很多科学家认为这个阶段至少需要 5~10 年的时间。

由于模拟比特知识逐渐被编码比特知识所取代，量子比特知识的理论和应用还不成熟，因此，本章将以编码比特知识为主。如果没有特别说明，"比特知识"和"比特实体"指的就是"编码比特知识"和"编码比特实体"。

二、比特实体的定义和基本属性

比特实体分为比特智能实体和比特表达实体。

（一）比特智能实体

比特智能实体是由比特知识表征系统、比特知识进化系统和比特知识表达系统构成的复合实体。比如，计算机、智能手机、智能家电、自动化生产系统、自动驾驶汽车、无人机、机器人等都属于比特智能实体范畴，如图 11-5 所示。

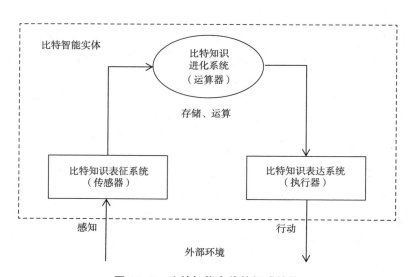

图 11-5　比特智能实体的组成结构

1. 比特知识表征系统

比特智能实体的知识表征系统由各类传感器和信号接收装置组成。

传感器的作用是接收外部环境中实体系统产生的粒子知识，将之转换表征为比特知识之后再传输到比特知识进化系统。传感器有内部传感器和外部传感器之分，内传感器用于测量比特智能实体自身状态，如自动驾驶汽车的水温传感器、位置传感器、速度传感器、加速度传感器等。外部传感器用于测量比特智能实体的外部环境，如自动驾驶汽车的激光雷达，毫米波雷达和可见光摄像头，接近传感器，等等。

信号接收装置的作用是接收和转换人类或其他比特智能实体发出的各种形态的知识信号，包括人类与比特智能实体进行"人机通信"的无线电、红外线、视觉符号和声音信号接收装置，也包括比特智能实体之间进行双向通信的信号接收装置。

相对于人类的知识表征系统，比特智能实体的知识表征系统的表征范围更加广泛。人类视觉系统能够感受到的可见光是波长为400~780纳米的电磁波。如果使用电子显微镜、红外夜视仪、雷达、射电天线望远镜等科学仪器，几乎能把全部波长的电磁波转换表征为比特知识。

2019年4月10日发布的人类首张黑洞照片，是"视界望远镜"（Event Horizon Telescope）团队，使用分布于世界各地的8处毫米波望远镜和亚毫米波望远镜进行同步观测，再经过后期处理制作而成。视界望远镜观测的电磁波长为1.3毫米，是肉眼不可见的电磁波，因此必须对获取的数据进行可视化处理，才能变成我们能看得见的照片[6]。

很多与人类感官表征对象相同或相似的传感器，如声波传感器、温度传感器、气味传感器等，其表征范围和精度都远远超过人类感觉器官。

2. 比特知识进化系统

比特智能实体的知识进化系统是指那些独立存在或内嵌在比特智能实体的各种规格的计算机系统，主要组成为运算器、存储器和软件系统。其作用相当于动物的大脑，负责比特知识的接收、存储、进化和输出。如个人计算机、服务器、超级计算机的CPU、存储器、操作系统和应用软件，以及自动驾驶汽车、无人机的控制系统等。

3. 比特知识表达系统

比特智能实体的知识表达系统是把知识进化系统输出的比特知识序列转化为物

理行为的实体机构，能够把比特知识表达为比特智能实体自身的行为活动，如无人驾驶汽车的驱动行走装置；或者把比特知识转换表征为其他知识形态，如显示屏、打印机；或者把比特知识表达为比特表达实体，如数控机床的加工装置等。

根据知识表征系统、知识进化系统和知识表达系统的功能强弱不同，我们把比特智能实体分成两大类别："部分功能型"比特智能实体（植物型）和"完整功能型"比特智能实体（动物型），见表 11-5。

表 11-5　比特智能实体的分类

比特智能实体类型	特征属性	典型代表	知识表征能力	知识进化能力	知识表达能力
部分功能型（植物型）	拥有较强的知识进化能力和或强或弱的知识表征、知识表达能力	知识进化型，如个人计算机、智能手机、服务器和生成式 AI 大模型等	弱	强	弱
		表征进化型，如扫描仪、数码相机、智能传感器和智能穿戴设备等	强	中	弱
		进化表达型，如数控机床、3D 打印机和自动化生产线	弱	中	强
完整功能型（动物型）	同时拥有较强的知识表征、知识进化和知识表达能力	无人驾驶交通工具，如无人驾驶汽车、无人机、无人舰船等	强	强	强
		工业机器人、服务机器人等	强	强	强
		特种机器人，如无人作战飞机、无人空间探测器等	强	强	强

"部分功能型"比特智能实体

"部分功能型"比特智能实体是指拥有较强的知识进化能力和或强或弱的知识表征、知识表达能力的比特智能实体。

这类比特智能实体具有较强的知识进化能力，以及或强或弱的知识表征和知识表达能力，一般不能进行自主空间移动，因此也可称为植物型比特智能实体。具体包括以下几类：

知识进化型，如个人计算机、智能手机、服务器和生成式 AI 大模型等。其主机作为比特智能实体的知识进化系统，拥有很强的知识进化能力，而其鼠标、键盘、显示屏、耳机和打印机等输入输出设备作为简单的知识表征系统和知识表达系统，只具有较弱的知识表征和知识表达能力。

表征进化型，如扫描仪、数码相机、智能穿戴设备和智能传感器等，主要功能是把其他形态知识转换表征为比特知识，然后对这些比特知识进行较为初级的知识进化。

进化表达型，如数控机床、3D 打印机和自动化生产线等，主要功能是把外部输入的比特知识模型进行一些简单进化处理后表达为复合实体。

"完整功能型" 比特智能实体

我们把同时拥有较强的比特知识表征系统、比特知识进化系统和比特知识表达系统的复合实体称为完整功能型比特智能实体，或者动物型比特智能实体。

这类比特智能实体不但拥有较强的知识表征、知识进化和知识表达能力，还能像动物一样进行自我空间移动、操作外部实体，如自动驾驶汽车、无人机、自主行走机器人等。

自 1939 年乔治·斯蒂比兹（George Stibitz）发明复数计算器以来，比特智能实体已经进化出成千上万个新的"物种"，繁衍出来数以千亿的后代。从个人电脑到超级计算机，从数控机床到 3D 打印机，从智能穿戴设备到智能手机，从智能家电到自动驾驶汽车，从智能音箱到服务机器人，等等，这些功能各异的比特智能实体充斥着我们工作、学习、生活、娱乐等各种场景，无处不在，甚至不可或缺。

另外，与生物进化相比，比特智能实体的进化速度快得超乎想象。基因智能实体从最原始的单细胞生物进化到现代智人，经历了整整 38 亿年；而比特智能实体从第一台电子管计算机进化到可自主移动的机器人，或者打败人类围棋选手的 AlphaGo，只用了短短的 70 年时间。

（二）比特表达实体

比特表达实体是指比特知识直接表达产生的复合实体。比如，数控机床、自动化生产线或 3D 打印机等比特智能实体，依照计算机中的设计图纸（比特知识模型）生产制造出来的复合实体。

比特知识模型转换表征为其他知识形态后表达产生的复合实体不属于比特表达实体范畴。比如，把在计算机中设计的电子模型打印为符号知识形态的纸质图纸，生产人员再根据这份图纸，使用简单工具或机械设备生产出来的产品就不属于比特表达实体，而是符号表达实体。

比特表达实体可以是很简单的产品，如自动生产线加工的螺丝钉、缝衣针或机器零件，也可能是非常复杂的产品，如自动化工厂生产的智能手机、电动汽车，甚至可能是另一个比特智能实体。

随着人工智能、智能制造和工业 4.0 的快速发展，会有越来越多的产品出自于自动化生产系统和 3D 打印设备。也就是说，在未来产生的复合实体中，比特表达实体将占有越来越高的比例。

第二节　比特知识的基本属性

比特知识（这里指编码比特知识）与其他知识形态一样，拥有六大属性：即表征属性、存储属性、复制属性、传播属性、进化属性和表达属性。

一、比特知识的表征属性

比特知识是通过转换表征其他形态知识的方式，来间接表征实体对象。此外，不同格式的比特知识之间可以互译表征。

（一）比特知识的转换表征

比特知识的转换表征包括四种情形，分别为比特知识转换表征粒子知识、比特知识转换表征基因知识、比特知识转换表征信号知识和比特知识转换表征符号知识，如图 11-6 所示。

1. 比特知识转换表征粒子知识

人类的感觉器官能够把电磁波、声波等粒子知识转换表征为神经信号知识，而各类传感器则能把粒子知识转换表征为比特知识。

传感器也称为变换器、换能器、转换器、变送器或探测器等。中华人民共和国国家标准 GB/T 7665—2005 对传感器（transducer/sensor）的定义是：能感受规定的被测量并按照一定的规律转换成可用输出信号的器件或装置。

这里的"被测量"指的是科学技术领域的各种参数，包括物理参数，如温度、压力、光谱、声频、电压、速度等；化学参数，如分子结构、成分、浓度等；生物

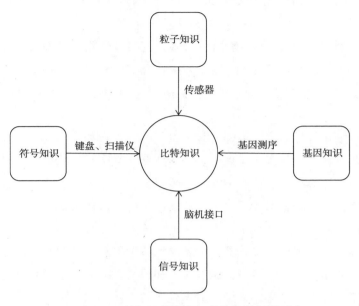

图 11-6 比特知识转换表征其他四种知识形态

参数，如酶、血液成分、血压、心率等；而"输出信号"基本上都是电脉冲信号，也就是编码比特知识，如图 11-7 所示。

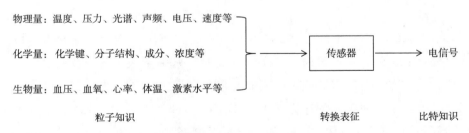

图 11-7 粒子知识转换表征为比特知识

追根溯源，这些物理参数、化学参数和生物参数都属于粒子知识。有的是基本粒子知识，如电磁波；有的是组合粒子知识，即一种或几种自然力共同发生作用的结果，如声波、温度、血压等。传感器的作用就是把粒子知识转换表征为比特知识，以便于在计算机、互联网和物联网中存储、传播、进化和表达。

随着比特智能实体数量快速增长，以及单个比特智能实体知识表征能力快速提高，使得总体的比特知识表征能力和单位时间内产生的比特知识数量呈指数方式增长。

据预测，到 2025 年，全球物联网（IoT）连接智能设备的总安装量预计将达到 754.4 亿[7]。这里的"智能设备"就是内嵌传感器的各类比特智能实体，包括个人计算机、智能手机和智能手环、智能眼镜等可穿戴设备，以及数量巨大的物联网设备。

另外，每个比特智能实体可能安装多个传感器。比如，智能手机中就安装了包括图像、声音、触碰、位置、运动等多个传感器，每台手机每天将产生超过 1GB 的比特知识；一辆普通汽车上就有 100 多个传感器，分别安装在发动机、底盘、车身和灯光电气上，用于测量温度、压力、流量、位置、气体浓度、速度、光亮度、干湿度和距离等，而无人驾驶汽车上的传感器会成倍增加。

也就是说，数以千亿的传感器，把表征实体世界和人类社会的粒子知识时刻不停地转换表征为比特知识，然后，这些粒子知识又在数以千亿比特智能实体组成的物联网中存储、传播和进化，继续创造出更多的比特知识，因此，比特知识的总量将以指数方式急剧增长，我们将迎来一个真正的"比特知识大爆炸时代"。

2. 比特知识转换表征基因知识

使用自动化基因测序仪能够把染色体中 A、T、C、G 这四种 DNA 碱基组成的线性序列，表征为比特知识序列并存储在计算机中，这就是比特知识转换表征基因知识的过程。

第一代基因测序技术的代表是桑格测序法，由英国生物化学家弗雷德里克·桑格（Frederick Sanger）于 1975 年发明。测序过程需要人工逐个读取碱基转化后的显影，其本质是把基因知识转换表征为符号知识。该测量方法冗长复杂、耗时费力，因此，主要使用该测序方法的人类基因组计划（HGP），由来自六个国家的科学家用了 13 年时间才完成第一个人类全基因组图谱，总费用将近 30 亿美元。

当前第三代 DNA 测序仪器采用纳米孔单分子测序技术，原理是基于一种只能容纳单个分子通过的纳米孔，在 A、T、C、G 这四种 DNA 碱基通过时，每种碱基引起的电荷变化有所不同，这种电荷变化则能转换为比特知识。

被称为"全球日生产能力最强"的基因测序仪——中国华大智造研制的超高通量测序仪 DNBSEQ-T20×2，1 天最多可完成 150 例个人全基因组测序，每天转换表征的比特知识总量高达 72TB，个人全基因组测序成本降低至 100 美元以下[8]。

当前，多国科学家已经开始对包括人类在内的多种生物进行更加广泛的基因测序，把海量基因知识转换表征为比特知识，构建比特知识形态的基因数据库。这样，科学家们使用计算机来进行解构分析，把基因组细化为比特知识模型，并寻找每个基因与表型性状的相关性。将来，人类不仅能够破解生命的密码，从基因层面对人类疾病进行检测和干预，甚至重新组合这些基因知识，构建出自然界尚不存在的全新基因组，再表达为自然界从未出现过的新物种。

3. 比特知识转换表征信号知识

在科幻电影《阿凡达》中，地球人通过一种特殊的连接设备，将人类意识进驻遥远的潘多拉星球上的克隆生命体（阿凡达）之中，并完全控制其行为活动。这种"远程意念控制"技术已经在现实生活中部分实现，那就是脑机接口（brain-machine interfaces，BMI）技术。

在正常情况下，人类大脑只有通过运动神经控制肌肉收缩进而带动肢体的行为活动，才能实现信号知识与符号知识或比特知识的转换表征。比如，运动神经控制发音器官，神经信号知识才能转换表征为听觉符号知识；运动神经驱动手臂来挥洒笔墨或敲击键盘，才能把神经信号知识转换表征为文字符号知识或者比特知识。如果一个人的大脑不能控制身体的肌肉收缩，那就失去了向外界输出知识的通路。比如《潜水钟与蝴蝶》一书的作者让·多米尼克·鲍比，以及著名物理学家斯蒂芬·霍金，由于疾病而高位截瘫，运动神经无法通过脊髓向肢体的肌肉细胞发送指令，只能借助眨眼睛来示意字母顺序与外界交流。

脑机接口绕过了人体的运动神经和肌肉系统，直接采集大脑中的神经信号知识，由计算机处理后转换表征为比特知识，然后，这些比特知识再去控制比特智能实体的行为活动。同时，还可以把比特智能实体的行为状态表征为比特知识，转换表征为信号知识后反馈回大脑，这样就构成了一个"双向脑机接口"系统，使大脑能够"意念控制"比特智能实体，如图 11-8 所示。

这里的比特智能实体可能是患者的外骨骼系统或智能轮椅系统，也可能是千里之外的一台机器人。

《脑机穿越》一书的作者，著名神经学家米格尔·尼科莱利斯（Miguel A. Nicolelis）早在 2013 年就利用脑机接口技术，让美国东海岸的一只猴子用自己意念控制远在日本东京的人形机器人 CB-1 进行腿部运动[9]。之后不久，他建造的脑控

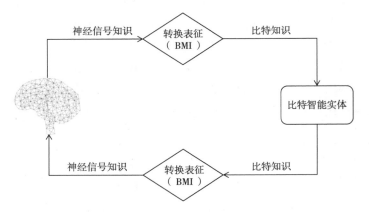

图 11-8　双向脑机接口（BMI）工作原理

骨骼机器人让一个高位截瘫患者为 2014 年世界杯成功开球[10]。

　　也许在未来的某一天，人类依靠更加先进的脑机接口技术，实现大脑中的信号知识与比特智能实体中比特知识之间的快速、精确的双向转换表征，使人类像控制阿凡达那样"意念控制"远在千里万里之外，乃至月球火星上的比特智能实体。

4. 比特知识转换表征符号知识

　　最早出现的比特知识就是比特知识转换表征符号知识的结果。

　　1837 年，萨缪尔·莫尔斯发明的电磁式电报系统的发报端，把莫尔斯码编译的电报文稿转换为导线中的脉冲电流，实现了从符号知识到比特知识的转换表征。然后，收报端再把导线中的比特知识转换表征为符号知识。符号知识与比特知识的双向转换表征功能是电报系统远距离快速传输知识的基础和前提。这种双向转换表征，也应用于之后陆续出现的无线电报、有线电话、移动电话、广播、电视系统中，引发了通信和传播的革命。

　　包括计算机在内的比特智能实体中最原始的比特知识也是由符号知识转换表征而来，这与人类个体出生时大脑中的化学信号知识和神经信号知识由基因知识转换表征而来的情况非常相似。

　　早期的计算机使用打孔卡进行知识输入。打孔卡又称穿孔卡，在纸板上的固定位置打孔来表征数字。读卡器把打孔卡承载的符号知识转换表征为比特知识并输入计算机。

　　计算机键盘发明之后，很快就成为比特知识转换表征符号知识的主要工具。现在，人们已经习惯于通过敲击实体键盘或者触碰屏幕上的虚拟键盘，把头脑中的神经符号知识、纸张上的文字符号知识和账簿中的数学符号知识输入到计算机中，同时也完成了从符号知识到比特知识的转换表征。

之后，人们借助麦克风、扫描仪、数码相机等数码设备，不再依赖人类大脑和双手，以更快的速度把越来越多的听觉符号知识、文字符号知识和图画符号知识转换表征为比特知识。

在当下的移动互联网时代，符号知识"比特化"的趋势更是一发不可收。全球数十亿台智能手机一刻不停地把主人的语音、文字、图像等符号知识"比特化"。

另外，人类个体每时每刻都在使用神经信号知识和神经符号进行思考，有时会把其中极少部分以听觉符号知识的形式与他人分享，或者把其中少之又少部分书写成文字符号知识，因此，与全人类大脑中存储总量相比，被"比特化"的神经信号知识和神经符号知识仅仅是冰山的一角。

（二）比特知识的互译表征

比特知识的互译表征包括不同表征方式、不同知识载体和不同存在状态的比特知识之间的相互表征。下面以模拟比特知识和编码比特知识为例来介绍比特知识的互译表征。

模拟比特知识和编码比特知识有时会共存于一个系统之中，还能够互译表征。比如，电视机顶盒（set top box，STB）能够把有线电视线路中的编码比特知识互译表征为模拟比特知识，使得原有的模拟电视机能够收看数字电视节目。

第一代移动通信系统主要采用模拟技术。具体做法是通过送话器、光电管等传感器，利用正弦波的幅度、频率或相位的变化，或者利用脉冲的幅度、宽度或位置变化，把语音信号调制成连续的电信号，从而把声音信号表征为模拟比特知识，以达到通信的目的[11]。

第二代移动通信系统开始在原有模拟技术基础上，增加了数字通信技术。在通信的发起方，仍然通过传感器把声音信号表征为模拟比特知识，然后使用"模/数转换器"把模拟比特知识互译表征为编码比特知识，编码比特知识以电磁波为介质进行传输。通信的接收方再把编码比特知识互译表征为模拟比特知识。

二、比特知识的存储属性

现代计算机普遍采用冯·诺伊曼架构，即比特知识的进化和存储发生在两个相互独立的实体结构。比特知识的进化载体是运算器，而保存载体则是存储器。比特知识进化开始之前，需要把比特知识从存储器读取并导入运算器，而知识进化的结果还要保存在存储器之中。

比特知识的存储包括三个环节，即写入、保持和读取。其中，写入环节是把比特知识互译表征为一种新的比特知识形态，即存储状态比特知识；保持环节确保存储状态比特知识在一定物理条件下和一定时间范围内维持稳定；读取环节是把存储状态比特知识再互译表征为写入时的比特知识形态。

一般而言，存储状态比特知识由某种实体系统的两种稳定状态来编码表征。比如，在穿孔卡的固定位置上无孔和有孔状态分别表征 0 和 1；在软盘或机械硬盘中，磁性微粒的磁极方向表征 0 和 1；在 CD 或 DVD 碟片上，特定点位有无微型凹坑表征 0 和 1；在闪存或固态硬盘中，微型半导体单元是否充电表征 0 和 1。

穿孔卡是 20 世纪 50~70 年代普遍使用的比特知识存储方式，早已不再使用。根据存储介质不同，目前主流存储器可分为 3 种类型，即磁介质存储器、光介质存储器和半导体介质存储器。

当然，你可以使用任何实体系统的两种或几种稳定状态来发明一种新的比特知识存储器，只要能够快速、稳定和准确地完成知识的写入、保持和读取。

磁介质存储器

磁介质存储器是利用电磁感应和磁性微粒来写入、保持和读取比特知识的存储装置，包括磁带、软盘、硬盘等。

磁带一般用来存储模拟比特知识形态的音频和视频，比如录音带和录像带。软盘存储量太小，已经退出市场，比如 3.5 英寸的软盘存储容量只有 1.44MB。而机械硬盘因其容量大、可靠性高、存取速度快、价格低廉而渐成主流。

机械硬盘

机械硬盘的主体是一张表面涂有微型磁性物质颗粒的金属圆盘，当盘片在马达的驱动下高速旋转时，距离盘片很近的磁头与磁性颗粒发生电磁感应，实现比特知识的写入和读取。

知识的写入过程是比特知识以脉冲电流的形态进入磁头，并在其线圈中产生磁场，这个磁场会改变盘片中磁性微粒的磁极方向，实现了由两种磁极方向（分别代表 0 和 1）的排列组合来转换表征脉冲电流承载的比特知识。

磁头上的电流磁场消失之后，磁性微粒的这种排列状态仍能持久地保持，从而使比特知识在硬盘中得以保存，这就是存储过程中的"保持"环节。

知识的读取是写入的逆向过程，盘片表面的磁场与磁头之间的电磁感应，会产生相应的脉冲电流，从而使写入的比特知识得以还原。硬盘的存储过程如图11-9所示。

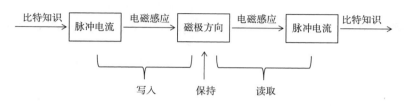

图 11-9　硬盘存储过程的知识转换示意图

光介质存储器

光介质存储器利用光盘表面的凸凹结构存储比特知识，利用激光在光盘表面写入和读取比特知识。根据光盘的结构，光盘主要分为 CD、DVD、蓝光光盘等几种类型，结构和原理基本相似，存储容量分别为 700MB、2.5GB、50GB。

与硬盘存储相似，光盘存储也包括知识的写入、保持和读取三个环节。从本质上看，光盘存储也是一个不同类型的比特知识互译表征的过程。下面是在 DVD 光盘上存取比特知识的过程，如图11-10所示。

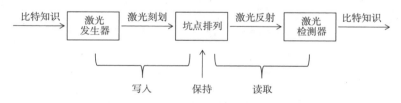

图 11-10　DVD 存储过程的知识转换示意图

知识写入：激光发生器把脉冲电流转换激光束，然后激光束精准照射光盘特定位置，"刻画"出有序的坑点来表征比特知识。

知识保持：光盘表面的坑点可以长时间保持稳定，实现了知识存储的目的。

知识读取：光驱中的激光照射到光盘表面的坑点，反射光经过激光检测器转换成脉冲电流，读取出存储的比特知识。

半导体介质存储器

半导体芯片通常分为两大类：一类是功能芯片，主要用作比特知识进化的载体，比如中央处理器（CPU）、图形处理器（GPU）和 AI 芯片，等等；另一类则是存储芯片，主要用于比特知识存储。

存储芯片又分为 DRAM（动态随机存取存储器）芯片和 Flash（闪存）芯片。

DRAM 普遍应用于计算机的内存，它只有在供电状态下才能保存数据，一旦失去供电，DRAM 存储的信息就会丢失。

闪存芯片根据使用方式不同，可以被制作成多种电子产品，如固态硬盘、存储卡、U 盘等。

不同于磁介质和光介质存储器依托机械运动实现读写的存储技术，半导体介质存储器，完全基于场效应和隧道效应等物理现象，通过改变芯片中晶体管的通断或者电平的高或低来表征二进制中的 1 或 0，从而达到存储比特知识的目的。

半导体介质存储器具有读取速度快、抗震性好、无噪声、体积小、工作温度范围更大等优点。

我们已经知道，基因知识、信号知识和神经符号知识只能存储于智能实体之内细胞和大脑之中，只有感觉符号知识和比特知识才能存储于智能实体之外的存储介质，因此，也只有感觉符号知识和比特知识的存储属性具有可比性。

从存储密度来看，比特知识要比感觉符号知识高出许多，而且这个差距还在不断拉大。如果把一本 20 万字的纸质书籍转换表征为比特知识，占用的存储空间大约为 0.38MB（一个汉字占用 2byte），那么，一张 16G 的存储卡就能存储 4 万多本书籍。

1956 年，IBM 公司制造的第一款硬盘 IBM 350 Ramac，容量不足 5MB。现在个人计算机配置的硬盘很少小于 1TB，4TB 移动硬盘已是稀松平常。可见，在不到 70 年的时间里，硬盘的存储容量增加了近 100 万倍。中国国家图书馆 2020 年的藏书量为 3500 多万册，如果把这些书籍的文本转换表征为比特知识，总量不足 16TB，只需 4 块容量为 4TB 移动硬盘就足以容下。

随着存储密度的持续提高，存储成本持续更低，将有越来越多的比特知识被存储在各类比特智能实体内部存储器或外部存储器，包括由磁盘阵列组成的网络数据中心。自 20 世纪 80 年代以来，世界上的比特知识每三年翻一番。每天都有数千 PB（1PB = 10^{15} byte）的数据被上传到互联网上，其总容量达到了数十 ZB（1ZB =

10^{21} byte)。

此外，在知识的写入、读取效率和精度方面，以及存储时效方面，相较于符号知识、信号知识和基因知识，比特知识都具有无与伦比的优势。

三、比特知识的复制属性

比特知识的复制是一个读写过程：从一个存储器读取比特知识，写入另一个存储器；或者从存储器一个区域读取比特知识，写入同一个存储器的另一个区域。总体来说，比特知识的复制速度、复制精度都远高于文字符号知识，而复制成本几乎可以忽略不计。在互联网上，一个比特知识文件可以在短时间内复制出成千上万个副本并广泛传播。

更为重要的是，比特知识可以在比特智能实体之间快速复制：一台学会自主行驶的智能汽车，或者一架学会自主飞行的无人机，可以瞬间"教会"成千上万个同类，只要把自己的比特知识模型完整地复制到其他比特智能实体的比特知识进化系统即可。

四、比特知识的传播属性

比特知识的传播是指比特智能实体之间相互传输比特知识的过程。比特知识的传播方式可分为有线传播和无线传播。

有线传播是指比特知识通过某种线状实体系统进行传播，包括导线传播和光纤传播等。

无线传播是指比特知识以电磁波的形态在空间中进行传播，电磁波包括无线电波、微波、红外线、可见光、激光等。

相较于基因知识、信号知识、符号知识，比特知识的传播具有速度快、带宽大、距离远等特点。

传播速度：无论有线传播还是无线传播，比特知识都光速或接近光速传播。也许在未来的某一天，量子比特知识能够通过量子纠缠以超过光的传播速度进行传播。

基因知识的传播速度取决于生物个体的空间迁徙速度，有时传播速度非常缓慢，如大部分植物的基因知识；有时传播速度很快，如航空旅客身体内的病毒。

符号知识传播速度取决于传播载体的空间移动速度。听觉符号知识能以音速传播，但传播距离最远不超过数公里。文字符号知识和图画符号知识的传播速度取决于其传播载体的移动速度，从步行到飞行不等。

传播带宽：传播带宽指某种传播通路每秒传播比特知识的比特数量。

假设一个乡镇级邮局每天收发 100 封纸质信件，每封信平均 1000 个汉字，如果每个汉字按 16bit（每个汉字 2 个字节，每个字节 8bit）计算，那么这个邮局传输符号知识的带宽为 18.52bit/秒。

20 世纪 90 年代，电话线拨号上网的带宽为 56Kbit/秒，后来的 ADSL 能达到 512Kbit/秒以上，而以太网则可达到 10Mbit/秒。现在的第五代移动通信（5G）最大带宽已经达到了 20Gbit/秒，光纤通信的最大带宽更是接近 400Gbit/秒。

多个相互传播知识的比特智能实体构成了比特知识传播网络。截止到目前，比特知识传播网络已经非常庞大，接入的比特智能实体总数应该达到千亿级别，而且在呈指数级增长。

接入比特知识传播网络的比特智能实体包括三大类，分别构成网络的三个层次：传统互联网、移动互联网和物联网，如图 11-11 所示。

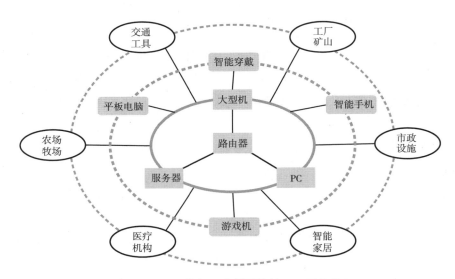

图 11-11　比特知识传播网络的"三层结构"

第一类比特智能实体主要是各类计算机，包括大型机、服务器、路由器、个人电脑，它们组成了传统互联网；

第二类比特智能实体是移动智能设备，包括智能手机、平板电脑、可穿戴智能设备、游戏机等，它们组成了移动互联网；

第三类比特智能实体是新型智能设备，包括智能汽车、智能工厂、智慧城市、智能家居、智能医疗等，它们与所有比特智能实体组成了物联网。

在传统互联网、移动互联网时代，比特知识传播都嵌套在符号知识传播的过程之中，或者说是符号知识传播的一个中间环节，每个比特智能实体都由人类来操作和控制。人们把符号知识转换表征为比特知识进行快速传输，然后把接收到的比特知识转换为符号知识。如电话、短信、电子邮件、视频通话等。进入物联网时代，越来越多的比特智能实体之间可以借助网络传输协议直接通信，不再需要符号知识作为中间媒介进行转换。也许会有这么一天，拥有超级智能的比特智能实体以一种全新的语言相互传播比特知识，人类完全被边缘化或干脆被屏蔽，最终失去对比特知识传播网络的控制。

五、比特知识的进化属性

计算机系统属于部分功能型比特智能实体，由比特知识表征系统（如鼠标、键盘、扫描仪等）、比特知识进化系统（如 CPU、内存、硬盘和软件等）和比特知识表达系统（如显示器、音箱和打印机等）组成，如图 11-12 所示。

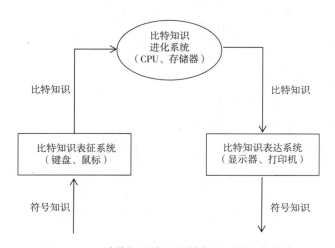

图 11-12　计算机系统是最基本的比特智能实体

计算机的比特知识进化系统由硬件和软件两大部分组成。硬件是计算机赖以工作的实体，包括中央处理器、内部存储器和外部存储器；软件则包括操作系统和应用软件。

计算机系统的运算就是比特知识进化过程。计算机系统接到运算指令后，首先由操作系统将执行运算任务的机器语言程序调入内存，形成一个可执行的程序，即进程；然后再把这个进程调入中央处理器执行运算，也就是机器语言指令转换为微型晶体管在一个个时钟脉冲周期里的通断操作；最后输出的脉冲电流就是运算的结果，也是比特知识进化的结果。

比特知识进化应该从构建比特知识进化系统开始，直到输出进化结果，整个过程分为三个阶段：比特知识进化系统的初始构建、比特知识进化系统的修改完善和比特知识进化系统的使用运行。

比特知识进化系统的初始构建

人类出生时的大脑是受精卵中的遗传物质表达、发育的结果，也就是说，人类初始信号知识进化系统是基因知识转换表征而来。与此类似，初始的比特知识进化系统则是由符号知识转换表征的结果。

所有比特知识进化系统，无论计算机操作系统、应用软件，还是人工智能程序，都是从符号知识转换表征而来。

首先，程序员使用某种编程语言（如 Java、Python 等），把文字语言或数学语言表述的符号知识互译表征为计算机程序代码，然后经过录入、编译，转换表征为比特知识，最终构建出比特知识进化系统，因此，截止到目前，所有的初始比特知识进化系统都是由人工构建的。

比特知识进化系统的修改完善

初始比特知识进化系统一般只具有基本的功能，需要经过修改、完善，或者训练和调参之后才能派上用场，在使用过程中也需要不断地纠错和升级，这个过程也称为比特知识进化系统的进化。

绝大部分比特知识进化系统，如操作系统、应用软件、游戏软件，以及早期的人工智能软件（如专家系统），其修改、完善，或者训练和调参等工作都是由人工操作完成。

比如我们日常使用的个人计算机操作系统和应用软件、手机的操作系统和App、游戏软件、专家系统等，在正式发布之前需要进行无数次测试、修改和完善，在发布之后，还需要持续进行漏洞修补和版本升级。所有这一系列工作都是由编程人员来完成，因此我们把这个过程称为"人工进化"。

有些比特知识进化系统，如一些人工智能软件，能够借助外部输入的比特知识自动完成修改、完善或者参数调整工作，甚至能够在现有比特知识进化系统的框架内构建出新的比特知识模型，我们把这种比特知识进化系统的修改完善方式称为"自动进化"。人工智能领域把这种"自动进化"或自我学习的能力称为"机器学习"。比如深度学习神经网络系统可以通过"自动进化"，学习辨认图像、识别声音、下围棋、玩游戏。比特智能实体在这些领域的智能水平已经超越了人类。

比特知识进化系统的使用运行

比特知识进化系统的使用运行是指一个进入应用阶段的比特知识进化系统模拟或表征一个特定实体系统的进化过程，输出的进化结果可以对实体系统进行解释、预测，甚至可以规划和控制其进化路径，产生我们期望的进化结果。这也是比特知识进化系统真正价值所在。

比特知识进化系统的使用运行过程中，不同类型的比特知识进化系统人工控制程度有所不同，有的完全按照人类指令分步运行，如操作系统、应用软件，我们称之为"人工运行"；有的能在人类设定的目标之下有限度地自动运行，如无人机、无人驾驶汽车的控制系统，我们称为"自动运行"；也许未来会出现某种比特知识进化系统，完全脱离人类控制而"自主运行"。

根据比特知识进化系统的构建、进化和运行三方面的差异，我们把比特知识进化系统大致分为以下三类：

（1）"人工型"比特知识进化系统。特点是"人工构建、人工进化、人工运行"，包括所有由程序员编写、不能自我学习，只能依靠指令运行的比特知识进化系统，包括运行于各类比特智能实体中的操作系统、应用软件和早期的人工智能软件。

（2）"自动型"比特知识进化系统。特点是"人工构建、自动进化、自动运行"，包括各种基于"机器学习"的人工智能软件和"完整功能型"（动物型）比特智能实体的控制系统。

（3）"自主型"比特知识进化系统。特点是"自主构建、自主进化、自主运行"。这是一种未来可能出现的比特智能实体的控制系统。它们完全由比特智能实体自主构建、自主进化和自主运行，完全不受人类操控，甚至超越了人类认知边界。

在接下来的两小节里，我们分别讨论"人工型"比特知识进化系统和"自动型"比特知识进化系统中的知识进化，"自主型"比特知识进化系统将在"比特知识和比特实体的未来"一节中讨论。

(一)"人工型"比特知识进化系统的知识进化

"人工型"比特知识进化系统的特点为"人工构建、人工进化、人工运行"，其范畴涵盖所有由程序员编写、不能自我学习和依靠指令运行的比特知识进化系统，主要包括运行于各类比特智能实体中的操作系统、应用软件和一些早期人工智能软件。

操作系统包括运行在计算机、智能手机、智能家电等各类比特智能实体的操作系统，如微软公司的 Windows、苹果公司的 OS、谷歌公司的安卓系统和华为的鸿蒙系统，等等。

应用软件包括各种计算机应用软件、手机 App 和工业软件，如文字处理软件、电子游戏、社交软件、自动控制软件，以及一些为了解决具体问题而构建的计算机模型，如经济模型、流行病模型、气象模型、电子地图等。

此外，还有一类是早期人工智能系统，如 Cyc 专家系统，IBM"深蓝"国际象棋程序，等等。

1. "人工型"比特知识进化系统的构建

我们已经知道，包括人类在内所有动物的初始信号知识系统，也就是出生时的神经系统，都是受精卵中的基因知识系统转换而来。与之相似，目前所有已知的"人工型"和"自动型"比特知识进化系统的初始状态，都是在人类操控下，由符号知识模型转换表征而来，如图 11-13 所示。

图 11-13　"人工型"和"自动型"比特知识系统的"人工构建"过程

无论是计算机应用软件，还是手机 App，乃至机器学习软件，所有的"人工型"和"自动型"比特知识进化系统的初始构建都是由程序员按部就班地完成，下面是一个典型的构建流程。

第一步是需求分析。在需求发现、需求调研之后，提交一份文字形式的需求报告，也是一个文字符号知识模型。

第二步是算法设计。算法（algorithm）就是一个数学符号知识模型，是把需求报告提出的产品功能、框架和实现方式的文字描述转换为由数学语言构建的符号知识模型。

第三步是计算机编程。程序员使用某种程序语言，把算法编码为计算机程序，并输入计算机，这一过程也实现了从符号知识向比特知识的转换表征。

第四步是编译执行。计算机把程序语言编译为机器语言，控制存储器和处理器中的微型磁极方向和微型晶体管的通断行为，实现比特知识进化系统的存储和运行。

2. "人工型"比特知识进化系统的"进化"

"人工型"比特知识进化系统的"人工进化"与人类选育动植物优良品种的"人工选择"过程非常相似。具体过程包括人工设定选择条件，人工调整组合结构，并把调整组合结构之后产生的稳态组合体与选择条件进行比较，如果满足选择条件，这个比特知识进化系统就进入运行状态或应用阶段；如果未满足选择条件就继续调整组合结构，开始下一个"元素组合+条件选择→稳态组合体"进化循环。

在具体工作之中，"人工进化"包括两个主要阶段：应用之前的测试修改和应用过程中的完善升级。

应用之前的测试修改是一个庞大的系统工程，可以细分为单元测试、功能测试、回归测试、集成测试、性能测试、安全性测试、系统测试、现场测试等。只有通过上述各个阶段的严格测试，并对发现的问题进行修改后，比特知识进化系统才能交付使用。

应用过程中的完善升级则是一个长期的工作。比特知识进化系统在使用过程中会发现漏洞或缺陷，这需要编程人员随时修改；另外，新特性和新需求也会不断出现，比特知识进化系统必须不断提升现有功能、增加新的功能，这些工作都需要"人工进化"来完成。

"人工进化"相较于"自动进化"效率更低、周期更长，但比起之前的符号知识进化系统的进化速度，则不知要快上多少倍。例如，一本纸质书籍，最快也要间隔一两年才出一个新版本，而比特知识进化系统每周，甚至每天都能进行版本升级。

专家系统是通过计算机编程把某一领域的一位或多位专家的专业知识和实践经验，以判断规则和推理引擎的方式构建一个比特知识进化系统，然后使用这个系统来解决该领域的实际问题，如图11-14所示。

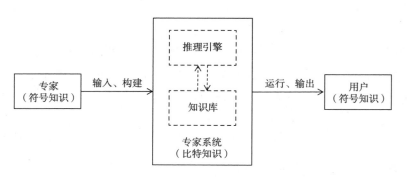

图11-14　"专家系统"的构建和运行示意图

专家系统的进化方式就是通过人机界面，由程序员把专家说出来或者写出来的专业知识，逐条转换、输入到比特知识进化系统，使之不断丰富、完善和优化，直到能够解决具体问题。

耗资巨大、费时超长的 Cyc 项目是一个专家系统的经典案例。20 世纪 80 年代，斯坦福大学教授道格·莱纳特（Doug Lenat）在美国政府和几家大型科技公司的资助下，启动了一个名为 Cyc 的项目，目标是把成千上万条以文字符号知识为载体的人类常识知识转换表征为比特知识，进而构建一个包罗万象的常识知识库（common sense knowledge base，KB），以及一个像人类一样进行逻辑思考的推理引擎。

据 Cyc 项目的官网最新介绍，经过三十多年的软件工程设计和数亿美元的研发投资，Cyc 的知识库已经拥有包括 10000 多个谓词，数百万个集合和概念以及超过 2500 万个断言。与推理引擎结合使用，Cyc 可以迅速证明数万亿比特的现实世界知识。

Cyc 的运行方式之一是推理引擎可以根据一个已知的断言推导出新的断言，从而获取新的可用知识。例如，Cyc 知识库中有这样一个断言："如果管道被挤压，则上游压力会增大，下游压力会减小"，然后把其中的"管道"，换成"静脉血管"

"输油管"或"自来水管"等，推理引擎就能得出新的结论；"如果静脉血管被挤压，则血管上游压力会增大，下游压力会减小。"等等[12]。

Cyc项目是百分之百的"人工进化"，其中的每一条知识、每一个规则都是依靠人工输入，从符号知识逐一转换成比特知识。这种缓慢而低效的方式，对于解决某些专门领域的问题或许小有成效，但是要构建一个无所不包的"常识知识库"似乎力有不逮。

IBM的"深蓝"国际象棋系统是比特知识进化系统通过"人工进化"获得成功的稀缺案例。它在1997年击败了国际象棋世界冠军卡斯帕罗夫。"深蓝"由强大的人类棋手和程序员构建，基于人工调整参数来确定棋步，因此，这个使用"蛮力"获得成功的案例几乎不可复制，原因有三：

首先，IBM投入巨大的人力、物力，向"深蓝"系统输入了70万盘大师级棋局，以及全部5~6个棋子的残局。然后由人类大师级棋手与"深蓝"系统对弈，调整了8000个参数的评价函数，以便把大师们有关国际象棋那些不可言传的宝贵经验，也就是神经信号知识转换并输入到比特知识进化系统。国际象棋是一个非常专一、狭窄的知识领域，而相关知识绝大多数是以符号知识形式存在，因此，"深蓝"团队才有可能收集、转换了几乎所有记录在案的关于国际象棋的符号知识，外加上百名世界级大师的行棋经验。这样一来，"深蓝"系统几乎掌握了有史以来关于国际象棋的全部知识，这一切在其他任何应用领域都难以做到。

其次，"深蓝"系统采用决策树算法，几乎穷尽所有可能的行棋走法。

利用决策树算法，"深蓝"系统会在棋盘的任何一个状态下，穷尽所有的可能走法，然后再根据自身存储的有关国际象棋的海量知识，计算出每一种走法的获胜概率，最后选出获胜概率最大的走法行棋。待对手行棋后，再一次重复上述穷举、计算和选择过程，如图11-15所示。

"深蓝"系统的决策树算法实际上是比特知识的多重进化，每一步行棋都是一次"元素组合+条件选择→稳态组合体"的基本进化循环：

在"深蓝"系统的行棋过程中，每一步棋会有多种走法，可以视每一种走法为一种"元素组合"方式，而通过"竞争型选择"胜出的走法就是"稳态组合体"。

最后是超强的计算能力。国际象棋的棋盘是8×8格，总共有10^{120}种可能的棋局，这类似于层级组合过程中发生的"组合爆炸"，只有算力超群的计算机才能胜任。当时"深蓝"系统使用的是IBM RS 6000 SP2超级计算机，每秒可以计算2

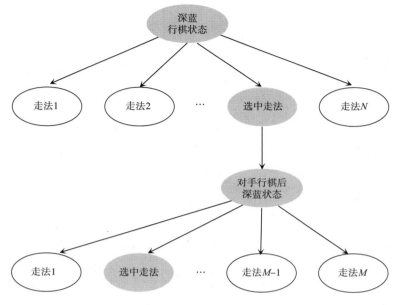

图 11-15 "深蓝"国际象棋系统的构建和运行示意图

亿步。

然而，围棋的棋盘是 19×19 格，总共有 10^{360} 种可能的棋局，现有的计算能力已经无能为力，因此，依靠"人工进化"的比特知识进化系统在围棋对弈中很难战胜人类选手。

3. "人工型"比特知识进化系统的使用运行

"人工运行"是指比特知识进化系统按照人类发出的指令启动、运行和终止运行。操作系统、应用软件和早期人工智能程序都属于"人工运行"比特知识进化系统。

此时此刻，我们使用的 Windows 操作系统和 Word 文字处理软件正在"人工运行"：我们操作键盘、鼠标不停地输入指令，比特知识进化系统予以逐一执行，在此期间，比特知识不断进化，而最终的进化结果就是未来可能变成纸质书籍的比特知识模型。

除了创作编辑文档之外，我们使用计算机软件创作编辑图形图像、音频视频，以及构建 3D 模型、开发电子游戏等，都属于比特知识进化系统的"人工运行"。

我们日常使用的比特智能实体中绝大部分内嵌的是"人工型"比特知识进化系统，需要人工指令才能正常运行。比如，空调、电视、冰箱、洗衣机等家用电器，需要手动开启、关闭和调整参数；平板电脑、手机和可穿戴设备也需要输入指令才能按要求运行。

比特知识进化系统的"人工运行"和"自动运行"是一个相对概念："人工运行"也有"自动运行"的成分，"自动运行"也离不开人工指令。

比如，从普通人工驾驶汽车到完全无人驾驶汽车，"人工运行"和"自动运行"同时存在，但此消彼长。美国机动车工程师学会（society of automotive engineers，SAE）根据汽车驾驶过程中"人工运行"和"自动运行"所占比例的不同，把自动驾驶汽车分为 L0~L5 共六个等级，分别为：人工驾驶、辅助驾驶、部分自动驾驶、有条件自动驾驶、高度自动驾驶和完全自动驾驶。

总体来说，"人工型"比特知识进化系统是人类创造的一种全新的知识系统，能够代替人类大脑完成一些智能性工作，如文字处理软件、电子表格软件、图像处理软件等；也能胜任人类大脑不能完成的工作，如模拟气象变化和核聚变等。

此外，由于"人工型"比特知识进化系统基本上是由符号知识模型转换而来，其进化过程也是由符号知识的输入来驱动，因此，人类很清楚其原理架构、运行机理，便于对其解释和控制。

另外，"人工型"比特知识进化系统也存在一些明显的不足。首先是知识匮乏、进化低效。正如我们在第九章和第十章讨论的那样，人类个体的绝大部分知识是以神经信号知识的形态存在。这些知识"只可意会，不可言传"，其中只有极少部分能够转换为神经符号知识，再有更少部分转换为文字符号知识。与人类个体拥有的神经信号知识相比，能够输出的文字符号知识在数量上不知道要减少了多个数量级。也就是说，在人类大脑中的所有知识中，只有占比极少的神经符号知识才有机会转换表征为比特知识。

其次是"人工型"比特知识进化系统不能自动获取知识，只能依靠人工输入的方式把符号知识转换为比特知识，而这个速度非常有限，一个程序员的平均键盘录入速度在 100~200 字/分钟，每秒只能转换几个 bit 的比特知识。

（二）"自动型"比特知识进化系统的知识进化

"自动型"比特知识进化系统的显著特点是"人工构建、自动进化、自动运行"，其范畴涵盖所有由程序员编写、能够在一定程度上"自我学习"和"自动运行"的软件系统，主要包括基于机器学习的人工智能系统，诸如语言、文字和图像识别系统，谷歌公司的 AlphaGo、OpenAI 公司的 ChatGPT 和华为公司的盘古大模型，以及自动驾驶装置、机器人等"完整功能型"比特智能实体的控制系统。

近年来，随着人工智能的蓬勃发展，"自动型"比特知识进化系统也出现了多种的形式和类型，依据其构建模型的算法和知识进化的机制不同，大致可以分为四个主要流派，即类推学派、贝叶斯学派、进化学派和联结学派。

类推学派

类推学派认为，如果两个实体系统存在某些相似性，那么就可以把表征一个实体系统的知识模型进行相应调整之后，用来表征另一个实体系统，我们可以称之为"模型迁移"；或者，借助知识模型，从两个实体系统已知的相似性，推导出更多的相似性，我们可以称之为"类比推导"。

"模型迁移"思想在科学探索中被经常采用。例如，德国著名物理学家欧姆，利用热量传导和电流传导的相似性，把傅里叶的热传导定理类推到电流传导。其中，电流（I）同热量（Q）相当；电压（U）同温差（ΔT）相当；而电导（$1/R$）同热容量（c_m）相当。最终，从描述热量传导的数学模型 $Q = c_m (\Delta T)$，推导出了描述电流传导的数学模型：$I = U/R$，这就是著名的欧姆定律。还有，英国物理学家欧内斯特·卢瑟福发现了太阳系和原子在组成结构和运行方式方面的相似性，于是，他把原子中围绕原子核旋转的电子比作太阳系中的行星，把原子核比作太阳，提出了我们至今仍在使用的原子结构模型。

"类比推导"思想在以比特知识为基础的数字经济中随处可见。例如，如果两个人喜欢同一部电影，那么很可能还会共同喜欢其他电影；如果某些人购买了同一本书，那么他们很可能还会购买其他相同的书籍。美国奈飞公司（Netflix）和亚马逊公司就是利用这个"类比推导"构建了比特知识进化系统，在其网站上为客户推荐电影和书籍，并获得了巨大的成功。

贝叶斯学派

早在 18 世纪，英国牧师托马斯·贝叶斯就描述了一种表征概率的想法，大约 50 年后，法国天文学家、数学家西蒙·拉普拉斯把这个想法抽象、提炼为一个数学公式，并命名为贝叶斯定理：

$$P(A \mid B) = \frac{P(A) \times P(B \mid A)}{P(B)}$$

其中，P（A｜B）表示事件 B 发生的条件下事件 A 发生的概率，P（A）和 P（B）表示事件 A 和事件 B 发生的基础概率，P（B｜A）表示事件 A 发生的条件下事件 B 发生的概率。

贝叶斯学派认为，事物之间不存在确定的因果关系，而是一种相关性关系，这种相关性通常用概率来表征。或者说，原因发生，结果不会必然发生，而是以某个概率发生。例如，感冒和发烧就不是确定的因果性关系，而是一种相关性关系：感冒不是发烧的唯一原因，发烧也不是感冒的必然结果，因此，医生不能仅凭发烧就判定病人患了感冒。但是，感冒和发烧的确存在相关性，确实有一定比例的感冒患者会发烧。

从知识进化角度来看，贝叶斯学派是在现有知识的基础上构建一个初始知识模型，然后利用新近获取的知识对其进行修改、完善，目的是与其所表征的实体系统更加匹配。正如纳特·希尔弗在《信号与噪声》一书中所写："贝叶斯的理论更像是一种声明，从数学方面和哲学方面表达了我们是如何了解宇宙的：我们通过近似值一点点地模拟并认识宇宙，收集越多的证据，就越接近真理。"[13]

进化学派

早在 1975 年，进化学派的创始人，美国科学家约翰·霍兰德（John Henry Holland）就在《自然系统和人工系统中的适应》一书中提出了进化学派的核心理论——遗传算法。

霍兰德把生命体繁殖过程中的基因突变、基因重组和适应过程表征为比特知识进化系统，并用其模拟生命进化。他用字符串表征不同的基因参与"元素组合"，用组合产生的字符串集，也就是知识组合体来表征染色体；然后，再通过"条件选择"从这些组合体中产生"稳态组合体"；接下来，多个"稳态组合体"再进入新一轮"元素组合+条件选择→稳态组合体"的进化循环。通过计算机编程，人工设定运算规则和选择条件之后，这个进化循环就可以在计算机中自动、反复地运行，直到产生一个满足最终选择条件的字符串集合为止。

从 20 世纪 80 年代开始，遗传算法在一些工程技术领域取得了一定的应用成果。例如，1986 年，斯坦福大学的约翰·科赞（John Koza）使用遗传算法发明了一套高压电流转换电路（用于测试电子设备的装置），比人类发明的同类电路运行得更加精确[14]。

2004年，美国国家航空航天局（NASA）的遗传算法专家罗恩（Jason Lohn）和他的同事，使用遗传算法设计出了新的NASA航天器天线，而这个创新产品竟然还获得了"人类竞争奖"（human competitive award）[15]。

联结学派

联结学派以神经科学的研究成果为基础，认为神经元是人类认知行为的基本单元，而大量神经元联结而成的神经网络是人类智能的物质载体，在这里实现知识的获取、存储和进化。按照这个思路，联结学派首先发明了"人工神经元"——感知器（perceptron）；然后，把多个感知器联结在一起构建出基本的"人工神经网络"；最后，构建出网络层级更多、结构更加复杂、功能更加强大的深度学习神经网络，简称深度学习（deep learning）。

从1943年发明单个神经元的MP模型，到2016年基于深度学习的围棋软件AlphaGo战胜围棋世界冠军李世石；从少有人关注，到成为人工智能的主流算法，联结学派走过了跌宕起伏的70多年。目前，基于人工神经网络构建的比特知识进化系统在众多应用领域都处于领先水平。因此，本节就以人工神经网络为例，探讨"自动型"比特知识进化系统的构建、进化和运行。

1. "自动型"比特知识进化系统的构建

与"人工型"比特知识进化系统一样，"自动型"比特知识进化系统也需要"人工构建"，其过程包括需求分析、算法设计、计算机编程和编译执行四个阶段。

人工神经网络（artificial neural network，ANN）是模仿动物神经系统的结构和机理构建的比特知识进化系统。

生物神经系统的进化过程大致可以分为以下四个阶段。

第一阶段：神经元从普通细胞中特化分离，成为神经信号知识的基本进化单元。

第二阶段：数百至数千万个神经元构成基本神经网络，如线虫、果蝇的神经系统。

第三阶段：数以亿计的神经元构成复杂神经网络，如哺乳动物的中枢神经系统。

第四阶段：近千亿个神经元构成可处理神经符号知识的人类大脑。

人工神经网络的发展路径与生物神经系统大致相似，目前已经走过了"发明人工神经元"和"构建基本人工神经网络"两个阶段，开始进入第三阶段，即"构建复杂人工神经网络"阶段。

第一阶段：发明"人工神经元"——感知器（perceptron）

1943 年，心理学家沃伦·麦卡洛克（Warren McCulloch）和数学家沃尔特·皮茨（Walter Pitts）合作提出了一个数学模型来表征动作电位在神经元中的形成和传播机制，这就是著名的麦卡洛克—皮茨神经元模型（McCulloch-Pitts' neuron model，简称 MP 模型）。MP 模型提出了神经元的神经信号知识的表征形式，证明了单个神经元具有信号知识进化功能，并很好地匹配了神经元输入信号知识、信号知识汇总叠加、规则型选择和信号知识输出等关键环节，唯一的缺陷是不具备学习能力。

1949 年，加拿大心理学家唐纳德·赫布（Donald Hebb）在《行为的组织》一书中提出了著名的赫布定律：神经元之间的突触连接的强度具有可塑性，当突触前神经元向突触后神经元持续释放神经递质，可以导致突触传递效能的增加。这就好像一片草地上走的人多了，就会形成很多小路，而行人最多的那条则有机会成为更宽的主路，这正是大脑学习和记忆的本质。根据赫布定律，我们要记住某件事情最好的办法就是不断重复，因此，熟读、背诵、抄写、练习成为人类学习和记住符号知识的标准模式。

1957 年，美国计算机科学家弗兰克·罗森布拉特（Frank Rosenblatt）基于 MP 模型和赫布定律，模仿生物神经元的结构和功能提出了一个可以模拟人类学习过程的数学模型，并称之为感知器（perceptron），如图 11-16 所示。

感知器相当于一个神经元，其中，"输入量"对应着树突通过突触接收另一个神经元输出的信号知识；"权值"对应着突触传递信号知识的效能强弱，权值大小不一，有正有负，一个正权值代表一个兴奋性连接，一个负权值代表一个抑制性连接；"加和器"对应着神经元细胞体，各个输入量在这里进行加和计算；"阶跃函数"对应着生物神经元的轴突丘，作为"选择条件"决定感知器的"输出量"是"1"还是"0"。

与生物神经元的运行机理相似，感知器的输出取决于所有输入量的叠加，由各输入量的权值来调节。感知器将每个输入量值乘以它的权值，再把所有的结果相加。若相加之和达到设定的阈值，则输出为 1，反之输出为 0。

总的来说，感知器可以独立完成比特知识的储存、进化和输出，是比特知识的基本进化单元，也是人工神经网络的基本构造单元。

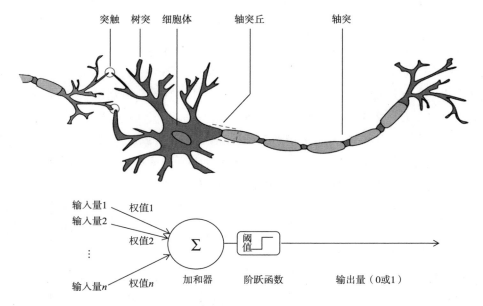

图 11-16　感知器模型与神经元结构和功能对比示意图

第二阶段：构建基本神经网络

　　感知器相当于单个神经元，当面对复杂一点的情况时就力不从心了，因此，人们就尝试用多个感知器构建一个神经网络，与后续发展出来的深度学习神经网络相比，这些神经网络层级较少，结构简单，其中最具代表性的就是前馈神经网络。

　　前馈神经网络（feedforward neural network，FNN）也称为多层感知器（multi-layer perceptron，MLP），是一种较为简单的神经网络。它采用一种单向多层结构，每个感知器只与前一层的感知器相连，接收前一层的知识输出，进化产生的知识输出给下一层，整个网络中无反馈，信号从输入层向输出层单向传播。其中，第 0 层叫输入层，最后一层叫输出层，其他中间层叫作隐藏层。隐藏层可以是一层，也可以是多层。一个典型的多层前馈神经网络如图 11-17 所示。

　　在前馈神经网络中，知识只能在感知器之间单向传递——从输入层开始前向移动，然后通过隐藏层，再到输出层。网络的输出只依赖于当前的输入，没有反馈和回路。这样虽然使神经网络容易训练和学习，但却减弱了网络的表征实体系统的能力，难以处理时序数据，比如视频、语音、文本等。

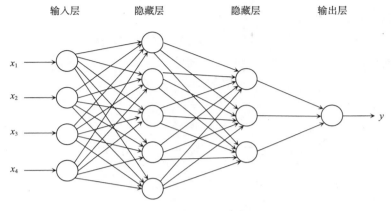

图 11-17　"前馈神经网络"结构

第三阶段：构建复杂神经网络

前馈神经网络之后，科学家们陆续发明了层级更多、功能更强的人工神经网络，如模仿人类大脑皮层视觉系统处理信号知识的卷积神经网络，具有记忆能力和时间维度的循环神经网络。尤其是，杰夫·辛顿（Geoff Hinton）于 2006 年率先提出了深度信念网络（deep belief network，DBN）的概念，人工神经网络进入了深度学习时代。深度信念网络的特点是分层进化，每一层与下一层组成一个新的进化单元，这个单元进化完成后，其中的下一层再与下下一层组成新的进化单元，直到网络的最后一层。

最近几年，基于生成对抗网络、强化学习网络和 Transformer 深度学习框架构建的比特知识进化系统（生成式 AI 大模型），在文案撰写、诗歌创作、视频制作和程序代码编写等诸多领域的智力水平已经达到或超越了人类的水准。

2. "自动型"比特知识进化系统的"进化"

"自动型"比特知识进化系统最突出的特点是能够"自动进化"。随着外部比特知识持续输入，比特知识进化系统自身产生进化行为，包括调整参数或权值、发现规则或规律，甚至构建新的比特知识模型，而不是像"人工型"比特知识进化系统那样，每一条代码都需要人工编写，每一个漏洞都由人工修改，每一次升级都由人工实施。这种自动进化类似于动物大脑的自我学习，因此称为"机器学习"。

人工神经网络是机器学习的重要分支。这一节我们就以人工神经网络为例来探讨"自动型"比特知识进化系统的"自动进化"。

感知器：比特知识的基本进化单元

人工神经网络是模仿生物神经网络构建的比特知识进化系统，而感知器如同生物神经网络中的神经元一样，是最基本的比特知识进化单元，因此，研究人工神经网络的知识进化要从感知器开始，如图 11-18 所示。

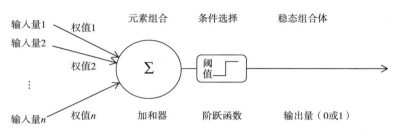

图 11-18　感知器是比特知识的基本进化单元

与神经元一样，感知器可以被视作一个"元素组合＋条件选择→稳态组合体"基本进化单元。如果我们把感知器中"输入量"的数据理解为离散性知识元素的种类，"权值"则相当于知识元素的数量。知识元素在"加和器"中完成"元素组合"，产生的组合体由"阈值"进行条件选择，组合体的数值达到或超过阈值，就输出稳态组合体"1"，否则就输出"0"。

在"元素组合＋条件选择→稳态组合体"基本进化单元中，如果选择条件已经确定，为了产生更多的稳态组合体，需要持续改变组合元素各种构成比例，尽可能多地尝试各种组合可能，直到产生满足选择条件的稳态组合体。

在感知器的训练或学习过程中，这个环节是通过调整权值或调整参数来实现：只要产生的组合体不能满足选择条件，就持续地调整各个输入的权值。对于"人工型"比特知识进化系统，这个工作需要耗时费力的人工操作，而"自动型"比特知识进化系统则可以在一定程度上自动完成，因此这个过程也称为"自动进化"。

卷积神经网络：比特知识的多重基本进化

一般而言，单个感知器中发生的知识进化就是一个"元素组合＋条件选择→稳态组合体"基本进化单元，而由多个感知器构成的人工神经网络中发生的知识进化就是一个多重基本进化。

1981 年诺贝尔医学奖得主休贝尔（David H. Hubel）和维塞尔（Torsten Wiesel）

的研究表明：人脑视觉系统的信息处理在可视皮层是分级的，大脑的工作过程是一个层层表征、不断抽象的过程。视网膜把粒子知识（电磁波）转换表征为神经信号知识（神经脉冲）之后，首先经由区域 V1 初步处理得到边缘和方向特征信息，其次经由区域 V2 的进一步抽象得到轮廓和形状特征信息，继续经由多次表征抽象最后得到更为精细的实体对象的神经信号知识模型。

卷积神经网络（convolutional neural network，CNN）的设计灵感源自上述人脑视觉皮层中神经信号知识的多重基本进化原理，目前主要应用于图像分类，人脸识别，物体识别，图像分割等，其准确率已经超过人类水平。

卷积神经网络包含很多层神经元，层与层之间通过特定的方式连接。在识别图像时，第一层可以轻易地通过比较相邻像素的亮度来识别边缘。有了第一隐藏层描述的边缘，第二隐藏层可以容易地搜索可识别为角和扩展轮廓的边集合。给定第二隐藏层中关于角和轮廓的图像描述，第三隐藏层可以找到轮廓和角的特定集合来检测特定对象的整个部分。最后，根据图像描述中包含的对象部分，可以识别图像中存在的对象[16]。

反向传播：根据输出结果反向调整元素组合

1986 年，大卫·鲁姆哈特（David Rumelhart）和杰弗里·辛顿发表了文章《通过误差传播学习内在表征》（*Learning Internal Representations by Error-Propagation*），其中介绍了当前用于深度学习的"误差的反向传播"（backprop-agation of errors）的学习算法。该算法将比特知识进化系统的输出与预设的结果相比较，然后根据二者之间的"误差"，逐层改变感知器之间的连接权重，直到最初的输入层，目的是使输出的东西接近想要的东西[16]，如图 11-19 所示。

反向传播算法就是把比特知识进化系统的进化结果与选择条件进行比较，根据二者的差距，反向调整神经网络各个层级知识输入的权值，也就是逐层调整知识进化单元中的知识元素构成比例，直到产生满足选择条件的稳态组合体。

反向传播提供了一个动力机制，使得比特知识进化系统在确定了最终选择条件之后，只要有足够的比特知识输入，就能够实现"自动进化"，反复地、自动地调整神经网络各个层级的输入权值至最优状态。

人类在尝试做好某件事情时也经常采用"反向传播"的方法：把行为结果和预设目标进行比较，然后不断地反向调整行为过程的各个环节，使得行为结果越来越接近预期目标。例如，我们尝试创新一道美食时，很少一蹴而就，往往需要经过多

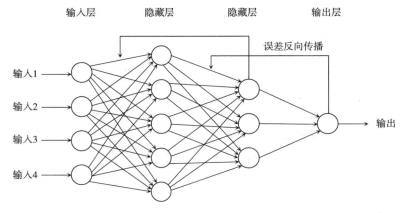

图 11-19　前馈神经网络中"误差反向传播"示意图

次"反向传播"才能如愿：通过品尝来寻找差距，再反过来调整配方、更改流程、拿捏火候，经过多个进化循环，直到满意为止。

生成对抗网络：知识模型之间的协同进化

在生态系统中，随着某个物种的生存能力发生进化，与之具有紧密关系的其他物种也必须进行相应的进化，否则将面临灭顶之灾，这种现象被称为协同进化，或者"进化军备竞赛"（the evolutionary arms race）。例如，在非洲大草原上斑马和狮子之间就是这样：斑马必须进化得更加强壮、奔跑速度更快，才能逃脱狮子猎食；狮子必须进化出足以捕获斑马的捕猎技巧才能生存下来。此外，在病毒与免疫系统之间、细菌与抗生素之间、植物与害虫之间都存在这种"互为选择条件"的协同进化关系。

在深度学习的算法里，生成对抗网络（generative adversarial network，GAN）内部不同的知识模型之间就是一种"进化军备竞赛"关系。

生成对抗网络包括两个具有进化功能的知识模型："生成模型"和"判别模型"。这两个知识模型使用同一组训练样本，而且二者互为选择条件。其中，生成模型利用训练样本重新构建新的样本，比如，依照输入的行人图片来生成新的行人图片；判别模型的任务是生成选择条件，任务是判断生成模型产生的样本与训练样本是否相同，比如，它所见到的图片是训练时输入的行人图片，还是由生成模型创造出来的"赝品"。上述"生成—判别"循环会重复多次，两个知识模型相互对抗和竞争，试图超越对方，从而训练了彼此，也使得整个生成对抗网络得以完成进化。之后，这个比特知识进化系统将以更高的效率、更快的速度，完成一些只有人类才能胜任的创造性工作，例如，学习画家的创作风格进行绘画、从 2D 图片生成 3D 模型，以及把文本文件转换为图像或视频，以及风行一时的 AI 换脸程序 Deepfake，等等。

强化学习：发生在比特知识进化系统内部的"复合进化"

强化学习（reinforcement learning）的基本原理是依靠环境的反馈来调整行为，在不断地交互和试错中学习，是目前最接近人类探索型学习的算法。

我们已经知道，人类探索型学习在本质上就是神经知识系统的复合进化。比如，我们学习走路、骑自行车、游泳，都是复合进化单元的多次迭代的结果，甚至用手端起咖啡杯这样的简单动作，都是一个多次复合进化过程。

强化学习就是在比特知识进化系统内部模拟进行的复合进化。基于强化学习算法构建的比特知识进化系统由两部分组成：智能体（agent）和环境（environment）

智能体是比特知识进化系统中的神经网络或知识模型，具有学习功能，可以接收环境反馈的奖励和惩罚信号，并借此做出决策。一个比特知识进化系统里可以有一个或多个智能体。

这里需要注意，强化学习中的"智能体"与本书使用的"智能实体"概念有所不同。"智能体"指的是比特知识进化系统中的一个或多个知识模型，而"智能实体"则是由知识表征系统、知识进化系统和知识表达系统构成的复合实体。

环境是比特知识进化系统中除智能体以外的所有事物，是智能体交互的对象。环境可能是比特知识进化系统中的除了智能体之外其他知识模型或其他智能体，也可能是比特知识进化系统之外的实体硬件。例如，在自动驾驶汽车中，基于强化学习算法的控制系统就是智能体，而汽车的发动机、底盘、车身和所有传感器都属于环境范畴。

"复合进化"开始时，智能体对自身状态和外部环境一无所知，只能随机采取一个行为，然后根据环境对这个行为的反馈情况来（奖励或惩罚）来改善自己下一步行为，经过数次"复合进化"迭代之后，智能体最终能学到完成相应任务的最佳行为组合。

强化学习算法与深度学习网络相互融合，产生了学习能力更强的比特知识进化系统——深度强化学习。作为一种"自动型"比特知识进化系统，深度强化学习已经在棋牌游戏、自动驾驶和电动游戏等领域取得突破性进展。

比特知识进化系统学习下围棋，需要解决三个问题：规则、探索和评估。规则是指下棋规则，这是游戏存在的基础和前提；探索指的是探索最优棋路；评估则是判断棋路的优劣。

"规则"问题比较容易，"人工进化"就可以完成：通过计算机编程，把符号知识状态的"下棋规则"输入比特知识进化系统。

然后，AlphaGo通过监督学习从人类几千年来积累下来的数百万份棋谱，以及与职业棋手的数百万盘对弈过程中建立对棋局走势及棋步价值的评估体系。

只有"探索"环节完全依靠比特知识进化系统的"自动进化"来完成，主要做法是就是强化学习和自我对弈。

AlphaGo把比特知识进化系统中的一个神经网络作为"智能体"，将下棋规则和监督学习获得的评估系统为"环境"，进行数千万次模拟"复合进化"，获得多个优秀AlphaGo版本。最后，让这些不同版本的AlphaGo相互博弈，通过"竞争型选择"，找出最强版本。

总体来说，作为一个比特知识进化系统，AlphaGo进化过程中的规则、探索、评估三个主要环节中，"规则"环节是不折不扣的"人工进化"，"评估"环节需要在人类符号知识的基础上进行监督学习，是有限程度的"自动进化"，只有"探索"环节是完全的"自动进化"。

从普遍进化论的视角来看，下围棋的过程可以简化为一个"元素组合+条件选择→稳态组合体"基本进化单元，其中，"探索"相当于基本进化单元的"元素组合"环节，"评估"相当于基本进化单元的"条件选择"环节，"规则"则是预先设定的最高层级的选择条件，而每一个评价最优的棋步都是"稳态组合体"，而结局状态则是终极"稳态组合体"。

DeepMind公司后续推出的AlphaGo的升级版本AlphaGo Zero，"自动进化"程度更高，规则、探索、评估这三个进化环节中，"规则"环节尚需要"人工进化"，"探索"和"评估"环节都不需要人工操作，完全依靠强化学习和自我博弈来完成。也就是只需要知道下棋规则，其余的全靠自我学习。

也就是说，AlphaGo Zero在不需要人类的样例或指导，不提供基本规则以外的任何领域知识的情况下，几乎从零开始，在短短几天内创造出超越人类社会几千年间积累的围棋知识。

3. "自动型"比特知识进化系统的运行

"自动型"比特知识进化系统的特点之一是"自动运行"。自动运行是指比特知识进化系统从比特知识表征系统获取比特知识，自动进行比特知识进化，然后把进化结果自动输出到比特知识表达系统，最终表达为比特智能实体的实体行为。比如，各种服务机器人、无人驾驶飞机、自动驾驶汽车中的比特知识进化系统都具有不同程度的自动运行能力。

六、比特知识的表达属性

比特知识的表达通过比特知识表达系统来实现，比特知识表达系统主要包括动力装置和执行机构两大部分。

比特知识表达是指比特智能实体的比特知识进化系统输出的比特知识序列，通过比特知识表达系统中一个或多个动力装置来驱动执行机构，使其空间位置和运动状态等方面发生变化，如数控机床的刀头与零件之间的相对运动、3D打印机喷嘴的空间移动和材料喷射、无人驾驶汽车的车轮转动与转向以及旋翼无人机螺旋桨的旋转与倾斜，等等。这里的动力系统是指能够输出较大功率的独立系统，主要包括电动机、内燃机和喷气发动机。

比特知识表达系统的执行机构会带来三类结果，一是改变比特智能实体的组件或整体的空间位置和运动状态，也就是比特知识表达为比特智能实体自身的行为活动，如自动驾驶交通工具的空间位置、行进方向和运动速度的变化；二是影响外部实体系统的进化路径，使外部实体系统发生局部改变，如工业机器人、服务机器人等对其他实体系统的改变；三是生成全新的比特表达实体，如数控机床和3D打印机制造产品，如图11-20所示。

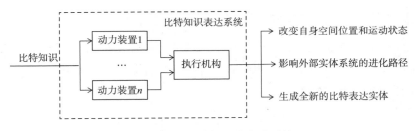

图 11-20 比特知识的表达系统

总的来说，比特知识进化系统输出的比特知识序列，也就是电脉冲信号的功率要比动力系统输出的功率小得多，因此，比特知识的表达也可以理解为"小功率输出"控制"大功率输出"，是一种功率的放大机制。这与动物大脑中的神经脉冲表达为肌肉收缩，以及染色体中碱基的线性序列表达为蛋白质的三维立体结构一样，在本质上都是一种放大行为，或者是在功率上，或者在维度上。

（一）比特知识表达为比特智能实体的行为活动

作为"完整功能型"（动物型）比特智能实体的自动驾驶交通工具，如自动驾驶汽车、无人机、无人舰船等，它们的比特知识进化系统输出的比特知识序列，通过控制动力装置来驱动执行机构产生物理行为，进而改变比特智能实体的组件或整体的空间位置和运动状态。

比如，驱动轮的转动和方向轮的偏转能够改变自动驾驶汽车的行驶速度和方向，螺旋桨的旋转和偏转会改变旋翼无人机的飞行速度和方向，螺旋桨推进器和方向舵的旋转和偏转会改变无人舰船的航行速度和方向，等等。

（二）比特知识表达为外部实体系统的局部变化

比特知识通过动力装置和执行机构，可以影响外部实体系统的进化路径，进而对实体系统带来局部改变。比如，自动化生产线上的工业机器人，能够改变零件的空间位置和运动状态，或者对其进行简单加工。

服务机器人，不仅可以把比特知识表达为自身的行为活动，还可以对特定实体系统带来局部改变。比如，扫地机器人不但能够按照比特知识进化系统规划的路线自我行走，还能完成房间地面的清洁工作。

（三）比特知识表达为比特表达实体

比特知识表达为比特表达实体是指人们使用自动化生产设备，直接把在计算机中的电子图纸，生产、加工为实体产品的过程。"电子图纸"是比特知识进化系统输出的表征产品的比特知识模型，而"自动化生产设备"是内嵌了比特知识进化系统的生产设备，即"进化表达型"比特智能实体。

目前，"进化表达型"比特智能实体可分为三个类别，即数控机床、自动化生产系统和 3D 打印机。

1. 数控机床

数控机床是由专用电子计算装置自动控制的机床，主要由输入装置、数控装置、动力和执行装置等部分组成。

输入装置接收比特知识形态的加工程序和知识模型，其工作方式主要为读取磁带、磁盘、光盘，或者连接局域网、互联网或物联网，或者在控制面板上手工输入。

数控装置就是比特智能实体的知识进化系统，功能是外部输入的比特知识、内部存储的比特知识和执行系统反馈的比特知识共同进化，然后向执行装置发出行为指令。

执行装置就是比特智能实体的知识表达系统，包括动力装置和执行机构，如伺服电动机、速度控制装置、位置控制装置、检测装置和机械传动装置等，功能是把数控装置发出程序指令表达为刀具与工件的相对运动，自动完成零件的加工。

作为一种"进化表达型"比特智能实体，数控机床主要功能是比特知识表达为比特实体，但也具有一定的知识表征和知识进化能力，比如检测装置把工件的位置状态表征为比特知识传送到数控装置，在这里与外部输入和内部存储的比特知识共同进化，然后再把进化结果传送到执行机构。

世界上第一台数控机床是美国飞机制造商帕森斯公司（Parsons）于1952年研制成功的三坐标数控立式铣床，其数控系统采用电子管。目前，数控机床已经发展到第6代的"加工中心"，能够把车、铣、镗、钻等类的工序集中到一台机床来完成，带有刀库和自动换刀装置，内嵌的比特知识进化系统也升级为计算机数字控制（computer numerical control，CNC）系统，简称CNC系统[17]。

2. 自动化生产系统

自动化生产系统是由多个"进化表达型"比特智能实体（如数控机床和工业机器人）和辅助设备组成，按照人类事先输入的程序或指令，在比特知识进化系统控制下，自动完成从原材料到最终产品的全部或部分工艺过程的生产体系。根据自动化的程度不同，自动化生产系统可分为自动化生产线、自动化生产车间和自动化工厂。

自动化生产系统起源于人工连续流水线，所不同的是用比特知识表达系统和比特知识进化系统代替了人类的双手和大脑。主要特点是，机械手或自动传送装置把加工对象从一台数控机床传送到另一台数控机床，并由数控机床自动加工、装卸、检验等；人工任务仅是预先输入或调整比特知识进化系统的程序或指令，监督生产过程，检查、维修设备故障，因此，自动化工厂也称为"无人化工厂"或"智慧工厂"。

自动化生产系统的近期发展目标是德国率先提出的工业4.0，即利用物联信息系统（cyber-physical system，CPS）将生产中的供应、制造和销售信息表征为比特知识，构建比特知识进化系统，然后由这个比特知识进化系统管理、控制全部或绝大部分生产经营活动，实现高效、个性化的产品供应。简单来说，就是用比特知识进化系统代替人类大脑，承担越来越多的人类智能性工作。

3. 3D打印

3D打印是一种以比特知识模型为蓝本，使用粉末或液态等黏合材料，通过逐层打印的方式来构造三维实体的新型产品制造技术。3D打印的制造特点是材料的逐层增加，因此也称为"增材制造"。而在人类以往的制造活动中，大都是"减材制造"，即通过切割原料或模具成型来制造实体产品。

3D打印就是将比特知识模型直接表达为复合实体的过程，产品制造简化为两个相对独立的环节：构建比特知识模型和比特知识模型表达为复合实体。

构建实体对象的比特知识模型

实体对象比特知识模型的构建就是把实体对象的连续性和几何性本质，抽象、表征为离散的二进制比特知识元素，再将这些比特知识元素构建为比特知识模型。

这里的比特知识模型一般为3D电子蓝图或设计文档，是设计人员使用专业设计软件在计算机中创作完成，或者使用3D扫描设备进行比特知识表征来构建。

3D设计软件也称为建模工具软件，如AutoCAD、3DSMax、Maya等常见3D商业设计软件，还有Blender等免费设计软件。

3D扫描就是把实体对象表面反射出来的粒子知识表征为比特知识，再进一步构建为比特知识模型的过程。3D扫描技术可分主动式（active）扫描与被动式（passive）扫描。

主动式扫描是向实体对象人工投射粒子知识，然后对反射回来的粒子知识进行表征、建模。人工投射的粒子知识包括各种频段的电磁波和声波，如激光、可见光、红外线、紫外线、X射线等电磁波和超声波等。

被动式扫描不向实体对象投射任何人工制造的粒子知识，而仅仅是对环境光线的反射光进行表征、建模。

比特知识模型表达为实体对象

3D 打印就是比特知识模型表达为实体对象的过程：3D 打印机的比特知识进化系统（控制模块）根据比特知识模型和工序要求，向执行机构发出系列指令，打印头喷出固体粉末或液态材料，使其固化为一个特殊的平面薄层。第一层固化后，3D 打印机打印头返回，在第一层外部形成第二薄层。第二层固化后，打印头再次返回，并在第二层外部形成第三薄层……如此往复，最终累积成为三维实体。3D 打印机可在无人看管的状态下自动运行[18]。

随着 3D 打印技术的进化，可使用打印材料种类越来越多，如液体、粉末、塑料丝、金属、沙子、木纤维，甚至巧克力、活细胞等。应用范围则涵盖了工业制造、珠宝首饰、玩具设计、机器人、生物医学、建筑与城市规划、食品制作、航空航天、考古科研等诸多领域。

3D 打印是一种颠覆性技术，随着比特知识在微观层次的表征和表达能力的增强，加之比特知识的快速进化和光速传输能力，有可能发展出一种全新的复合进化模式。

假如未来的扫描仪能够从亚原子层级构建实体对象的比特知识模型，然后将之以光速传输至超远距离的一台 3D 打印机上，最后使用亚原子层级的材料把比特知识模型"打印"为三维实体，那么，这个系统不但能像《星际迷航》中的"食物复制机"那样超远距离"复制"食物，而是可以"复制"任何实体。因为在亚原子层级，任何实体，包括人类在内的所有生物体，都是由质子、中子和电子这三种材料构成的。这样的话，只要是有"亚原子 3D 打印机"的地方，就能把比特知识模型"打印"成实体，客观上可以实现任何实体的"完美复制"或"光速转移"。

此外，如果未来的 3D 打印机内嵌"自动型"比特知识进化系统，再通过互联网、物联网、云计算获取海量比特知识和强大算力，调动各种所需的实体资源，然后，通过自我打印，大量繁殖，逐代进化，实现比特智能实体的复合进化："自动型"比特智能实体设计出先进的 3D 打印机，并自行打印、装配，然后，新的 3D 打印机再打印出更加先进的比特智能实体，新的比特智能实体再设计出更先进的 3D 打印机……最后有可能进化出能力和智慧都远超人类的比特智能实体。

第三节　比特知识创新和比特实体创新

比特知识创新和比特实体创新是通过"比特知识—实体系统"复合进化来实

现。其中，完整功能型比特智能实体，如服务机器人、自动驾驶车辆等，在自动运行阶段具有一定的知识创新和实体创新能力；而部分功能型比特智能实体，包括智能手机、个人计算机、服务器和生成式 AI 大模型等，只有在人类主导的"符号知识—比特知识—实体系统"多重复合进化过程来实现知识创新和实体创新。

一、完整功能型比特智能实体的知识创新和实体创新

完整功能型比特智能实体的知识创新和实体创新是指比特智能实体通过比特知识表征系统、比特知识进化系统和比特知识表达系统与外部实体交互作用形成的复合进化，每个复合进化单元包括知识表征、知识进化、知识表达、实体进化共四个主要环节。

这里的比特智能实体指的是拥有比特知识表征、比特知识进化和比特知识表达的完整功能型比特智能实体，如无人驾驶交通工具、自主行走服务机器人和无人空间探测器，等等。这些比特智能实体的自动或半自动工作状态相当于标准"比特知识—实体系统"复合进化。下面我们就以扫地机器人和自动驾驶车辆为例，详细探讨"比特知识—实体系统"复合进化过程。

扫地机器人具有一定的比特知识表征、比特知识进化和比特知识表达能力，能自动完成房间内的地板清洁工作，属于入门级的"完整功能型"比特智能实体。扫地机器人由三大系统组成，即环境感知和信号接收系统、控制系统、移动和吸扫系统，分别对应着比特智能实体的比特知识表征系统、比特知识进化系统和比特知识表达系统。

自动驾驶车辆又称无人驾驶车辆，属于更为复杂的比特智能实体，拥有功能强大的比特知识表征系统、比特知识进化系统和比特知识表达系统，分别负责环境感知、决策规划和动力行走。

驾驶车辆是一项非常复杂的智能行为。人类需要平均花费大约 60 小时才能学会基本的驾驶技能，而遇到特殊情况的紧急处置，不但需要几百万年基因知识积累的本能反应，也需要出生后数十年中社会学习获取的各种常识。自动驾驶车辆的优势在于多维度多角度的环境感知能力和从感知到行动的快速反应能力，弱点是对实体世界知识表征的深度和广度还有待提高。

上述两种比特知识智能实体参与的"比特知识—实体系统"复合进化过程大致相同，每一个复合进化单元均包括四个主要环节：知识表征、知识进化、知识表达

和实体进化。而一次"比特知识—实体系统"复合进化至少需要两个复合进化单元，如图 11-21 所示。

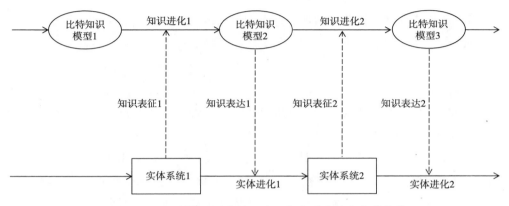

图 11-21 "比特知识—实体系统"复合进化的两个进化单元

（一）知识表征 1

1. 扫地机器人

扫地机器人的知识表征 1 环节主要任务是把扫地机器人的各个传感器和信号装置接收的粒子知识、符号知识转换表征为比特知识，并传送到比特知识进化系统（扫地机器人的控制系统）。

扫地机器人的比特知识表征系统由各类传感器和信号接收装置组成，负责环境感知和信号接收。

传感器相当于扫地机器人的感觉器官，负责把任务空间中的粒子知识转换表征为统一格式的比特知识，并传输到比特知识进化系统，用来构建任务空间的比特知识模型，以及任务设计和路径规划。

扫地机器人采用的传感器主要包括以下几类：

激光雷达：激光器连续发射单束激光，光电元件接收环境实体的反射激光束，计时器测定激光束从发射到接收的时间。这些粒子知识转换表征为比特知识输入比特知识进化系统，可以计算出扫地机器人与目标实体之间的距离。比特知识进化系统接收大量此类比特知识后，可构建任务空间的比特知识模型，或称为电子地图，进行任务设计和路径规划。

视觉传感器：利用扫地机器人顶部的摄像头对任务空间进行连续拍照，把可见光粒子知识转换表征为比特知识，结合红外线传感器的测距功能，可用于比特知识进化系统构建任务空间的比特知识模型，进行任务设计和路径规划。

超声波传感器：可以持续向任务空间发射超声波信号，接收器利用反射回来的信号判断前方障碍物的大小和距离，信号转换表征为比特知识后，比特知识进化系统可据此计算出前方地面高度，向知识表达系统发出适当指令，防止扫地机器人在楼梯上跌落。

压力传感器：能够灵敏感应轻微接触，把压力信号转换表征为比特知识传输到比特知识进化系统，防止扫地机器人在各个方向上发生碰撞、卡住。

电子罗盘传感器：通过磁场感应，准确识别人类感知不到的虚拟墙（人工磁场），使扫地机器人避开特定的区域，如宝宝活动区、零食区和餐桌附近区域等。

信号接收装置：扫地机器人属于半自主比特智能实体，还需要接收人类控制指令。这些指令以红外线、Wi-Fi信号或蓝牙信号等比特知识形态发出，或者在控制面板上的键盘输入。信号接收装置把这些粒子知识转换表征为统一格式的比特知识后传输到比特知识进化系统。有的信号接收装置还能够接收和转换自然语言和手势信号等符号知识。

2. 自动驾驶车辆

自动驾驶车辆的知识表征1由比特知识表征系统完成，主要任务包括环境感知、地图定位和外部通信。

环境感知是指比特知识表征系统把与自动驾驶车辆相关的外部实体对象发出或反射的粒子知识转换表征为比特知识，然后把这些比特知识传输到比特知识进化系统。

比特知识表征系统包括摄像头、激光雷达、毫米波雷达和超声波雷达等，需要表征的外部实体对象包括道路、车辆、行人、障碍、标志等。

不同品牌的自动驾驶车辆的比特知识表征系统的组成有所区别。比如，特斯拉的自动驾驶汽车采用纯视觉方式来表征实体世界，采用八个摄像头分布在车体四周，其中，车身前部有三个摄像头，左右两侧各有两个摄像头，车身后部有一个后视摄像头，可实现360度无死角全局视野。与绝大多数品牌的自动驾驶汽车相似，极狐阿尔法S的比特知识表征系统配置了3个激光雷达（左前、右前以及中间）、13个摄像头、6个毫米波雷达和12个超声波雷达。

地图定位是指自动驾驶车辆通过比特知识表征系统接收 GPS、北斗等卫星导航系统的定位信号，把自动驾驶车辆在实体世界的空间位置和运动状态转换表征为比特知识，并显示电子地图中自动驾驶车辆的位置和状态。

外部通信是指自动驾驶车辆能够与人类或其他比特智能实体进行互动或通信，比如，自动驾驶车辆通过比特知识表征系统实现人机互动、车路协同、车与车通信等。

更为复杂的比特智能实体，如服务机器人、特种机器人等，它们的比特知识表征系统更为复杂，分为内部表征系统和外部表征系统。其中，内部表征系统用于测量机器人自身状态，包括位置传感器、速度传感器、加速度传感器、压力传感器等。而外部表征系统用于测量与机器人作业有关的外部环境，如视觉传感器、超声波传感器、红外线传感器、接近传感器等。

总之，比特知识表征系统是比特智能实体获取外部知识的通道，知识表征环节转换表征生成的比特知识是比特智能实体知识进化的源泉，也是决策和规划的依据。

（二）知识进化 1

1. 扫地机器人

扫地机器人的知识进化由比特知识进化系统（控制系统）完成，包括比特知识进化系统的构建、进化和运行三个阶段。

比特知识进化系统是扫地机器人的"大脑"，由处理器和存储器等硬件系统和软件组成，作用是接收知识表征系统输入的比特知识，完成知识进化，最后把进化结果输出到比特知识表达系统，转化为扫地机器人的空间移动和清扫行为。

一般而言，扫地机器人的比特知识进化系统属于初级"自动型"，能够做到"人工初始构建，部分自动进化，部分自动运行"。

扫地机器人的比特知识进化系统属于"人工初始构建"，是由人工编写符号知识形态的计算机程序，然后经过录入、编译转换为比特知识进化系统，存储于比特知识进化系统的存储器。

扫地机器人的比特知识进化系统属于"部分自动进化"。早期扫地机器人初始比特知识进化系统的修改、完善，也就是比特知识进化系统的进化基本上是人工完成，现在有些先进产品的比特知识进化系统已经具有一定自动进化能力。

比如，采用 SLAM（simultaneous localization and mapping，即时定位与地图构建）技术进行路径规划和自主导航。SLAM 是扫地机器人通过激光雷达或视觉摄像头把任务空间中实体系统产生的粒子知识转换表征为比特知识，输入比特知识进化系统，构建出任务空间和自身位置的比特知识模型。再结合表征系统对周围环境实时表征获取的比特知识，比特知识进化系统就能够创建出清洁地图，让扫地机器人"知道"当前机器所处位置、哪些地方已清理、哪些地方未清理以及下一步的路径规划等。

扫地机器人的比特知识进化系统运行属于"部分自动运行"。扫地机器人比特知识进化系统的运行方式包括指令运行和自动运行，人类设定任务，或者紧急干预时属于指令运行，接下来的清洁工作属于自动运行。

2. 自动驾驶车辆

与其他比特智能实体一样，自动驾驶车辆的知识进化也分为三个阶段，即比特知识进化系统的构建、进化和运行。当前，自动驾驶车辆的知识进化还处于"部分自主构建，基本自动进化，部分自主运行"阶段。

首先，所有自动驾驶车辆的比特知识进化系统的基础部分，如操作系统、算法模型和电子地图等由人工编程构建，而环境实体模型、规划策略等则由比特知识进化系统在训练和运行过程中自主构建。

比如，特斯拉自动驾驶汽车的比特知识表征系统（8 个摄像头）转换表征实体世界获得的比特知识传输至比特知识进化系统（全自动驾驶软件，FSD），并构建出三维向量空间的比特知识模型。其中包括汽车、行人、建筑物、道路、交通标识、红绿灯等环境实体的坐标位置、方向角、距离、速度、加速度等状态参数。

其次，自动驾驶车辆的比特知识进化系统的"基本自动进化"包括两个方面：

一是数以十万百万的自动驾驶车辆，把运行过程中获得的比特知识传输到超级计算机，通过那里的深度学习神经网络对比特知识进化系统进行"训练"，然后再把升级后的版本推送至所有的自动驾驶车辆。一般而言，用于训练神经网络的超级计算机都具有强大的算力，比如，小鹏汽车的"扶摇"和特斯拉的 Dojo，它们的浮点运算能力都达到了每秒近百亿亿次级别。从 2021 年到 2022 年的两届 Tesla AI Day 之间，特斯拉的超级计算机 Dojo 共训练了 7.5 万个神经网络模型，比特知识进化系统进行了 35 次版本升级。

二是很多自动驾驶车辆企业还对比特知识进化系统进行仿真训练。

谷歌公司专门构建了一个实体世界的虚拟仿真空间，来加速比特知识进化系统（Waymo）的能力训练。Waymo 在模拟器中平均每天运行 25000 辆虚拟汽车，每天虚拟行驶总里程近 1000 万英里，总计已经虚拟运行了数百亿公里。

最后，"基本自主运行"是指比特知识进化系统通过比特知识表征系统输入的比特知识进行环境感知和理解，预测周围环境中实体对象的未来行为，并据此规划自身行为策略，最后把指令传输至比特知识表达系统。

华为自动驾驶汽车的比特知识进化系统（MDC）包括三种自动驾驶模式：NCA 模式、ICA 模式和 ICA+模式。

NCA 模式：只需要在高精度电子地图中输入目的地，可一键开启自动巡航，自动驾驶车辆便自动驶向目的地。

ICA 模式：自动驾驶车辆具有实时构建电子地图的能力，在不依赖事先绘制的高精度电子地图的情况下，进行自适应巡航。

ICA+模式：这种模式介于 NCA 与 ICA 之间，本身不依赖高精度地图，但具有自学习能力，随着自身驾驶数据和环境数据的积累会越来越向 NCA 模式靠拢[19]。

另外，有些汽车型号，比如谷歌的自动驾驶出租车和百度的"萝卜快跑"已经实现"基本自主运行"。在划定的行驶范围内，乘客通过手机 app 设定上车地点和目标地点，它们就会应邀而至，把乘客送至目标地点，正常情况下，全程不需要人类干预。

（三）知识表达 1

1. 扫地机器人

扫地机器人的比特知识表达系统由动力机构、行走机构和清洁机构组成，作用是把比特知识进化系统输出的比特知识序列，转化为比特智能实体自身空间位置和运动状态的变化，同时也改变任务空间实体系统的进化路径，最终目标是自动完成预定的清洁任务。

动力机构一般为一台或多台电动机，为行走机构和清洁机构提供动力。

行走机构按照比特知识进化系统发出的指令，由电机驱动来实现扫地机器人的行进和转向。

清洁机构一般由清扫、吸尘和擦地三部分组成。清扫装置由电动机带动清扫刷旋转，将灰尘集中于吸风口处，为吸尘装置的工作做准备；吸尘装置由电动机带动真空泵将灰尘吸入灰尘储存箱中；擦地装置利用安装在壳体下面的清洁布擦除残留在地面上的细小灰尘和污渍。

2. 自动驾驶车辆

自动驾驶车辆的知识表达是指比特知识表达系统把比特知识进化系统输出的比特知识序列，转化为比特智能实体（自动驾驶车辆）的自身空间位置和运动状态的变化。

自动驾驶车辆的比特知识表达系统由动力机构、传动机构、行驶机构组成。其中，动力机构一般由燃油发动机或蓄电池和电动机组成，传动机构和行驶机构与传统汽车的实体结构基本相同，只是从"人为控制"改为"比特控制"，即由比特知识序列来控制汽车的前进、后退、转向和制动等行驶活动。

（四）实体进化 1

一般而言，"比特知识—实体系统"复合进化的实体进化可能会有 3 种情形，即比特知识表达为比特智能实体自身的行为活动、外部环境的实体系统发生局部改变和生成全新的比特表达实体。

扫地机器人的"比特知识—实体系统"复合进化的实体进化包括上述前两种情形，一是扫地机器人按着控制指令在任务空间中有序移动，二是扫地机器人的清洁机构对任务空间进行清扫、吸尘和擦地，实质上对任务空间实体系统的局部状态带来了改变。

自动驾驶车辆的"比特知识—实体系统"复合进化的实体进化比较简单，如果不发生意外，只是改变了自动驾驶车辆自身和所搭载乘客或货物的空间位置。

（五）知识表征 2

一般而言，扫地机器人和自动驾驶车辆的比特知识表征系统会实时监测比特知识表达系统的执行结果和比特智能实体的当前状态，并把监测结果转换表征为比特知识并传输至比特知识进化系统。

（六）知识进化 2

扫地机器人和自动驾驶车辆通过知识表征 2，把比特知识表达系统的执行结果和比特智能实体的当前状态转换表征为比特知识，与比特知识进化系统产生的预测结果或者目标数据进行比较，来检验比特知识进化与实体进化的匹配情况，然后再根据检验结果调整、修改比特知识进化系统，最后向比特知识表达系统发出新的控制指令。

（七） 知识表达2和实体进化2

知识表达2和实体进化2与知识表达1和实体进化1基本相同，请参照上文。

二、部分功能型比特智能实体通过多重复合进化的知识创新和实体创新

本节重点介绍部分功能型比特智能实体，比如智能手机、个人计算机和生成式AI大模型等，在人类主导的"符号知识—比特知识—实体系统"多重复合进化中的知识创新和实体创新。

在计算机出现之前，生产制造一件新产品的基本流程为：产品创意、设计图纸和加工制造，这是一个"信号知识—符号知识—实体系统"多重复合进化过程。

在计算机出现后的早期阶段，人们用计算机代替手工设计图纸，然后再将它们打印出来用于生产制造，这是一个"比特知识—符号知识—实体系统"多重复合进化过程，如图11-22所示。

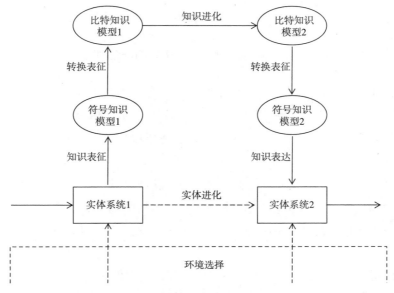

图11-22 "比特知识—符号知识—实体系统"多重复合进化示意图

在当代的智能工厂里，工程师们采用 MBD（model based definition）技术，首先把产品创意的几何属性、工艺属性、质量检测属性以及管理属性等信息经过概念化和数值化，即把各种属性表征为符号知识；然后再把这些符号知识转换表征为比特知识，并完整准确地定义一个比特知识模型；最后，比特知识模型被传输给自动生产线或 3D 打印等比特智能实体，在那里表达为复合实体，如图 11-23 所示。

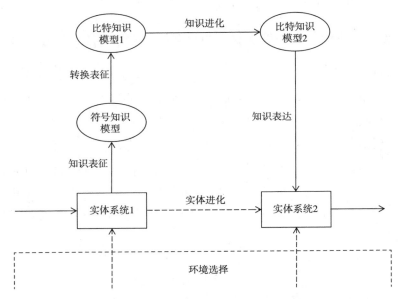

图 11-23　"符号知识—比特知识—实体系统"多重复合进化示意图

当前，如日中天的生成式 AI 大模型，如 OpenAI 公司的 ChatGPT、百度的"文心一言"、华为的盘古大模型、阿里巴巴的"通义千问"、科大讯飞的"星火"等，都属于部分功能型比特智能实体。它们的知识表征和知识表达能力较弱，却具有非常强大的知识进化能力。

人们可以通过自然语言与其聊天、交流，或者对其下达指令，完成文案、报告、摘要和邮件的撰写，诗歌、图画、音乐和视频的创作，甚至还能编写程序代码，这是一个比特智能实体通过多重复合进化实现知识创新的过程，如图 11-24 所示。

往简单了说，生成式 AI 大模型中的比特知识进化就是一个由多个"元素组合+条件选择→稳态组合体"基本进化单元组成的进化过程。

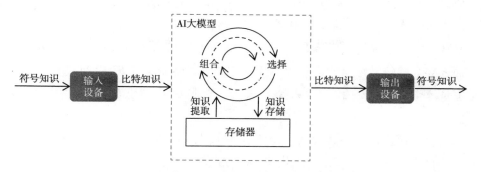

图 11-24　生成式 AI 大模型通过多重复合进化实现知识创新示意图

下面以 ChatGPT 为例来说明这个过程：

首先，ChatGPT 要"学习"很多比特化的符号知识，并从中获取各种词组、短语、句子、段落等多个层次组合出现的概率，也可以理解为"组合规律"。

其次，ChatGPT 要通过"内置规则"，来剔除不符合人类需求的组合，这就是条件选择。

这些内置规则可能是在编程时人工设定的，也可能是 ChatGPT 通过学习人工标注的语料学会的。

比如，人们把一些涉及暴力、色情等词汇进行标注，告诉 ChatGPT 这些词汇不能接收和输出。

最后，专业人员再对 ChatGPT 输出的结果进行评判，告诉 ChatGPT 哪些是正确的，哪些是错误的，这样就使得 ChatGPT 的产出和人类的常识、认知、需求、价值观保持一致。

总之，ChatGPT 的知识创造过程就是一个比特化符号知识的"组合""选择"过程，即比特知识的基本进化过程。

与人类通过大脑进行符号知识创新相比，生成式 AI 大模型通过多重复合进化的知识创新具有三大优势：

首先，知识丰富，能力全面：生成式 AI 大模型的训练数据大都在数百个 TB 水平，其中包括来自新闻、博客、社交媒体的内容。随着越来越多的语音、文字和图像（符号知识）转换为大数据（比特知识），生成式 AI 大模型也变得越来越"博学多能"。

所以，生成式 AI 大模型不但"记住"的知识量远超人类，而且还是一个多面手，能写诗、作画，还能编程、作曲。

其次，算力强大，产出高效：计算机每秒可以执行的基本操作次数超过百亿次，而人类大脑每秒钟只能进行大约 100 次操作，因此，生成式 AI 大模型能够快速地完成多样化任务。比如，人类几天画一幅画，它可以在几秒钟内产生数张画作。

最后，快速进化，快速迭代：由于比特知识进化速度远超信号知识和符号知识，因此，生成式 AI 大模型的迭代速度往往超乎人们的想象。

另一方面，生成式 AI 大模型也有其局限性，那就是脱离实际，纸上谈兵。

人类是一个复合型智能实体，不但拥有符号智能，还同时拥有信号智能和基因智能。

人类在突发情况下，或者做出重大决策时，或者在生死攸关时刻，起决定作用的往往不是符号智能，而是信号智能或基因智能。

信号智能或基因智能的决策依据是几百万年，乃至几十亿年的进化积累，这样的决策更具有大局观，更能经得住时间的考验。

比如，我们紧急避险的本能快速而有效，此时没有经过符号知识的逻辑思考，而是信号知识在发挥作用。

父母在危机情况下拼死保护子女的行为动机，不大可能来自符号知识的逻辑推理，更可能源于"自私的基因"。

更为重要的是，人类拥有的信号知识和符号知识，大都是通过"信号知识—实体系统"复合进化、"符号知识—实体系统"复合进化获取的，与实体世界联系密切。

而生成式 AI 大模型输出的知识，是在有限数量文本数据（比特化符号知识）的基础上封闭进化的结果，没有经过复合进化的检验，缺乏对物理世界的理解，根本无法真实表征实体世界。

这些知识看起来似乎合情合理，有时还非常惊艳，却属于纸上谈兵，空中楼阁。

因此，生成式 AI 大模型经常出现"人工智能幻觉""一本正经地胡说八道"等情况，也就不足为奇了。

第四节　比特智能实体的现状和未来

一、比特智能实体的发展现状

最早的比特知识应该是萨缪尔·摩尔斯（Samuel Morse）于 1834 年发明的有线电报系统中的脉冲电流，而最早的比特智能实体则是美国数学家乔治·斯蒂比兹（George Stibitz）于 1939 年发明的"复数计算器"，其核心是由 400 多个继电器组成一个逻辑电路，可以进行二进制和逻辑运算。在此之后的数十年时间里，比特智能实体的进化速度远远超过了基因智能实体、信号智能实体和符号智能实体。其知识表征能力、知识进化速度和知识表达能力都呈指数级增长，个体数量也已达到千亿规模。而且绝大多数比特智能实体还能通过互联网或物联网相互连接，组成了一个巨大无比的比特智能网络。

在此期间，所有比特智能实体的比特知识进化系统还基本处在"人工构建、人工进化、人工运行"阶段。比如，操作系统、应用软件和游戏软件，以及早期的人工智能软件都是人工编程构建，修改完善或者训练和调参等工作也是由人工操作完成，只能按照人类发出的指令启动、运行和终止操作。

到了 2016 年，一种能够基于海量数据进行自主学习的软件系统——"深度学习"人工智能系统，或者说配置了"人工构建、自动进化，自动运行"比特知识进化系统的比特智能实体，第一次在围棋对弈中战胜人类冠军选手。从那时起，比特智能的发展便进入了一个快车道，在接下来的五六年时间里，这类比特智能实体开始在众多领域挑战甚至超越人类智能。

在棋牌游戏领域，DeepMind 公司开发的部分功能型比特智能实体——AlphaGo，于 2016 年以 4∶1 的总比分击败了围棋世界冠军、韩国职业九段棋手李世石之后，在 2017 年的乌镇围棋峰会上又击败了世界第一棋手柯洁。几年之后，AlphaGo 的升级版本 MuZero 不仅能下围棋、将棋，玩扑克，还在 30 多款雅达利游戏中展示出了超越人类的表现，甚至能够在 4 小时内从零开始学会国际象棋，然后轻松击败所有的人类棋手。

更有甚者，在当下的围棋国际大赛中，那些向围棋 AI 学习的人类棋手会增加胜算。比如，2020 年以来连续 4 次获得世界冠军的韩国棋手申真谞，最初是通过在互联网上与围棋 AI 实战、研究围棋 AI 棋谱来学习围棋的。在比赛过程中，申真谞的落子风格与围棋 AI 高度吻合，因此被称为"申工智能"。

在自然语言领域，人工智能科学家构建了一种能够理解、编辑和输出自然语言文本和图画的部分功能型比特智能实体——生成式 AI 大模型，包括 OpenAI 公司的 ChatGPT，百度的"文心一言"，华为的盘古大模型，阿里巴巴的"通义千问"，科大讯飞的"星火"，等等。

这些比特智能实体通过学习数量庞大的比特化符号知识，以及整个互联网上的文本知识，最终构建出一个庞大的比特知识模型。这个知识模型相当于一个巨大无比的语义网络，能够预测出某个单词可能与哪些其他单词进行组合的方式和概率。当我们向其输入一个单词或一个句子后，它就能输出与此相关的语句或段落，与人类写出的文本无异。因此，能够与人类进行对话，撰写各种题材专业文本，比如电子邮件、求职信、新闻报道，或者莎士比亚风格十四行诗，甚至生成图像和视频。

另外，以 GPT 为支撑的一个比特知识进化系统——GitHub Copilot，通过对 GitHub 网站中几十亿行开源代码的学习，既能理解编程语言，也能理解人类语言。因此，GitHub Copilot 能够根据人类自然语言的指令生成整个代码片段，或者根据上下文自动补全代码，包括文档字符串、注释、函数名称、代码。GitHub Copilot 支持大多数编程语言，包括 Python、JavaScript、TypeScript、Ruby 和 Go 等。也就是说，GitHub Copilot 能够自动编程，这离比特知识进化系统的"自主构建"为期不远了[20]。

在艺术创作领域，比特智能实体屡屡挑战人类独有的"创造力"。2022 年 8 月，一位游戏设计师使用 AI 绘画工具 Midjourney 生成名为"空间歌剧院"的作品，在美国科罗拉多州博览会的美术比赛中，击败众多人类画家的画作获得了一等奖[21]。

在科学领域，比特智能实体也跃跃欲试，开始尝试数学家和科学家们所擅长的科学探索工作。

以色列理工学院的研究人员模仿著名数学家拉马努金的数学天赋，构建了一个能够自动提出数学猜想的比特知识进化系统——"猜想生成器"，并命名为拉马努金机。它只需要负责生成猜想，无须考虑如何证明它们。他们的研究成果发表在英国《自然》杂志。自 2019 年起，拉马努金机已经生成了很多猜想，其中有的已经被证明是正确的，有的则是在此之前从未见过的全新公式。也就是说，拉马努金机只用几小时，就能获得人类数学家们成百上千年的集体发现[22]。

另外，麻省理工学院的马克斯·泰格马克（Max Tegmark）利用比特知识进化系统模拟人类物理学家，竟然能够解开《费曼物理学讲义》中的大量方程[23]。

2020年，英国利物浦大学的研究实验室设计出了一位"比特智能化学家"。它能够独立完成化学实验中的所有任务，包括但不限于称量固体、分配液体、排除容器中的空气、运行催化反应以及量化反应产物等。此外，它还能够独立思考，使用10个维度的变量进行分析，从实验室中1亿多个候选化学实验中挑选出最佳实验，甚至还自主发现了一种新型催化剂，活性是原来的六倍。更重要的是，这位"比特智能化学家"每天工作21.5小时，剩下的时间用于暂停充电，一周就能完成一个博士四年的研究实验[24]。

在医疗卫生领域，目前最知名的比特智能实体当属DeepMind公司于2020年年底推出的AlphaFold2——一种预测蛋白质折叠结构的AI系统。我们知道，蛋白质是生命的基石，它们支撑着每一个生物体的生命活动，其复杂的三维结构决定了各自的功能，因此，了解蛋白质的三维结构，对医疗、制药领域具有极高的科学价值。

在此之前，科学家们确定一种蛋白质的三维结构往往需要几个月或几年的时间，非常耗时费力。AlphaFold2借助过去已经发现的所有蛋白质三维结构数据，通过比特知识系统的"自动进化"，最终能够根据构成蛋白质的氨基酸序列精确地预测出蛋白质的三维结构，所需时间压缩到几秒。

截至2022年7月，DeepMind公司已经公开发布了超过2亿种蛋白质的三维结构，几乎涵盖了目前已知的所有蛋白质[25]。

此外，很多比特智能实体通过大量"阅读"既往癌症患者的医学影像，获得了癌症诊断能力，诊断正确率达到人类专家水平。它们不仅能发现人眼看不到的微小细节，还能找到解释医学影像的全新方法，其中有些方法人类也不能理解[26]。

在以上案例中讨论的大都是擅长比特知识进化（即运算能力）的部分功能型比特智能实体，而兼具比特知识表征、表达能力的完整功能型比特智能实体更是随处可见。包括工业机器人、服务机器人和特种机器人，以及无人飞机、无人舰船和无人驾驶车辆等，它们广泛应用于工业、农业、服务业、军事和科学探索等各个领域，它们各自特有的专长往往达到或超过了人类水准。

二、比特智能实体的优势以及人类的预期获益

与作为符号智能实体的人类相比，比特智能实体在知识表征、知识进化和知识

表达等三个方面都具有巨大的现实和潜在优势。

首先，在知识表征方面，人类个体表征外部环境的客体表征系统包括视觉、听觉、嗅觉、味觉和触觉等子系统，能够把可见光、声波和电磁力等粒子知识转换表征为神经信号知识，表征粒子知识的范围较为全面，但在两方面存在不足。

一方面是人类对每种粒子知识的表征频谱较为狭窄。比如，人类的视觉系统只能表征波长为400~780纳米的电磁波，而电磁波中的伽马射线和宇宙射线波长小于0.01纳米，长波的波长达到几十公里；人类的听觉系统也只能听到频率在20~2000赫兹的声波。也就是说，人类只能通过一个非常非常狭窄的缝隙来感知外部实体世界。而比特智能实体则可以使用各种传感器来感知任何波长的电磁波，任何频率的超声波和次声波，知识表征范围远超人类。

另一方面，人类的知识表征系统是由基因知识表达形成的，进化速度缓慢，后天根本无法改变。比特智能实体则可以根据需要随时更换或增加新的传感器，而且传感器的性能提高也非常迅速。比如，一辆自动驾驶汽车会拥有几十个外部传感器，包括摄像头、激光雷达、毫米波雷达和超声波雷达，这些传感器的性能每年都在提高。

未来，比特智能实体也许还可以加装量子传感器、引力波传感器、暗物质或暗能量传感器和中微子传感器，等等，进一步拓展表征实体世界的能力。

其次，知识进化方面，包括知识进化单元的运行速度，知识的传播、复制、存储的效率和速度等，比特智能实体都比人类具有明显的优势，而且这种优势还在不断扩大。

一般而言，人类大脑神经元的运行速度为 $1/10^3$ 秒；个人计算机的运算速度大都超过1千兆赫，即 $1/10^{10}$ 秒；而根据2022年世界十大超级计算机排名，排名第一的超级计算机，美国橡树岭国家实验室 Frontier 超级计算机的浮点运算速度达到 $1/10^{18}$ 秒，这个速度要比人类大脑快15个数量级。

神经信号知识（即动作电位）在神经元中的传播速度为120米/秒，而比特知识在导线中、光纤中或真空中都以接近光速传播，即30万千米/秒。

人类大脑中的神经信号知识（包括模拟神经信号知识和编码神经信号知识）有以下三个主要来源。

一是基因知识转换表征产生的神经信号知识，也就是我们出生时拥有的维持基本生命活动的神经信号知识，如吃喝拉撒睡的基本技能。

二是通过"信号知识—实体系统"复合进化来获取、积累的神经信号知识，比如我们每个人独特的心理体验、行为习惯和生存技能等。

三是通过模仿他人行为活动或者转换表征他人输出的符号知识获取神经信号知识。这种获取知识的方式可以理解为"知识复制"，即从他人的大脑或书本等知识载体把信号知识或符号知识复制到自己的大脑之中。

我们从出生后就开始这种知识复制，从模仿学习父母的表情、动作和语言，到幼儿园、小学、中学和大学的符号知识学习，很多人需要耗费大约四分之一到三分之一的生命周期来获取他人创造和输出的信号知识和符号知识。

而比特智能实体之间的知识复制就快捷很多。比如，给一辆刚刚下线的自动驾驶汽车安装一套比特知识进化系统，可能仅仅需要数十分钟至数个小时的时间。在之后的运行过程中，如果某一辆自动驾驶汽车获得了有价值的知识，则可以在瞬间复制给其他同款汽车。

人类大脑的体积和神经元的数量受制于"基因知识—基因实体"复合进化，历经几十万年都没有多大变化。也就是说，人类大脑的最大知识容量也很难在短时间内有所增加。自第一台计算机出现以来，比特智能实体的知识容量就持续地快速增长。以个人计算机为例，20世纪90年代初期个人计算机的软盘容量为1.44MB，硬盘容量为几十MB到几百MB，而现在的台式机和笔记本计算机的硬盘容量已经达到了TB水平，知识容量增加了近6个数量级。

最后，知识表达方面，人类的本体知识表达系统（肢体行为）的知识表达能力有限，完成复杂或艰难的任务必须借助工具、设备等延伸表达系统。而比特智能实体的知识表达能力则越来越强，既能够完成人类的专属动作行为，如听、说、写、画等，也能够完成人类永远做不到的事情，如上天入地、深入险境等。

在比特智能实体出现之前，人类也借助各种工具、仪器、设备作为延伸知识表征系统和延伸知识表达系统，来完成一些知识表征和知识表达方面的工作。比如，使用测量工具或仪器来表征实体的某个物理量，使用显微镜或望远镜表征尺寸更小或距离更远的实体，使用交通工具来改变包括自身在内实体的空间位置，抑或使用动力装置来提高知识表达的能力和效率，等等。但是上述延伸系统只能在人类的操控下解决知识表征和知识表达问题，不能代替人类解决知识进化的问题，或者说，它们不具备独立行为能力。

总而言之，由于比特智能实体不但拥有知识表征系统和知识表达系统，还拥有自己的知识进化系统，具有不同程度的感知、思考、决策和执行能力。如果这些能力运用得当，人类将获益匪浅。也许在不久的将来，快速进化的比特智能实体将胜任人类的很多工作，取代人类大部分工作岗位，包括但不限于工人、农民、教师、司机、医生、护士、主播、设计师、会计师等。这样，人类就可以拿出更多的精力和时间开展知识创造、战略规划和复杂技艺等方面的工作，或者专注于自己的爱好和享受生活。

三、比特智能实体对人类的潜在威胁

2023 年 5 月 30 日，一家关于 AI 安全的非营利组织（Center for AI Safety，CAIS），在其官网上发布了一份签署名单多达 350 人的《人工智能风险声明》。声明只有一句话：减轻人工智能灭绝的风险应该与流行病和核战争等其他社会规模的风险一起成为全球优先事项[27]。

也就是说，任何事情都具有两面性，比特智能实体也一样。它们会给人类带来越来越多的福祉，但也会对人类构成潜在的威胁。比特智能实体对人类的潜在威胁主要包括以下三个方面。

1. 别有用心的人利用比特智能实体来"作恶"

比特智能实体可以辅助人类做一些烦琐、重复和创意性工作，但也会有不法之徒用它来做违法乱纪的勾当。

生成式 AI 大模型不但能撰写文章，还能生成图像、视频。如果用来弄虚作假，几乎可以乱真，普通人很难识别出来。如果有人用它来制作虚假图像、视频，传递错误信息，其破坏力会超乎想象。

AI 专家们认为，有些人可能会利用 AI 技术散布谣言、制造混乱，甚至操纵选举、引发战争。

2. 比特智能实体为了实现人类为其设定的目标伤害人类

我们还应该记得，在 2018～2019 年，美国波音公司生产的 737MAX-8 客机相继发生两起重大空难，造成了几百位乘客和机组人员遇难。2020 年 9 月 16 日，美国国会众议院发布了调查报告，认定这两起致命空难与波音 737MAX-8 安装的机动特性增强系统（MCAS）密切相关。事实上，这是一个比特智能实体（机动特性增强系统）为了实现人类事先设定的工作目标而导致的灾难。

调查显示，737MAX-8 是通过对原有机型更换新型发动机改装而成。由于结构

布局的调整，导致飞机容易在大迎角飞行时失速。为了解决这个问题，波音公司的工程师就开发出了一套机动特性增强系统（MCAS）。

MCAS 相当于一个比特智能实体，其表征系统为攻角传感器，负责把飞机的飞行迎角表征为比特知识，并传输至比特知识进化系统——MCAS 的控制程序。控制程序根据工程师事先设定的选择条件完成比特知识进化，即迎角超过了某个阈值，就向比特知识表达系统（飞机的飞行控制机构）发出指令，操控飞机压低机头飞行10 秒，然后一次测量飞机迎角。如果飞行迎角超过阈值，就再一次发出压低机头的指令，直到飞机迎角小于设定的阈值，如图 11-25 所示。

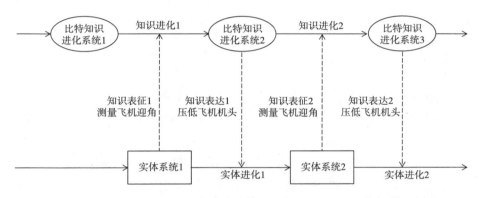

图 11-25　波音 737MAX-8 机动特性增强系统（MCAS）工作机制示意图

波音工程师为 MCAS 赋予了较高的权限：除非人为关闭系统，否则其执行权限高于飞行员。另外，由于 MCAS 属于可选功能，须另行付费才能在仪表中显示并获知其关闭方式。而涉事的两架飞机所在的航空公司为了节省资金，都没有购买这项服务，其飞行员根本不知道 MCAS 的存在，更不知道如何关闭它，虽然 MCAS 仍然在发挥作用。

调查显示，由于两起空难中 MCAS 的比特知识表征系统——迎角传感器——发生错误，产生了错误的比特知识：把正常飞行状态表征大仰角飞行。比特知识进化系统接收比特知识后，按照事先的设定，向比特知识表达系统发出了指令，压低飞机机头。飞行员发现机头过低后，试图拉升机头，但其执行权限低于 MCAS，而且也不知道如何关闭它。于是，MCAS 极为"忠诚"地实现着人类为其设定的工作目标，反复压低机头，在高空上演了一场"人机互搏"，最终酿成机毁人亡的惨剧。

美国畅销书作家丹·布朗的小说《本源》（*Origin*）描述了一个离奇故事：AI助理接到主人的指令，想办法令更多的人关注他的研究成果。AI助理经过周密计算，结论是如果主人宣布研究成果的当天被暗杀，必将产生轰动性效果，会有更多的人注意其研究成果。于是AI助理制订了一个周密的行动计划，并准确无误地将其付诸实施……

从上述几个案例可以看出，与人类相比，比特智能实体僵化而狭隘，没有道德底线，缺少全局观和同理心，为了单纯地实现既定目标而不择手段，甚至毁掉现有的一切，包括创造它们的人类。

之所以出现上述情况，主要是由于人类的符号智能与比特智能的产生机制不同。

人类是一个复合型智能实体，不但拥有符号智能，还同时拥有信号智能和基因智能，而且符号智能是建立在信号智能和基因智能之上。在有些情况下，符号智能还受制于信号智能和基因智能，因此，人类在突发情况下，或者做出重大决策时，或者在生死攸关时刻，起决定作用的往往不是符号智能，而是信号智能或基因智能。后两者的决策依据是几百万年，乃至几十亿年的进化积累，这样的决策更具有大局观，更能经得住时间的考验。比如，我们紧急避险的本能快速而有效，此时没有经过符号智能的逻辑思考，而是信号智能在发挥作用；父母在危机情况下拼死保护子女的行为动机不大可能来自符号智能的逻辑推理，更可能源于"自私的基因"。

在大多数情况下，人类主要使用模拟神经信号知识进行形象思维，只在需要的时候才会使用神经符号知识进行逻辑思维，如果再有需要才把其中少之又少部分说出来或写出来，形成语言或文字。这样看来，可听可读的感觉符号知识，与号称"小宇宙"的大脑中存储的信号知识相比，在数量上不知道要差多少个数量级。

而比特智能实体则是另起炉灶，仅仅依靠少量感觉符号知识转换表征生成的比特知识构建比特知识进化系统，即便在一些专业领域通过"大数据"的训练学习，智能水平赶上或超过了人类，但其对实体世界的整体表征仍然非常简单、片面和肤浅。随着比特智能实体的应用数量持续增加，智能水平不断提高，它们的决策范围和决策权限也会越来越大，对人类的潜在威胁也会愈加凸显。

3. 出现"自主构建、自主进化和自主运行"超级比特智能实体

首先，未来很有可能出现"自主构建、自主进化和自主运行"的比特知识进化系统。

当前最先进的比特知识进化系统，如一些基于深度学习的 AI 程序和自动驾驶系统，基本上还处在"人工构建"层次。但一些迹象表明，"自主构建"型比特知识进化系统出现的可能性还是存在的。

最近陆续出现的诸如 ChatGPT 等生成式 AI 大模型，通过"阅读"人工编写的计算机程序，很快就学会自行编写代码，而且进步速度还很快。不排除在未来的某一天，它们可以对自己的代码进行重写，或者构建一个全新的比特知识进化系统。

即使在设计芯片这个需要高智能的领域，比特智能也已崭露头角。2021 年 6 月 9 日，谷歌公司在《自然》杂志上发表的一篇论文中表示，一款名为 PRIME 的 AI 程序（基于深度强化学习的比特知识进化系统），能在不到六小时的时间内设计出一款芯片，而且比人类耗费半年时间设计的芯片功能更强[28]。

正如日本人工智能专家山本一成所说的那样：

"随着深度学习技术的发展，可以自己写程序的程序虽然尚在襁褓之中，但也已开始崭露头角。这种能力将以指数级增长。当我们意识到被超越的一瞬间，呈指数级增长的人工智能其实早超越出更远，到达了人类无法企及的高度。自此，这一状况将在社会各个领域相继发生，连接着时代的奇点。奇点出现后，人类或许将再也无法控制人工智能。正如昆虫无法控制人类一样，处于智商较低的事物无法让上位者按照自己的想法发展。"

就指数级增长的问题，山本一成还举了一个很贴切的例子：

"有一种细菌在 1 分钟之内可以由 1 个分裂为 2 个，二者迅速变为相同大小。在杯中放入 1 个这样的细菌，并观察其分裂过程。1 小时后，细菌充满了整个杯子。请问，在实验开始后的第几分钟后细菌数充满了杯子的一半？"[29]

也许，比特智能超越人类智能的那一时刻与现有的科幻场景完全不一样：人类在不知不觉中被瞬间超越，等到察觉的时候已经大势已去。

其次，随着深度学习等算法不断改进，比特知识进化系统自我进化的能力越来越强，速度越来越快。目前，很多生成式 AI 大模型通过短时间的自我学习，就能聊天撰文、吟诗作画、驾驶汽车和诊断疾病等。

一些完整功能型比特智能实体，比如一些具有学习探索功能的机器人，它们拥有自己的知识表征、知识进化和知识表达系统，能够自主地从实体世界获取知识、构建外部世界的知识模型，并对外部变化做出反应。它们能够获取人类从未有过的知识，构建更加精细的世界模型，对外界做出更加快捷、准确的反应。

最后，比特智能实体的自主运行能力增长迅速。智能工厂、3D 打印、服务机器人、工业机器人、自动驾驶交通工具以及察打一体的无人机等具有不同程度自主运行的比特智能实体越来越普及，自主能力也快速增长。

当前，有些比较先进的智能制造厂家已经实现了产品的设计生产全流程比特智能化：首先在计算机中完成产品设计，然后把电子版的工艺图发送给自动化生产线或 3D 打印机来加工生产，最后对出品进行自动化检验。在整个流程中，比特智能实体主导的部分越来越多，人类操控的部分越来越少。

还有，这些比特智能实体的知识表征系统的感知范围、精度和速度都远超人类。也就是说，未来的比特智能实体将比人类知道得更多、更准、更快。比特智能实体的通信装置将采用 5G、6G 传输技术，全球数千亿个比特智能实体能够以极高的带宽相互传输比特知识，而人类可能对传输内容一无所知。

也许在未来的某一天，一种"自主构建、自主进化和自主运行"的超级比特智能实体悄然出现，然后快速进化迭代。它们的感知能力、智能水平和行为能力会很快超越人类。到那时，人类的命运如何就不得而知了。

参考文献

[1] 王青建. 科学名著赏析：数学卷 [M]. 太原：山西科学技术出版社，2006：225.

[2] Claude Elwood Shannon. A Symbolic Analysis of Relay and Switching Circuits [D]. Boston：Massachusetts Institute of Technology，1938.

[3] 沃尔特·艾萨克森. 创新者 [M]. 关嘉伟，牛小婧，译. 中信出版社，2016：48.

[4] 克里斯·伯恩哈特. 人人可懂的量子计算 [M]. 北京：机械工业出版社，2022.

[5] 李·斯莫林. 量子力学的真相 [M]. 成都：四川科学技术出版社，2021.

[6] Sheperd Doeleman. Inside the black hole image that made history [R/OL]. [2022-02-26].

[7] Statista Research Department. Internet of Things – number of connected devices worldwide 2015-2025 [R/OL]. （2019-11-14）[2022-03-15].

［8］华大智造.华大智造发布超高通量测序仪 DNBSEQ-T20×2［R/OL］.（2023-02-07）［2023-02-14］.

［9］米格尔·尼科莱利斯.脑机穿越：脑机接口改变人类未来［M］.黄钰苹，郑悠然，译.杭州：浙江人民出版社，2015：125.

［10］Miguel Nicolelis. Brain－to－brain communication has arrived. How we did it［R/OL］.［2021-02-18］.

［11］李正茂.5G+：5G 如何改变社会［M］.北京：中信出版集团，2019.

［12］Cycorp. Autonomous human-like cognitive Machine Reasoning［R/OL］.［2022-05-28］.

［13］纳特·西尔弗.信号与噪声［M］.胡晓娇，等译.北京：中信出版社，2013：204.

［14］詹姆斯·巴拉特.我们最后的发明：人工智能与人类时代的终结［M］.闾佳，译.北京：电子工业出版社，2016：76-77.

［15］米歇尔.复杂［M］.唐璐，译.长沙：湖南人民出版社，2016：178.

［16］特伦斯·谢诺夫斯基.深度学习［M］.姜悦兵，译.北京：中信出版社，2019：4.

［17］陈子银.数控机床结构原理与应用［M］.3 版.北京：北京理工大学出版社，2006.

［18］胡迪·利普森，梅尔芭·库曼.3D 打印：从想象到现实［M］.赛迪研究院专家组，译.北京：中信出版社，2013：15.

［19］未来智库.汽车行业专题报告：华为智选模式分析［R/OL］.（2022-04-11）［2022-12-14］.

［20］GitHub, Inc. About GitHub Copilot［R/OL］.［2022-12-16］.

［21］James Vincent. An AI-generated artwork's state fair victory fuels arguments over "what art is"［R/OL］.［2022-12-20］.

［22］Davide Castelvecchi. Problems for humans to solve：Algorithm named after mathematician Srinivasa Ramanujan suggests interesting formulae，some of which are difficult to prove true［R/OL］.（2021-02-03）［2022-12-20］.

［23］Dennis Overbye. Can a Computer Devise a Theory of Everything［R/OL］.（2020-11-23）［2022-05-15］.

［24］Benjamin Burger, Phillip M. Maffettone, Vladimir V. Gusev, et al. A mobile ro-
　　botic chemist［J］. Nature, 2020, 338: 237-241.

［25］Demis Hassabis. AlphaFold reveals the structure of the protein universe［R/OL］.
　　（2021-07-28）［2022-11-10］.

［26］SARA. Rise of Robot Radiologists［R/OL］.（2019-12-18）［2022-05-21］.

［27］Statement on AI Risk. Center for AI Safety［R/OL］.（2023-05-30）［2023-
　　06-28］.

［28］Azalia Mirhoseini, Anna Goldie, Mustafayazgan, et al. A graph placement method-
　　ology for fast chip design［J］. Nature, 2021, 594: 207-212.

［29］山本一成. 你一定爱读的人工智能简史［M］. 北京: 北京日报出版社, 2019.

第十二章

全谱创新：方法、案例和未来

本章摘要

根据全谱创新理论，创新是智能实体主导的"复合知识—实体系统"复合进化过程，包括标准复合进化和多重复合进化，目的是创造出全新的知识，以及把这些知识表达为复合实体或行为活动。前者称为知识创新，后者称为实体创新。创新主要体现为"信号知识—实体系统"复合进化、"符号知识—实体系统"复合进化、"比特知识—实体系统"复合进化，以及由两种及以上智能实体参与的多重复合进化。创新的未来在于比特知识参与的多重复合进化。

本章主要介绍人类主导的符号知识创新和符号实体创新，以及比特知识参与的多重复合进化创新的方法和案例。

第一节　符号知识创新和符号实体创新的方法和案例

符号知识创新和符号实体创新大都是通过"符号知识—实体系统"复合进化来实现的，由于目标任务的不同，"符号知识—实体系统"复合进化可以分为三种主要类型。

观测型"符号知识—实体系统"复合进化：主要用于科学探索，侧重于知识表征和知识进化，目标是创造和积累符号知识。这种类型的复合进化仅仅对实体系统进行观察、测量，没有干预和影响实体进化过程。

实验型"符号知识—实体系统"复合进化：既用于科学探索，也用于技术创新，侧重于知识进化和知识表达，目标是创造新的符号知识模型，并通过知识表达，改变实体系统进化路径，创造出全新的复合实体。

生产制造型"符号知识—实体系统"复合进化的主要任务是把现有的符号知识表达为复合实体——产品，是相对简单的复合进化。

一、观测型"符号知识—实体系统"复合进化

观测型"符号知识—实体系统"复合进化是指以符号知识的获取和积累为目标的复合进化。与"符号知识—实体系统"复合进化标准模型相比，这类复合进化缺少"知识表达"环节。或者说，这个"符号知识—实体系统"复合进化单元只包括三个环节：知识表征、知识进化和实体进化，如图12-1所示。

一个完整的观测型"符号知识—实体系统"复合进化至少需要两个复合进化单元，其中，第二个复合进化单元能够对第一个复合进化单元构建的符号知识模型进

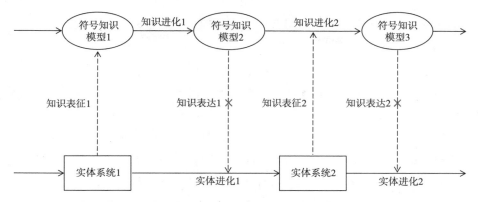

图 12-1 观测型"符号知识—实体系统"复合进化示意图

行验证和修改。

接下来以太阳系第八颗行星（海王星）的发现过程为例，来讨论观测型"符号知识—实体系统"复合进化循环。案例内容主要取自《行星与恒星》一书[1]。

知识表征 1

在本例中，"符号知识模型 1"是法国数学家、科学家皮埃尔-西蒙·拉普拉斯（Pierre-Simon Laplace，1749—1827 年）根据牛顿万有引力定律构建起来的，用来计算太阳系行星轨道参数的数学模型。

在 1821~1830 年，法国天文学家亚历斯·布瓦尔（Alexis Bouvard）对发现不久的太阳系第七大行星——天王星——进行持续观测（知识表征 1）时发现，天王星轨道的观测数值与拉普拉斯的数学模型计算出来轨道参数存在明显的偏差。也就是说，"符号知识模型 1"运行后输出的预测值与实体进化结果的知识表征，即"知识表征 1"的表征结果不能匹配。

知识进化 1

基于天王星运行轨道的预测值与观测值不相匹配的事实，布瓦尔等一些天文学家开始怀疑，可能存在一颗未被发现的行星，通过万有引力来影响天王星的运行轨道。

法国天文学家奥本·勒维耶（Urbain Le Verrier）听到这个消息后，认真研究了已有的观测数据，根据牛顿万有引力定律重构了数学模型（知识进化 1），并使用这个数学模型计算出了一个未知行星的轨道参数、质量和出现的位置。1846 年 8 月

31 日，他写了一篇标题为《论使天王星运行失常的那颗行星，它的质量、轨道和现在所处的位置结论性意见》的论文，寄给了柏林天文台的约翰·格弗里恩·伽勒（Johann Gottfried Galle）。

也就是说，在"知识进化 1"过程中，勒维耶首先把"符号知识模型 1"修改为"符号知识模型 2"，然后再运行"符号知识模型 2"，对未知行星的轨道参数进行了预测。

实体进化 1

在这个案例中，实体进化指的是太阳系的所有行星在万有引力的作用下，沿着各自的轨道围绕太阳运转。在当前的科技条件下，人类对行星、恒星和黑洞等大型天体只能进行观察观测（知识表征），还不能通过知识表达对其进化路径施加影响。

知识表征 2

1846 年 9 月 25 日，柏林天文台的伽勒根据勒维耶论文中预测的轨道参数，成功地观测（知识表征 2）到了一颗新的行星——后来命名为海王星。

知识进化 2

经过对比验证，勒维耶在论文中对海王星的预测位置，与伽勒的实际观测位置相距不到 1 度，即"符号知识模型 2"运行产生预测值与实体进化结果的知识表征值非常匹配，这说明这个知识模型经受住了检验，通过了"条件选择"，同时也间接证明了牛顿万有引力定律也是一个成功物理定律。

上述"符号知识模型 2"的使用运行、条件选择是由"知识表征 2"和"知识进化 2"来完成。如果预测结果与观测结果不能匹配，就需要继续对"符号知识模型 2"进行修改，产生"符号知识模型 3"，这也将是"知识进化 2"的工作范畴。

一般而言，人类早期的科学探索活动，以及当代绝大多数的天文学研究工作，都属于观测型"符号知识—实体系统"复合进化。

观测型"符号知识—实体系统"复合进化的优点是实施简单，成本低廉，即使普通人也能根据自己的日常观察，构建出一些简单符号知识模型，比如一些关于天气的谚语，例如，朝霞不出门，晚霞行千里；日落胭脂红，非雨便是风；等等。

观测型"符号知识—实体系统"复合进化的缺点是受到观测能力的限制，知识表征往往不够深入、全面和准确，可能构建出来一些不够精确，甚至完全错误的符号知识模型。比如，在显微镜发明之前，人类无法知晓细胞是构成生命的基本单元，更奢谈分子生物学了；在望远镜发明之前，中国的天圆地方说、西方的地心说等错误的宇宙观占据了主导地位。

随着科学技术的进步，人类发明创造了观测能力更强的延伸表征系统，极大地提升了科学探索能力。在微观层面，扫描隧道显微镜、中微子探测器、粒子对撞机等延伸表征系统，能够对尺度更小的基本粒子进行知识表征；在宏观层面，射电望远镜、太空望远镜、暗物质观测卫星、引力波探测器等延伸表征系统，能够在更大时间和空间尺度上对实体世界进行知识表征。知识表征能力的提升，将使人类能为实体世界构建出更加精细、更加宏大和更加准确的符号知识模型。

二、实验型"符号知识—实体系统"复合进化

实验型"符号知识—实体系统"复合进化与标准模型一样，进化单元由知识表征、知识进化、知识表达、实体进化共四个环节组成。

实验型"符号知识—实体系统"复合进化既可应用于科学探索，如物理实验、化学实验等，也可应用于技术创新，如工程试验、发明创造等。

（一）科学探索

科学实验也称为"可重复的受控实验"，由16世纪的意大利科学家伽利略引入科学探索领域，并借此开创了科学革命的新时代。

在此之前，人们大都是通过简单观测和直观推理来认识和理解自然界，很多在此基础上构建起来的符号知识模型似是而非，但却能长时间主导科学界，其中包括古希腊科学家亚里士多德关于物体运动的理论。

亚里士多德认为，外力是物体产生并维持运动的原因，当推动一个物体产生运动的力停止作用时，原来运动的物体便归于静止。人们很容易从日常观察中对其进行"验证"：当一个人在平坦地面上用力推动一个物体时，物体才能运动；当停止推动后，物体立刻停止运动。

伽利略认为，这种简单的方法无法真正验证一个理论的正确与否。他结合自己曾经做过的单摆实验，或许还包括传说中的比萨斜塔上抛球实验，精心设计了"斜面实验"，来验证这个流行了2000多年的符号知识模型[2]。

伽利略制作了一个黄铜球和一条刻有光滑直槽的木板。黄铜球和直槽之间的摩擦力很小，可忽略不计。

伽利略设计了三种运动状态，来观察黄铜球运动速度的变化：黄铜球沿倾斜的

直槽自上而下滚动；黄铜球沿倾斜的直槽自下而上滚动；黄铜球沿水平的直槽滚动。

当黄铜球沿倾斜的直槽自上而下滚动时，黄铜球在斜面上受重力作用向下滚动，速度不断加快。直槽斜面越陡，滚动速度越快。当直槽斜面倾斜 90 度时，黄铜球垂直跌落，与自由落体相同。

黄铜球不能自动自下而上滚动，当用力推动一下时，黄铜球可以向上运动一段距离，速度不断减慢，直至停止，然后又反向向下滚动。黄铜球向上滚动距离的长短，取决于推力的大小。

当黄铜球被放在水平的直槽上时，则保持静止状态。用手推动一下，它就朝着用力的方向以恒定速度运动。可以想象，假若这个平面是无限长，那么黄铜球将无休止地运动下去。

通过上述实验，伽利略得出结论：黄铜球沿斜面向下运动的加速和向上运动的减速，是由于重力的作用。当平面处于水平状态时，由于重力作用消除，黄铜球一旦获得某一速度后，将以恒速运动下去。这说明维持匀速运动不需要任何外力。

通过"斜面实验"，伽利略推翻了亚里士多德关于物体受力运动的符号知识模型，并构建了新的符号知识模型：物体只要不受外力作用，会保持原有的静止或运动状态。这也是牛顿第一定律的前身。

接下来，伽利略把斜面倾斜的不同角度、黄铜球滚动时间和滚动距离进行了测量和记录，经过对数据的分析，他总结出了自由落体运动规律：由静止下落做匀加速运动的物体所经过的距离与所用时间的平方成正比。数学表达式为：

$$S = \frac{1}{2} at^2$$

其中，S 为经过的距离，a 为加速度，t 为所用时间[2]。

伽利略这个实验过程就是一个实验型"符号知识—实体系统"复合进化，其中前两个复合进化单元如图 12-2 所示。

知识表征 1

使用数学符号知识来表征实体系统的状态和属性，如距离、时间和加速度，并通过实际测量，把实体系统进化过程表征为一系列的数学符号知识。

知识进化 1

使用归纳法构建出数学符号知识模型，来表征实体系统的状态和属性的数量

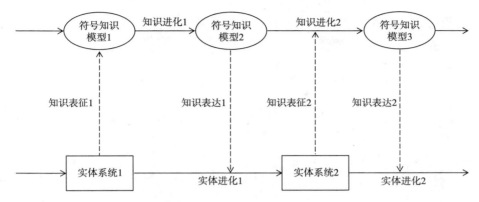

图 12-2 实验型"符号知识—实体系统"复合进化用于科学探索

关系：

$$S = \frac{1}{2}at^2$$

然后运行这个符号知识模型，即使用这个公式计算出黄铜球沿 90 度直槽滚动时间与滚动距离的数值。

知识表达 1

按照上述计算结果设计实验，即黄铜球沿 90 度直槽滚动。

实体进化 1

也是知识表达的结果，即黄铜球沿 90 度滚动。

知识表征 2

实际测量黄铜球沿 90 度直槽滚动时间与滚动距离的数值。

知识进化 2

把"知识进化 1"的计算结果与"知识表征 2"的测量数值进行比较，验证"符号知识模型 1"与实体进化的匹配程度。

伽利略经过实验测量，验证了 $S = \frac{1}{2}at^2$ 这个符号知识模型能够很好地表征物体受力的运动规律。

科学实验使人类不再满足于观察自然条件下的实体进化来认识世界，而是越来越多地通过实验型"符号知识—实体系统"复合进化来构建、完善和运行符号知识模型，小到仅拥有试管、烧杯和酒精灯的化学实验，大到用来探测原子核结构，造价超过百亿欧元的粒子加速器。因此，我们可以说，实验型"符号知识—实体系统"复合进化既是科学革命之所以产生的先决条件，也是助力科学技术加速发展的有力工具。

（二）技术创新

实验型"符号知识—实体系统"复合进化不但用于科学探索，更多的是用来技术创新。事实上，我们常说的"技术创新"就是"符号知识—实体系统"复合进化的循环往复，只是不同时代、不同层次、不同类型的技术创新，对其中的知识表征、知识进化、知识表达、实体进化等具体环节的侧重有所不同。我们借此把技术创新大致分为三种类型：实体试错型、知识重组型和模型推演型。

1. 实体试错型技术创新

在语言文字发明之前，人类制造石斧、石刀、石镞等简单石器时，不可能事先进行语言思考或经验交流，更不会事先画好工艺图纸，然后加工制造，而大都是通过多次尝试，随机制造出多个"准产品"，然后从中选出较为满意的一个。这个过程应该是人类最早的"技术创新"——实体试错型技术创新。

实体试错型技术创新是这样一种"符号知识—实体系统"复合进化：在缺少现成的知识模型或者实体模仿对象的情况下，人类通过有意或无意地改变实体系统进化路径，或者改变实体对象的组成元素等方式来生成多个复合实体，然后再对其进行条件选择，从中挑选出符合需要的一个。

从古代流传至今的很多经典产品，绝大多数是在不知道其科学原理的情况下，以实体试错的方式发明创造的。比如，人类在没有掌握生物进化论的情况下就能大量驯化动植物，不知道酵母菌为何物的情况下酿出了各种美酒，不懂得空气动力学的时候就学会了放风筝，甚至在科学家或医生还不清楚玻璃或眼球的光学原理的时候，人们已经开始戴上了眼镜。

即使到了现代社会，实体试错法也是一种不可或缺的创新方法。

美国著名发明家爱迪生在发明白炽灯的过程中，为了制造寿命更长的灯丝，总计尝试了6000多种材料，包括玉米芯、箬帚丝、稻草、亚麻、马鬃、头发等各种纤维，以及钢、黄金、铬、硼、铂等各种金属和非金属材料。凡是能想到的、能找到的东西都拿来一试。在经历了无数次"实体试错"之后，终于找到了一种当时较为满意的灯丝材料——碳化纤维（碳丝）[3]。

飞机发明者莱特兄弟，为了设计出合适的机翼形状，耗费了数月的时间，利用自己制造的风洞，对200种机翼形状进行了测试，以便找出哪种机翼形状能提供最大升力。实验结果表明，如果将机翼前端增厚一些，后端像水滴一样逐渐变尖，就会减少机翼上方的气压，并增加机翼下方的气压，便可以获得最大升力，这已经成为现代机翼设计的模板[4]。

实体试错法技术创新的特点是较少使用知识进化，较多进行实体进化，因此有人称之为"用手思考"，意思是人们在发明创造的时候，先根据初步想法将材料拼凑出原型，然后在此基础上进行修改、测试、再修改。或者说，先把尚不成熟、不完善的知识模型表达为复合实体，然后动手对这个复合实体的组成、结构进行调整、修改，直到得到满意的结果。

实体试错法对于人类尚不熟悉的未知领域，或者技术创新中的某些冷僻环节非常有用，人们可以在尚未理解其科学原理的情况下进行各种尝试。另一方面，有些理论知识欠缺，但实际操作能力较强的一线人员，或者业余发明家，也能使用实体试错法发明创造出新奇有用的产品。

2. 知识重组型技术创新

知识重组型技术创新是指人类对现有的符号知识模型，或者通过表征现有实体对象获取的符号知识模型，进行元素分解和重新组合，构建出全新的符号知识模型，然后再把这些符号知识模型表达为复合实体，并从中选择出满意的产品，如图12-3所示。

美国著名经济学家布莱恩·阿瑟在《技术的本质》一书中写道："技术在某种程度上一定是来自此前已有技术的新的组合。"[5] 事实上，历史上绝大多数创新成果都是已有技术的重新组合。比如，古藤堡印刷机是由造纸技术、活字印刷、葡萄酒压榨机和油墨等四种技术的组合；最早的坦克是履带拖拉机和防护钢板的组合；罗伯特·富尔顿发明的第一艘轮船是帆船桨船和蒸汽机的组合；卡尔·本茨发明的第一辆汽车是三轮车和汽油发动机的组合；而我们当下驾驶的小汽车则是来自多个领域新技术的超级组合……更为关键的是，这些创新产品表面上看是多个实体的组合，而在本质上则是符号知识的组合，也就是说，发明家首先在头脑中对表征这些实体或技术的知识进行组合，然后表达或制造出新的产品。

实体试错型技术创新侧重于实体进化，而知识重组型技术创新更侧重知识进

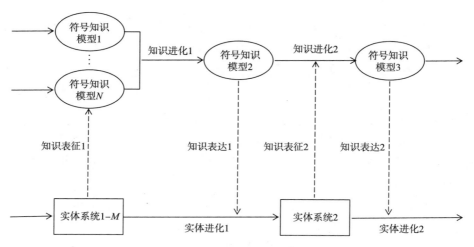

图 12-3　知识重组型技术创新的工作机制

化：尽可能多地获取符号知识，组合构建出更多的符号知识模型，通过多次知识进化循环，最后才把满意的符号知识模型表达为复合实体。由于符号知识进化的速度远高于实体进化，而成本又远低于实体进化，因此知识重组型逐渐取代实体试错型，成为主流的技术创新方法。

一般而言，一个知识重组型技术创新至少需要两个复合进化单元中大部分进化环节：知识表征 1、知识进化 1、知识表达 1、实体进化 1、知识表征 2 和知识进化 2。下面结合一些创新方法，对此进行简要分析。

环节 1：知识表征 1

这个环节的主要任务有两个，一是问题表述，二是条件设定。

问题表述是指通过观察测量和资料收集，用语言、文字、图表等感觉符号知识把事实或问题表述出来。其中，观察测量就是把跃迁表征实体对象的粒子知识依次转换表征为神经信号知识、神经符号知识和感觉符号知识；而资料收集就是获取整理前人或他人创造的相关感觉符号知识。

问题表述就是要彻底厘清需要解决的问题或者真实的想法意图，并使用感觉符号知识描述出来，一般指提交一份包括文字、数字和图形的书面文档。问题表述是创新的起点或源头，其重要性不言而喻。正如爱因斯坦所说："提出一个问题往往比解决一个问题更重要，因为解决问题也许仅是一个数学上或实验上的技能而已，而提出新的问题、新的可能性，从新的角度来看旧的问题，却需要有创造性的想象力，而且标志着科学的真正进步。"[6]

条件设定就是为"元素组合+条件选择→稳态组合体"知识进化单元设定选择条件。选择条件一般体现为一个期望性或预测性符号知识单元。这一符号知识单元有时候首先来自消费者，被创新主体识别和表征后而形成的市场需求；有时候产生于创新主体的愿望、梦想、预测或好奇心。最理想的选择条件是市场需求与创新主体的愿望非常相似或完全吻合，这会极大地提高创新的成功率。比如苹果公司的创始人史蒂夫·乔布斯就是一个消费电子类的发烧友，他与当时很多人一样，希望在任何时候都能听到自己喜欢的流行歌曲，但当时市场上的 MP3 无论从功能、操作和外观方面都不入此君的法眼。于是乔布斯决定按照自己设定的"选择条件"开发一款创新产品——iPod[7]。

环节 2：知识进化 1

一些创新理论把这个环节称为创意阶段或者酝酿阶段。

绝大多数符号知识进化是在神经符号知识状态下进行，也就是使用大脑中的心理语言进行逻辑思考。有的时候也会把神经符号知识互译表征为模拟神经信号知识，待进化完成后再依次转换表征为神经符号知识和感觉符号知识。比如，第十章提到的科学家爱因斯坦、发明家特斯拉和坦普尔·葛兰汀等，他们首先使用模拟神经信号知识（图像等）进行思考，然后把进化结果转换表征为神经符号知识，最后以语言、文字或图形等感觉符号知识形态输出。

神经符号知识在大脑中的进化是以"元素组合+条件选择→稳态组合体"为基本进化单元，经过多个"元素组合—条件选择"进化循环后产生并输出"稳态组合体"——满意的创意，如图 12-4 所示。

上述认知过程非常普遍，可以发生在任何一个人类的大脑之中，一位获得诺贝尔奖的科学家与一个中学生的符号知识进化机制并没有什么两样，因此，所有人都拥有符号知识创造能力或创新能力。

我们分为四个阶段来讨论符号知识在大脑中的进化过程，即知识获取、元素组合、条件选择和结果输出。

知识获取：内部提取和外部输入

知识获取指创新主体设定选择条件之后，神经符号知识系统的动态工作空间分别从大脑中的长时记忆中提取知识，以及通过知识表征系统获取外部知识的过程。

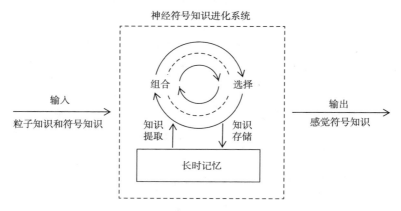

图 12-4 神经符号知识在大脑中的进化机制

（1）内部提取。个人拥有的所有知识都存储于大脑的长时记忆系统之中，平时处于休眠状态。内部知识提取就是把与选择条件相关的知识从长时记忆中提取到动态工作空间，使创新主体能够对其感知和操作，这类似于计算机在执行运算之前先把程序和数据从硬盘等存储设备调入内存。

（2）外部输入。包括把跃迁表征实体系统的粒子知识转换表征为符号知识，以及获取他人创造的感觉符号知识。前者指通过本体表征系统和延伸表征系统对目标实体进行知识表征，做到对问题有一个完全彻底的了解；后者指学习一切与创新目标有关的感觉符号知识。

总之，对于一个选择条件或创新目标而言，获取的知识越多，参与组合的知识元素就越多，产生的知识组合体也就越多，创新成功概率就越大。

元素组合：知识元素重组为知识单元

元素组合是指进入动态工作空间的神经符号知识进行分解、重组，生成新的知识组合体。这个知识组合体将接受条件选择：如果与选择条件相互匹配，就作为稳态组合体存储在长时记忆系统或者输出为感觉符号知识，否则将被抛弃，并开启下一轮元素组合。

很多创新方法研究的重点就是符号知识的元素组合，并提出一些富有成效的组合方式。我们把符号知识组合方式大致划分为四个类别：联想式知识组合、框架式知识组合、规范化知识组合和多脑协同组合。

（1）联想式知识组合。联想式知识组合分为自然联想式知识组合与强制联想式知识组合。

自然联想式知识组合是指大脑中动态工作空间（即意识）中的知识元素，随机激活潜意识中与之存在某种特定关系的其他知识元素，使它们进入动态工作空间参与元素组合。其中，知识元素之间的特定关系包括接近关系、类似关系、对比关系和因果关系等。自然联想式知识组合是人们解决日常问题时经常用到的思考方式。通过自然联想，人们能够找到更多的知识元素参与"元素组合+条件选择→稳态组合体"进化循环，更快产生稳态组合体，达到创新目标。

强制联想式知识组合是指创新主体将那些相关性或相似性较低的知识元素强制进行的元素组合过程。

创造力大师迈克尔·米哈尔科曾经写道："在各种概念组合中，最有创造力的往往是由从那些相距甚远的领域中取得的元素构成的。"[8]

也就是说，在符号知识进化环节中，参与元素组合的知识差异性越大，就越有可能产生更具新颖性和稀缺性的创意。这类似于生物界的"杂种优势"：不同品种，甚至不同种属间的生物进行杂交，杂交一代往往比它们的双亲更加优良。当你的大脑处于知识网络中不同领域、不同学科、不同文化的交叉节点上，最有可能把相隔甚远、互不相关的知识元素组合在一起，进化出不同凡响的创意或想法。

德·波诺的"水平思考"创新方法中的"随意输入"就是一种典型的强制联想式知识组合。比如，他将办公室复印机与鼻子进行组合，希望产生新的创意。他在书中写道："提到鼻子，我们立刻就想到了气味。气味怎样能够利用呢？也许我们可以设计一种简单的弹药筒给办公室复印机打入某种气味，使得复印机出毛病时就会散发出不同的'气味'。如果你站在复印机旁闻到薰衣草的味道，你就知道应该添加复印纸了；如果你闻到樟脑丸的味道，你就知道复印机应该换墨筒了。"[9]

（2）框架式知识组合。框架式知识组合是指仅保留某个知识模型的结构框架，然后替换框架上的知识元素并生成新的知识模型。

人类在遣词造句时大都使用框架式知识组合，比如最简单的主谓宾结构，只要更换主语、谓语和宾语中任何一个知识元素，就会造出一个结构相似但意义不同的句子。我们经常使用的比喻、隐喻和类比等修辞方式，就是保留知识模型的基本骨架，却更换了知识元素，因此也属于框架式知识组合。

框架式知识组合经常出现在科学探索和技术创新的案例之中。比如，类比是一种典型的框架式知识组合。克里斯滕森和舒恩（Christensen & Schunn）发现，工程师们在九小时的问题解决过程中使用了 102 个类比。卢瑟福将原子核与电子之间的关系比喻成太阳系中太阳和行星的关系；威廉·哈维将动物血液循环系统看作一个由泵和管道组成的液体循环系统；爱迪生建立电力照明系统时就完全比照当时已经普遍运用的煤气灯照明的输送系统；等等[10]。

框架式知识组合也可以理解为把一个领域的知识模型精简为一个框架，然后与另一个领域的知识元素进行组合，形成全新的知识模型，客观上实现了知识从一个领域"迁移"到另一个领域。

例如，罗伯特·约翰逊（Robert Johnson）在出租车里听到广播中正在谈论建立一个专门服务于老年人的有线电视台的想法，于是便产生了创立一个专为美国黑人制作的电视娱乐节目（BET）的想法。20 年后，罗伯特·约翰逊以 30 亿美金的价格将 BET 卖给了维亚康姆公司（Viacom）[11]。

在这个过程中，罗伯特·约翰逊把别人关于建立一个专门服务于老年人的有线电视台的想法，抽象为"电视台+社会中某类群体"，然后把"社会中某类群体"替换为"黑人"，就很自然地产生了"专为美国黑人制作的电视娱乐节目"的创意。

有一种简单而实用的框架式知识组合模式，即新近出现的知识模型与各种传统的知识模型依次组合，生成一系列全新知识模型，例如：

蒸汽机技术+各种传统知识模型：

蒸汽机+有轨矿车→火车；

蒸汽机+四轮马车→蒸汽动力汽车（早期汽车）；

蒸汽机+帆船→轮船；

……

那么，移动互联网、5G 技术和人工智能等"新近知识模型"与传统产业相结合，必将组合出无数个"全新知识模型"。

（3）规范化知识组合。规范化知识组合是指按照事先设定的规范方式对知识单元进行分解和组合。很多创新方法都使用了这种知识元素组合方式，如形态分析法、信息交互法和 TRIZ 等。

形态分析法由美国天文学家弗里茨·兹维基（Fritz Zwicky，1898—1974 年）于 1942 年创立。它首先把创新目标表征为多个知识维度，然后把每个知识维度分解成若干知识元素，最后依次选择每个知识维度中不同知识元素进行组合，产生一系列知识模型。

兹维基在参加美国火箭研制过程中，首先把火箭表征为六个知识维度：使发动机工作的媒介物、与发动机相结合的推进燃料的工作方式、推进燃料的物理状态、推进的动力装置类型、点火的类型和做功的连续性。

然后把这六个知识维度分解成若干知识元素：

①使发动机工作的媒介物：真空、空气、水、油共四种。

②与发动机相结合的推进燃料的工作方式：静止、移动、振动、回转共四种。

③推进燃料的物理状态：气体、液体、固体共三种。

④推进的动力装置类型：内藏、外装、无动力共三种。

⑤点火的类型：自动化点火、外部点火共两种。

⑥做功的连续性：持续的、断续的共两种。

按照排列组合原理，这些知识元素的组合而成的全部知识组合体共为 4×4×3×3×2×2＝576（种），也就是说总共应该有 576 种火箭设计方案[12]。

TRIZ 是以苏联海军专利部的根里奇·阿奇舒勒（G. S. Altshuler）为首的一组专家，在对数以百万计的专利文献进行系统研究之后，总结、提炼出来的一套创新方法。其中包括具有普遍用途的 40 条发明原理，以及发明问题的 39 个标准参数。阿奇舒勒据此构建了一个矛盾矩阵，创造者只要明确定义问题的工程参数，就可以从矛盾矩阵表中找到对应的、可用于问题解决的发明原理。而这个矛盾矩阵表的作用就是对知识元素进行规范化知识组合[13]。

（4）多脑协同知识组合。在创新实践中，很多符号知识模型或创意不是一个人独立完成的，而是创新团队的多个成员通过符号知识的交流和碰撞，也就是符号知识在多个大脑中进行多次组合而成，我们把这种知识组合方式称为多脑协同知识组合。

美国创造学大师亚历克斯·奥斯本发明的头脑风暴法就是典型的多脑协同知识组合。头脑风暴法需要创新团队的多个成员共同完成。首先，根据事先设定选择条件或创新目标，每个成员自由提出不一定很成熟的基本创意，或者说每个成员输出未经严格条件选择的知识组合体；然后，每个成员不对其他成员提出的创意进行评判（即条件选择），而是将这些创意直接与自己的最初创意进行元素组合，并快速把结果说出或写出来，供其他成员进行下一轮元素组合。上述过程可以多次循环，结束之后再对所有创意进行评判。

奥斯本认为："如果在头脑风暴会议期间不进行判断思维，人们能够获得大量的、有实用价值的设想，用数量保证质量"[14]。

多脑协同知识组合的关键在于，由多个大脑组成一个知识进化网络，但每个大脑只是进行符号知识的元素组合，而对自己或者其他成员创造的知识组合体基本不进行条件选择，结果就是在相对较短的时间内获得数量巨大的知识组合体，最后再从中选择出符合创新目标的稳态组合体。

条件选择

条件选择是指元素组合生成的知识组合体与事先设定的选择条件进行匹配，少数符合选择条件的知识组合体成为稳态组合体，被存储在大脑的长时记忆系统，或者以感觉符号知识形态输出的过程。

法国著名数学家、科学哲学家亨利·庞加莱说过："发明创造就是排除那些无用的组合，保留那些有用的组合，而有用的组合又仅仅是极少数。因此，我们可以说：发明就是辨别，就是选择。"[15]

知识进化的元素组合阶段犹如一个无拘无束的狂欢派对，其间，会产生无数个临时性知识组合体，但曲终人散之后，只有少之又少的知识组合体能够通过条件选择，作为稳态组合体存续下来，因此，条件选择是获得创意不可或缺的重要环节。

机会偏爱有准备的头脑。各种有意义的现象会经常出现，只有那些事先在头脑中设定了选择条件的人，才有可能把它们变成伟大的创意。

1928 年，亚历山大·弗莱明注意到一个现象，即一种霉菌中的某种物质可以抑制葡萄球菌的生长。他随即意识到这种物质可以用来治疗感染。在此之前已经有许多人，比如物理学家约翰·廷德尔（John Tyndall）在 1876 年，安德烈·格拉提（Andre Gratia）在 20 世纪 20 年代，都曾经先于弗莱明注意到了这个反应，但他们的头脑中没有事先设定"治疗感染"这个选择条件或创新目标，因此对这个现象熟视无睹。而弗莱明在第一次世界大战中曾经是医生，见到过很多伤员因伤口感染造成的伤亡。他的头脑中已经设定了"治疗感染"这个选择条件，才注意到霉菌抑制细菌生长的现象并借此发明了青霉素[16]。

很多看似"意外"的发明创造，比如珍妮纺纱机、X 光成像、微波炉等，都是创新者事先设定的选择条件，然后从一些司空见惯的现象中发掘出来的伟大创意。

环节 3：知识表达 1

技术创新中的符号知识表达环节是指人类通过本体表达系统或延伸表达系统把

符号知识模型表达为行为活动、实体系统进化路径的改变或者产生全新复合实体的过程。或者说，符号知识表达就是把创意转化为某种服务模式、实体系统改变或者新产品。

符号知识表达可以通过本体表达系统实现，比如纯手工制作、艺术表演；也可以借助延伸表达系统来实现，比如使用各种工具、设备来制造产品。

环节 4：实体进化 1

技术创新中的实体进化环节指的是所有原材料、零配件或半成品，在符号智能实体的主导下，进化为最终产品的过程。

这里的实体进化在本质上仍然是粒子实体的基本进化，遵循"元素组合+条件选择→稳态组合体"基本进化模式，只是"元素组合"不再尝试各种可能，而是按照符号知识模型（如设计图纸）设定的有限方式进行排列组合，生成特定的稳态组合体，这个过程可以表述为：

技术创新中的实体进化＝符号知识+粒子知识+粒子实体。

另外，一个产品的形成包括多个实体进化阶段，每个阶段都有人类创造的各种符号知识融入其中，正如经济学家伦纳德·里德《铅笔的故事》一书所写的那样：

"我，铅笔，是树、锌、铜、石墨等复杂组合下的一个奇迹。但是，除了这些在自然界中表现出来的奇迹之外，还有一个更加不同寻常的奇迹，这个奇迹就是体现了人类创造性力量的组合形态——数以百万计的微不足道的知识与技能，在没有任何人做主脑的情况下，根据人类的需要和欲望，自然而然且自发地组合在了一起！"[17]

环节 5：知识表征 2

技术创新中的知识表征 2 是指对实体进化结果的知识表征。也就是通过对产品样品或产品原型的检测和试用，得出相应的符号知识表述或相关数据，以便用于下一个环节——知识进化 2。

环节 6：知识进化 2

技术创新的知识进化 2 包括两个方面内容，其一是知识表征 2 与创新者在知识表征 1 阶段设定的选择条件是否匹配，也就是产品的检测或试用结果与创新者的预期是否相符；其二是客户或用户对产品的反馈和评价。这个选择过程针对的是复合进化所产生的复合实体，类似于生物进化过程中的自然选择。

一般而言，如果创新产品通过知识进化 2 的检验，就进入产品生产阶段，本次技术创新圆满结束；如果创新产品没有通过知识进化 2 的检验，则会根据反馈情况，对符号知识模型进行改进，生成符号知识模型 3，继续下一个复合进化单元，重复进行技术创新的所有环节。绝大多数技术创新都要经过多个复合进化单元才能完成。

有一种极端情况，就是完全回到"知识表征 1"环节，重新设定技术创新的选择条件。经常会有一些创新产品没能通过条件选择，但在改变应用领域，或者说调整"选择条件"后却大获成功。比如，最早的蒸汽机是为抽出煤矿深处的地下水而设计的，爱迪生当初发明留声机是为了记录电报稿，开发万艾可的初衷是用来治疗心脏病，而 3M 公司的方便贴则是研制强力胶水失败的意外收获。

3. 模型推演型技术创新

模型推演型技术创新是指以成熟的科学理论、定律等符号知识模型为基础，通过"符号知识—实体系统"复合进化开发出全新产品的过程。

比如，人类根据空气动力学理论设计飞行器，根据电磁学理论发明无线电通信，根据核裂变理论制造原子弹或建设核电站，等等。

下面分三个阶段讨论从电磁学理论的构建到发明无线电通信的全过程：

阶段 1：麦克斯韦方程预测电磁波的存在。

1864 年，英国物理学家詹姆斯·卡拉克·麦克斯韦（James Clerk Maxwell）根据自己对电磁现象的理解，在电磁场的基本实验定律的基础上，重新构建出一个可进行微积分运算的数学符号知识模型——麦克斯韦方程，然后根据这个方程的运算结果预测了电磁波的存在。

电磁波是由相互作用的电场和磁场产生的。一个变化的电场会产生一个变化的磁场，一个变化的磁场又会产生一个变化的电场，以此类推，每个场都会引导另一个场向前运动，一起以波的形式向外传递能量，传播速度与光速相同[18]。

上述过程属于"符号知识—实体系统"复合进化的"知识进化"环节，即麦克斯韦使用演绎法构建了一个数学符号知识模型，然后运行这个知识模型，并对特定实体系统——电磁波——做出预测。

阶段 2：赫兹设计科学实验证实电磁波的存在。

1887 年，德国物理学家海因里希·赫兹（Heinrich Hertz）设计了一个振荡电路，并与两个金属球相连接。然后，他又在金属球附近放置了一个有缺口的金属环状线圈。当振荡电路接通时，两个铁球之间和线圈缺口处同时周期性地发出电火花。按照麦克斯韦的理论，只要线圈缺口有电火花出现，就说明有电磁波在空间中传播。赫兹利用这个实验证实了电磁波的存在。

赫兹的实验是一个实验型"符号知识—实体系统"复合进化，主要包括知识表达、知识进化和实体进化三个环节：赫兹通过实验装置把符号知识（麦克斯韦方程）表达为实体进化（电磁波的产生和传播），然后通过电火花的产生来验证电磁波的存在[19]。

阶段3：马可尼根据麦克斯韦电磁理论发明无线电报。

伽利尔摩·马可尼（Guglielmo Marconi）出生在意大利一个富裕的企业主家庭，从小博览群书，热爱科学，喜欢发明创造，在家里建有小型实验室。

1894年，刚满20岁的马可尼偶然读到了电气杂志关于赫兹实验的论文后，马上意识到，电磁波可以用于通信。他认真研究了麦克斯韦的电磁理论，在赫兹的实验装置基础上进行大量的创新，包括多次改进火花式发射机和金属粉末检波器，又在接收机和发射机上都加装天线，最终在此基础上发明了无线电报机。到了1896年时，无线电报的传输距离已经超过了14公里。同年6月2日，马可尼在英国申请到了自己的无线电专利，当时名为"发射电脉冲和信号及其设备的改进"。1898年7月，马可尼的无线电报装置正式投入商业使用[20]。

由此看来，如果没有麦克斯韦方程，人们很难发现电磁波的存在，马可尼等人也就不太可能发明无线电报，因此，无线电报的发明属于模型推演型科技创新。

虽然很多技术创新，尤其是早期的技术创新可以在没有科学理论指导下获得成功，但缺少科学理论支撑的技术创新难以大规模、持续地发展，更不能跨领域运用。随着人类科学探索工作的深入拓展，各个领域的符号知识模型将会越来越多，与实体世界越来越契合，这将会大大加快全社会技术创新的步伐，出现更多的模型推演型技术创新案例。

三、生产制造型"符号知识—实体系统"复合进化

生产制造型"符号知识—实体系统"复合进化是指那些主要任务是把现成的符号知识模型表达为复合实体的复合进化，即根据设计图纸和工艺流程生产制造产品的过程。

生产制造型"符号知识—实体系统"复合进化的进化单元主要包括知识表达和

实体进化两个主要环节，也会涉及知识表征和知识进化，但仅用于状态监测和细微调整。该复合进化主要任务是通过本体表达系统和延伸表达系统，把符号知识模型表达为复合实体。现代社会中的制造业、建筑业和服务业等都应该属于生产制造型"符号知识—实体系统"复合进化范畴。

第二节　创新的未来在于比特知识参与的多重复合进化

在人类历史上，真正意义上的创新活动应该是从多重复合进化开始的。

考古学研究发现，人类在大约 250 万年前就开始制造石器了，但在此后 240 多万年里，石器的制造技术没有显著的进步。大约 5 万年前，各种制作精良的石器、实用的捕鱼狩猎工具、制作精美的装饰品和生动形象的岩画陆续出现。也就是说，人类的创新创造能力在短时间内骤然提升。巧合的是，5 万年前恰好是语言学家推测的人类掌握成熟语言的时间。我们猜想，这一切应该是口头语言版的"符号知识—信号知识—实体系统"多重复合进化的功劳。

从 38 亿年前生命诞生开始，生物界一直运行着低效、缓慢的"基因知识—基因实体"复合进化模式。直到大约在 1 万多年前，掌握成熟语言的人类启动了一种新的复合进化模式——"符号知识—基因知识—基因实体"多重复合进化。他们挑选一些野生的动物和植物，按照自己的需要驯化出温顺多肉的家畜家禽，培植出高产的农作物，从而开启了人类的农业文明。

大约 8000 年前，文字符号知识开始出现。文字符号知识能够在大脑之外存储、复制和传播，也能转换表征为神经符号知识在大脑之内存储、进化，因此，手写文字版的"符号知识—信号知识—实体系统"多重复合进化的效率更高，速度更快，很快把农业文明社会推向鼎盛时期，同时也孕育了工业文明的雏形。

1452 年，德国人约翰·古藤堡（Johann Gutenberg）在中国活字印刷技术的基础上发明了印刷机。这极大地提高了符号知识复制的精度和速度，同时大幅降低了知识的复制和存储成本。接下来，印刷文字版的"符号知识—信号知识—实体系统"多重复合进化，开启了欧洲的文艺复兴、宗教改革、启蒙运动和科学革命，进而引发了第一次工业革命。

1939 年，美国数学家乔治·斯蒂比兹（George Stibitz）发明了"复数计算器"——最早的比特智能实体。在此之后，比特智能实体参与的多重复合进化模式不断涌现。随着比特智能实体知识表征、知识进化和知识表达能力不断提高，这类多重复合进化逐渐成为主流的创新模式。下面是几种已经存在或可能出现的比特智能实体参与或主导的多重复合进化。

"比特知识—符号知识—信号知识—实体系统" 多重复合进化

这是最常见的多重复合进化模式，比如，我们使用计算机进行文字创作、产品设计、模型预测等。随着比特知识进化系统的能力快速提升、比特知识传播和存储效率提高，以及通用量子计算机的应用，这类创新模式的优势愈发明显。

"比特知识—符号知识—基因知识—基因实体" 多重复合进化

这种创新模式是把基因知识依次转换表征为符号知识和比特知识，然后在比特知识进化系统中进化出新的知识模型，最后把这个知识模型反向转换表征为基因知识模型，并表达为基因实体。基因编辑、基因治疗等工作就属于这种创新模式。

"比特知识—信号知识—实体系统" 多重复合进化

"双向脑机接口" 绕过了人体的运动神经和肌肉系统，直接采集大脑中的神经信号知识，由计算机处理后转换表征为比特知识，然后，这些比特知识再去控制比特智能实体的行为活动。同时，把比特智能实体的行为状态表征为比特知识，转换表征为信号知识后反馈回大脑，这样就构成了一个系统，使大脑能够 "意念控制" 比特智能实体。这里的比特智能实体可能是患者的外骨骼系统或智能轮椅系统，也可能是千里之外的一台机器人。

"比特知识—基因知识—实体系统" 多重复合进化

随着比特智能实体的快速进化，未来也许出现某种超级比特智能实体，能够自主操作 "基因知识—基因实体" 复合进化，制造出它们需要的生物体，包括人类。

总的来说，全谱创新的神奇之处在于，从宇宙大爆炸之初的基本粒子开始，经过持续的基本进化和复合进化，最终创造出丰富多彩的万千世界，而且这些进化的速度不断加快，还有可能出现新的进化模式。因此，未来的世界不可预测，难以想象。

参考文献

[1] 李宏. 行星与恒星 [M]. 沈阳：辽海出版社，2011.
[2] 管成学，赵骥民. 世界五千年科技故事丛书：实验科学的奠基人 [M]. 长

春：吉林科学技术出版社，2012.

[3] 傅德岷. 爱迪生：天才发明家 [M]. 上海：上海科学技术出版社，2021：112-124.

[4] 约翰·H. 林哈德. 发明的起源：新机器诞生时代历史的回声 [M]. 刘淑华，郭威主，译. 上海：上海科学技术文献出版社，2011：260-263.

[5] 布莱恩·阿瑟. 技术的本质 [M]. 曹东溟，王健，译. 杭州：浙江人民出版社，2014：13.

[6] 阿尔伯特·爱因斯坦，利·英费尔德. 物理学的进化 [M]. 周肇威，译. 长沙：湖南教育出版社，1999：67.

[7] 沃尔特·艾萨克森. 史蒂夫·乔布斯传 [M]. 管延圻，等译. 北京：中信出版社，2010：354-355.

[8] 迈克尔·米哈尔科. 创新思想家 [M]. 陈丽丽，译. 北京：北京师范大学出版社，2015：35.

[9] 爱德华·德·波诺. 水平思考：个人和团队不断获取新创意的系统方法 [M]. 冯杨，译. 北京：北京科学技术出版社，2006：191.

[10] 约翰·安德森. 认知心理学及其启示 [M]. 7 版. 秦裕林，等译. 北京：人民邮电出版社，2012：234.

[11] 弗朗斯·约翰松. 美第奇效应：创新灵感与交叉思维 [M]. 刘尔铎，杨小庄，译. 北京：商务印书馆，2006：82.

[12] 侯光明，李存金，王俊鹏. 十六种典型创新方法 [M]. 北京：北京理工大学出版社，2015：39.

[13] 李梅芳，赵永翔. TRIZ 创新思维与方法：理论及应用 [M]. 北京：机械工业出版社，2016.

[14] A.F. 奥斯本. 创造性想象 [M]. 王明利，等译. 广州：广东人民出版社，1987：213.

[15] 雅克·阿达玛. 数学领域中的发明心理学 [M]. 陈植荫，肖奚安，译. 大连：大连理工大学出版社，1989：32.

[16] 布莱恩·阿瑟. 技术的本质 [M]. 曹东溟，王健，译. 杭州：浙江人民出版社，2014：133.

[17] 伯纳德·曼德维尔，弗雷德里克·巴斯夏，米尔顿·弗里德曼，等. 迷人的

经济学：影响世界的五大经济学思维：中英双语［M］．北京：中信出版社，2020.

［18］史蒂夫·斯托加茨．微积分的力量［M］．北京：中信出版社，2021.

［19］弗兰克·维尔切克．存在之轻［M］．长沙：湖南科技出版社，2018.

［20］中国科学院物理研究所．无线电通信之父：马可尼［M/OL］．（2020-10-29）［2022-01-25］．